# 工业污染源污染特征与环境违法行为解析

生态环境部宣传教育中心　主编

中国环境出版集团・北京

**图书在版编目（CIP）数据**

工业污染源污染特征与环境违法行为解析/生态环境部宣传教育中心主编．—北京：中国环境出版集团，2019.6（2019.12 重印）
ISBN 978-7-5111-3992-4

Ⅰ．①工…　Ⅱ．①生…　Ⅲ．①工业污染源—岗位培训—教材②环境保护法—法律解释—中国—岗位培训—教材　Ⅳ．①X501②D922.685

中国版本图书馆 CIP 数据核字（2019）第 093991 号

**出 版 人**　武德凯
**责任编辑**　曹　玮
**责任校对**　任　丽
**封面设计**　岳　帅

---

**出版发行**　中国环境出版集团
（100062　北京市东城区广渠门内大街 16 号）
网　　址：http：//www.cesp.com.cn
电子邮箱：bjgl@cesp.com.cn
联系电话：010-67112765（编辑管理部）
发行热线：010-67125803，010-67113405（传真）

**印　　刷**　北京中科印刷有限公司
**经　　销**　各地新华书店
**版　　次**　2019 年 6 月第 1 版
**印　　次**　2019 年 12 月第 2 次印刷
**开　　本**　787×1092　1/16
**印　　张**　23
**字　　数**　460 千字
**定　　价**　80.00 元

---

# 《工业污染源污染特征与环境违法行为解析》

## 编 委 会

# 前　言

党的十九大报告把坚持人与自然和谐共生作为基本方略，进一步明确了建设生态文明、建设美丽中国的总体要求，集中体现了习近平新时代中国特色社会主义思想的生态文明观。2018 年是全面贯彻党的十九大精神的开局之年，也是决胜全面建成小康社会、深入实施“十三五”规划的关键一年。为更好地配合“十三五”时期的生态环保规划，切实提高生态环境执法人员职业素养和业务水平，整体提升生态环境执法队伍综合素质和能力，特编制此书。本书根据工作实际，结合 29 个行业工业污染特征以及常见的环境违法行为进行解析，分为“工业污染源现场检查要点”“重工业污染特征及环境违法行为”“轻工、机械行业污染特征及环境违法行为”“化工行业污染特征及环境违法行为”“其他行业污染特征及环境违法行为”五个章节。

本书由河北环境工程学院毛应淮主编、王仲旭副主编，环境保护部宣传教育中心主任贾峰、副主任闫世东，培训室主任曾红鹰、副主任刘之杰，培训室王菁菁、范雪丽、张琳、黄争超和胡天蓉，美国环保协会北京代表处张建宇参与编写，西尔环境教育的袁轶以及另外八位专家进行专业审定，在此表示衷心感谢！本书得到了美国环保协会北京代表处的资金支持，在此一并表示感谢！

本书在编写过程中参考了大量行业资料和书籍，由于编者的水平所限，难免会有瑕疵，衷心希望有关专家、读者提出宝贵意见，我们将虚心接受，不断努力，使我们的工作日臻完善。

生态环境部宣传教育中心

2019 年 4 月

# 目 录

# 第一章　工业污染源现场检查要点

## 第一节　工业污染源环境监督管理概论

### 一、工业污染源主要特点

工业污染源是指工业生产中对环境造成有害影响的工矿企业单位、生产设备或生产场所。它通过排放废气、废水、废渣和废热污染大气、水体和土壤，通过产生噪声、振动等危害周围环境。各种工业生产过程（包括矿物采选冶炼加工，火力发电，非金属矿物加工，轻工业生产，机械电子产品加工，无机化工生产，石油、天然气、煤化工生产，有机化工、医药化工、精细化工等）排放的废物含有不同的污染物，如火电与工业锅炉排出的烟气中含有颗粒物、二氧化碳、二氧化硫、氮氧化物、金属汞、苯并[*a*]芘等；金属采选与加工废气中含有硫氧化物、颗粒物、重金属等；化工生产废气中含有硫化氢、氮氧化物、氟化氢、总烃、重金属、氨等；电镀工业废水中含有 pH、重金属（铬、镉、镍、铜等）离子、酸碱、氰化物等。此外，由于化学工业的迅速发展，越来越多的人工合成物质进入环境；地下矿藏的大量开采，把原来埋在地下的矿物质带到地上，对地表水体产生严重污染。工业生产产生的各类污染物，尤其是重金属和各种难降解的有机物在人类生活环境中循环、富集，对人体健康构成长期威胁。工业污染源对生态环境危害和损害非常大。

2015 年施行的《中华人民共和国环境保护法》（以下简称《环保法》）第四十二条第一款规定："排放污染物的企业事业单位和其他生产经营者，应当采取措施，防治在生产建设或者其他活动中产生的废气、废水、废渣、医疗废物、粉尘、恶臭气体、放射性物质以及噪声、振动、光辐射、电磁辐射等对环境的污染和危害"。

环境保护主管部门在环境管理中确定的污染物排放量大、污染物环境毒性大或存在较大环境安全隐患、环境危害严重的污染源，被确认为重点污染源。对重点污染源实行重点监控、重点管理。《环保法》第四十二条第三款规定："重点排污单位应当按照国家有关规定和监测规范安装使用监测设备，保证监测设备正常运行，保存原始监测记录"。

国家重点监控企业名单包括国家重点监控企业名单和省（自治区、直辖市）重点监控企业名单。据有关部门信息，2017 年度国家重点监控企业名单共涉及 14 000 多家企业。其中，国家重点监控排放废水企业 2 504 家、废气企业 3 365 家、污水处理厂 3 991 家、重金属企业 2 535 家、危险废物企业 1 785 家、规模化畜禽养殖场 20 家。

## 二、常见工业行业的主要污染物种类

由于石油的原料、辅料、加工工艺和设备的差异，不同行业的工业加工生产产生的污染物（废水、废气和固体废物）有明显的行业特点。各工业行业的水污染物如下：

（1）火力发电工业：pH、悬浮物、硫化物、砷、铅、镉、挥发酚、石油类、热污染等；

（2）煤矿采选工业：pH、悬浮物、砷、硫化物等；

（3）金属矿山开采工业：pH、悬浮物、硫化物、铜、铅、镉、汞、六价铬等；

（4）石油开采工业：汞、镉、六价铬、砷、铅、pH、石油类、悬浮物、挥发酚、硫化物、COD、BOD 等；

（5）金属冶炼加工工业：pH、悬浮物、COD、硫化物、氰化物、挥发酚、氟化物、石油类、铅、锌、镉、汞、六价铬等；

（6）石油炼制工业：pH、COD、BOD、悬浮物、硫化物、挥发酚、氰化物、石油类、苯类、多环芳烃、汞、镉、六价铬、砷、铅等；

（7）石油化工工业：悬浮物、COD、BOD、硫化物、石油类、挥发酚、氰化物等；

（8）焦化工业：COD、BOD、悬浮物、硫化物、挥发酚、氰化物、石油类、氨氮、苯类、多环芳、烃、热污染等；

（9）有机原料工业：pH、COD、BOD、悬浮物、挥发酚、氰化物、苯类、硝基苯类、有机氯等；

（10）氯碱工业：pH、COD、悬浮物、汞等；

（11）制药工业：pH、COD、BOD、石油类、硝基苯类、硝基酚类、苯胺类等；

（12）农药工业：pH、COD、BOD、SS 悬浮物、硫化物、挥发酚、砷、有机磷、有机氯等；

（13）氮肥工业：COD、BOD、挥发酚、氰化物、硫化物、砷等；

（14）磷肥工业：pH、COD、悬浮物、氟化物、砷、磷等；

（15）黄磷工业：悬浮物、pH、元素磷、氟、氰化物、硫酸、SS 悬浮物、悬浮物硫化物、氟化物、铜、铅、锌、镉、砷等；

（16）铬盐工业：pH、总铬、六价铬等；

（17）化纤工业：pH、COD、BOD、悬浮物、铜、锌、石油类等；

（18）染料工业：pH、COD、BOD、悬浮物、挥发酚、硫化物、苯胺类、硝基苯类等；

（19）橡胶工业：pH、COD、BOD、石油类、铜、锌、六价铬、多环芳烃等；

（20）橡胶加工工业：COD、BOD、硫化物、六价铬、石油类、苯、多环芳烃等；

（21）硫铁矿工业：pH、悬浮物、硫化物、铜、铅、锌、镉、汞、砷、六价铬等；

（22）汞矿工业：pH、悬浮物、硫化物、砷、汞等；

（23）磷矿工业：pH、悬浮物、氟化物、硫化物、砷、铅、磷等；

（24）萤石矿工业：pH、悬浮物、氟化物等；

（25）雄黄矿工业：pH、悬浮物、硫化物、砷等。

## 三、工业行业废气污染物的种类及行业特征

工业行业废气主要来源于工业生产过程中产生的废气，在我国主要工业废气包括燃料燃烧废气和生产工艺废气。工业生产产生的大气污染物的种类包括几十种，常规的大气污染物主要是 $SO_2$、烟（粉）尘、$NO_x$、$CO_2$、VOC（苯类、甲苯、二甲苯、醋酸乙酯、丙酮丁酮、乙醇、丙烯酸、醛类、苯胺类等有机废气）、重金属、氟化物、氯化物、氨、酸雾、碱雾、二硫化碳等（见表 1-1）。

表 1-1　主要工业行业的废气污染物

| 主要工业行业 | 主要污染物质（监测项目） |
| --- | --- |
| 燃料燃烧（火电、热电、工业、民用锅炉、垃圾发电） | $SO_2$、$NO_x$、烟尘、$CO_2$、CO、汞及烃类（油气燃料）、HCl、二噁英、（垃圾为燃料）等 |
| 黑色金属冶炼工业 | $SO_2$、$NO_x$、CO、粉尘、氰化物、酚、硫化物、氟化物等 |
| 有色金属冶炼工业 | $SO_2$、$NO_x$、烟（粉）尘（含铜、砷、铅、锌、镉等）、$CO_2$、CO 及氟化物、汞等 |
| 炼焦工业 | $SO_2$、$NO_x$、CO、烟（粉）尘、硫化氢、苯并[a]芘、氨、酚等 |
| 矿山工业 | 粉尘、$NO_x$、CO、硫化氢等 |
| 选矿工业 | $SO_2$、硫化氢、粉尘等 |
| 非金属制品加工工业 | $SO_2$、$NO_x$、颗粒物、$CO_2$、CO 及氟化物 |
| 有机化工工业 | 氰化氢、氯、VOC（烃类、芳烃类、酚、醛、溶剂）、颗粒物、酸雾、氟化氢等 |
| 石油化工工业 | $SO_2$、$NO_x$、硫化氢、氰化物、VOC（烃类、芳烃类、酚、醛、溶剂）、颗粒物等 |
| 氮肥工业 | 硫化氢、氨、氰化物、酚、颗粒物等 |
| 磷肥工业 | 颗粒物、酸雾、氟化物、砷、$SO_2$ 等 |
| 化学矿山工业 | $NO_x$、颗粒物、CO、硫化氢等 |
| 硫酸工业 | $SO_2$、$NO_x$、颗粒物、氟化物、酸雾、砷等 |
| 氯碱工业 | 氯、氯化氢、汞等 |
| 化纤工业 | 硫化氢、粉尘、二硫化碳、氨等 |

| 主要工业行业 | 主要污染物质（监测项目） |
|---|---|
| 燃料工业 | 氯、氯化氢、$SO_2$、VOC（氯苯、硝基苯类、苯胺类）、硫化氢、光气、汞等 |
| 橡胶工业 | 硫化氢、苯类、颗粒物、甲硫醇等 |
| 油脂化工工业 | 氯、氯化氢、$SO_2$、氟化氢、VOC、氯磺酸、$NO_x$、粉尘等 |
| 制药工业 | 氯、氯化氢、硫化氢、$SO_2$、VOC（醇、醛、苯、肼、溶剂）、氨、颗粒物等 |
| 农药工业 | 氯、硫化氢、VOC、颗粒物、汞、二硫化碳、氯化氢等 |
| 油漆、涂料工业 | VOC（溶剂、苯类、酚、醇、醛、酮类）、颗粒物、铅等 |
| 造纸工业 | 颗粒物、$SO_2$、甲醛、硫醇等 |
| 纺织印染工业 | 颗粒物、硫化氢、有机硫、VOC 等 |
| 皮革及皮革加工业 | 铬酸雾、硫化氢、粉尘、VOC 等 |
| 电镀工业 | 铬酸雾、氰化氢、颗粒物、$NO_x$ 等 |
| 灯泡、仪表工业 | 颗粒物、汞、铅等 |
| 铝工业（含氧化铝） | 氟化物、颗粒物、$SO_2$、沥青烟（自焙槽）等 |
| 机械加工工业 | 颗粒物、$SO_2$、$NO_x$、$CO_2$、CO、VOC、酸雾等 |
| 铸造工业 | 颗粒物、$SO_2$、$NO_x$、$CO_2$、CO 及氟化物、铅等 |
| 玻璃钢制品工业 | 颗粒物、$SO_2$、$NO_x$、苯类等 |
| 油毡工业 | 沥青烟、颗粒物等 |
| 蓄电池、印刷工业 | 铅尘、酸雾、$SO_2$、$NO_x$、颗粒物等 |
| 油漆施工 | 颗粒物、VOC（溶剂、苯类、醛类）等 |

据 2015 年全国环境统计资料：

2015 年全国废气中 $SO_2$ 排放量 1 859.1 万 t，其中，工业 $SO_2$ 排放总量 1 556.7 万 t（主要排放行业有电力、热力生产供应业，非金属矿物制品业，黑色金属冶炼及压延加工业，化工原料及化学品制造业，有色金属冶炼及压延加工业，石油加工、炼焦及核燃料加工业，造纸及纸制品业，分别占工业 $SO_2$ 排放量的 36.11%、14.55%、12.39%、9.61%、8.63%、4.66%、2.65%，这七个行业 $SO_2$ 的总排放量占工业总排放量的 88.6%），占全国 $SO_2$ 排放总量的 83.8%；城镇生活 $SO_2$ 排放总量 296.9 万 t，占全国 $SO_2$ 排放总量的 16.0%。

2015 年全国烟（粉）尘排放量 1 538.0 万 t。其中工业烟（粉）尘排放量 1 232.6 万 t，占全国烟尘排放量的 80.2%，生活烟（粉）尘排放量 249.7 万 t，占全国烟尘排放总量的 16.3%。工业烟（粉）尘排放量中，黑色金属冶炼及压延加工业，非金属矿物制品业，电力、热力生产和供应业，化学原料及制品工业，各类采矿业、有色金属冶炼及压延加工业，石油加工、炼焦及核燃料加工业工业烟（粉）尘排放总量分别占工业烟（粉）尘排放量的 32.23%、21.69%、20.54%、5.92%、3.65%、3.53%、3.00%，这七类行业烟（粉）尘的总排放量占工业总排放量的 90.56%。

2015 年 $NO_x$ 排放量为 1 851.9 万 t，其中工业 $NO_x$ 排放量为 1 180.9 万 t，占全国 $NO_x$ 排放量的 63.8%；生活 $NO_x$ 排放量为 65.1 万 t，占全国 $NO_x$ 排放量的 3.60%；交通源 $NO_x$ 排放量为 585.9 万 t，占全国 $NO_x$ 排放量的 31.7%。工业 $NO_x$ 主要排放行业有电力、热力及生产供应业，非金属矿物制品业，黑色金属冶炼及压延加工业，化学原料及制品工业，石油加工、炼焦及核燃料加工业，有色金属冶炼及压延加工业，分别占工业 $NO_x$ 排放量的 45.73%、24.55%、9.59%、5.90%、4.01%、3.01%，这六类行业 $NO_x$ 的总排放量占工业总排放量的 89.78%。

## 四、工业行业废水污染物的种类及行业特征

工业废水按主体污染物采用的治理方法，可以分为三大类：

（1）含悬浮物和含油的工业废水（主要有选矿废水、轧钢废水、煤气洗涤废水、除尘废水等）多采用沉降、絮凝、气浮、过滤等物理方法治理；

（2）含无机盐、酸、碱、重金属离子的无机物废水（金属加工废水、矿山废水、冶金电镀废水等）多采用物理化学方法治理；

（3）含有机污染物的废水（造纸、印染、石化废水等）多采用生化方法或物化和生化相结合的方法处理；

另外，工业用水量的 60%是冷却水，应增加其循环利用率。

常见的工业废水污染物的行业特征见表 1-2。

表 1-2　常见的工业废水污染物的行业特征

| 污染物类型 | 涉及的主要行业 |
|---|---|
| 重金属废水 | 矿山采选业、有色金属冶炼与压延加工业、金属处理与金属加工业、电镀行业、铅蓄电池、电子元件制造业等行业 |
| 含汞废水 | 含汞有色金属采选工业、有色金属冶炼及压延加工业、氯碱、基础化学原料制造业、印刷业化工原料及化学品制造业、电池制造业、照明器具制造业、通用仪器仪表制造等行业 |
| 含镉废水 | 有色采选、冶炼加工业、电镀工业、硫酸矿石制硫酸、磷矿石制磷肥、颜料工业、化学工业、机械电器制造、火力发电、蓄电池等行业 |
| 含铬废水 | 铬的采矿、选矿、冶炼工业、铁合金冶炼业；颜料、化工、印刷工业；毛皮鞣制及制品加工业、染料工业；电镀、飞机、汽车、机械制造工业的金属表面处理及热处理加工、电子元件制造业等行业 |
| 含铅废水 | 铅和重金属的开采、选矿、冶炼、铸造工业；电子元件制造业、钢铁冶炼、电池制造业、废弃资源综合利用业；化学工业、石油加工、玻璃加工业等行业 |
| 含砷废水 | 精梳矿采选与冶炼工业、化学工业、硫酸工业、农药、磷酸盐加工、制药、涂料、玻璃、石油加工和炼焦、非金属矿采选等行业 |

| 污染物类型 | 涉及的主要行业 |
|---|---|
| 含氟废水 | 含氟矿石的开采加工、金属冶炼、铝电解、焦炭、玻璃、电子、电镀、磷肥、农药、化工等行业 |
| 含酚废水 | 石油和天然气开采、石油加工和焦化、造纸、煤气供应、煤化工、树脂、化学工业、化学纤维制造、医药制造、煤炭开采、饮料制造等行业 |
| 含氰废水 | 化学工业、黑色金属加工、金属制品、化纤、石油加工和焦化、煤气洗涤、金属清洗、电镀、提取金银、非金属矿物采选和制造等行业 |
| 含硫化物废水 | 炼油、纺织、印染、焦炭、煤气、纸浆、制革及多种化工原料的生产行业 |
| 氨氮废水 | 氨及系列氮肥行业、硝酸工业、化工制造业、石化厂、炼油厂、食品加工业、屠宰、造纸、制革、焦化、稀土、酿造发酵等行业 |
| 含磷废水 | 磷酸盐、磷肥、制药、农药、酸洗磷化表面处理、洗涤剂、水产品加工等生产过程 |
| 含油废水 | 石油、石油化工、钢铁、机械加工、焦化、煤气发生站、食品加工、油脂加工、餐饮等行业 |
| 有机废水 | 化工、炼油、制药、酿造、橡胶、食品、造纸、纺织、农药等行业 |
| 酸性废水 | 化工、矿山、金属酸洗、电镀、钢铁加工、有色金属冶炼与压延加工、染料等行业 |
| 碱性废水 | 制碱、造纸、印染、化纤、制革、化工、炼油等行业 |
| 硝基苯废水 | 化工、制药、染料、火炸药等行业 |
| 放射性废水 | 放射性矿物开采、核研究、核工业、核材料试验、核医疗、核电站等行业 |
| 高色度废水 | 印染、染料、造纸、食品、制革、医药原料药等行业 |
| 臭味废水 | 食品、制革、炼油、石化、制药、农药、酿造发酵、水产品加工、煤化工、人造革、污水处理等行业 |
| 含大肠菌群废水 | 医疗、制革、医院、屠宰、畜禽养殖等行业 |

据2015年全国环境统计资料：

农副食品加工业（含食品、饮料制造业）、化工原料及化学品制造业、造纸业、纺织业、电力工业、黑色金属冶炼及压延加工业等六个行业的废水排放量分别占工业废水排放量的14.39%、14.12%、13.04%、10.15%、4.85%、5.02%，这六个行业污水总量超过工业废水排放量的61.57%。

农副食品制造业（含食品、饮料制造业）、化工原料及化学品制造业、造纸业、纺织业、化学纤维制造业废水中COD排放量分别占工业行业COD总排放量的27.00%、13.55%、13.13%、8.05%、5.58%，这五个行业COD总排放量占工业行业COD总排放量的67.31%。

化工原料及化学品制造业，农副食品制造业（含食品、饮料制造业），纺织业，石油加工、炼焦及核燃料加工业，造纸业废水中氨氮排放量分别占工业氨氮排放总量的29.34%、17.63%、7.55%，7.55%、6.29%，这五个行业氨氮总排放量占工业氨氮排放总量的68.36%。

石油加工、炼焦及核燃料加工业，化工原料及化学品制造业，黑色金属冶炼及压延加工业，煤炭开采和洗选业，石油和天然气开采业，农副食品制造业（含食品制造业）废水中石油类排放量分别占工业石油类排放总量的 18.24%、13.90%、12.34%、11.63%、3.56%、2.13%，这六个行业石油类总排放量占工业石油类排放总量的 61.8%。

有色金属冶炼及压延加工业、有色金属采选业、化工原料及化学品制造业、电力工业、黑色金属冶炼及压延加工业废水中汞的排放量分别占工业排放总量的 29.48%、24.22%、23.00%、8.92%、3.75%，这五个行业汞的排放量占汞排放总量的 89.37%。

有色金属冶炼及压延加工业、有色金属采选业、化工原料及化学品制造业废水中镉的排放量分别占工业排放总量的 69.71%、19.22%、1.88%，这三个行业镉的总排放量占工业镉总排放量的 90.81%。

金属制品业（含通用设备、专用设备、交通运输设备、通信计算机及其他电子设备制造业），黑色金属冶炼及压延加工业，皮革、毛皮、羽毛及其制品业，化工原料及化学品制造业，有色金属冶炼及压延加工业，有色金属采选业废水中六价铬的排放量分别占工业总排放量的 63.71%、10.84%、9.05%、6.16%、4.87%、2.25%，这六个行业六价铬总排放量占工业排放总量的 92.89%。

有色金属采选业、有色金属冶炼及压延加工业、金属制品业（含通用设备、专用设备、交通运输设备、通信计算机及其他电子设备制造业）、化工原料及化学品制造业、黑色金属冶炼及压延加工业废水中铅的排放量分别占排放总量的 39.40%、41.59%、6.77%、2.7%、2.65%，这五个行业铅的总排放量占工业总排放量的 93.11%。

有色金属采选业、化工原料及化学品制造业、有色金属冶炼及压延加工业废水中砷的排放量分别占排放总量的 38.01%、29.50%、23.81%，这三个行业砷的总排放量占工业总排放量的 91.32%。

石油加工、炼焦及核燃料加工业，化工原料及化学品制造业，造纸业，黑色金属冶炼及压延加工业废水中挥发酚的排放量分别占工业排放总量的 81.26%、8.73%、3.93%，2.52%。这四个行业挥发酚的总排放量占工业总排放量的 96.44%。

石油加工、炼焦及核燃料加工业，化工原料及化学品制造业，金属制品业（含通用设备、专用设备、交通运输设备、通信计算机及其他电子设备制造业），黑色金属冶炼及压延加工业废水中氰化物的排放量占工业排放总量的 39.81%、27.09%、13.41%、12.5%，这四个行业氰化物的总排放量占工业总排放量的 92.81%。

## 五、工业行业固体废物的种类及行业特征

据 2015 年全国环境统计资料：

全国一般工业固体废物中重点企业产生量为 31.1 亿 t（其中尾矿为 9.550 1 亿 t、粉煤灰为 4.378 5 亿 t、煤矸石为 3.869 2 亿 t、冶炼废渣为 3.390 3 亿 t、炉渣为 3.173 3 亿 t，分别占重点企业工业固体废物产生量的 30.7%、14.1%、12.5%、10.9%和 10.2%）；综合利用

率分别为尾矿 28.5%、粉煤灰 86.4%、煤矸石 65.5%、冶炼废渣 91.5%、炉渣 88.2%。电力、热力生产供应业（19.23%），有色金属冶炼及压延加工业（19.23%），黑色金属冶炼及压延加工业（15.39%），非金属矿物制品业（7.69%），各类矿物采选业（26.92%）等五行业为主要倾倒工业固体废物的行业，占工业固体废物排放总量的 88.46%（表 1-3）。

**表 1-3　工业行业固体废物的来源**

| 固体废物 | | 来　　源 |
|---|---|---|
| 矿业固体废物 | 煤矸石 | 煤炭采选、煤化工、煤场、电厂、锅炉房等 |
| | 尾矿 | 黑色金属矿采选、有色金属矿采选、非金属矿采选、开采辅助活动等 |
| | 废石 | 煤炭采选、黑色金属矿采选、有色金属矿采选、非金属矿采选、开采辅助活动等 |
| 冶炼固体废物 | 高炉渣、钢渣、钢铁冶炼加工尘灰 | 钢铁冶炼及压延加工业、机械、铸锻加工业 |
| | 铁合金渣、铁合金冶炼加工尘灰 | 铁合金冶炼及加工业 |
| | 有色金属渣、有色金属冶炼加工尘灰 | 有色金属冶炼及压延加工业、机械、铸锻加工业 |
| | 赤泥及氧化铝加工尘灰 | 氧化铝加工业 |
| 燃料固体废物 | 粉煤灰 | 燃煤电厂、集中供热、垃圾焚烧厂、锅炉房除尘器产生的粉状废渣。如电厂的粉煤灰浆、除尘器排放的废物、烟筒底部定期掏出的废灰等 |
| | 炉渣 | 电厂、集中供热、垃圾焚烧厂、锅炉房锅炉排出的炉渣 |
| 化工废渣 | 化工或化学品制造或使用产生的废渣 | 化学原料和化学制品制造业、石油加工、煤化工加工业、医药工业、农药工业等 |
| 污泥 | 污水处理设施的污泥、预处理设施的污泥、过滤分离的污泥等 | 城市污水集中处理厂、工业污水处理厂、污水预处理设施、过滤或沉淀设施等 |
| 放射性废物 | | 核工业的核燃料开采、冶炼过程，农业、医疗、科研、教学、军工等行业产生的放射性废物。有些含伴生放射性物质的采矿、冶炼过程，核燃料的开采、提取、加工产生的尾矿和渣土，医疗照射、透视使用的示踪药物废物 |
| 其他工业固体废物 | | 机械、建筑、建材、电器仪表、轻纺食品、业剂、矿业等行业产生的上述之外的废物。如建筑垃圾、废旧设备、废器皿、废玻璃、渣土、废布头、废纸张、废杂草、秸秆、动植物体废物等 |

# 第二节　工业污染源现场检查技术要求

## 一、工业污染源现场检查技术规范

2011 年 2 月 12 日环境保护部颁布《工业污染源现场检查技术规范》，该规范由中国环境科学学会、环境保护部华东环境保护督察中心、环境保护部南京环境科学研究所、东莞市环境保护局编写，环境保护部科技标准司组织制定，自 2011 年 6 月 1 日起实施。

该标准规定了工业污染源现场检查的准备工作、主要内容及技术要点。适用于各级环境保护主管部门的工业污染源现场检查工作。

## 二、工业污染源现场检查的准备工作

### （一）现场检查的准备工作

现场检查的准备工作包括：

**1. 现场检查人员**

工业污染源现场检查活动应由两名以上环境保护部门或其授权的下属单位工作人员实施。

执行工业污染源现场检查任务人员应出示国家生态环境主管部门或地方人民政府配发的有效执法证件。

**2. 分析现场检查任务**

明确现场检查任务，被查单位名称、地点、单位概况，大致可能是什么问题，反映或转来的背景材料等，了解查什么、查哪儿、怎么查。

**3. 准备被检查单位的各类信息资料**

实施现场检查部门可通过以下途径收集污染源信息：

（1）污染源调查

在生态环境主管部门的领导下，环境监察机构可协同其他环境管理部门共同开展环境污染源动态调查和数据采集工作，掌握辖区内污染源的基本情况，确定辖区内重点污染源、一般污染源名录及污染物排放情况。

（2）排污许可证及执行报告

排污许可证承诺书、排污许可证副本、执行报告及排污许可证执行报告的核查资料均可作为对污染源进行监督管理的依据。

（3）排污许可管理台账

生态环境主管部门在环境统计中获得的污染源信息，执行环境影响评价制度、“三同时”制度等监督管理中积累的污染源档案材料，以及环境监察机构在日常环境监察中对有关污染源进行调查、处理和减排核查中积累的材料，均为工业污染源现场检查的重要信息来源。

（4）其他信息来源

通过污染源自动监控数据、企业信息公开数据、群众举报、信访、12369 环保热线、环境督察反馈信息、领导批示、媒体报道、其他部门转办等信息来源，获取企业污染源信息资料。生态环境主管部门中各机构在行政管理过程中形成的污染源信息资料应及时移交所属环境监察机构。如最近的现场检查记录和结果，被查单位的生产工艺、排污节点，污染治理设施运行记录，违法记录等。

**4．需要检查的排污节点和设施**

如要现场检查那些生产场所核设施主要排污特征，以前都存在哪些问题，这些信息环境监察机构可以通过完善一厂一档资料进行积累。

各级环保部门可按照污染源位置，所属流域，所属行业类别，排放污染物的种类、规模、去向等分类，建立污染源信息数据库。

**5．现场检查表**

根据任务分析，确定现场检查的流程，或明确从哪里开始检查，到哪里结束。现在许多环境监察机构研究编制现场检查表，探索精细化执法的手段，解决现场检查怎么查的问题。

### （二）现场检查活动计划

污染源现场检查活动计划的内容主要包括：检查目的、时间、路线、对象、重点内容等。对于重点污染源和一般污染源，应保证规定的检查频率。对排放有毒有害污染物危害环境的、扰民严重的污染源及群众来信来访举报的污染源及时进行检查。各级环保部门应根据本地区的污染源特点和环境特点，保证必要的现场检查频次。

### （三）现场执法的证据

证据能确认环境违法行为的实施人，能证明环境违法事实、执法程序事实、行使自由裁量权的基础事实，能反映环保部门实施行政处罚的合法性和合理性。

**1．现场检查取证的要求**

（1）现场检查要求两人以上，着正装，出示证件后进入现场，首先说明检查事项；

（2）进入现场检查时要随身携带有关现场取证、勘察仪器、设备和必要装备或执法箱，携带必要的勘验和取证等执法文书及有关材料；

（3）在现场进行实地勘验查询、查询和取证，要向被查单位有关人员做好询问笔录；

（4）填写现场检查记录，写明违法事实，履行告知制度；

（5）检查中发现环境违法行为要进行立案或提出处理意见，权限内的及时处理，权限外的要及时上报。

**2．现场检查收集证据的方式**

（1）查阅、复制保存在国家机关及其他单位的相关材料；

（2）进入有关场所进行检查、勘察、采样、监测、录音、拍照、录像、提取原物原件；

（3）查阅、复制当事人的生产记录、排污记录、环保设施运行记录、合同、缴款凭据等材料；

（4）询问当事人、证人、受害人等有关人员，要求其说明相关事项、提供相关材料；

（5）组织技术人员、委托相关机构进行监测、鉴定；

（6）调取、统计自动监控数据；

（7）依法采取先行登记保存措施；

（8）依法采取查封、扣押（暂扣）措施；

（9）申请公证进行证据保全；

（10）当事人陈述、申辩，听取当事人听证会意见；

（11）依法可以采取的其他措施。

现场检查发现问题，采集和保全相应的环境证据，是环境监察机构提出现场检查处理意见和环境行政处罚立案申请的主要事实依据。污染源现场检查活动中取得的证据包括书证、物证、证人证言、视听材料和计算机数据、当事人陈述、环境监测报告和其他鉴定结论、现场检查（勘察）笔录等。

**3．证据类型**

（1）书证

书证包括文件、报告、计划、记录等书面文字材料或电子文档。书证的制作应当符合下列要求：

①提供书证的原件。收集原件确有困难的，可以收集与原件核对无误的复印件、照片或节录本；提交证据的单位或个人应在复印件、照片或节录本上签字或加盖公章。

②提供由有关部门保管的书证原件的复制件、影印件或者抄录件的，应当注明出处，经该部门核对无异后加盖公章。

③提供报表、图纸、会计账册、专业技术资料、科技文献等书证的，应当附有文字说明材料。

④提供电子文档的，应当注明保存电子文档的计算机所有者名称。

（2）物证

物证指现场采集的污染物样品或其他物品，如受污染源影响的生物、水、大气、土壤样品等。

①现场采样

现场采样取证应由县级以上环境保护主管部门所属环境监测机构、环境监察机构或其他具有环境监测资质的机构承担。采样人员可通过摄影、摄像等方式对采样地点、采样过程进行记录，与样品一同作为检查证据。

污染源现场采样、保存应符合国家相关环保标准和技术规范的要求。现场采集样品应当交由县级以上环境保护主管部门所属环境监测机构或其他具有环境监测资质的机构实施检测。

对排污者排放污染物情况进行监督检查时，可以现场即时采样或监测，其结果可作为判定排污行为是否合法、是否超标以及实施相关环境保护管理措施的依据。在线监测数据，经环境保护主管部门认定有效后，可以作为认定违法事实的证据。

当事人与现场调查取证之间的关系应遵循《环境行政处罚办法》第四十三条的规定。

②采样记录与标志

现场采样取证应填写采样记录。采样记录应一式两份，第一份随样品送检，第二份留存环境监察机构备查。排污者代表对样品和采样记录核对无误后在采样记录上签字盖章确认。采样后，除进行现场快速检测或必要的前处理外，现场采样人员应立即填制样品标签及样品封条。样品标签应贴在样品盛装容器上，样品封条应贴在样品盛装容器封口，封条的样式应便于检测单位确认接收前样品容器是否曾被开封。采样人员和排污者代表应当在封条上签名并注明封存日期。

（3）证人证言

收集证人证言作为认定违法行为的证据使用时，应当载明下列内容：

①证人的姓名、年龄、性别、职业、住址、身份证号码、联系电话等基本情况；

②证人就知道的违法事实所作的客观陈述；

③证人的签字；证人不能签字的，应以捺指印或盖章等方式证明；

④注明出具证言的日期。

（4）视听资料和计算机数据

视听资料包括现场的录音、录像、照片等，视听资料的制作应当符合下列要求：

①提供有关资料的原始载体。提供原始载体确有困难的，可以提供复制件；

②注明制作方法、制作时间、制作人、证明对象或相关问题说明等；

③声音资料应当附有该声音内容的文字记录。

（5）当事人陈述

提供当事人陈述作为认定违法行为的证据使用时，应当载明下列内容：

①当事人的姓名、年龄、性别、职业、住址、身份证号码、联系电话等基本情况；

②当事人就违法事实所作的客观陈述；

③当事人的签字；当事人不能签字的，应以捺指印或盖章等方式证明；

④注明陈述的日期；

⑤附有居民身份证复印件等证明当事人身份的文件。

（6）环境监测报告及其他鉴定结论

①环境监测报告

县级以上环境保护主管部门所属环境监测机构或经其他具有环境监测资质的机构按照相关管理规定出具的环境监测报告，可作为污染源现场检查的证据。环境监测报告应当符合以下要求：

a．环境监测报告中应有监测机构全称，以及国家计量认证标志（CMA）和监测字号；

b．监测报告应当载明监测项目的名称、委托单位、监测时间、监测点位、监测方法、检测仪器、检测分析结果等内容；

c．监测报告的编制、审核、签发等人员应具备相应的资格，有报告编制、审核、签发等人员的签名和监测机构的盖章。

②委托鉴定报告

对环境监察机构自身不能认定或者作出结论的事项，可以委托有关机构或者专家进行专门鉴定，作出鉴定报告。鉴定报告包括除环境监测报告以外的各种科学鉴定和司法鉴定。鉴定报告应当符合以下要求：

a．鉴定报告应当载明委托人和委托鉴定的事项、向鉴定部门提交的相关材料、鉴定的依据和使用的科学技术手段；

b．鉴定报告应包括对鉴定过程的简要表述；

c．鉴定报告应当有鉴定部门和鉴定人鉴定资格的说明，并应有鉴定人的签名和鉴定部门的盖章；

d．通过推理分析获得的鉴定结论，应当说明推理分析过程。

（7）现场笔录

现场笔录包括现场进行实地检查、察看、探访以及对于当事人或有关证人进行询问而当场制作的文书，包括现场调查（询问）笔录、现场检查（勘察）笔录等。

现场调查（询问）笔录是实施现场检查人员对环境违法案件调查以及就有关情况对当事人或证人进行询问的记录。现场检查（勘察）笔录是实施现场检查人员对污染源进行检查时对现场检查内容进行的记录。

## 三、现场检查的方法要点

### （一）资料检查

（1）检查资料的完备性：需要检查的资料内容视各监察要点的不同而不同。

（2）检查资料内容：与相关法律法规相比较。

（3）检查资料的真实性：根据不同资料在时间和工况上的一致性进行判断。

### （二）现场检查

根据所收集资料在现场对企业生产车间、污染物收集系统、处理系统、环境管理、公共设施及纳污环境周边状况进行观察，主要检查现场与收集资料的一致性和运行状态等，对可能存在环境违法行为的关键设备、场所、物品应拍照取证，对污染防治设施运行状态不稳定或关键参数不符合要求的，应即时取样、监测。

### （三）现场测算

现场测算的方法主要包括容积法、便携式仪器测量法、理论估算法，测算内容主要是电镀企业内重点工序及废水处理站的液体进出流量，具体测算内容视各监察要点而不同。

（1）容积法：是指在耗水点或排水点的敞口处，用固定容积容器在固定时间内盛接液体，再计算出此段时间此工况下的液体流量。

（2）便携式仪器测量法：主要是指使用便携式流量计实测管道内液体的瞬时流量和累计流量。

（3）理论估算法：是指在不具备容积法和仪器测量法的条件下，根据液体泵或气泵的额定流量、扬程、管道尺寸，估算出管道内液体可能的最大流速。也可类比采用同种产品、同规模生产线的实际排放水量数据；无类比数据时，可按生产车间（线）总用水量的90%估算排水量。

### （四）现场访谈

（1）与企业内部人员访谈：与车间工人进行随机性的访谈，了解企业生产概况，寻找企业环境违法行为线索，核实企业提供信息的真实性。

（2）与周边居民访谈：走访企业周边居民，核实企业提供信息的真实性，了解企业长期运行过程中是否对附近居民带来废水、废气、噪声、固体废物等方面的污染。对居民提出的意见进行判断筛选后，反馈于监察报告中。

## 四、各类现场检查的要点

### （一）环境管理情况的检查

#### 1. 环境管理制度落实情况

检查排污单位的环评审批和验收手续是否齐全、有效，检查排污单位是否申领排污许可证，检查排污单位是否建立符合要求的自行监测管理体系，检查排污单位是否建立完善健全的环境管理台账，检查排污者是否曾有被处罚记录以及处罚决定的执行情况。

#### 2. 生产设施情况

了解排污者的工艺、设备及生产状况，是否有国家规定淘汰的工艺、设备和技术，了解污染物的来源、产生规模、排污去向，具体内容应包括：

（1）了解原辅材料、中间产品、产品的类型、数量及特性等情况；

（2）了解生产工艺、设备及运行情况；

（3）了解原辅材料、中间产品、产品的贮存场所与输移过程；

（4）了解生产变动情况。

#### 3. 污染治理设施情况

了解排污者拥有污染治理设施的类型、数量、性能和污染治理工艺，检查是否符合环境影响评价文件的要求；检查污染治理设施管理维护情况、运行情况、运行记录，是否存在停运或不正常运行情况，是否按规程操作；检查污染物处理量、处理率及处理达标率，有无违法、违章的行为。

#### 4. 污染源自动监控系统情况

按照《污染源自动监控管理办法》等法规的要求，检查污染源自动监控系统。

#### 5. 污染物排放口规范化情况

检查污染物排放口（源）的类型、数量、位置的设置是否规范，是否有暗管排污等偷排行为。

检查排污口（源）排放污染物的种类、数量、浓度、排放方式等是否满足国家或地方污染物排放标准的要求。

检查排污者是否按照《环境保护图形标志——排放口（源）》（GB 15562.1）、《环境保护图形标志固体废物贮存（处置）场》（GB 15562.2）以及《〈环境保护图形标志〉实施细则（试行）》（环监〔1996〕463 号）的规定，设置环境保护图形标志。

#### 6. 环境应急管理情况

开展现场环境事故隐患排查及其治理情况监察；检查排污者是否编制和及时修订突发性环境事件应急预案；应急预案是否具有可操作性；是否按预案配置应急处置设施和落实

应急处置物资；是否定期开展应急预案演练。

## （二）水污染源现场检查

### 1. 水污染防治设施

（1）设施的运行状态。检查水污染防治设施的运行状态及运行管理情况，是否不正常使用、擅自拆除或者闲置。

排污者有下列行为之一的，可以认定为“不正常使用”污染防治设施：

①将部分或全部废水不经过处理设施，直接排入环境；

②通过埋设暗管或者其他隐蔽排放的方式，将废水不经处理而排入环境；

③非紧急情况下开启污染物处理设施的应急排放阀门，将部分或全部废水直接排入环境；

④将未经处理的废水从污染物处理设施的中间工序引出直接排入环境；

⑤将部分污染物处理设施短期或者长期停止运行；

⑥违反操作规程使用污染物处理设施，致使处理设施不能正常发挥处理作用；

⑦污染物处理设施发生故障后，排污者不及时或者不按规程进行检查和维修，致使处理设施不能正常发挥处理作用；

⑧违反污染物处理设施正常运行所需的条件，致使处理设施不能正常运行的其他情形。

（2）设施的历史运行情况。检查设施的历史运行记录，结合记录中的运行时间、处理水量、能耗、药耗等数据，综合判断历史运行记录的真实性，确定水污染防治设施的历史运行情况。

（3）处理能力及处理水量。检查计量装置是否完备，处理能力是否能够满足处理水量的需要。

核定处理水量与生产系统产生的水量是否相符。如处理水量低于应处理水量，应检查未处理废水的排放去向。

检查是否按照规定安装了计量装置和污染物自动监控设备，其运行是否正常；检查污水计量装置是否按时计量检定，是否在检定有效期内。

（4）废水的分质管理。检查对于含不同种类和浓度污染物的废水，是否进行必要的分质管理。

对于污染物排放标准规定必须在生产车间或设施废水排放口采样监测的污染物，检查排污者是否在车间或车间污水处理设施排放口设置了采样监测点，是否在车间处理达标，是否将污染物在处理达标之前与其他废水混合稀释。

（5）处理效果。检查主要污染物的去除率是否达到了设计规定的水平，处理后的水质是否达到了相关污染物排放标准的要求。

（6）污泥处理、处置。检查废水处理中排出的污泥产生量和污水处理量是否匹配，污泥的堆放是否规范，是否得到及时、有效的处置，是否产生二次污染。

#### 2．污水排放口

（1）检查污水排放口的位置是否符合规定，是否位于国务院、国务院有关部门和省、自治区、直辖市人民政府规定的风景名胜区、自然保护区、饮用水水源保护区以及其他需要特别保护的区域内。

（2）检查排污者的污水排放口数量是否符合相关规定。

（3）检查是否按照相关污染物排放标准、HJ/T 91、HJ/T 373 的规定设置了监测采样点。

（4）检查是否设置了规范的便于测量流量、流速的测流段。

#### 3．排水量复核

（1）有流量计和污染源监控设备的，检查运行记录。

（2）有给水计量装置的或有上水消耗凭证的，根据耗水量计算排水量。

（3）无计量数及有效的用水量凭证的，参照国家有关标准、手册给出的同类企业用水排水系数进行估算。

#### 4．检查排放水质

检查排放废水水质是否达到国家或地方污染物排放标准的要求。检查监测仪器、仪表、设备的型号和规格以及检定、校验情况，检查采用的监测分析方法和水质监测记录。如有必要可进行现场监测或采样。

#### 5．检查排水分流

检查排污单位是否实行清污分流、雨污分流。

#### 6．检查事故废水应急处置设施

检查排污企业的事故废水应急处置设施是否完备，是否可以保障对发生环境污染事故时产生的废水实施截流、贮存及处理。

#### 7．确定废水的重复利用

检查处理后废水的回用情况。

### （三）大气污染源现场检查

#### 1．燃烧废气

（1）检查燃烧设备的审验手续及性能指标。了解锅炉的性能指标是否符合相关标准和产业政策，检查环保设备的配套状况及环保审批、验收手续。

（2）检查燃烧设备的运行状况。检查除尘设备的运行状况，干清除是否漏气或堵塞，湿清除灰水的色泽和流量是否正常；检查灰水及灰渣的去向，防止二次污染。

（3）检查二氧化硫的控制。检查燃烧设备的设置、使用是否符合相关政策要求，用煤的含硫量是否符合国家规定，是否建有脱硫装置以及脱硫装置的运行情况、运行效率。

（4）检查氮氧化物的控制。检查是否采取了控制氮氧化物排放的技术和设施。

**2. 工艺废气、粉尘和恶臭污染源**

（1）检查废气、粉尘和恶臭排放是否符合相关污染物排放标准的要求。

（2）检查可燃性气体的回收利用情况。

（3）检查可散发有毒、有害气体和粉尘的运输、装卸、贮存的环保防护措施。

**3. 大气污染防治设施**

（1）除尘系统。除尘器是否得到较好的维护，保持密封性；除尘设施产生的废水、废渣是否得到妥善处理、处置，避免二次污染。

（2）脱硫系统。检查是否对旁路挡板实行铅封，增压风机电流等关键环节是否正常；检查脱硫设施的历史运行记录，结合记录中的运行时间、能耗、材料消耗、副产品产生量等数据，综合判断历史运行记录的真实性，确定脱硫设施的历史运行情况；检查脱硫设施产生的废水、废渣是否得到妥善处理、处置，避免二次污染。

（3）其他气态污染物净化系统。检查废气收集系统效果；检查净化系统运行是否正常；检查气体排放口主要污染物的排放是否符合国家或地方标准；检查处理中产生的废水和废渣的处理、处置情况。

**4. 废气排放口**

（1）检查排污者是否在禁止设置新建排气筒的区域内新建排气筒。

（2）检查排气筒高度是否符合国家或地方污染物排放标准的规定。

（3）检查废气排气通道上是否设置采样孔和采样监测平台。有污染物处理、净化设施的，应在其进出口分别设置采样孔。采样孔、采样监测平台的设置应当符合 HJ/T 397 的要求。

**5. 无组织排放源**

（1）对于无组织排放有毒有害气体、粉尘、烟尘的排放点，有条件做到有组织排放的，检查排污单位是否进行了整治，实行有组织排放。

（2）检查煤场、料场、货场的扬尘和建筑生产过程中的扬尘，是否按要求采取了防治扬尘污染的措施或设置防扬尘设备。

（3）在企业边界进行监测，检查无组织排放是否符合相关环保标准的要求。

### （四）固体废物污染源现场检查

**1. 固体废物来源**

（1）了解固体废物的种类、数量、理化性质、产生方式。

（2）根据《国家危险废物名录》或 GB 5085 确定生产中危险废物的种类及数量。

#### 2．固体废物贮存与处理处置

（1）检查排污者是否在自然保护区、风景名胜区、饮用水水源保护区、基本农田保护区和其他需要特别保护的区域内，建设工业固体废物集中贮存、处置的设施、场所和生活垃圾填埋场。

（2）检查固体废物贮存设施或贮存场是否设置了符合环境保护要求的设施，如防渗漏措施是否齐全，是否设置人造或天然衬里，配备浸出液收集、处理装置等。

（3）对于临时性固体废物贮存、堆放场所，检查是否采取了适当的环境保护措施。

（4）对于危险废物的处理处置，检查是否取得了相应资质，是否设置了专用贮存场所，是否设置了明显的标志，边界是否采取了封闭措施，是否有防扬散、防流失、防渗漏等防治措施，是否符合 GB 18597 的要求。

（5）检查排污者是否向江河、湖泊、运河、渠道、水库及其最高水位线以下的滩地和岸坡等法律、法规规定禁止倾倒废弃物的地点倾倒固体废物。

#### 3．固体废物转移

（1）对于发生固体废物转移的情况，检查固体废物转移手续是否完备。转移固体废物出省、自治区、直辖市行政区域贮存、处置的，是否由移出地的省、自治区、直辖市人民政府环境保护主管部门商经接受地的省、自治区、直辖市人民政府环境保护主管部门同意。

（2）转移危险废物的，是否填写了危险废物转移联单，并经移出地设区的市级以上地方人民政府环境保护主管部门商经接受地设区的市级以上地方人民政府环境保护主管部门同意。

### （五）噪声污染源现场检查

#### 1．产噪设备

了解产噪设备是否为国家禁止生产、销售、进口、使用的淘汰产品，检查产噪设备的布局和管理。

#### 2．噪声控制与防治设备

检查噪声控制与防治设备是否完好，是否按要求使用，管理是否规范，有无擅自拆除或闲置。

#### 3．噪声排放

根据国家环境保护标准的要求，进行现场监测，确定噪声排放是否达标。

## 第三节 实施工业污染源全面达标排放计划

### 一、《控制污染物排放许可制实施方案》

2016年11月10日国务院办公厅针对排污许可证制度定位不明确、企事业单位治污责任不落实、环境保护部门依证监管不到位，使得管理制度效能难以充分发挥的问题，为进一步推动环境治理基础制度改革，规范企事业单位排污行为，改善环境质量，根据《中华人民共和国环境保护法》和《生态文明体制改革总体方案》等，制定和下发《国务院办公厅关于印发〈控制污染物排放许可制实施方案〉的通知》（国办发〔2016〕81号）（以下简称《实施方案》)。《实施方案》提出，要衔接整合相关环境管理制度，将控制污染物排放许可制建设成为固定污染源环境管理的核心制度。

《实施方案》要求严格落实企事业单位环境保护责任。排污许可证制度推动落实企事业单位治污主体责任，对企事业单位排放大气、水等各类污染物进行统一规范和约束，实施“一证式”管理，要求企业持证按证排污，开展自行监测、建立台账、定期报告和信息公开，加大对无证排污或违证排污的处罚力度，实现企业从“要我守法”向“我要守法”转变。

纳入排污许可管理的所有企事业单位必须持证排污、按证排污，不得无证排污。企事业单位应依法开展自行监测，建立台账记录，如实向环境保护部门报告排污许可证执行情况。《实施方案》指出，环境保护部门要加强监督管理，依证严格开展监管执法，重点检查许可事项和管理要求的落实情况，严厉查处违法排污行为；综合运用市场机制政策，引导企事业单位主动削减污染物排放。要强化信息公开和社会监管，2017年基本建成全国排污许可证管理信息平台，及时公开企事业单位自行监测数据和环境保护部门监管执法信息。排污许可证是围绕排放污染物的企事业单位开展环境管理的核心制度，是排污单位守法、管理部门执法、社会监督护法的基本依据。管理办法明确和细化了环保部门、排污单位和第三方机构的法律责任。

### 二、《排污许可证管理办法》

2018年1月10日环境保护部印发《排污许可管理办法（试行)》（以下简称《管理办法》)。

《管理办法》是对《排污许可证管理暂行规定》的延续、深化和完善。《管理办法》在结构和思路上与环境保护部已发布的《排污许可证管理暂行规定》（环水体〔2016〕186号）

保持一致，内容上进一步细化和强化。同时根据部门规章的立法权限，结合火电、造纸等行业排污许可制实施中的突出问题，对排污许可证申请、核发、执行、监管全过程的相关规定进行完善，并进一步提高可操作性。

《管理办法》规定排污许可证由正本和副本两部分组成，主要内容包括承诺书、基本信息、登记信息和许可事项。其中前三项由企业自行填写；最后一项由环保部门依据企业申请材料按照统一的技术规范依法确定。《管理办法》规定核发环保部门应当以排放口为单元，根据污染物排放标准确定许可排放浓度；按照行业重点污染物许可排放量核算方法和环境质量改善的要求计算许可排放量，并明确许可排放量与总量控制指标和环评批复的排放总量要求之间的衔接关系。

《管理办法》强调技术支持，明确环境保护部负责制定排污许可证申请与核发技术规范、环境管理台账及排污许可证执行报告技术规范、排污单位自行监测技术指南、污染防治可行技术指南等相关技术规范。同时明确环境保护主管部门可通过政府购买服务的方式，组织或者委托技术机构提供排污许可管理的技术支持。

排污许可证制度是围绕排放污染物的企事业单位开展环境管理的核心制度，是排污单位守法、管理部门执法、社会监督护法的基本依据。《管理办法》明确和细化了环保部门、排污单位和第三方机构的法律责任。

《管理办法》注重强化排污单位污染治理主体责任，要求排污单位必须持证排污，无证不得排污，并通过建立企业承诺、自行监测、台账记录、执行报告、信息公开等制度，进一步落实持证排污单位污染治理主体责任。改变“保姆式”环境管理模式，建立企业自我监测、自我管理、自主记录和申报，环保部门依规核发、按证监管的法律制度框架。排污单位的主体责任主要有：

（1）编写自行监测方案；

（2）保证申请材料的完整性、真实性和合法性；

（3）试行重点管理的排污单位在申请排污许可证时，应将申请材料公开，并不少于5个工作日；

（4）排污单位应当在排污许可证管理信息平台上填报并提交排污许可证管理信息平台印制的书面申请材料；

（5）排污单位应将排污许可证的正本悬挂在生产经营场所内方便公众监督的位置；

（6）排污单位应当安装或者使用监测设备，并自行监测，保存原始监测记录，其中重点管理的排污单位应当安装自动监测设备并与环境保护主管部门的监控设备联网；

（7）排污单位应当进行台账的记录，主要包括生产设备以及污染防治设施的运行、污染物排放浓度以及排放量，台账记录保存期限不少于3年；

（8）排污单位应当编制排污许可证执行报告，包括年度、季度、月执行报告，其中年度执行报告应在全国排污许可证管理信息平台上填报并公开；

（9）排污单位应当对提交的台账记录、监测数据和执行报告的真实性、完整性负责。

《管理办法》明确依证严格监管执法，强化事中事后监管。明确执法重点和频次；执法中应对照排污许可证许可事项，按照污染物实际排放量的计算原则，通过核查台账记录、在线监测数据及其他监控手段或执法监测等，检查企业落实排污许可证相关要求的情况。

《管理办法》细化了环保部门、排污单位和第三方机构的法律责任。在现有法律框架下细化规定了排污单位、环保部门、技术机构的法律责任和处罚内容。细化规定了无证排污、违证排污、材料弄虚作假、自行监测违法、未依法公开环境信息等违反规定的情形，根据相关法律明确了对违法行为的处罚规定。

《管理办法》明确依证严格监管执法。监管执法部门应制订排污许可执法计划，明确执法重点和频次；执法中应对照排污许可证许可事项，按照污染物实际排放量的计算原则，通过核查台账记录、在线监测数据及其他监控手段或执法监测等，检查企业落实排污许可证相关要求的情况。同时规定，排污单位发生异常情况时如果及时报告，且主动采取措施消除或者减轻违法行为危害后果的，应依法从轻处罚。

以排污许可证制度管理要求为主要依据，逐步整合现有环评审批、在线监测、排污收费、执法监管等各项环境管理平台。加大在线监测等基础设施建设，对重点企业全面推广刷卡排污，同时将更多企业纳入平台监管范围，全面推进环境管理大数据建设，进一步提升环保精细化管理水平。

## 三、工业行业排污许可证申请与核发技术规范

2018 年，环境保护部印发《排污许可证申请与核发技术规范　总则》和工业行业排污许可证申请与核发技术规范。《排污许可证申请与核发技术规范　总则》内容包括了行业基本情况填报要求、产排污节点对应排放口及许可排放限值确定方法、污染防治可行技术要求、自行监测管理要求、环境管理台账与排污许可证执行报告编制要求、实际排放量核算方法和合规判定方法等方面内容。

工业行业排污许可证申请与核发技术规范以产排污节点对应排放口为核心，梳理与排污相关的污染治理设施、与产污相关的生产设施以及生产过程中涉及的原辅材料，确定每个排放口的污染因子，明确对应的许可排放浓度、许可排放量的核定方法，提出排污单位自行监测、环境管理台账记录以及执行报告编制等环境管理要求，规定实际排放量的核算方法以及合规判定方法等内容。

通过排污许可证，我们对企业的环境监管逐步从企业细化深入到监管每个具体排放口，从主要监管四项污染物转向多污染物协同管控，从以污染物浓度管控为主转向污染物

浓度与排污总量双管控，特别针对当前雾霾防治，在排污许可证中增设重污染天气期间等特殊时段对排污单位排污行为的管控要求，不仅推动了对固定污染源的精细化监管，同时将排污许可更好地与环境质量改善要求密切挂钩，推动固定污染源的精细化管理。

## 四、排污许可证的五项制度

《管理办法》细化了环保部门、排污单位等主体的法律责任，并且规定了企业承诺、自行监测、台账记录、执行报告、信息公开等五项与企业密切联系的具体制度。这一系列制度安排构成了企业守法排污的制度体系，形成可追溯的企业实际排放量档案，建立从过程到结果的环境守法完整证据链条，标志着我国进入环境管理证据化时代。

《管理办法》中规定的企业承诺、自行监测、台账记录、执行报告、信息公开等五项制度彼此之间互相联系，共同构成了我国排污许可制度改革的重要内容。《管理办法》中这五项制度的实施，对于改变以往企业依赖于政府进行监管的“保姆式”环境管理模式，强化排污主体责任，构建企业自我监测、自我管理、自主记录和申报，环保部门依规核发、按证监管的排污许可法律制度框架具有重要的意义。

### （一）企业承诺制度

《管理办法》明确要求企业应当在申请排污许可证时提交承诺书作为申请材料，并细化规定了承诺书的内容，还增加了企业可以通过承诺改正来获得排污许可证的规定。《管理办法》中规定的企业承诺制度是落实党的十九大报告中提出的“强化排污者责任”要求、进一步促进排污单位内在的守法动力的一项重要制度。

企业要承诺按照排污许可证的规定规范运行管理、运行维护污染治理设施、开展自行监测、进行台账记录、评估守法情况并按时提交执行报告、及时公开信息。保证一旦发现排放行为与排污许可证规定不符，将立即采取措施改正并同时报告环境保护主管部门。保证自觉接受环境保护主管部门监管和社会公众监督，如有违法违规行为，将积极配合调查，并依法接受处罚。

企业的承诺是排污许可证发放的基础，企业执行报告是对照企业承诺书的内容进行总结和评估的。

### （二）自行监测制度

《管理办法》推行排污单位自行监测污染物排放情况的制度。根据《管理办法》第三十四条规定，排污单位应当按照排污许可证规定，安装或者使用符合国家有关环境监测、计量认证规定的监测设备，按照规定维护监测设施，开展自行监测，并保存原始监测记录。对于实施排污许可重点管理的排污单位而言，其应当按照排污许可证规定安装自动监测设备，并与环境保护主管部门的监控设备联网。

为了落实排污单位自行监测的义务，《管理办法》第十九条还明确了排污单位在申请排污许可证时，应当按照自行监测技术指南，编制自行监测方案的义务。其中《排污单位自行监测技术指南　总则》由环境保护部制定，核心内容包括四个方面的内容：

（1）自行监测技术的一般要求，即指定监测方案、设置和维护监测设施，开展自行监测，做好监测质量保证与质量控制，记录保存和公开监测数据的基本要求。

（2）监测方案制定，包括监测点位、监测指标、监测频次、检测技术、采样方法、检测分析方法的确定原则和方法。

（3）监测质量保证与质量控制，从监测机构、人员、出具数据所需仪器设备，检测辅助设施和实验室环境，监测方法技术能力验证，到监测活动质量控制与质量保证等方面的全过程质量控制。

（4）信息记录和报告要求，包括监测信息记录、信息报告、应急报告、信息公开等内容。

工业行业的自行监测技术指南将大气排放源分为三类，一是对排放量贡献大的废气主要污染源；二是对排放量贡献较大的辅助设备；三是其他废气排放源和废气污染物。明确了有组织大气排放源生产工序排放系统或设施、监测点位、监测指标、监测方法和监测频次要求。明确了无组织大气排放的监测点位、指标、监测频次要求。将废水排放源（监测点位）分为外排口（废水总排放口）和内部监测点位（车间或生产设施废水排放口），明确了监测指标和监测频次要求。《排污单位自行监测技术指南》也是分行业制定的，目前已经已颁布 10 个排污单位自行监测技术指南。

自行监测数据是排污许可管理过程中自证守法的主要原始依据，也是环保部门在核查企业是否按证排污时的重要检查内容以及监管执法的依据。

### （三）台账记录制度

台账记录是指排污单位对日常环境管理信息的记录。根据《管理办法》第三十五条规定，排污单位应当按照排污许可证中关于台账记录的要求，根据生产特点和污染物排放特点，按照排污口或者无组织排放源对相关内容进行记录，具体内容包括：

（1）排放相关的主要生产设施运行情况，发生异常情况的，应当记录原因和采取的措施；

（2）设施运行情况及管理信息，发生异常情况的，应当记录原因和采取的措施；

（3）实际排放浓度和排放量，发生超标排放情况的，应当记录超标原因和采取的措施；

（4）技术规范应当记录的信息。

此外，排污单位应当对提交的台账记录的真实性和完整性负责，并依法接受环保主管部门的监督和检查，在保存时间上，排污单位保存台账记录的期限不应少于 3 年。

《管理办法》明确规定了排污单位以台账形式记录环境管理信息的义务，并且通过出台相应的台账技术规范细化了台账需要记载的内容。由于台账记录是排污单位在执行排污许可管理过程中自证守法的原始依据，并且环保主管部门可以依法对台账记录进行核查，因此台账记录制度的建立可以督促企业对于排污信息进行自我记录和管理，并且同自行监测数据一样也可以为环保主管部门判定排污单位是否按证排污，以及核查其他环境管理要求的落实情况提供依据。

### （四）执行报告制度

执行报告是指排污单位定期向环境保护主管部门报送排污许可证执行情况的报告。根据《管理办法》第三十七条规定，排污单位应当按照排污许可证规定的关于执行报告内容和频次的要求，编制排污许可证执行报告。《管理办法》中规定的执行报告可以分为年度执行报告、季度执行报告和月执行报告。

1．报告和月执行报告至少应当包括以下内容：

（1）根据自行监测结果说明污染物实际排放浓度和排放量及达标判定分析；

（2）排污单位超标排放或者污染防治设施异常情况的说明。

2．年度执行报告可以替代当季度或者当月的执行报告，并增加以下内容：

（1）排污单位基本生产信息；

（2）污染防治设施运行情况；

（3）自行监测执行情况；

（4）环境管理台账记录执行情况；

（5）信息公开情况；

（6）排污单位内部环境管理体系建设与运行情况；

（7）其他排污许可证规定的内容执行情况等。

同自行监测数据和台账记录一样，执行报告也是排污单位在执行排污许可证过程中所承担的义务，三者共同构成排污单位在排污许可管理过程中自证守法的主要原始依据，执行报告和执行报告的核查报告也是环保部门在核查企业是否按证排污时的重要检查内容以及监管执法的依据。

### （五）信息公开制度

为了强化排污单位依法领证、按证排污的意识，加强社会公众以及新闻媒体对排污单位的排污行为、环保部门核发许可证以及执法监管行为的监督，《管理办法》规定了信息公开制度，明确规定排污单位和环保部门都是信息公开的主体。

对于实行重点管理的排污单位而言，其在提交排污许可申请材料前，应当将承诺书、基本信息以及拟申请的许可事项向社会公开，公开途径应当选择包括全国排污许可证管理信息平台等便于公众知晓的方式，公开时间不得少于五个工作日。在执行排污许可证过程中，排污单位应公开自行监测数据和执行报告内容。

对于环保部门，在核发排污许可证后应公开排污许可证正本以及副本中的基本事项、承诺书和许可事项。而监管执法部门应在全国排污许可证管理信息平台上公开监管执法信息、无证和违法排污的排污单位名单。

为了落实信息公开制度，《管理办法》还针对未依法公开信息的行为规定了相应的法律责任。对于重点排污单位而言，如未依法公开或者不如实公开有关环境信息，则由县级以上环境保护主管部门责令其公开，依法处以罚款，并予以公告。对于环境保护主管部门，如果其在排污许可受理、核发以及监管执法中未依法公开排污许可相关信息，则由其上级行政机关或者监察机关责令改正，对直接负责的主管人员或者其他直接责任人员依法给予行政处分，构成犯罪的，应依法追究刑事责任。

## 五、工业行业污染防治可行技术指南

结合工业行业生产工艺流程及产污节点，描述生产工艺产生的水、大气、固体、噪声等污染物的排放量和排放强度，包括污染物种类、浓度等特性；简要阐明污染防治技术的原理、过程环节及适用范围；列出采用技术的工艺设施运行条件、运行参数及污染物削减和排放情况；评价技术特点。工业行业污染防治可行技术指南也是分行业制定的，目前已经颁布火电厂、制浆造纸工业等 20 个行业的污染防治可行技术指南。

生产行业污染防治可行技术是在工业生产行业的清洁生产和末端治理实践中，被行业证明能达到或优于相关排放标准、技术可行、经济合理的技术。污染治理设施可行技术是针对目标污染物的处理达到或优于相关排放标准的，并经过生产实践证明可行、经济合理的技术。

《污染防治可行技术指南编制导则》主要内容包括：

（1）行业生产与污染物的产生。

（2）污染防治可行技术。

①污染预防技术；

②污染治理技术。

工业行业污染防治可行技术指南可以帮助在环境执法中辨识不同行业的可以达标的污染防治可行技术。

## 六、工业行业排污许可证执法手册

目前生态环境部环境监察局正在编制行业的排污许可证执法手册，2017 年火电行业和造纸行业的排污许可证执法手册已经编制完成，2018 年陆续完成钢铁工业、石化工业、纺织印染工业、有色金属工业、水泥工业、炼焦化学工业、电镀工业、陶瓷制品制造业、淀粉生产及淀粉制品加工业等 26 个工业行业的排污许可执法手册。

## 第四节　工业污染源环境监测数据造假的检查

### 一、环境监测数据弄虚作假行为的背景

近年来由于种种原因，环境监测或自动监控数据的真实性出现问题：一是由于受到体制、机制的制约，地方政府存在着只抓经济指标，忽略环境保护的问题，生态文明建设体制改革后，随着一系列环境保护法律法规的制修订，在“大气十条”“水十条”的各项污染减排、环保达标考核压力日益增大的背景下，一些地方因为环境质量指标达不到要求，便从行政的角度要求环保部门提供虚假监测数据；二是近年来环保部门对企业污染源加大双达标的现场执法力度，许多企业在高能耗、高污染、环保治理能力缺失的条件下，靠采取非正常手段干预监测数据，污染排放数据与环境监测数据不符，污染源自动监控设施及数据弄虚作假现象也屡禁不止，借此逃避环保部门的监管；三是一些第三方环境监测机构、环境监测设备运营维护机构受利益驱动，或屈从于委托单位的无理要求，编造数据、出具假报告以赚取利润，或者为了抢占市场低价竞争，为了降低成本不按标准开展监测活动，违规操作，监测数据屡出瑕疵，为满足企业需求编造和制造虚假环境监测和监控数据；四是社会第三方环境监测机构内监测管理体系未建立或不完善，工作人员流动性较强，职业素质低，产生了失真的环境监测数据。

企业环境数据造假的成本很低，却可以节省巨额的环境处理成本。企业通过环保数据造假，使得排污失去监管，同时还节省了大量治理成本，获得黑色利润。2015 年一年，全国共发生 2 658 起环境监测数据造假案例，涉及空气、水、土壤等多种监测。

### 二、《环境监测数据弄虚作假行为判定及处理办法》

新《环保法》第四十二条第三款：“重点排污单位应当按照国家有关规定和监测规范安装使用监测设备，保证监测设备正常运行，保存原始监测记录。”

第六十五条：“环境影响评价机构、环境监测机构以及从事环境监测设备和防治污染设施维护、运营的机构，在有关环境服务活动中弄虚作假，对造成的环境污染和生态破坏负有责任的，除依照有关法律法规规定予以处罚外，还应当与造成环境污染和生态破坏的其他责任者承担连带责任。”

《中华人民共和国大气污染防治法》（修订）以下简称《大气污染防治法》第一百条：

“违反本法规定，有下列行为之一的，由县级以上人民政府环境保护主管部门责令改正，处二万元以上二十万元以下的罚款；拒不改正的，责令停产整治：

（一）侵占、损毁或者擅自移动、改变大气环境质量监测设施或者大气污染物排放自动监测设备的；

（二）未按照规定对所排放的工业废气和有毒有害大气污染物进行监测并保存原始监测记录的；

（三）未按照规定安装、使用大气污染物排放自动监测设备或者未按照规定与环境保护主管部门的监控设备联网，并保证监测设备正常运行的；

（四）重点排污单位不公开或者不如实公开自动监测数据的；

（五）未按照规定设置大气污染物排放口的。”

为配合新《环保法》的贯彻执行，严肃查处环境监测数据弄虚作假行为，提升环境监测数据的公信力和权威性，环境保护部出台了《环境监测数据弄虚作假行为判定及处理办法》（环发〔2015〕175 号）（以下简称《处理办法》），《处理办法》明确规定：

第三条：本办法适用于以下活动中涉及的环境监测数据弄虚作假行为：

（一）依法开展的环境质量监测、污染源监测、应急监测；

（二）监管执法涉及的环境监测；

（三）政府购买的环境监测服务或者委托开展的环境监测；

（四）企事业单位依法开展或者委托开展的自行监测；

（五）依照法律、法规开展的其他环境监测行为。

## 三、环境监测数据弄虚作假行为的判定

《处理办法》中规定了自动监测和手工监测工作中可能采取弄虚作假的手段和方法，弄虚作假的行为包括了实验室监测中从监测布点、采样、分析、质控到数据处理、出具报告甚至数据使用，以及自动监测从点位布设、站房要求、采样系统、数据分析处理到质控、档案记录等运行维护过程的各个环节。同时，《处理办法》对监测人员、排污机构和运维企业可能存在的弄虚作假情形进行了明确规定，对党政领导和委托监测方可能干预环境监测行为的方式方法作出了详细界定，为认定环境监测数据弄虚作假行为提供了判定依据。

《处理办法》规定，由地市级及以上环保部门负责环境监测数据弄虚作假行为的调查和取证工作。除环保部门定期或不定期开展的监测质量监督检查、单位和个人举报提供线索、企业环境违法行为查处、对自动监测设备设置的远程质量监控系统等常规渠道外，环保部门还应依据《处理办法》和相关规范，建立便于操作的监测数据质量监督检查和调查

处理机制，明确监督检查、调查处理工作的牵头和配合单位，以及调查取证工作程序、工作要求等内容。发现涉嫌环境监测数据弄虚作假的行为线索后，符合立案条件的，依照法定程序办理。

对于决定立案查处的案件，应当及时调查。一般案件调查人员不得少于两人，并有环境监测专家参与调查，重大案件应当组成调查组。调查人员应制作现场调查笔录，并采取措施收集、固定证据。调查取证结束后，调查人员和被查对象应当在检查笔录上签字。

## 四、环境监测数据弄虚作假行为的法律责任

经调查审核确认存在监测数据弄虚作假行为的，按照法律规定和《处理办法》有关规定予以处理。对此，《处理办法》规定了两大类环境责任。第一大类是行政责任，第二大类是法律责任（含刑事责任和吊销资质）。

### （一）行政责任

（1）针对所有机构和人员适用的通报制度，即将弄虚作假行为记入社会诚信档案并及时向社会公布。

（2）针对政府部门，采取的措施有：降低考核等级、取消环境保护荣誉称号、减少或者取消当年中央财政资金转移支付等；涉及排名考核的，分别以当日或当月监测数据的历史最高浓度值计算排名。

（3）对服务机构和人员，列入不良记录名单，禁止其参与政府购买环境监测服务或政府委托项目。

（4）针对监测仪器生产、销售单位配合弄虚作假行为的，通报公示生产厂家、销售单位及其产品名录，将单位列入不良记录名单，禁止其参与政府购买环境监测服务或政府委托项目，对安装在企业的设备不予验收、联网。

（5）对党政领导和国家机关工作人员，移送有关任免机关或监察机关依据有关文件的规定予以处理。

2017 年 9 月，中办、国办印发《关于深化环境监测改革提高环境监测数据质量的意见》，对环境监测造假祭出重锤，重点解决地方党政领导干部和相关部门工作人员利用职务影响，指使篡改、伪造环境监测数据等问题，为破除不当行政干预，规定“谁签字谁负责”。

### （二）法律责任

（1）对于各类环境监测机构存在弄虚作假行为，对造成的环境污染和生态破坏负有责任的，要按照新《环保法》第六十五条的要求，除依照有关法律法规规定予以处罚外，还应当与造成环境污染和生态破坏的其他责任者承担连带责任。

（2）对篡改、伪造监测数据等逃避监管的方式违法排放污染物的企业事业单位和其他生产经营者，尚不构成犯罪的，要按照新《环保法》第六十三条和公安部、环境保护部等部门《行政主管部门移送适用行政拘留环境违法案件暂行办法》的要求，除依照有关法律法规规定予以处罚外，环境保护主管部门或者其他有关部门要将案件移送公安机关，对其直接负责的主管人员和其他直接责任人员，处十日以上十五日以下拘留；情节较轻的，处五日以上十日以下拘留。

（3）对直接负责的主管人员和其他直接责任人员，进行篡改、伪造或者指使篡改、伪造监测数据的，要按照新《环保法》第六十八条的规定，给予记过、记大过或者降级处分；造成严重后果的，给予撤职或者开除处分，其主要负责人应当引咎辞职。

### （三）刑事责任

2017 年 1 月实施的《最高人民法院　最高人民检察院关于办理环境污染刑事案件适用法律若干问题的解释》“第一条 实施刑法第三百三十八条规定的行为，具有下列情形之一的，应当认定为‘严重污染环境’：（七）重点排污单位篡改、伪造自动监测数据或者干扰自动监测设施，排放化学需氧量、氨氮、二氧化硫、氮氧化物等污染物的；这些行为将被追究刑事责任。该解释明确从事环境监测设施维护、运营的人员实施或者参与实施篡改、伪造自动监测数据、干扰自动监测设施、破坏环境质量监测系统等行为，应当从重处罚。”

健全行政执法与刑事司法衔接机制。环境保护部门查实的篡改伪造环境监测数据案件，尚不构成犯罪的，除依照有关法律法规进行处罚外，依法移送公安机关予以拘留；对涉嫌犯罪的，应当制作涉嫌犯罪案件移送书、调查报告、现场勘查笔录、涉案物品清单等证据材料，及时向同级公安机关移送，并将案件移送书抄送同级检察机关。公安机关应当依法接受，并在规定期限内书面通知环境保护部门是否立案。检察机关依法履行法律监督职责。环境保护部门与公安机关及检察机关对企业超标排放污染物情况通报、环境执法督察报告等信息资源实行共享。

### （四）吊销资质

根据《计量法》以及《检验检测机构资质认定管理办法》（质检总局令　第 163 号）第四十五条，“检验检测机构未经检验检测或者以篡改数据、结果等方式，出具虚假检验检测记过的，资质认定部门应当撤销其资质认定证书。”据此，社会环境监测机构有弄虚作假行为的，环保部门一经核实可提请质监部门吊销其资质。

## 五、自动监控系统数据弄虚作假行为的检查要点及有关案例

表 1-4　自动监控系统的弄虚造假行为方式

| 造假类型 | 造假行为 | 行为方式 |
| --- | --- | --- |
| 数据采集造假 | 探头采样位置变动 | 将探头设置于采样区浓度最佳点；擅自拔出部分二氧化硫测量探头，使采样孔漏气，稀释排放污染物，人为干扰采样装置、降低测量数据，造成监控数据失真。擅自更改 COD 自动监测设施，将自动监测仪器的采样管抽出，放入现场的一个三角瓶内采集固定水样 |
| | 破坏过滤采样器 | 棉纱堵塞采样器，过滤介质中的污染物，减少监测数据值 |
| | 人为干扰采样装置，稀释样品 | 给采集的样品冲入其他气体（或水），以达到稀释样品污染物浓度的作用，降低监测数值。拔出部分二氧化硫探头，使采样孔漏气，稀释排放污染物，人为干扰采样装置，降低测量数据，造成监控数据失真。堵塞采样管路，COD 监测仪器无法取到水样，而是反复从测量储样瓶中取水样，涉嫌伪造监测数据 |
| | 利用暗管将进水导出偷排 | 实际上是采用超越管排污行为 |
| | 将探头置于特殊容器内 | 将探头放入水桶，水桶内装特定污染物浓度的水样 |
| 监控指标 | 对数据转换造假 | 对氮氧化物转换系数造假。自动监控数据通过工控机传输至数采仪，工控机采集为 NO 数据，未直接采集自动监控分析单元中经转换的 $NO_2$ 数据 |
| | 调控设备参数 | 自动监测设备斜率由 1 修改为 0.5，超出正常范围，触发动态管控系统报警，斜率的修改导致企业排水氨氮自动监测数据降低。篡改仪器参数，改变数据修正值等 |
| | 监测试剂造假 | 改变监测分析采用的试剂和标样，导致数据不准 |
| 设备标准 | 数据处理系统造假 | 修改系统的转换数据的倍比系数，使实际排放数据等比例缩小。系统设置数据界限（以达标为界），超标的数据设置为一些可以接受的数据显示 |
| | 人为控制数据传输 | 负责数据采样的分析仪和数据传输的工控机之间接入了几根导线，并连接该公司办公室，可随意篡改监测数据 |
| | 关闭数采仪 | 擅自关闭数采仪，数据无法传输到监控平台 |
| 运营商修改数据和设备问题 | 修改监测数据 | 修改系统的转换数据的倍比系数，使实际排放数据等比例缩小 |
| | 修改平台数据 | 系统设置数据界限（以达标为界），超标的数据设置为一些可以接受的数据显示 |
| | 减少采样监测面积 | 流量与计量数据不符合 |
| | 修改量程记录 | 企业通过设定量程上限，干扰了自动监测设备的正常运行 |
| | 更改后台参数 | 更改后台参数，造成自动监测设备显示数值远小于实际监测值；在负责数据采样的分析仪和数据传输的工控机之间接入几根导线，并连接在该公司的办公室，随意篡改监测数据 |
| | 编造监测数据 | 仪表故障或监测数据超标，擅自编造监测数据 |
| | 运维商维护不足造成数据失真 | 日常校准维护长期缺失，对仪器设施存在故障问题从未记录，日常管理存在重大疏漏 |

随着重点污染源自动监控系统在环境监管过程发挥越来越重要的作用，少数不法企业在自动监控设施及数据上弄虚造假，试图逃避环保部门监管。近几年，环保部门持续进行专项执法检查，严厉打击污染源自动监控设施及数据弄虚作假，查实了一批违法案件。

环保部向媒体公布了 2016 年上半年查处的 8 起污染源自动监控设施及数据弄虚作假典型案例，分别是：

**1. 杭州旭东升科技有限公司篡改数据采集仪程序，致使污染物处理设施不正常运行案**

2016 年 3 月 1 日，杭州市环境监察支队对杭州云会印染整理有限公司进行现场检查发现，COD 水质在线监测仪历史数据中 400 mg/L 以上的监测数据与同时段数据采集仪显示上传数据不一致。经调查，杭州旭东升科技有限公司作为杭州云会印染整理有限公司污染物自动监控系统的运行维护管理单位，擅自将数据采集仪软件设定为：超过 400 mg/L 浓度的监测数据自动用以前不超过 400 mg/L 的监测数据代替，致使 COD 水质在线监测仪测量值与污染物自动监控系统上传至环保部门的监测值不一致。杭州市环保局根据《中华人民共和国水污染防治法》（以下简称《水污染防治法》）第七十三条、《浙江省水污染防治条例》五十七条的规定，对杭州云会印染整理有限公司不正常使用水污染物处理设施的违法行为罚款人民币 56 550 元。杭州市公安局根据《环保法》第六十三条第三款、《治安管理处罚法》第十七条第一款的规定，对杭州旭东升科技有限公司的张某、岑某 2 人通过远程登录企业数据采集仪对仪器中软件进行修改，同时删除操作日志，试图逃避监管的违法行为给予行政拘留五日的行政处罚。

**2. 杭州安控环保科技有限公司未按技术规范进行日常运维操作，伪造运行维护记录案**

2016 年 3 月 3 日，杭州市环保局执法人员对格林生物科技股份有限公司进行现场检查，发现 COD 水质在线监测仪无法正常启动运行，且 2016 年 2 月 8—22 日无历史数据。经查明，杭州安控环保科技有限公司为格林生物科技股份有限公司的自动监控设备运行维护单位。格林生物科技股份有限公司 COD 水质在线监测仪自 2016 年 2 月 8—22 日处于死机状态，无法运行。杭州安控环保科技有限公司的运维人员 2016 年 1 月 29—2 月 26 日未按相关要求到企业进行日常运维操作，致使水污染物自动监控系统不正常运行使用；并在 2016 年 2 月 26 日当天伪造了 2016 年 2 月 5 日、2016 年 2 月 19 日的运行维护记录与质控样比对监测记录。杭州市环保局根据《水污染防治法》第七十三条、《浙江省水污染防治条例》第五十七条的规定，对格林生物科技股份有限公司不正常使用水污染物处理设施的违法行为罚款人民币 2 134 元。杭州市公安局根据《环境保护法》第六十三条第三款、《公安机关办理行政案件程序规定》第一百三十七条第二款的规定，对杭州安控环保科技有限公司的贾某、周某、徐某 3 人违反技术规范操作、未按频次到现场运行维护以及伪造虚假的运维记录、质控样比对记录的违法行为给予行政拘留五日的行政处罚。

### 3. 浙江龙达纺织品有限公司污染源自动监控数据弄虚作假案

2016 年 3 月，浙江省绍兴市上虞区环保局发现浙江龙达纺织品有限公司外排废水在线监控数据异常，通过一个月的数据分析，2016 年 4 月 5 日 14 时 40 分，上虞区环保局执法人员对该公司污水处理设施现场检查，发现排放池中间建有挡墙，自动监控设备采样口外套贮水桶，该贮水桶内有管道直接通往排放池附近 5 m 处的自来水管，执法人员立即现场拍照取证，制作现场勘查笔录。经调查，该公司污水站班长魏某，为躲避自动监控系统监管，擅自对自动监控系统取样口进行改造，加装取样桶，并直接用一根黄色软管注入自来水，致使自动监控设备采集到的样品经过稀释，监测数据严重失实。该企业行为违反了《环境保护法》第六十三条规定。上虞区环保局责令该单位立即改正上述违法行为，并处罚款人民币 10 万元。上虞区公安局针对该单位涉嫌伪造监测数据逃避监管，依据《环境保护法》第六十三条、《行政主管部门移送适用行政拘留环境违法案件暂行办法》中第六条第三项、《行政处罚法》等相关规定，依法行政拘留 1 人。

### 4. 浙江征天印染有限公司人为故意逃避自动监控设备监管，超标排放污水案

2016 年 3 月，诸暨市环保局发现浙江征天印染有限公司排放口排水情况异常。3 月 22 日上午，执法人员突击现场检查发现，浙江征天印染有限公司利用废水自动监控设备采样监测规律，通过控制水泵调节二级水解池到好氧池的进水量，在自动监控设备采样监测时减少排水量且排放水质较好，待采样结束后加大排水量且排放水质较差，属人为故意逃避监管，且存在超标排放水污染物的情况。诸暨市环保局责令该企业立即改正违法行为，并罚款人民币 24.5 万元。诸暨市公安局依据《环境保护法》《行政主管部门移送适用行政拘留环境违法案件暂行办法》《行政处罚法》等相关规定，依法行政拘留 1 人。

### 5. 长业水务有限公司员工人为干扰污染源自动监控系统案

2016 年 3 月 1 日，福建省龙岩市环境信息监控中心接到第三方运维公司聚光科技（杭州）股份有限公司龙岩分公司举报称，其在龙岩市长业水务有限公司日常巡查时，发现氨氮自动监控设备内带有液体的矿泉水瓶，且自动监控设备的取样管被拔插至矿泉水瓶中。经调查，龙岩市长业水务有限公司员工谢某及张某对人为干扰污染源自动监控系统的违法行为供认不讳。5 月 27 日，龙岩市公安局新罗分局根据《行政主管部门移送适用行政拘留环境违法案件暂行办法》和《环境保护法》第六十三条规定，对龙岩市长业水务有限公司员工谢某、张某 2 人的违法行为给予行政拘留五日的行政处罚。

### 6. 秦皇岛索坤玻璃容器有限公司人为故意损毁大气污染物排放自动监控设备案

河北省昌黎县环保局与秦皇岛市环境监察支队执法人员对秦皇岛索坤玻璃容器有限公司进行现场检查时发现，该厂三套自动监控设备烟气采样头均焊接有一个管路接头，并与一根 PVC 管连接，该企业存在人为故意损毁大气污染物排放自动监控设备的违法行为。

昌黎县环保局依据《大气污染防治法》《环境保护法》的规定，责令该单位立即改正上述违法行为，处罚款人民币 20 万元，并将该案件有关材料移交移送至昌黎县公安局，昌黎县公安局依据《行政主管部门移送适用行政拘留环境违法案件暂行办法》的规定对该企业 3 名主要责任人依法实施行政拘留。

**7. 巨野县三达水务有限公司私接暗管，人为干扰污染源自动监控系统案**

2016 年 5 月，菏泽于楼断面氨氮超标，山东省环境信息与监控中心将该断面与周边重点污染源关联分析，发现该断面主要排污企业为巨野县三达水务有限公司。5 月 16 日，山东省监控中心对该企业进行现场检查，发现采样管路被擅自引入封闭的生物指示池内，采集指示池内的稀释水样进入在线分析仪器。该企业人员承认私接暗管，干扰采样，对监测数据弄虚作假。巨野县公安局依法行政拘留 1 人，巨野县环保局责令该单位立即改正上述违法行为，处罚款人民币 10 万元。

**8. 日照市城市排水有限公司擅自修改自动监控设备参数案**

2016 年 5 月 24 日，山东省环境信息与监控中心通过重点污染源动态管控系统，发现日照市城市排水有限责任公司氨氮自动监测设备斜率由 1 修改为 0.5，超出正常范围，触发动态管控系统报警，斜率的修改导致企业排水氨氮自动监测数据降低。5 月 25 日，山东省监控中心对该企业开展调查，查封自动监测设备、固定参数修改证据。经查，该企业人员承认擅自修改了自动监测设备参数，对弄虚作假行为供认不讳。日照市公安局依法行政拘留 1 人，日照市环保局责令该单位立即改正上述违法行为，处罚款人民币 10 万元。

2017 年 8 月，日照市某市级重点监控企业监测设备共计 18 天故障停机，期间根本没有对污染物进行采样和分析。但环境稽查人员在环保部门的监控平台上，却发现这 18 天平台记录有完整无缺的数据。

环境监察人员在对某印染有限公司突击检查中发现，污染源监控系统采样管路已多处堵塞，COD 监测仪器无法取到水样，而是反复从测量储样瓶中取水样，涉嫌伪造监测数据。

## 六、环境监测数据弄虚作假的违法行为证据

排污单位环境监测数据违法行为证据在《处理办法》中归纳为篡改监测数据，伪造监测数据，涉嫌指使篡改、伪造监测数据的行为三大类（见表 1-5）。《处理办法》明确了篡改监测数据的 14 种情形，明确了伪造监测数据的 8 种情形；明确了涉嫌指使篡改、伪造监测数据的行为有 5 种情形。

表 1-5　企业监测数据违法行为证据

| 违法行为 | 违法证据 |
| --- | --- |
| （一）篡改监测数据 | 1. 未经批准部门同意，擅自停运、变更、增减环境监测点位或者故意改变环境监测点位属性的 |
| | 2. 采取人工遮挡、堵塞和喷淋等方式，干扰采样口或周围局部环境的 |
| | 3. 人为操纵、干预或者破坏排污单位生产工况、污染源净化设施，使生产或污染状况不符合实际情况的 |
| | 4. 稀释排放或者旁路排放，或者将部分或全部污染物不经规范的排污口排放，逃避自动监控设施监控的 |
| | 5. 破坏、损毁监测设备站房、通讯线路、信息采集传输设备、视频设备、电力设备、空调、风机、采样泵、采样管线、监控仪器或仪表以及其他监测监控或辅助设施的 |
| | 6. 故意更换、隐匿、遗弃监测样品或者通过稀释、吸附、吸收、过滤、改变样品保存条件等方式改变监测样品性质的 |
| | 7. 故意漏检关键项目或者无正当理由故意改动关键项目的监测方法的 |
| | 8. 故意改动、干扰仪器设备的环境条件或运行状态或者删除、修改、增加、干扰监测设备中存储、处理、传输的数据和应用程序，或者人为使用试剂、标样干扰仪器的 |
| | 9. 未向环境保护主管部门备案，自动监测设备暗藏可通过特殊代码、组合按键、远程登录、遥控、模拟等方式进入公开的操作界面对自动监测设备的参数和监测数据进行秘密修改的 |
| | 10. 故意不真实记录或者选择性记录原始数据的 |
| | 11. 篡改、销毁原始记录，或者不按规范传输原始数据的 |
| | 12. 对原始数据进行不合理修约、取舍，或者有选择性评价监测数据、出具监测报告或者发布结果，以致评价结论失真的 |
| | 13. 擅自修改数据的 |
| | 14. 其他涉嫌篡改监测数据的情形 |
| （二）伪造监测数据 | 系指没有实施实质性的环境监测活动，凭空编造虚假监测数据的行为，包括： |
| | 1. 纸质原始记录与电子存储记录不一致，或者谱图不分析结果不对应，或者用其他样品的分析结果和图谱替代的 |
| | 2. 监测报告与原始记录信息不一致，或者没有相应原始数据的 |
| | 3. 监测报告的副本与正本不一致的 |
| | 4. 伪造监测时间或者签名的 |
| | 5. 通过仪器数据模拟功能，或者植入模拟软件，凭空生成监测数据的 |
| | 6. 未开展采样、分析，直接出具监测数据或者到现场采样、但未开设烟道采样口，出具监测报告的 |
| | 7. 未按规定对样品留样或保存，导致无法对监测结果进行复核的 |
| | 8. 其他涉嫌伪造监测数据的情形 |
| （三）涉嫌指使篡改、伪造监测数据的行为 | 1. 强令、授意有关人员篡改、伪造监测数据的 |
| | 2. 将考核达标或者评比排名情况列为下属监测机构、监测人员的工作考核要求，意图干预监测数据的 |
| | 3. 无正当理由，强制要求监测机构多次监测并从中挑选数据，或者无正当理由拒签上报监测数据的 |
| | 4. 委托方人员授意监测机构工作人员篡改、伪造监测数据或者在未做整改的前提下，进行多家或多次监测委托，挑选其中“合格”监测报告的 |
| | 5. 其他涉嫌指使篡改、伪造监测数据的情形 |

# 第五节　工业污染源现场检查的违法行为认定

## 一、现场检查与取证

现场检查的主要目的是依据每次现场检查的任务和目的，发现被检查者存在的环境隐患和环境问题，检查并发现问题的关键是找到存在问题的事实和证据，参考《环境行政处罚证据指南》或现场检查表、现场稽查表，依据不同的行业、不同的违法问题，掌握检查哪里、检查什么、怎么检查和发现证据。

证据能确认环境违法行为的实施人，能证明环境违法事实、执法程序事实、行使自由裁量权的基础事实，能反映环保部门实施行政处罚的合法性和合理性。

### （一）现场检查的要求

（1）现场检查要求两人以上，着正装，出示证件后进入现场，首先说明检查事项；

（2）进入现场检查时要随身携带有关现场取证、勘察仪器、设备和必要装备或执法箱，携带必要的勘验和取证等执法文书及有关材料；

（3）在现场进行实地勘验查询、查询和取证，要向被查单位有关人员做好询问笔录；

（4）填写现场检查记录，写明违法事实，履行告知制度；

（5）检查中发现环境违法行为要进行立案或提出处理意见，权限内的及时处理，权限外的要及时上报。

### （二）现场检查的内容

（1）检查被查单位的环境管理制度的实施、执行、批文管理情况；

（2）检查产生污染物的排污场所和工艺节点的情况，并查阅有关生产记录，了解生产工艺对产污的影响；

（3）检查被查单位的监测、监控图像与数据，了解污染源产生、排放情况；

（4）检查各类污染治理设施运行、管理、消耗情况，了解污染源主要污染物的去除情况和治理设施的运行率；

（5）对排污单位对周围的环境污染与生态破坏情况进行检查，及时发现隐性排污行为；

（6）对来信来访涉及的污染扰民行为进行检查处理；

（7）对造成污染事故、环境纠纷的环境事件进行调查，并参与处理。

### （三）收集现场检查的证据可以采取下列方式

（1）查阅、复制保存在国家机关及其他单位的相关材料；

（2）进入有关场所进行检查、勘察、采样、监测、录音、拍照、录像、提取原物原件；

（3）查阅、复制当事人的生产记录、排污记录、环保设施运行记录、合同、缴款凭据等材料；

（4）询问当事人、证人、受害人等有关人员，要求其说明相关事项、提供相关材料；

（5）组织技术人员、委托相关机构进行监测、鉴定；

（6）调取、统计自动监控数据；

（7）依法采取先行登记保存措施；

（8）依法采取查封、扣押（暂扣）措施；

（9）申请公证进行证据保全；

（10）当事人陈述、申辩，听取当事人听证会意见；

（11）依法可以采取的其他措施。

现场检查发现问题，采集和保全相应的环境证据，是环境监察机构提出现场检查处理意见和环境行政处罚立案申请的主要事实依据。

## 二、环境违法行为证据

（1）环境违法行为的证据应符合证据“合法性、真实性、关联性”的基本特性。

（2）证据的关联性审查主要认定证据与待证事实之间的联系，重点从下列方面判断：

①证据与待证事实之间是否存在法律上的客观联系；

②证据与待证事实的联系程度；

③全部证据、单个证据拟证明的各事实要素能否共同指向据以作出行政处罚决定的事实结论，该事实结论是否唯一；

④是否有影响证据关联性的因素。

（3）证据的合法性审查主要认定证据是否符合法定形式、是否按照法律要求和法定程序取得，重点从以下方面判断：

①执法人员资格和数量；

②执法程序；

③收集证据的时间、方式和手段；

④证据形式；

⑤是否存在影响证据效力的因素。

（4）证据的真实性审查主要认定证据能否反映案件事实，重点从下列方面判断：

①证据形成的原因、过程；

②发现证据的客观环境；

③证据是否是原件、原物，复制品、复制件是否与原件、原物相符；

④证据提供人、证人与当事人是否有利害关系或者其他关系可能影响公正处理的；

⑤证据与拟证明事实之间是否存在无法解释的矛盾；

⑥是否有影响证据真实性的因素。

（5）证据综合审查重点从下列方面判断：

①证据之间是否存在无法解释的矛盾；

②证据与情理之间是否存在无法解释的矛盾；

③证据是否充分；

④证据是否足以认定案件事实；

⑤证据是否形成证据链等。

主要环境违法行为的证据见表 1-6。

**表 1-6 主要环境违法行为的证据**

<table>
<tr><th>序号</th><th colspan="2">违法行为</th><th>主要证据</th></tr>
<tr><td>1</td><td colspan="2">拒绝环保部门检查</td><td>1. 当事人的身份证明；<br>2. 调查询问笔录，或者现场检查（勘察）笔录；<br>3. 现场照片、录像；<br>4. 环境监察记录；<br>5. 环保部门处理违法行为的行政决定；<br>6. 投诉、举报、信访材料</td></tr>
<tr><td>2</td><td colspan="2">在环保部门检查时弄虚作假</td><td>1. 当事人的身份证明；<br>2. 调查询问笔录，或者现场检查（勘察）笔录；或者反映实际情况的材料及当事人提供的虚假材料等；<br>3. 现场照片、录像；<br>4. 环境监察记录；<br>5. 环保部门处理违法行为的行政决定；<br>6. 投诉、举报、信访材料</td></tr>
<tr><td rowspan="2">3</td><td rowspan="2">违反排污申报登记规定</td><td>拒报排污申报登记</td><td>1. 当事人的身份证明；<br>2. 排污申报通知书及送达回证；<br>3. 企业排放污染物申报登记情况查询材料；<br>4. 环保部门责令限期改正决定及送达回证（适用《水污染防治法》第 72 条）</td></tr>
<tr><td>谎报排污申报登记</td><td>1. 当事人的身份证明；<br>2. 排放污染物申报登记表；<br>3. 排污费核定通知书；<br>4. 环境监测报告，或者通过有效性审核的自动监控数据，或者物料衡算结果等；<br>5. 环保部门责令限期改正决定及送达回证（适用《水污染防治法》第 72 条）</td></tr>
</table>

| 序号 | 违法行为 | 主要证据 |
| --- | --- | --- |
| 4 | 未按照规定缴纳排污费 | 1. 当事人的身份证明；<br>2. 排污费缴纳通知单及送达回证；<br>3. 责令限期缴纳通知单及送达回证；<br>4. 排污费缴纳情况查询材料；<br>5. 环境监察记录；<br>6. 环保部门处理违法行为的行政决定；<br>7. 投诉、举报、信访材料 |
| 5 | 违反建设项目环境影响评价制度 | 1. 当事人的身份证明；<br>2. 调查询问笔录，或者现场检查（勘察）笔录；<br>3. 现场照片、录像；<br>4. 环境监察记录；<br>5. 企业有关建设项目的规划、选址、设计、建设等材料；<br>6. 企业有关环保资料，如环境保护业务咨询服务登记表、环评大纲、环评报告书、评估意见等；<br>7. 土地、规划、经济综合等行政机关的项目审批材料；<br>8. 附近居（村）民或者受害人的证言；<br>9. 环保部门处理违法行为的行政决定；<br>10. 投诉、举报、信访材料 |
| 6 | 违反建设项目“三同时”制度 | 1. 当事人的身份证明；<br>2. 调查询问笔录，或者现场检查（勘察）笔录；<br>3. 现场照片、录像；<br>4. 环境监察记录；<br>5. 环境影响评价文件；<br>6. 环保部门的环评批复；<br>7. 企业试生产申请、验收申请、延期验收申请等材料；<br>8. 企业生产记录、排污记录、财务报表等材料；<br>9. 环境监测报告，或者通过有效性审核的自动监控数据；<br>10. 环保部门处理违法行为的行政决定；<br>11. 附近居（村）民或者受害人的证言；<br>12. 投诉、举报、信访材料 |
| 7 | 不正常使用污染处理设施 | 1. 当事人的身份证明；<br>2. 调查询问笔录，或者现场检查（勘察）笔录；<br>3. 现场照片、录像；<br>4. 污染处理设施的操作规程要求，环保设施的设计使用要求、产品资料、设计图纸等；<br>5. 污染处理设施的运行记录；<br>6. 环境监察记录；<br>7. 环境监测报告，或者通过有效性审核的自动监控数据 |

| 序号 | 违法行为 | 主要证据 |
| --- | --- | --- |
| 8 | 擅自拆除、闲置、关闭污染处理设施、场所 | 1. 当事人的身份证明；<br>2. 调查询问笔录，或者现场检查（勘察）笔录；<br>3. 现场照片、录像；<br>4. 污染处理设施的运行记录；<br>5. 环境监察记录；<br>6. 环境监测报告，或者通过有效性审核的自动监控数据；<br>7. 环境影响评价文件、建设项目环保竣工验收监测或调查报告（表）；<br>8. 环保部门的环评批复、环保竣工验收批复；<br>9. 企业生产记录、排污记录、财务报表等材料；<br>10. 附近居（村）民或者受害人的证言；<br>11. 环保部门处理违法行为的行政决定；<br>12. 投诉、举报、信访材料 |
| 9 | 违反规定造成污染事故 | 1. 当事人的身份证明；<br>2. 调查询问笔录，或者现场检查（勘察）笔录；<br>3. 环境监测报告，或者通过有效性审核的自动监控数据；<br>4. 环境污染损害评估鉴定、渔业损失鉴定、农产品损失鉴定、合同、发票等损失统计材料 |
| 10 | 违反排污口设置规定 | 1. 当事人的身份证明；<br>2. 调查询问笔录，或者现场检查（勘察）笔录；<br>3. 现场照片、录像；<br>4. 环境监察记录；<br>5. 环境影响评价文件、建设项目环保竣工验收监测或调查报告（表）；<br>6. 环保部门的环评批复、环保竣工验收批复；<br>7. 企业生产记录、排污记录、财务报表等材料；<br>8. 环境监测报告，或者通过有效性审核的自动监控数据；<br>9. 环保部门处理违法行为的行政决定；<br>10. 附近居（村）民或者受害人的证言；<br>11. 投诉、举报、信访材料 |
| 11 | 在禁止建设区域内违法建设 | 1. 当事人的身份证明；<br>2. 调查询问笔录，或者现场检查（勘察）笔录；<br>3. 现场照片、录像；<br>4. 项目所在的禁止建设区域（如饮用水水源一级保护区、二级保护区、准保护区等）的材料；<br>5. 环境监察记录；<br>6. GPS 定位记录；<br>7. 企业有关建设项目的规划、选址、设计、建设等材料；<br>8. 企业生产记录、排污记录、财务报表等材料；<br>9. 环境监测报告，或者通过有效性审核的自动监控数据；<br>10. 环保部门处理违法行为的行政决定；<br>11. 附近居（村）民或者受害人的证言；<br>12. 投诉、举报、信访材料；<br>13. 土地、规划、经济综合等行政机关的项目审批材料 |

| 序号 | 违法行为 | 主要证据 |
| --- | --- | --- |
| 12 | 超标排污 | 1. 当事人的身份证明；<br>2. 调查询问笔录，或者现场检查（勘察）笔录；<br>3. 现场照片、录像；<br>4. 企业生产记录、排污记录等材料；<br>5. 环境监测报告，或者通过有效性审核的自动监控数据；<br>6. 环保部门处理违法行为的行政决定；<br>7. 附近居（村）民或者受害人的证言；<br>8. 投诉、举报、信访材料 |

## 三、环境违法的事实

**表 1-7　主要环境违法行为的违法事实**

<table>
<tr><th>序号</th><th colspan="2">违法行为</th><th>主要事实</th></tr>
<tr><td>1</td><td colspan="2">拒绝环保部门检查</td><td>1. 环保部门检查的事实；<br>2. 当事人拒绝检查的事实</td></tr>
<tr><td>2</td><td colspan="2">在环保部门检查时弄虚作假</td><td>1. 环保部门检查的事实；<br>2. 当事人弄虚作假的事实</td></tr>
<tr><td rowspan="2">3</td><td rowspan="2">违反排污申报登记规定</td><td>拒报排污申报登记</td><td>1. 拒报污染物排放申报登记事项的事实；<br>2. 环保部门责令限期改正的事实和当事人逾期不改正的事实</td></tr>
<tr><td>谎报排污申报登记</td><td>1. 谎报污染物排放申报登记事项的事实；<br>2. 环保部门责令限期改正的事实和当事人逾期不改正的事实</td></tr>
<tr><td>4</td><td colspan="2">未按照规定缴纳排污费</td><td>1. 未按照规定缴纳排污费的事实；<br>2. 环保部门责令限期缴纳的事实；<br>3. 当事人逾期仍不缴纳的事实</td></tr>
<tr><td>5</td><td colspan="2">违反建设项目环境影响评价制度</td><td>1. 未依法报批、未依法重新报批或者报请重新审核环境影响评价文件的事实；<br>2. 建设项目已经开工建设的事实；<br>3. 环保部门责令停止建设、限期补办手续的事实和当事人逾期未补办手续的事实</td></tr>
<tr><td>6</td><td colspan="2">违反建设项目“三同时”制度</td><td>1. 建设项目的环境保护设施未建成、未经验收或者经验收不合格的事实；<br>2. 主体工程（正式）投入生产或者使用的事实</td></tr>
</table>

| 序号 | 违法行为 | 主要事实 |
| --- | --- | --- |
| 7 | 不正常使用污染处理设施 | 1. 将部分或全部污水、废气不经过处理设施而直接排入环境的事实；<br>2. 将未处理达标的污水、废气从处理设施的中间工序或旁路引出直接排入环境的事实；<br>3. 将部分或者全部处理设施停止运行的事实；<br>4. 违反操作规程使用处理设施致使处理设施不能正常运行的事实；<br>5. 不按规程进行检查和维修致使处理设施不能正常运行的事实；<br>6. 违反处理设施正常运行所需条件致使处理设施不能正常运行的事实 |
| 8 | 擅自拆除、闲置、关闭污染处理设施、场所 | 1. 拆除、闲置、关闭污染处理设施、场所的事实；<br>2. 未经环保部门批准的事实 |
| 9 | 违反规定造成污染事故 | 1. 违反法律规定的事实；<br>2. 排放污染物的事实；<br>3. 造成环境污染事故的事实；<br>4. 直接经济损失的数额大小 |
| 10 | 违反排污口设置规定 | 1. 排污口的设置要求及违反规定设置排污口的事实；<br>2. 私设暗管的事实 |
| 11 | 在禁止建设区域内违法建设 | 1. 新建、改建、扩建建设项目的事实；<br>2. 该建设项目位于禁止建设区域内（如饮用水水源一级保护区、二级保护区、准保护区等）的事实；<br>3. 该建设项目与供水设施和保护水源无关的事实，或者排放污染物的事实，或者严重污染水体的事实，或者增加排污量的事实（适用《水污染防治法》第81条）；<br>4. 在自然保护区、风景名胜区、饮用水水源保护区、基本农田保护区和其他需要特别保护的区域内，建设工业固体废物集中贮存、处置的设施、场所和生活垃圾填埋场的事实（适用《固体废物污染环境防治法》第68条）；<br>5. 在城市集中供热管网覆盖地区新建燃煤供热锅炉的事实（适用《大气污染防治法》第52条） |
| 12 | 超标排污 | 1. 排放污染物的事实；<br>2. 污染物超过国家或地方标准的事实；<br>3. 超过重点污染物排放总量控制指标的事实（适用于《水污染防治法》第74条） |

## 四、违法行为认定

违法行为认定步骤如下：

第一步，审查证据：从形式上审查询问笔录、现场勘察笔录、环境监测报告和录像资料是否符合证据的有效要件，从内容上审查能否通过证据确认当事人存在排污单位用软胶管将未经处理的废水排入环境的违法事实。此外，是否具备实施自由裁量的证据，如受害人证言，当事人是否存在同一类型违法行为并经环保部门处理的文件等。

第二步，判断当事人违法行为的类型：将当事人的违法行为与 12 种主要违法行为相对照，查找附录《主要环境违法行为认定及法律适用易查表》，确定这一违法行为的类型是“违反排污口设置规定”。

第三步，根据当事人违法行为涉及的环境要素的种类，查找对应的行为规范的内容。

第四步，针对当事人违反行为规范的事实查找对应法律责任条款。

第五步，通过自由裁量权提出行政处罚建议或实施行政处罚：根据已经获得的证明当事人违法情节的证据（如环境监测报告、前期违法处理文件、受害人证言）提出行政处罚建议或实施行政处罚。

违法行为认定流程见图 1-1、图 1-2。

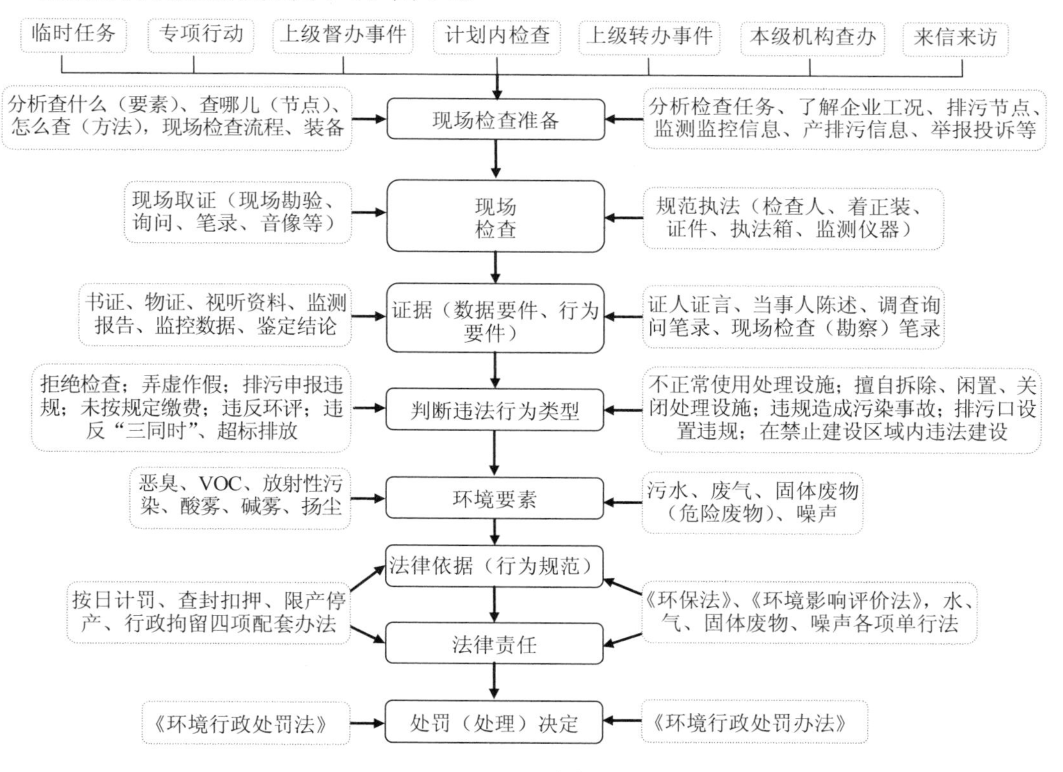


图 1-1　现场检查流程

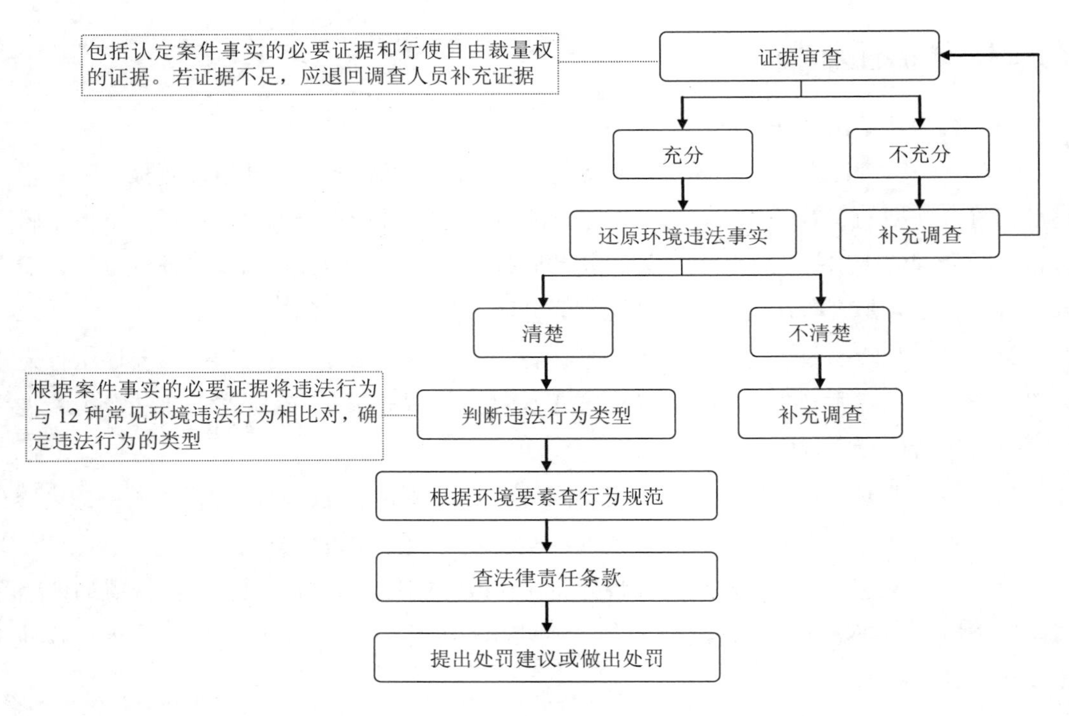


图 1-2 环境违法行为认定流程

### 五、现场检查报告

环境监察人员应将每个被查单位现场监督和检查情况予以记录，形成“环境监察报告”或“现场检查报告”，将现场检查准备、现场勘验笔录、现场检查发现的情况、得到的证据和笔录、现场检查总结和分析、处理意见等总结归档。

环境监察机构按月总结，并对现场检查下派任务、完成任务、按期完成的任务、未按期完成的任务和原因等进行综合分析。要求环境监察人员将已完成的现场检查下派任务的所有材料、信息、证据、检查总结进行“一事一档”或分类归档（“一厂一档”）进行归档管理。

## 第六节 工业企业环境违法行为类型

2011 年 5 月 30 日环保部印发了《环境行政处罚证据指南》（环办〔2011〕66 号），该指南介绍了环境行政处罚证据，分析了各种证据形式的特点，阐明了收集证据的方式和要求、审查证据的方法和要求、证据效力的判断方法，提供了常见证据的证明对象示例、常见环境违法行为的事实证明和证据收集示例、常见证据制作示例。

## 一、违反环评制度的法律责任

表 1-8　违反环评制度的法律责任

| 法律依据 | 条款内容 |
| --- | --- |
| 《环保法》第六十一条 | 建设单位未依法提交建设项目环境影响评价文件或者环境影响评价文件未经批准，擅自开工建设的，由负有环境保护监督管理职责的部门责令停止建设，处以罚款，并可以责令恢复原状 |
| 《环保法》第六十三条 | 建设项目未依法进行环境影响评价，被责令停止建设，拒不执行的，企业事业单位和其他生产经营者尚不构成犯罪的，除依照有关法律法规规定予以处罚外，由县级以上人民政府环境保护主管部门或者其他有关部门将案件移送公安机关，对其直接负责的主管人员和其他直接责任人员，处十日以上十五日以下拘留；情节较轻的，处五日以上十日以下拘留 |
| 《环境影响评价法》第三十一条 | 建设单位未依法报批建设项目环境影响报告书、报告表，或者未依照本法第二十四条的规定重新报批或者报请重新审核环境影响报告书、报告表，擅自开工建设的，由县级以上环境保护行政主管部门责令停止建设，根据违法情节和危害后果，处建设项目总投资额百分之一以上百分之五以下的罚款，并可以责令恢复原状；对建设单位直接负责的主管人员和其他直接责任人员，依法给予行政处分。建设项目环境影响报告书、报告表未经批准或者未经原审批部门重新审核同意，建设单位擅自开工建设的，依照前款的规定处罚、处分。建设单位未依法备案建设项目环境影响登记表的，由县级以上环境保护行政主管部门责令备案，处五万元以下的罚款。海洋工程建设项目的建设单位有本条所列违法行为的，依照《中华人民共和国海洋环境保护法》的规定处罚 |
| 《水污染防治法》第八十七条 | 违反本法规定，建设不符合国家产业政策的小型造纸、制革、印染、染料、炼焦、炼硫、炼砷、炼汞、炼油、电镀、农药、石棉、水泥、玻璃、钢铁、火电以及其他严重污染水环境的生产项目的，由所在地的市、县人民政府责令关闭 |
| 《固体废物污染环境防治法》第六十九条 | 违反本法规定，建设项目需要配套建设的固体废物污染环境防治设施未建成、未经验收或者验收不合格，主体工程即投入生产或者使用的，由审批该建设项目环境影响评价文件的环境保护行政主管部门责令停止生产或者使用，可以并处十万元以下的罚款 |
| 《建设项目环境保护管理条例》第二十二条 | 违反本条例规定，建设单位编制建设项目初步设计未落实防治环境污染和生态破坏的措施以及环境保护设施投资概算，未将环境保护设施建设纳入施工合同，或者未依法开展环境影响后评价的，由建设项目所在地县级以上环境保护行政主管部门责令限期改正，处 5 万元以上 20 万元以下的罚款；逾期不改正的，处 20 万元以上 100 万元以下的罚款。违反本条例规定，建设单位在项目建设过程中未同时组织实施环境影响报告书、环境影响报告表及其审批部门审批决定中提出的环境保护对策措施的，由建设项目所在地县级以上环境保护行政主管部门责令限期改正，处 20 万元以上 100 万元以下的罚款；逾期不改正的，责令停止建设 |
| 《建设项目环境保护管理条例》第二十三条 | 违反本条例规定，需要配套建设的环境保护设施未建成、未经验收或者验收不合格，建设项目即投入生产或者使用，或者在环境保护设施验收中弄虚作假的，由县级以上环境保护行政主管部门责令限期改正，处 20 万元以上 100 万元以下的罚款；逾期不改正的，处 100 万元以上 200 万元以下的罚款；对直接负责的主管人员和其他责任人员，处 5 万元以上 20 万元以下的罚款；造成重大环境污染或者生态破坏的，责令停止生产或者使用，或者报经有批准权的人民政府批准，责令关闭。<br>违反本条例规定，建设单位未依法向社会公开环境保护设施验收报告的，由县级以上环境保护行政主管部门责令公开，处 5 万元以上 20 万元以下的罚款，并予以公告 |

## 二、违反排污许可制度的法律责任

表 1-9 违反排污许可制度的法律责任

| 法律依据 | 条款内容 |
| --- | --- |
| 《环保法》第六十三条 | 违反法律规定，未取得排污许可证排放污染物，被责令停止排污，拒不执行的，企业事业单位和其他生产经营者尚不构成犯罪的，除依照有关法律法规规定予以处罚外，由县级以上人民政府环境保护主管部门或者其他有关部门将案件移送公安机关，对其直接负责的主管人员和其他直接责任人员，处十日以上十五日以下拘留；情节较轻的，处五日以上十日以下拘留 |
| 《大气污染防治法》第九十九条 | 违反本法规定，未依法取得排污许可证排放大气污染物的，由县级以上人民政府环境保护主管部门责令改正或者限制生产、停产整治，并处十万元以上一百万元以下的罚款；情节严重的，报经有批准权的人民政府批准，责令停业、关闭 |
| 《水污染防治法》第八十三条 | 违反本法规定，未依法取得排污许可证排放水污染物的，由县级以上人民政府环境保护主管部门责令改正或者责令限制生产、停产整治，并处十万元以上一百万元以下的罚款；情节严重的，报经有批准权的人民政府批准，责令停业、关闭 |

## 三、违反污染物处理设施管理制度的法律责任

表 1-10 违反污染物处理设施管理制度的法律责任

| 法律依据 | 条款内容 |
| --- | --- |
| 《环保法》第六十三条 | 通过暗管、渗井、渗坑、灌注或者篡改、伪造监测数据，或者不正常运行防治污染设施等逃避监管的方式违法排放污染物的，企业事业单位和其他生产经营者尚不构成犯罪的，除依照有关法律法规规定予以处罚外，由县级以上人民政府环境保护主管部门或者其他有关部门将案件移送公安机关，对其直接负责的主管人员和其他直接责任人员，处十日以上十五日以下拘留；情节较轻的，处五日以上十日以下拘留 |
| 《大气污染防治法》第九十九条 | 违反本法规定，通过逃避监管的方式排放大气污染物的，由县级以上人民政府环境保护主管部门责令改正或者限制生产、停产整治，并处十万元以上一百万元以下的罚款；情节严重的，报经有批准权的人民政府批准，责令停业、关闭 |

| 法律依据 | 条款内容 |
| --- | --- |
| 《大气污染防治法》<br>第一百一十七条 | 违反本法规定，有下列行为之一的，由县级以上人民政府环境保护等主管部门按照职责责令改正，处一万元以上十万元以下的罚款；拒不改正的，责令停工整治或者停业整治：<br>（一）未密闭煤炭、煤矸石、煤渣、煤灰、水泥、石灰、石膏、砂土等易产生扬尘的物料的；<br>（二）对不能密闭的易产生扬尘的物料，未设置不低于堆放物高度的严密围挡，或者未采取有效覆盖措施防治扬尘污染的；<br>（三）装卸物料未采取密闭或者喷淋等方式控制扬尘排放的；<br>（四）存放煤炭、煤矸石、煤渣、煤灰等物料，未采取防燃措施的；<br>（五）码头、矿山、填埋场和消纳场未采取有效措施防治扬尘污染的；<br>（六）排放有毒有害大气污染物名录中所列有毒有害大气污染物的企业事业单位，未按照规定建设环境风险预警体系或者对排放口和周边环境进行定期监测、排查环境安全隐患并采取有效措施防范环境风险的；<br>（七）向大气排放持久性有机污染物的企业事业单位和其他生产经营者以及废弃物焚烧设施的运营单位，未按照国家有关规定采取有利于减少持久性有机污染物排放的技术方法和工艺，配备净化装置的；<br>（八）未采取措施防止排放恶臭气体的 |
| 《水污染防治法》<br>第八十三条 | 违反本法规定，利用渗井、渗坑、裂隙、溶洞，私设暗管，篡改、伪造监测数据，或者不正常运行水污染防治设施等逃避监管的方式排放水污染物的，由县级以上人民政府环境保护主管部门责令改正或者责令限制生产、停产整治，并处十万元以上一百万元以下的罚款；情节严重的，报经有批准权的人民政府批准，责令停业、关闭 |
| 《固体废物污染环境防治法》<br>第三十四条 | 禁止擅自关闭、闲置或者拆除工业固体废物污染环境防治设施、场所；确有必要关闭、闲置或者拆除的，必须经所在地县级以上地方人民政府环境保护行政主管部门核准，并采取措施，防止污染环境 |
| 《固体废物污染环境防治法》<br>第六十八条 | 违反本法规定，擅自关闭、闲置或者拆除工业固体废物污染环境防治设施、场所的，由县级以上人民政府环境保护行政主管部门责令停止违法行为，限期改正，处以一万元以上十万元以下的罚款 |
| 《环境噪声污染防治法》<br>第五十条 | 违反本法第十五条的规定，未经环境保护行政主管部门批准，擅自拆除或者闲置环境噪声污染防治设施，致使环境噪声排放超过规定标准的，由县级以上地方人民政府环境保护行政主管部门责令改正，并处罚款 |

## 四、未按规定贮存、处置和转移固体废物的法律责任

表 1-11 未按规定贮存、处置和转移固体废物的法律责任

| 法律依据 | 条款内容 |
| --- | --- |
| 《固体废物污染环境防治法》第六十八条 | 违反本法规定，对暂时不利用或者不能利用的工业固体废物未建设贮存的设施、场所安全分类存放，或者未采取无害化处置措施的；在自然保护区、风景名胜区、饮用水水源保护区、基本农田保护区和其他需要特别保护的区域内，建设工业固体废物集中贮存、处置的设施、场所和生活垃圾填埋场的；未采取相应防范措施，造成工业固体废物扬散、流失、渗漏或者造成其他环境污染的；由县级以上人民政府环境保护行政主管部门责令停止违法行为，限期改正，处一万元以上十万元以下的罚款 |
| 《固体废物污染环境防治法》第七十五条 | 违反本法有关危险废物污染环境防治的规定，不按照国家规定填写危险废物转移联单或者未经批准擅自转移危险废物的，由县级以上人民政府环境保护行政主管部门责令停止违法行为，限期改正，处二万元以上二十万元以下的罚款 |
| 《行政主管部门移送适用行政拘留环境违法案件暂行办法》第七条 | 《环境保护法》第六十三条第三项规定的通过不正常运行防治污染设施等逃避监管的方式违法排放污染物，包括以下情形：<br>（一）将部分或全部污染物不经过处理设施，直接排放的；<br>（二）非紧急情况下开启污染物处理设施的应急排放阀门，将部分或者全部污染物直接排放的；<br>（三）将未经处理的污染物从污染物处理设施的中间工序引出直接排放的；<br>（四）在生产经营或者作业过程中，停止运行污染物处理设施的；<br>（五）违反操作规程使用污染物处理设施，致使处理设施不能正常发挥处理作用的；<br>（六）污染物处理设施发生故障后，排污单位不及时或者不按规程进行检查和维修，致使处理设施不能正常发挥处理作用的；<br>（七）其他不正常运行污染防治设施的情形。<br>根据《中华人民共和国环境保护法》第六十三条第三项规定，由环境保护主管部门移送公安机关，对其直接负责的主管人员或者其他直接责任人员处以行政拘留 |
| 《两高司法解释》第一条第三项 | 非法排放、倾倒、处置危险废物三吨以上的，应当认定为“严重污染环境”，实施刑法第三百三十八条规定 |

## 五、违法或超过污染物排放标准和总量控制指标排污的法律责任

表 1-12　违法或超过污染物排放标准和总量控制指标排污的法律责任

| 法律依据 | 条款内容 |
| --- | --- |
| 《环保法》第二十五条 | 企业事业单位和其他生产经营者违反法律法规规定排放污染物，造成或者可能造成严重污染的，县级以上人民政府环境保护主管部门和其他负有环境保护监督管理职责的部门，可以查封、扣押造成污染物排放的设施、设备 |
| 《环保法》第六十条 | 企业事业单位和其他生产经营者超过污染物排放标准或者超过重点污染物排放总量控制指标排放污染物的，县级以上人民政府环境保护主管部门可以责令其采取限制生产、停产整治等措施；情节严重的，报经有批准权的人民政府批准，责令停业、关闭 |
| 《大气污染防治法》第九十九条 | 超过大气污染物排放标准或者超过重点大气污染物排放总量控制指标排放大气污染物的，由县级以上人民政府环境保护主管部门责令改正或者限制生产、停产整治，并处十万元以上一百万元以下的罚款；情节严重的，报经有批准权的人民政府批准，责令停业、关闭 |
| 《水污染防治法》第八十三条 | 违反本法规定，超过水污染物排放标准或者超过重点水污染物排放总量控制指标排放水污染物的，由县级以上人民政府环境保护主管部门责令改正或者责令限制生产、停产整治，并处十万元以上一百万元以下的罚款；情节严重的，报经有批准权的人民政府批准，责令停业、关闭 |
| 《环境保护主管部门实施限制生产、停产整治办法》第五条 | 排污者超过污染物排放标准或者超过重点污染物日最高允许排放总量控制指标的，环境保护主管部门可以责令其采取限制生产措施 |
| 《环境保护主管部门实施限制生产、停产整治办法》第六条 | 排污者有下列情形之一的，环境保护主管部门可以责令其采取停产整治措施：<br>（一）通过暗管、渗井、渗坑、灌注或者篡改、伪造监测数据，或者不正常运行防治污染设施等逃避监管的方式排放污染物，超过污染物排放标准的；<br>（二）非法排放含重金属、持久性有机污染物等严重危害环境、损害人体健康的污染物超过污染物排放标准三倍以上的；<br>（三）超过重点污染物排放总量年度控制指标排放污染物的；<br>（四）被责令限制生产后仍然超过污染物排放标准排放污染物的；<br>（五）因突发事件造成污染物排放超过排放标准或者重点污染物排放总量控制指标的；<br>（六）法律、法规规定的其他情形 |
| 《环境保护主管部门实施限制生产、停产整治办法》第八条 | 排污者有下列情形之一的，由环境保护主管部门报经有批准权的人民政府责令停业、关闭：<br>（一）两年内因排放含重金属、持久性有机污染物等有毒物质超过污染物排放标准受过两次以上行政处罚，又实施前列行为的；<br>（二）被责令停产整治后拒不停产或者擅自恢复生产的；<br>（三）停产整治决定解除后，跟踪检查发现又实施同一违法行为的；<br>（四）法律法规规定的其他严重环境违法情节的 |
| 《环境保护主管部门实施查封、扣押办法》第二条 | 对企业事业单位和其他生产经营者（以下称排污者）违反法律法规规定排放污染物，造成或者可能造成严重污染，县级以上环境保护主管部门对造成污染物排放的设施、设备实施查封、扣押的，适用本办法 |

## 六、未按规定安装或自动监控设备不正常运行的法律责任

表 1-13　未按规定安装或自动监控设备不正常运行的法律责任

| 法律依据 | 条款内容 |
| --- | --- |
| 《大气污染防治法》第一百条 | 违反本法规定，有下列行为之一的，由县级以上人民政府环境保护主管部门责令改正，处二万元以上二十万元以下的罚款；拒不改正的，责令停产整治：<br>（一）侵占、损毁或者擅自移动、改变大气环境质量监测设施或者大气污染物排放自动监测设备的；<br>（二）未按照规定对所排放的工业废气和有毒有害大气污染物进行监测并保存原始监测记录的；<br>（三）未按照规定安装、使用大气污染物排放自动监测设备或者未按照规定与环境保护主管部门的监控设备联网，并保证监测设备正常运行的；<br>（四）重点排污单位不公开或者不如实公开自动监测数据的；<br>（五）未按照规定设置大气污染物排放口的 |
| 《水污染防治法》第八十二条 | 违反本法规定，未按照规定安装水污染物排放自动监测设备，未按照规定与环境保护主管部门的监控设备联网，或者未保证监测设备正常运行的，由县级以上人民政府环境保护主管部门责令限期改正，处二万元以上二十万元以下的罚款；逾期不改正的，责令停产整治 |
| 《污染源自动监控管理办法》第十六条 | 违反本办法规定，现有排污单位未按规定的期限完成安装自动监控设备及其配套设施的，由县级以上环境保护部门责令限期改正，并可处一万元以下的罚款 |
| 《污染源自动监控设施现场监督检查办法》第十七条 | 排污单位或者其他污染源自动监控设施所有权单位，未按照本办法第七条的规定向有管辖权的监督检查机构登记其污染源自动监控设施有关情况，或者登记情况不属实的，依照《中华人民共和国水污染防治法》第七十二条第（一）项或者《中华人民共和国大气污染防治法》第四十六条第（一）项的规定处罚 |
| 《污染源自动监控设施现场监督检查办法》第十八条 | 排污单位或者运营单位有下列行为之一的，依照《中华人民共和国水污染防治法》第七十条或者《中华人民共和国大气污染防治法》第四十六条第（二）项的规定处罚：<br>（一）采取禁止进入、拖延时间等方式阻挠现场监督检查人员进入现场检查污染源自动监控设施的；<br>（二）不配合进行仪器标定等现场测试的；<br>（三）不按照要求提供相关技术资料和运行记录的；<br>（四）不如实回答现场监督检查人员询问的 |

| 法律依据 | 条款内容 |
| --- | --- |
| 《污染源自动监控设施现场监督检查办法》第十九条 | 排污单位或者运营单位擅自拆除、闲置污染源自动监控设施，或者有下列行为之一的，依照《中华人民共和国水污染防治法》第七十三条或者《中华人民共和国大气污染防治法》第四十六条第（三）项的规定处罚：<br>（一）未经环境保护主管部门同意，部分或者全部停运污染源自动监控设施的；<br>（二）污染源自动监控设施发生故障不能正常运行，不按照规定报告又不及时检修恢复正常运行的；<br>（三）不按照技术规范操作，导致污染源自动监控数据明显失真的；<br>（四）不按照技术规范操作，导致传输的污染源自动监控数据明显不一致的；<br>（五）不按照技术规范操作，导致排污单位生产工况、污染治理设施运行与自动监控数据相关性异常的；<br>（六）擅自改动污染源自动监控系统相关参数和数据的；<br>（七）污染源自动监控数据未通过有效性审核或者有效性审核失效的；<br>（八）其他人为原因造成的污染源自动监控设施不正常运行的情况 |
| 《污染源自动监控设施现场监督检查办法》第二十条 | 排污单位或者运营单位有下列行为之一的，依照《中华人民共和国水污染防治法》第七十条或者《中华人民共和国大气污染防治法》第四十六条第（二）项的规定处罚：<br>（一）将部分或者全部污染物不经规范的排放口排放，规避污染源自动监控设施监控的；<br>（二）违反技术规范，通过稀释、吸附、吸收、过滤等方式处理监控样品的；<br>（三）不按照技术规范的要求，对仪器、试剂进行变动操作的；<br>（四）违反技术规范的要求，对污染源自动监控系统功能进行删除、修改、增加、干扰，造成污染源自动监控系统不能正常运行，或者对污染源自动监控系统中存储、处理或者传输的数据和应用程序进行删除、修改、增加操作的；<br>（五）其他欺骗现场监督检查人员，掩盖真实排污状况行为 |
| 《行政主管部门移送适用行政拘留环境违法案件暂行办法》第六条 | 《环境保护法》第六十三条第三项规定的通过篡改、伪造监测数据等逃避监管的方式违法排放污染物，是指篡改、伪造用于监控、监测污染物排放的手工及自动监测仪器设备的监测数据，包括以下情形：<br>（一）违反国家规定，对污染源监控系统进行删除、修改、增加、干扰，或者对污染源监控系统中存储、处理、传输的数据和应用程序进行删除、修改、增加，造成污染源监控系统不能正常运行的；<br>（二）破坏、损毁监控仪器站房、通信线路、信息采集传输设备、视频设备、电力设备、空调、风机、采样泵及其他监控设施的，以及破坏、损毁监控设施采样管线，破坏、损毁监控仪器、仪表的；<br>（三）稀释排放的污染物故意干扰监测数据的；<br>（四）其他致使监测、监控设施不能正常运行的情形 |

## 七、不按规定设置排污口的法律责任

表 1-14 不按规定设置排污口的法律责任

| 法律依据 | 条款内容 |
| --- | --- |
| 《环保法》第六十三条第三项 | 通过暗管、渗井、渗坑、灌注或者篡改、伪造监测数据，或者不正常运行防治污染设施等逃避监管的方式违法排放污染物的，企业事业单位和其他生产经营者尚不构成犯罪的，除依照有关法律法规规定予以处罚外，由县级以上人民政府环境保护主管部门或者其他有关部门将案件移送公安机关，对其直接负责的主管人员和其他直接责任人员，处十日以上十五日以下拘留；情节较轻的，处五日以上十日以下拘留 |
| 《大气污染防治法》第一百条 | 违反本法规定，未按照规定设置大气污染物排放口的，由县级以上人民政府环境保护主管部门责令改正，处二万元以上二十万元以下的罚款；拒不改正的，责令停产整治 |
| 《水污染防治法》第八十四条 | 在饮用水水源保护区内设置排污口的，由县级以上地方人民政府责令限期拆除，处十万元以上五十万元以下的罚款；逾期不拆除的，强制拆除，所需费用由违法者承担，处五十万元以上一百万元以下的罚款，并可以责令停产整治。<br>除前款规定外，违反法律、行政法规和国务院环境保护主管部门的规定设置排污口的，由县级以上地方人民政府环境保护主管部门责令限期拆除，处二万元以上十万元以下的罚款；逾期不拆除的，强制拆除，所需费用由违法者承担，处十万元以上五十万元以下的罚款；情节严重的，可以责令停产整治。<br>未经水行政主管部门或者流域管理机构同意，在江河、湖泊新建、改建、扩建排污口的，由县级以上人民政府水行政主管部门或者流域管理机构依据职权，依照前款规定采取措施、给予处罚 |
| 《环境保护主管部门实施查封、扣押办法》第四条第二项、第四项 | 排污者在饮用水水源一级保护区、自然保护区核心区违反法律法规规定排放、倾倒、处置污染物，或者有通过暗管、渗井、渗坑、灌注等逃避监管的方式违反法律法规规定排放污染物的，由环境保护主管部门实施查封、扣押 |
| 《行政主管部门移送适用行政拘留环境违法案件暂行办法》第五条 | 《环境保护法》第六十三条第三项规定的通过暗管、渗井、渗坑、灌注等逃避监管的方式违法排放污染物，是指通过暗管、渗井、渗坑、灌注等不经法定排放口排放污染物等逃避监管的方式违法排放污染物：<br>暗管是指通过隐蔽的方式达到规避监管目的而设置的排污管道，包括埋入地下的水泥管、瓷管、塑料管等，以及地上的临时排污管道；<br>渗井、渗坑是指无防渗漏措施或起不到防渗作用的、封闭或半封闭的坑、池、塘、井和沟、渠等；<br>灌注是指通过高压深井向地下排放污染物 |

## 八、不按规定公开环境信息的法律责任

表 1-15　不按规定公开环境信息的法律责任

| 法律依据 | 条款内容 |
| --- | --- |
| 《环保法》<br>第六十二条 | 违反本法规定，重点排污单位不公开或者不如实公开环境信息的，由县级以上地方人民政府环境保护主管部门责令公开，处以罚款，并予以公告 |
| 《企业事业单位环境信息公开办法》<br>第十六条 | 重点排污单位违反本办法规定，有下列行为之一的，由县级以上环境保护主管部门根据《中华人民共和国环境保护法》的规定责令公开，处三万元以下罚款，并予以公告：<br>（一）不公开或者不按照本办法第九条规定的内容公开环境信息的；<br>（二）不按照本办法第十条规定的方式公开环境信息的；<br>（三）不按照本办法第十一条规定的时限公开环境信息的；<br>（四）公开内容不真实、弄虚作假的 |

## 九、拒绝或不配合环保执法检查的法律责任

表 1-16　拒绝或不配合环保执法检查的法律责任

| 法律依据 | 条款内容 |
| --- | --- |
| 《大气污染防治法》<br>第九十八条 | 违反本法规定，以拒绝进入现场等方式拒不接受环境保护主管部门及其委托的环境监察机构或者其他负有大气环境保护监督管理职责的部门的监督检查，或者在接受监督检查时弄虚作假的，由县级以上人民政府环境保护主管部门或者其他负有大气环境保护监督管理职责的部门责令改正，处二万元以上二十万元以下的罚款；构成违反治安管理行为的，由公安机关依法予以处罚 |
| 《水污染防治法》<br>第八十一条 | 以拖延、围堵、滞留执法人员等方式拒绝、阻挠环境保护主管部门或者其他依照本法规定行使监督管理权的部门的监督检查，或者在接受监督检查时弄虚作假的，由县级以上人民政府环境保护主管部门或者其他依照本法规定行使监督管理权的部门责令改正，处二万元以上二十万元以下的罚款 |
| 《固体废物污染环境防治法》<br>第七十条 | 违反本法规定，拒绝县级以上人民政府环境保护行政主管部门或者其他固体废物污染环境防治工作的监督管理部门现场检查的，由执行现场检查的部门责令限期改正；拒不改正或者在检查时弄虚作假的，处二千元以上二万元以下的罚款 |

## 十、违法排放污染物受到罚款处罚拒不改正的法律责任

表 1-17 违法排放污染物受到罚款处罚拒不改正的法律责任

| 法律依据 | 条款内容 |
| --- | --- |
| 《环保法》第五十九条 | 企业事业单位和其他生产经营者违法排放污染物，受到罚款处罚，被责令改正，拒不改正的，依法作出处罚决定的行政机关可以自责令改正之日的次日起，按照原处罚数额按日连续处罚。<br>前款规定的罚款处罚，依照有关法律法规按照防治污染设施的运行成本、违法行为造成的直接损失或者违法所得等因素确定的规定执行。<br>地方性法规可以根据环境保护的实际需要，增加第一款规定的按日连续处罚的违法行为的种类 |
| 《大气污染防治法》第一百二十三条 | 违反本法规定，企业事业单位和其他生产经营者有下列行为之一，受到罚款处罚，被责令改正，拒不改正的，依法作出处罚决定的行政机关可以自责令改正之日的次日起，按照原处罚数额按日连续处罚：<br>（一）未依法取得排污许可证排放大气污染物的；<br>（二）超过大气污染物排放标准或者超过重点大气污染物排放总量控制指标排放大气污染物的；<br>（三）通过逃避监管的方式排放大气污染物的；<br>（四）建筑施工或者贮存易产生扬尘的物料未采取有效措施防治扬尘污染的 |
| 《水污染防治法》第九十五条 | 企业事业单位和其他生产经营者违法排放水污染物，受到罚款处罚，被责令改正的，依法作出处罚决定的行政机关应当组织复查，发现其继续违法排放水污染物或者拒绝、阻挠复查的，依照《中华人民共和国环境保护法》的规定按日连续处罚 |
| 《环境保护主管部门实施按日连续处罚办法》第五条 | 排污者有下列行为之一，受到罚款处罚，被责令改正，拒不改正的，依法作出罚款处罚决定的环境保护主管部门可以实施按日连续处罚：<br>（一）超过国家或者地方规定的污染物排放标准，或者超过重点污染物排放总量控制指标排放污染物的；<br>（二）通过暗管、渗井、渗坑、灌注或者篡改、伪造监测数据，或者不正常运行防治污染设施等逃避监管的方式排放污染物的；<br>（三）排放法律、法规规定禁止排放的污染物的；<br>（四）违法倾倒危险废物的；<br>（五）其他违法排放污染物行为 |
| 《环境保护主管部门实施按日连续处罚办法》第二十条 | 环境保护主管部门针对违法排放污染物行为实施按日连续处罚的，可以同时适用责令排污者限制生产、停产整治或者查封、扣押等措施；因采取上述措施使排污者停止违法排污行为的，不再实施按日连续处罚 |

## 十一、违反环境应急管理要求的法律责任

表 1-18　违反环境应急管理要求的法律责任

| 法律依据 | 条款内容 |
| --- | --- |
| 《水污染防治法》第九十三条 | 企业事业单位有下列行为之一的，由县级以上人民政府环境保护主管部门责令改正；情节严重的，处二万元以上十万元以下的罚款：<br>（一）不按照规定制定水污染事故的应急方案的；<br>（二）水污染事故发生后，未及时启动水污染事故的应急方案，采取有关应急措施的 |
| 《水污染防治法》第九十四条 | 企业事业单位违反本法规定，造成水污染事故的，除依法承担赔偿责任外，由县级以上人民政府环境保护主管部门依照本条第二款的规定处以罚款，责令限期采取治理措施，消除污染；未按照要求采取治理措施或者不具备治理能力的，由环境保护主管部门指定有治理能力的单位代为治理，所需费用由违法者承担；对造成重大或者特大水污染事故的，还可以报经有批准权的人民政府批准，责令关闭；对直接负责的主管人员和其他直接责任人员可以处上一年度从本单位取得的收入百分之五十以下的罚款；有《中华人民共和国环境保护法》第六十三条规定的违法排放水污染物等行为之一，尚不构成犯罪的，由公安机关对直接负责的主管人员和其他直接责任人员处十日以上十五日以下的拘留；情节较轻的，处五日以上十日以下的拘留。<br>对造成一般或者较大水污染事故的，按照水污染事故造成的直接损失的百分之二十计算罚款；对造成重大或者特大水污染事故的，按照水污染事故造成的直接损失的百分之三十计算罚款。<br>造成渔业污染事故或者渔业船舶造成水污染事故的，由渔业主管部门进行处罚；其他船舶造成水污染事故的，由海事管理机构进行处罚 |
| 《突发环境事件应急管理办法》第三十八条 | 企业事业单位有下列情形之一的，由县级以上环境保护主管部门责令改正，可以处一万元以上三万元以下罚款：<br>（一）未按规定开展突发环境事件风险评估工作，确定风险等级的；<br>（二）未按规定开展环境安全隐患排查治理工作，建立隐患排查治理档案的；<br>（三）未按规定将突发环境事件应急预案备案的；<br>（四）未按规定开展突发环境事件应急培训，如实记录培训情况的；<br>（五）未按规定储备必要的环境应急装备和物资；<br>（六）未按规定公开突发环境事件相关信息的 |

## 十二、违反环境污染有关刑事法律规定的法律责任

涉及严重污染环境的情形，按照《中华人民共和国刑法》和《最高人民法院、最高人民检察院关于办理环境污染刑事案件适用法律若干问题的解释》（法释〔2016〕29 号）有关规定执行。

# 第二章　重工业污染特征及环境违法行为

## 第一节　火电工业污染特征及环境违法行为

### 一、火电工业工艺环境管理概况

#### （一）火电工业使用的燃料

火电行业使用的燃料按形态可以分为固体燃料、液体燃料和气体燃料 3 类，如表 2-1 所示。火电行业使用的燃料主要有燃煤、压缩生物质燃料、原油、重油、柴油、燃料油、页岩油、天然气、液化石油气、煤层气、页岩气等。

表 2-1　燃料按形态的分类

| 燃料 | 类型 |
|---|---|
| 固体燃料 | 煤炭、煤矸石、页岩油、炭沥青、天然焦、型煤、水煤浆、焦炭、石油焦、压缩生物质燃料（秸秆、板皮）等 |
| 气体燃料 | 天然气、焦炉煤气、高炉煤气、转炉煤气、人工煤气、油制气、气化炉煤气、液化石油气、沼气等 |
| 液体燃料 | 原油、轻柴油、重油、汽油、煤油、渣油、煤焦油、页岩油、煤液化油、醇类燃料等 |

【固体燃料】火电工业使用的固体燃料主要是煤炭、煤矸石和压缩的生物质燃料（主要是秸秆）。火电行业是消费煤炭和压缩的生物质燃料最多的行业，这两种燃料燃烧都具有高度污染性，导致产生的烟气中烟尘、SO、$NO_x$ 的产生量高居全国各工业行业之首。由于燃料的结构和消耗量，火电工业成为大气污染物污染减排和达标排放行动的重点监控行业。

【煤炭的分类】工业上按照煤炭的灰分和挥发分（固定碳除以挥发分称燃料比，燃料比越高，煤炭的利用价值越高）可以把煤炭分为以下品种，如表 2-2 所示。

表 2-2 煤炭的类别

| 煤炭品种 | 特点 | 煤质与燃料比 | 用途 |
|---|---|---|---|
| 褐煤 | 外表呈褐色，无光泽，质脆，故称褐煤 | 褐煤燃料比＜1，固定碳含量 15%～20%，挥发分在 40%～60%。易燃，发热值在 4 000 kcal/kg 以下，灰分高是褐煤的特点 | 褐煤多用于工业动力和煤化工用煤 |
| 烟煤，又称软煤 | 煤质黑亮有光泽，燃烧时烟多，故称烟煤 | 烟煤燃料比在 1～7 之间，固定碳含量 50％以上，挥发分在 10%～40%。易燃，燃烧速度快，发热值高，火焰长，易结焦，易冒烟是烟煤的特点 | 工业上烟煤多用于锅炉燃煤、焦炭和煤炭加工等 |
| 无烟煤，又称白煤或硬煤 | 色黑，质硬，无烟煤煤化程度最高 | 燃料比大于＞7，固定碳含量 75％以上，挥发分在 10%以下。着火性能差，燃烧速度缓慢，发热值高，着火温度高，结焦性能差，不易冒烟是无烟煤的特点 | 工业上无烟煤大量用于煤气化、合成氨、碳素、冶金还原吹煤等生产过程 |
| 焦炭 | 将黏结性强、固定碳多的烟煤隔绝空气干馏，使挥发酚挥发和分解，形成一种多孔的人造固体燃料 | 焦炭燃料比很高，固定碳含量 75%～85%，挥发分在 1%～6%。焦炭挥发分低，燃烧火焰短、少烟、着火性差、无黏结性，但热值高、燃烧持续性好，发热值在 6 500～7 500 kcal/kg 以下 | 工业上主要用于冶金和铸造 |
| 型煤 | 是人工制作的煤制品，主要指蜂窝煤和煤球 | 使用方便，燃烧时比散煤节煤 20%～30%，可以减少烟尘和 $SO_2$ 排放量 | 型煤主要用于茶炉、大灶等民用锅炉 |

【煤炭的主要成分】煤炭中的主要成分有碳元素（主要是有机碳）、灰分、硫元素、氮元素和氢元素。煤炭中各种元素成分不同，对煤的性质影响也不同，见表 2-3。

表 2-3 各种煤的煤质参数

| 燃料 | $Q$/（kcal/kg） | 碳含量/% | 灰分/% | 挥发分/% | 硫分/% | 氮/% | 燃烧值 |
|---|---|---|---|---|---|---|---|
| 褐煤 | ＜4 500 | 40～70 | 20～40 | ＞40 | 0.60 | 1.34 | 易燃，热值低 |
| 烟煤 | 5 000～6 500 | 70～85 | 8～15 | 10～40 | 1.50 | 1.55 | 燃烧快，烟多 |
| 无烟煤 | 6 000～7 200 | 85～95 | 3～8 | 6～10 | 0.98 | 0.15 | 燃烧缓，烟少 |
| 焦炭 | 6 500～7 500 | 75～85 | 10～18 | | | | 不易燃，少烟 |
| 重油 | 10 012 | 85～90 | 0.02～0.1 | | 0.5～3.5 | 0.14 | 易燃，热值高 |

注：重油中的硫在燃烧时几乎全部转化为 $SO_2$，优质重油含氮 0.02%，劣质重油含氮 0.2%，煤中的氮在燃烧时有 25%～40%转化为 $NO_x$，重油中的氮在燃烧时有 30%～40%转化为 $NO_x$。

【标准煤概念】燃料之间的换算一般采用标准煤折算。环境统计中常接触到标准煤的概念，标准煤是以一定燃烧值为标准的当量概念。规定 7 000 kcal 的燃料相当于 1 kg 标准状态下的煤。如表 2-4 所示。

$$B_{标} = Q^{Y}/7\,000\ \text{kcal} = Q^{Y}/29\,307\ \text{kJ} \qquad \text{（kg 标态煤）}$$

表 2-4 常用能源折算标煤系数表 单位：t/t

| 燃料名称 | | 折标煤量 | 燃料名称 | 折成标煤变量 |
|---|---|---|---|---|
| 普通原煤 | | 0.714 3 | 天然气 | 1.33 t/1 000 m$^3$ |
| 洗精煤 | | 0.900 | 炼厂干气 | 1.571 4 t/1 000 m$^3$ |
| 煤泥 | | 0.285 7～0.428 6 | 煤矿瓦斯气 | 0.500 0～0.517 4 t/1 000 m$^3$ |
| 焦炭 | | 0.971 4 | 液化石油气油 | 1.714 3 t/t |
| 原油 | | 1.428 6 | 液化石油气 | 1.714/1 000 m$^3$ |
| 汽油、煤油 | | 1.471 4 | 焦炭制气 | 0.557 1/1 000 m$^3$ |
| 柴油 | | 1.457 1 | 发生炉煤气 | 0.178 6/1 000 m$^3$ |
| 燃料油 | | 1.428 6 | 水煤气 | 0.357 1/1 000 m$^3$ |
| 1 万 kW·h 电 | | 1.229 t 标煤（用于计算火电） | 电力（等价） | 4.040（计算最终消费） |
| 热力 | 百万 kJ | 0.034 12 t 标煤 | 压力气化煤气 | 0.514 3 |
| | | | 重油热裂煤气 | 1.214 3 |

【燃料的低位发热值】燃料的发热量（燃烧值）是指 1 kg 燃料完全燃烧放出的热量。燃料的高位热值是指燃烧值，但煤燃烧后自身含水及燃烧生成的水的气化要用掉部分热量，这部分热在锅炉内是收不回来的。燃料的高位热值减去水的汽化热才是锅炉得到的热量，称为燃料的低位热值 $Q^{Y}$。如表 2-5 所示。

表 2-5 各种燃料的低位燃烧值表 单位：固、液体 kJ/kg；气体 kJ/m$^3$

| 燃料类型 | 低位热值 $Q^{Y}$ | 燃料类型 | 低位热值 $Q^{Y}$ | 燃料类型 | 低位热值 $Q^{Y}$ |
|---|---|---|---|---|---|
| 石煤和矸石 | 8 374 | 焦炭 | 27 183 | 氢 | 10 798 |
| 无烟煤 | 22 051 | 重油 | 41 870 | 一氧化碳 | 12 636 |
| 烟煤 | 17 585 | 柴油 | 46 057 | 煤气、高炉气 | 7 500～13 000 |
| 褐煤 | 11 514 | 纯碳 | 31 401 | 焦炉气、沼气 | 12 500～27 000 |
| 贫煤 | 18 841 | 硫 | 9 043 | 天然气 | ＞35 000 |

【液体燃料】火电行业常用的液体燃料主要有原油、重油、轻油等，多用于点火和助燃阶段，使用量有限。重油包括重油和渣油（石油分馏残余物），轻油包括柴油、汽油和煤油。如表 2-6 所示。

表 2-6 液体燃料的特征

| 燃料类型 | 含氮率 | 含硫率 | 灰分 | 碳含量 | 特性 |
| --- | --- | --- | --- | --- | --- |
| 轻油 | — | 0.01% | 0.01% | 86%～88% | 轻油是石油的分馏产物，属有机物链烷、环烷、芳香族等的混合物。常见的汽油、煤油和柴油等属轻油类，因其杂质少，燃烧充分，一般不易造成空气污染 |
| 重油 | 0.3%～1% | 1%～3% | 0.3% | 85%～88% | 重油是石油蒸馏后的残油，呈黑褐色，包括直馏渣油和裂化残油，主要用于工业燃料。成分含氢 10%～12%。燃烧时主要污染物为烟尘、$SO_2$、$NO_x$ 等。<br>重油和原油中的硫在燃烧时几乎全部转化为 $SO_2$，氮在燃烧时 20%～40%转化为 $NO_x$ |
| 焦油 | 含大量沥青，其他成分是芳烃及杂环有机化合物。包含的化合物已被鉴定的达 400 余种 | | | | 高温煤焦油：黑色黏稠液体，相对密度大于 1.0，焦油热值为 29.31～37.69 |

【气体燃料】火电工业使用的气体燃料主要有天然气（多用于油气田火电厂）、液化石油气（多用于炼油和石化企业火电厂）、人工煤气、高炉及焦炉煤气（多用于钢铁企业火电厂）等。气体燃料极易完全燃烧，灰分几乎没有，硫、氮成分较少，因此燃烧时基本没有烟尘和 $SO_2$ 等污染物，只有一定量的 $NO_x$。如表 2-7 所示。

表 2-7 气体燃料特征

| 热值 | 燃气类别 | 成分 | 热值/（$kJ/m^3$） |
| --- | --- | --- | --- |
| 高热值 | 天然气、液化石油气 | 烃类、$H_2S$、$N_2$ 等 | ＞35 000 |
| 中热值 | 焦炉气、沼气 | $CH_4$、CO、$H_2S$、$N_2$ 等 | 12 500～27 000 |
| 低热值 | 水煤气、高炉煤气 | CO、$H_2S$、$NO_x$ 等 | 7 500～13 000 |

【高污染燃料】环保部 2015 年 8 月 29 日发布的《高污染燃料目录》中规定："三、下列燃料或物质为高污染燃料：

（一）原（散）煤、煤矸石、粉煤、煤泥、燃料油（重油和渣油）、各种可燃废物和直接燃用的生物质燃料（树木、秸秆、锯末、稻壳、蔗渣等）。

（二）燃料中污染物含量超过下表限值的固硫蜂窝型煤、轻柴油、煤油和人工煤气。"

高污染燃料特征如表 2-8 所示。

表 2-8 高污染燃料特征

| 燃料种类 | 基准热值 | 硫含量 | 灰分含量 |
| --- | --- | --- | --- |
| 固硫蜂窝型煤 | 5 000 cal/kg | 0.30% | — |
| 轻柴油、煤油 | 10 000 cal/kg | 0.50% | 0.01% |
| 人工煤气 | 4 000 cal/kg | 30 $mg/m^3$ | 20 $mg/m^3$ |

### （二）火电行业使用的辅料

【盐酸】性状为无色透明液体，有强烈刺鼻气味，具有较高腐蚀性和挥发性。

【烧碱】俗称烧碱、火碱、苛性钠，具有强腐蚀性，易溶于水，用于脱硫或污水处理。

【石灰石】主要成分为碳酸钙（$CaCO_3$），可以加工生石灰和熟石灰，用于脱硫或污水处理。

【石灰】石灰石煅烧成生石灰。主要成分是 CaO，用于脱硫或污水处理。

【电石渣】电石渣是电石水解获取乙炔气后的以 $Ca(OH)_2$ 为主要成分的废渣。电石渣可以代替石灰石用于环境治理。常用于脱硫或污水处理。

【液氨】是一种无色有强烈刺激性气味的液体，易溶于水，常用于脱硝。液氨具有腐蚀性且容易挥发，所以其化学事故发生率很高。

【尿素】又称碳酰胺、脲，是一种白色晶体。用于脱硝，使用比液氨安全。

【氨水】含氨 25%～28%水溶液，常用于脱硝，存在较大化学事故风险。

【氧化镁】氧化镁（MgO），常温下为一种为白色无定形粉末。无臭无味无毒。用于水处理。

【氢氧化镁】白色无定形粉末，水溶液呈弱碱性。环保上作为烟道气脱硫剂，可代替烧碱和石灰作为含酸废水的中和剂，可用于水处理。

### （三）燃料消耗量测算

电厂的煤耗与机组水平和煤质优劣有关。机组煤耗水平如表 2-9 所示。

表 2-9 不同机组水平热效率及煤耗系数（原煤耗量以低位热值 4 800 kcal/kg 为标准）

| 机组水平<br>机组容量等级/<br>万 kW·h | 热电效率<br>*K*/ % | 标煤耗/<br>(g/kW·h) | 折原煤消耗（g 原煤/kW·h） | | | | | |
|---|---|---|---|---|---|---|---|---|
| | | | 低位热值<br>3 500 kcal<br>*A* 45% | 低位热值<br>3 800 kcal<br>*A* 41% | 低位热值<br>4 000 kcal<br>*A* 39% | 低位热值<br>4 300 kcal<br>*A* 35% | 低位热值<br>4 600 kcal<br>*A* 31% | 低位热值<br>5 000 kcal<br>*A* 25% |
| 中压：10 以下 | 30 | 490 | 980 | 903 | 858 | 798 | 746 | 686 |
| 高压：10 | 33 | 400 | 800 | 737 | 700 | 651 | 609 | 560 |
| 超高压：12.5～13.5 | 35 | 365 | 730 | 672 | 639 | 594 | 555 | 511 |
| 20 | | 360 | 720 | 663 | 630 | 586 | 548 | 504 |
| 亚临界：30 | 38 | 340 | 680 | 626 | 595 | 554 | 517 | 476 |
| 33 | | 335 | 670 | 617 | 586 | 545 | 510 | 469 |
| 35 | | 330 | 660 | 608 | 578 | 537 | 502 | 462 |
| 60 | | 325 | 650 | 599 | 569 | 529 | 495 | 455 |
| 超临界：30 | 41 | 320 | 640 | 590 | 560 | 521 | 489 | 448 |
| 60 | | 300 | 600 | 553 | 525 | 488 | 457 | 420 |
| 超超临界：60～100 | 47 | 270 | 540 | 497 | 473 | 440 | 411 | 378 |

## （四）火电厂类型

表 2-10　火电厂的基本类型

| 火电厂类型 | 燃料 | 燃烧系统 | 主要大气污染物 |
|---|---|---|---|
| 燃煤电厂 | 煤与煤矸石 | 储煤场、输煤系统、磨煤设备、锅炉、除尘设施、脱硫、脱硝设施、烟筒、输灰系统 | $SO_2$、烟尘、$NO_x$、汞及工业废水、炉渣、粉煤灰 |
| 燃气电厂 | 天然气或燃气 | 锅炉产生蒸汽带动发电机发电；或燃气在燃气轮机中直接燃烧做功发电 | $NO_x$和工业废水 |
| 燃油电厂 | 轻油、重油、原油 | 发电流程与燃气电厂流程相类同 | $SO_2$、$NO_x$和工业废水 |
| 垃圾焚烧电厂 | 垃圾及助燃的燃料 | 垃圾经发酵脱水、焚烧炉焚烧。当垃圾中低位热值≤3 350 kJ/kg（800 kcal/kg）时，焚烧需助燃，添加燃煤或燃油进行助燃。垃圾焚烧炉燃烧方式有炉排炉、硫化床焚烧炉、旋转式燃烧-回转炉等 | 烟尘、$SO_2$、$NO_x$、HCl、灰渣、二噁英、工业废水 |
| 燃水煤浆电厂 | 水煤浆 | 发电流程与燃气电厂流程相类同 | 与燃煤电厂相似，相应污染物的产生量略小于煤粉炉电厂 |

## （五）火电工业主要生产工艺

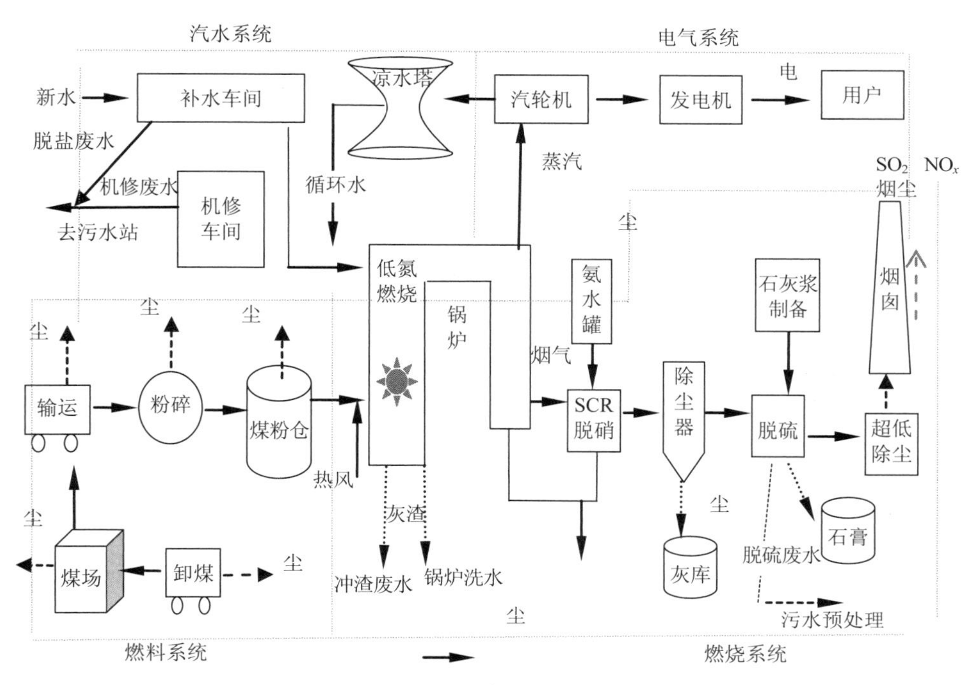


图 2-1　火电企业排污节点

火电厂的生产工艺主要包括装卸系统、储运系统、备料系统、锅炉及发电系统、循环冷却系统、电气系统、辅助系统等（未含环保设施）主要生产设备如表 2-11 所示。

**表 2-11 火电厂主要生产设备**

| 项 目 | 设备（设施）名称 |
| --- | --- |
| 燃辅料储运系统 | 包括卸煤码头、翻车机房、火车受料槽、汽车受料槽、临时堆场；储存系统，包括条形煤场、圆形煤场、筒仓、煤粉仓、油罐、气罐；运输系统，包括输送皮带、皮带机头部、输油管线、输气管线、转运站、燃料制样间 |
| 备料系统 | 包括碎煤机、磨煤机、斗式提升机、皮带输送机、风机、煤粉仓 |
| 锅炉及发电系统 | 包括一次风机、送风机、二次风机、循环流化床锅炉、煤粉锅炉、燃油锅炉、燃气锅炉、凝汽式汽轮机、抽凝式汽轮机、背压式汽轮机、抽背式汽轮机、发电机、除尘器系统、脱硫系统、脱硝系统；链式除渣机或刮板式除渣系统、气力输送系统，由仓泵、气源、管道、灰库，燃气轮机、发电机、余热锅炉 |
| 循环冷却系统 | 包括直流冷却、直接空冷塔、间接空冷塔、机械通风冷却塔、除氧器、凉水塔、空冷风机组、除盐系统、离子交换器 |
| 电气系统 | 电机、变电设备、输电设备、热力系统 |
| 辅助系统 | 包括灰库、渣仓、渣场、灰渣场、石膏库房、脱硫副产物库房、氨水罐、液氨罐、石灰石粉仓、自动监控系统、污水处理厂等 |

## 二、火电工业的环境污染特征

**表 2-12 火电厂的特征污染物**

<table>
<tr><th colspan="2">污染类型</th><th>特征污染物及来源</th></tr>
<tr><td rowspan="2">废气</td><td>无组织</td><td>煤炭、石灰石在装卸、输运、贮存、上料过程会产生无组织扬尘；<br>原煤、石灰石破碎、筛分、输运、入仓过程产生扬尘；<br>粉煤灰、炉渣、脱硫石膏在收集贮存、输运过程产生扬尘；<br>燃油燃气罐区、氨水罐区、脱硝系统（氨逃逸）、酸罐区、管道装卸遗撒、“跑、冒、滴、漏”产生 VOC、酸雾、氨气</td></tr>
<tr><td>有组织</td><td>原煤、石灰石破碎设施、筛分设施、煤仓、石灰石和粉煤灰仓的排气口产生有组织粉尘排放；<br>烟囱排放口排放锅炉产生的（经除尘、脱硝、脱硫）烟气，含气态的硫化物（$SO_2$、$H_2S$、$SO_3$、$H_2SO_4$ 蒸气等），氮化物（NO、$NH_3$、$NO_2$ 等）、汞（HgO、$Hg^{2+}$和 $Hg^p$）、碳氢化合物（$CH_4$、$C_2H_4$ 等）和卤素化合物（HF、HCl 等）</td></tr>
</table>

| 污染类型 | 特征污染物及来源 |
| --- | --- |
| 污水 | 地面及设备冲洗水、冲渣废水、灰场（灰池）排水、湿法输灰等废水：含 SS、无机盐、重金属；<br>补给水、凝结水处理再生废水含：pH、SS、TDS 等；<br>脱硫废水含 pH、SS、重金属、COD、重金属、盐类等；<br>锅炉化学清洗废水含 pH、SS、石油类、COD、重金属、$F^-$；<br>生活废水、机修废水含 COD、石油类、氨氮、总氮、总磷等 |
| 固体废物 | 一般固体废物：除尘的尘灰，锅炉的粉煤灰、炉渣，废弃脱硫石膏、脱硫废水污泥，脱盐废水污泥、污水站污泥、脱硫石膏。水处理系统产生污泥（按照规定，应进行鉴定是危险废物还是固体废物）。<br>危险废物：主要来自脱硝废催化剂（氧化钛、五氧化二钒、三氧化钨等重金属作为骨架和催化元素）、水处理废树脂；废电池、机修车间废机油、废棉纱等 |
| 噪声 | 锅炉排汽的高频噪声、设备运转时的空气动力噪声、机械振动噪声以及电工设备的低频电磁噪声等 |

## 三、火电工业的主要污染物来源

### 1. 大气污染物主要来源

燃煤电厂大气污染物排放主要来源于锅炉燃烧系统，从烟囱高空排放燃烧后的烟气，主要污染物包括颗粒物、$SO_2$、$NO_x$，此外还有重金属（金属汞）、未燃尽炭等物质。燃料、辅料的运输、储存、备料、上料、灰库、渣场、石膏库产生含尘废气；脱硝系统、氨水罐、油罐泄漏氨气和 VOC。重金属排放来源于煤炭中含有的重金属成分，大部分重金属（汞、砷、镉、铬、铜、镍、铅、硒、锌、钒）以化合物形式（如氧化物）和气溶胶形式排放。煤中的重金属含量通常比燃料油和天然气高几个数量级（见《火电厂污染防治最佳可行技术指南》）。

### 2. 水污染物主要来源

火电厂外排水主要为冷却水，其中直流冷却水属含热废水，补水系统废水、冷凝水含盐量较高。另外还有少量的含油污水、脱硫废水、输煤系统排水、锅炉酸洗废水、酸碱废水、冲灰水、冲渣水和生活污水等，主要污染物是有机物、金属类及其盐类、悬浮物。

### 3. 固体废物主要来源

燃煤电厂生产过程中产生的固体废物主要为飞灰和炉底渣。绝大部分飞灰经除尘器收集并去除，小部分飞灰在锅炉的其他部分，如省煤器和空气预热器灰斗中收集并去除；固体废物还有脱硫副产物（脱硫石膏）、污水处理产生的污泥等均属于一般固体废物；此外，脱硝过程产生的脱硝废催化剂（含钒钛）、机修废机油、废棉纱等属于危险废物。

### 4．环境噪声主要来源

燃煤电厂中各类噪声源众多，主要噪声源包括磨煤机、锅炉、汽轮机、发电机、直接空冷的风机和循环冷却的冷却塔，噪声源声功率级较大。燃料制备系统中的最高噪声设备是磨煤机，燃煤电厂大多采用钢球磨煤机（低速磨煤机），其主要噪声源是筒体转动而产生的噪声，一般在 100 dB（A）以上。而电动机、齿轮传动部件等产生的噪声均处于次要地位。设备 1 m 处噪声大大超过 90 dB（A）的噪声容许限值，一般均需要治理。

## 四、火电工业的排污节点分析

表 2-13　火电工业排污节点

| 类别 | | 排污节点 | 污染物 | 检查方式 |
|---|---|---|---|---|
| 废　气 | | | | |
| 有组织排放 | 进料、料场 | 翻车机房、圆形煤场、筒仓、煤粉仓 | 颗粒物 | 检查集气设施、除尘器运行及记录（通过现场和台账） |
| | 备料 | 煤炭和石灰石的破碎机、磨机 | 颗粒物 | 检查排气口的除尘器运行及记录（通过现场和台账） |
| | 锅炉、燃气轮机烟囱 | 烟囱排放口 | 烟尘、粉尘、$SO_2$、$NO_x$、汞及其化合物 | 检查烟囱排放口监控记录（通过台账），检查烟尘、$SO_2$、$NO_x$、汞及其化合物排放记录，各种治理设施运行及记录（通过现场和台账），灰库、链式除渣机或刮板式除渣系统排放口除尘器运行及记录（通过现场和台账） |
| | 灰渣系统 | 灰库、链式除渣机或刮板式除渣系统排放口 | 颗粒物 | 检查是否设置集气除尘系统，除尘系统是否运行、运行台账、运行效果 |
| 无组织排放 | 进料、料场 | 装卸燃料和石灰石等辅料的码头、铁路专线、翻车机房、火车受料槽、汽车受料槽、临时堆场；储存系统，包括条形料场、皮带机头部等 | 颗粒物 | 现场检查运输系统，包括输送皮带、圆形煤场、筒仓、煤粉仓、石灰石粉仓、转运站、燃料制样间封闭措施 |
| | 备料 | 煤炭和石灰石的破碎、磨机的上料、输运、粉料仓 | 颗粒物 | 现场检查上料、输运、粉料仓的封闭性 |
| | 罐区 | 油罐、气罐；输油管线、输气管线；氨水罐、酸罐 | VOC（油气泄漏）、酸雾、氨气 | 现场检查各种罐区的“跑、冒、滴、漏”、遗撒造成的泄漏挥发（通过现场气味） |
| | 锅炉燃烧系统 | 渣场、灰库、链式除渣机或刮板式除渣系统、脱硫石膏库 | 颗粒物 | 现场检查运输系统，包括输送皮带、灰库、渣场、脱硫石膏库防扬尘和封闭措施 |

| 类别 | 排污节点 | 污染物 | 检查方式 |
| --- | --- | --- | --- |
| | | 废 水 | |
| 燃辅料运料、输运、储料 | 地面清洗废水、油罐区废水、输煤系统废水、初级污雨水 | SS、COD、石油类 | 检查废水产生量、废水去向（通过现场和台账） |
| 备料系统 | 地面洗涤废水、初级污雨水、输煤系统废水 | SS、COD、石油类 | 检查废水产生量、废水去向（通过现场和台账） |
| 锅炉及发电系统 | 地面洗涤废水、冲渣废水、初级污雨水、锅炉酸洗废水 | SS、pH、硫化物、COD、石油类 | 检查废水产生量、废水去向（通过现场和台账） |
| 除尘、脱硫脱硝系统 | 脱硫废水、脱硝废水、除尘废水、冲渣废水、灰坝渗漏水 | 含有高浓度的SS、氨氮、硫化物、pH、盐类和各种重金属离子 | 检查废水产生量、废水去向（通过现场和台账） |
| 循环冷却系统 | 原水预处理废水、锅炉补给水处理废水、循环冷却系统排水、直流冷却水排水 | SS、COD、盐类 | 检查废水产生量、是否有预处理、废水去向（通过现场和台账） |
| 辅助系统 | 灰库、渣仓、渣场、灰渣场、石膏库房、脱硫副产物库房等处地面清洗水、氨水罐区废水、油罐区废水、石灰石粉仓工作场所地面冲洗废水 | SS、COD、重金属、石油类、氨氮 | 检查废水产生量、是否有预处理、废水去向（通过现场和台账） |
| 污水处理 | 主要来自原水预处理废水、锅炉补给水处理废水、油罐区废水、氨水罐区废水、输煤系统废水、地面洗涤废水、脱硫废水、脱硝废水、除尘废水、冲渣废水、循环冷却系统排水、直流冷却水排水、检修含油污水、锅炉酸洗废水和生活污水等 | SS、COD、石油类、氨氮、硫化物、氟化物、pH、总金属、总氮、总磷等 | 检查总排放口、环境监测和自动监控的排放数据，检查废水产生量、废水各项污染指标是否达标排放（通过现场和监测监控数据） |

| 类别 | 排污节点 | 污染物 | 检查方式 |
| --- | --- | --- | --- |
| 固体废物 | | | |
| 燃辅料运料、输运、储料 | 原辅料管理过程产生的工业垃圾、煤场分选出的矸石 | 工业垃圾和废弃矸石 | 检查工业垃圾和废弃矸石产生量及去向（通过现场和排污许可台账） |
| 备料系统 | 破碎、粉磨产生的废弃物 | 工业垃圾 | 检查工业垃圾和废弃矸石产生量及去向（通过现场和排污许可台账） |
| 锅炉及发电系统 | 锅炉燃烧产生的炉渣，除尘产生的粉煤灰和尘灰 | 炉渣、粉煤灰与尘灰 | 检查炉渣、粉煤灰与尘灰产生量及去向（通过现场和排污许可台账） |
| 除尘、脱硫 | 除尘系统、脱硫系统 | 尘灰、炉渣、脱硫石膏 | 检查尘灰、炉渣、脱硫石膏产生量及去向（通过现场和排污许可台账） |
| 脱硝、除汞 | 脱硝系统、除汞装置 | 危险废物主要来自脱硝废催化剂（钒钛） | 严格检查危险废物脱硝废催化剂和脱汞废物的收集和外运的管理（通过现场和排污许可台账） |
| 循环冷却系统 | 循环冷却水、除盐废水的处理 | 污泥 | 检查污泥产生量及去向（通过现场和排污许可台账）。（按照规定，应进行鉴定是危险废物还是固体废物） |
| 辅助系统 | 灰库、渣仓、渣场、灰渣场、石膏库房、脱硫副产物库房、氨水罐、液氨罐、石灰石粉仓、机修车间 | 粉煤灰、炉渣、脱硫石膏、工业垃圾 | 检查粉煤灰、炉渣、脱硫石膏、工业垃圾（通过现场和排污许可台账 |
| | | 废电池、废机油、废棉纱 | 严格检查危险废物的收集和外运的管理（通过现场和排污许可台账） |
| 污水处理 | 主要来自地面洗涤废水、冲渣废水、脱硫脱硝废水、锅炉废水、脱盐废水、机修车间油废水、办公区生活废水 | 污水处理污泥 | 检查污泥产生量及去向（通过现场和排污许可台账） |

**表 2-14 无组织排放检查**

| （1）检查备料系统原料在煤炭、石灰石运输、卸料、堆料是否有防扬尘措施： 有（ ）无（ ） |
| --- |
| （2）检查生料制备破碎机、粉磨、灰库、脱硫石膏库的进出口的密闭性： 好（ ）差（ ） |
| （3）检查煤炭、石灰石、粉煤灰、脱硫石膏上料、输运设施密闭性、料仓的密闭性，废气外泄情况：好（ ）差（ ） |
| （4）检查氨水入罐、贮存、使用过程“跑、冒、滴、漏”控制情况： 较差（ ）较好（ ） |

### 1．无组织排放的检查要点

（1）查看煤堆场水喷淋设施是否开机运行；

（2）查看锅炉燃料堆放场所，是否按要求采取密闭、围挡、遮盖、清扫、洒水等措施防治扬尘污染；

（3）煤炭在运输、装卸过程中会产生煤尘的无组织排放，应检查企业是否采取密闭、喷水雾等防尘措施；

（4）检查脱硫用石灰石的贮存、破碎、传输过程中和脱硫石膏库内有无防尘措施；

（5）查看干灰场是否及时铺平、洒水、碾压，或大风天气时是否暂停作业或进行覆盖；

（6）查看水灰场是否做到表面覆水；

（7）检查企业是否建立了无组织排放相关管理制度或台账。

**表 2-15　火电厂主要废水来源和污染因子**

| 类型 | 废水来源 | 污染因子 |
| --- | --- | --- |
| 经常性废水 | 烟气脱硫系统废水（来自石膏脱水、清洗废水） | pH、SS、重金属、COD、重金属、盐类等 |
| | 锅炉补给水处理再生废水 | pH、SS、TDS |
| | 凝结水精处理再生废水 | pH、SS、TDS、$Fe^{2+}$、$Fe^{3+}$、$Cu^{2+}$等 |
| | 锅炉排污水 | pH、$PO_4^{3-}$ |
| | 取样装置排水 | pH、含盐量不定 |
| | 实验室排水 | pH 与试剂有关 |
| | 主厂房地面及设备冲洗水 | SS、石油类 |
| | 输煤系统冲洗煤场排水 | SS |
| | 生活、工业水预处理装置排水 | SS |
| 非经常性废水 | 锅炉化学清洗水 | pH、SS、石油类、COD、重金属、$F^-$ |
| | 空气预热器冲洗废水 | pH、SS、COD、$Fe^{2+}$、$Fe^{3+}$ |
| | 除尘器冲洗废水 | pH、SS、COD |
| | 油区含油废水 | SS、石油类、酚 |
| | 蓄电池冲洗废水 | pH |
| | 停炉保护废水 | $NH_3$、$N_2H_4$ |
| 污水处理厂 | | COD、氨氮、pH、SS、硫化物、石油类、TDS、总磷、氟化物、挥发酚、动植物油类 |
| 备注：具备条件的企业还应关注总砷、总铅、总汞、总镉等重金属污染物 | | |

脱硫废水主要是来自石膏脱水（离心机及浓缩器溢流水）、清洗系统的等。脱硫废水中主要污染物是悬浮物（SS）、重金属、盐类，COD 也是重要污染指标。火电脱硫废水成分复杂，处理比较难，目前主要采用蒸发干燥和蒸发结晶。

**2．废水排放口的检查要点**

（1）确定是否有污水排放口，如有，通过现场检查查看是否按照排污许可证许可污染物种类、许可排放浓度排放水污染物；

（2）通过人工现场取样或者调取自行监测数据台账、监测报告等，判断水污染物是否超标排放。

## 五、火电工业企业常见的环境违法行为

**1．环评方面的主要违法问题**

火电行业由于国家污染物排放总量控制和煤炭消耗总量控制，以及“上大压小”的产

业政策，国家对火电新、扩、改建项目的环评审批很严，而目前在工业领域中由于电价是稳定的，但煤炭价格下降较大，火电行业在地方经济中还属于盈利行业。许多地方和火电企业还是不顾国家由于产能过剩和污染物总量控制的产业要求，采取一边申请环评，一边开工建设，造成大项目上马的既成事实，最后不得不批的现实。原环保部发布了对某火电企业行政处罚决定书，该项目擅自开工建设，违反了《环境影响评价法》，责令该项目停止建设并罚款二十万元。

**2. “三同时”主要违法问题**

近些年，火电行业的污染物排放标准，不管是验收规范、还是环境保护管理要求，变化很快。火电行业由于项目投资大、工期长，经过几年的施工，从原环评的一些要求，到“三同时”验收时，无论是污染治理设施的去除率，还是防扬尘措施的防风抑尘网，可能都达不到验收的要求了，需要对一些环保设施或措施再进行变更改造，才能达到“三同时”要求，有些企业就不等“三同时”验收，边改造，边投入生产。

**3. 对于新的环境保护要求建设（或改建的）的环保配套设施迟迟不能建设完工问题**

由于资金未能到位或一些其他原因，对于新的环境保护要求而建设（或改建的）的环保配套设施迟迟不能建设完工，一直超标生产或违法生产。如脱硫设施、脱硝措施、防扬尘措施、灰水处置设施等。

例如，某火电企业石灰石—石膏法脱硫设施迟迟不能投运，导致长期 $SO_2$ 超标生产，借口设施正在建设，未建成。某热电厂大气环保设施未建成，“三同时”未验收，擅自开工生产。某火电企业长期未建设完成脱硝设施生产，导致长期排放的烟气中的 $NO_x$ 超标，借口是脱硝措施正在建设。

某火电企业渣场正处于建设过程中，防渗、防漏环保措施未建成，直接堆放 8 万吨脱硫石膏，导致脱硫石膏渗漏，造成下游饮用水水源井内水质污染，变浑变黑。

**4. 故意闲置污染治理设施主要违法问题**

由于火电行业污染治理设施投入大、运行费用高，达标技术难度大，一些企业故意闲置污染治理设施，以减少污染治理成本。

**5. 工况、治理设施运行不正常，污染物超标排放问题**

火电企业脱硫设施的运行检查十分重要。一是检查脱硫设施是否正常运转。目前，火电企业和其他工业企业的锅炉脱硫，主要有石灰石—石膏法脱硫、海水脱硫、循环流化床脱硫、双碱法烟气脱硫、氨法脱硫等。通过检查企业的 DCS 系统和 CEMS 系统的在线监测监控数据、企业用煤量和入炉煤的硫分检测报告；检查有无按照工艺要求使用脱硫剂，查看购买脱硫剂的发票、使用记录等；检查是否开启旁路偷排。

火电企业由于治理设施运行不正常，污染物超标排放的案例最多。由于工况情况如压火、点火频繁，混煤配煤不好燃料中含硫率增加，导致烟尘、二氧化硫产生浓度升高，超标排放。除尘、脱硫、脱硝设施运行不正常，导致治理设施污染物去除率下降，超标排放。

**6．煤场、料场防扬尘措施不到位或缺失，导致扬尘污染问题**

某煤电企业因粉尘污染被群众举报，当地环保局责令该企业限期治理。某热电厂因煤堆未喷淋，造成扬尘污染严重，被处罚3万元，并责令改正。某热电厂露天煤场的煤堆未配套建设完善的防渗漏、防流失、防扬散措施，导致煤场扬尘污染影响较大，被处罚5万元，并责令改正。

**7．逃监避管，监控设施不正常运行问题**

某环保部门对涉气小火电机组进行环保专项执法检查。检查发现，有6家火电企业存在未配备脱硝、脱硫装置；污染物超标排放；自动监控设施不正常运行等违规现象。环保部门依据新《环保法》对企业违法行为进行高限处罚，并责令违规企业采取限产限排、停产整治等措施，立即改正环境违法行为。某火电企业脱硫后的自动监控设施长期闲置，被处罚，并责令改正。

**8．灰渣场未按标准堆存，造成二次污染问题**

某发电厂工业渣场正处于建设过程中，防渗、防漏措施未建设完成，直接堆放8万吨左右脱硫石膏，导致脱硫石膏流失、渗漏，造成下游饮用水水源井内水质变浑变黑。

某电厂现场检查发现，该厂的贮灰场正在运行，灰水排水管线南侧的B区有挖掘机、重型卡车正在倒灰作业，清出的粉煤灰用重型卡车拉运至排水管线北侧的干灰区，干灰西侧未及时推平碾压，运往干灰区道路未进行洒水降尘作业，车辆拉运粉煤灰过程中未苫盖，有扬尘污染现象。

## 第二节　钢铁工业污染特征及环境违法行为

### 一、钢铁工业工艺环境管理概述

钢铁是以铁矿石为原料，锰矿、石灰石、白云石、萤石为辅料，经选矿、烧结、炼铁、炼钢、连铸、轧钢等过程制造而成。钢铁工业亦称黑色冶金工业。

#### （一）烧结及球团生产的原辅料

烧结生产使用的主要原料为含铁原料（精矿粉、富矿粉、高炉瓦斯泥、转炉泥以及轧钢氧化铁皮等）、熔剂（石灰石、白云石、菱镁石、生石灰和消石灰等）、燃料（无烟煤、焦粉、煤气等）。烧结燃料耗量为40～50 kg标煤/t产品，综合能耗为55～70 kg标煤/t产品。烧结、球团单元产品为烧结矿和球团矿（见表 2-16）。

表 2-16 烧结及球团生产的原辅料消耗

| | 精矿粉 | 固体燃料（煤粉、焦粉） | 熔剂（石灰石、白云石、生石灰） | 含铁杂料（氧化铁皮、除尘灰、污泥等） |
|---|---|---|---|---|
| 单耗 | 700～850 kg/t 烧结矿 | 40～50 kg/t 烧结矿 | 130～170 kg/t 烧结矿 | 20～25 kg/t 烧结矿 |
| 含硫率 | 进口铁精矿的含硫率一般在 0.01%～0.04%，国产铁精矿的含硫率一般在 0.018%～0.7%，低于 0.1%的比例较少 | 一般在 0.5%～0.75% | 一般在 0.02%～0.04% | 一般在 0.02% |

## （二）炼铁生产的原辅料

高炉炼铁主要原料有含铁原料（铁矿石、烧结矿或球团矿），助熔剂（石灰石、硅石等），还有还原剂（焦炭），辅助还原剂（煤粉、石油、天然气、塑料）。通常，冶炼 1 t 生铁需 1.5～2.0 t 铁矿石（一般情况下 1.8 t 铁矿石可产 1 t 生铁），0.5～0.7 t 燃料（高炉燃料主要是焦炭和煤粉，还有重油、煤气、煤、天然气）、0.2～0.4 t 熔剂，总计需要 2～3 t 原料。炼铁单元产品为铁水（见表 2-17）。

表 2-17 炼铁工业原料—产品平衡

| 物料名称 | 烧结矿、球团等铁质原料 | 焦炭、煤粉 | 石灰石 | 硅石 | 高炉煤气 | 焦炉煤气 |
|---|---|---|---|---|---|---|
| 投入量 | 1 600 kg | 495 kg | 60 kg | 60 kg | 440 $m^3$ | 3.6 $m^3$ |
| 含硫率 | 品质各异 | 0.57% | 0.015% | 0.006% | $H_2S$ 5 $mg/m^3$ | $H_2S$ 100 $mg/m^3$ |
| 物料名称 | 铁水 | 高炉渣 | 高炉煤气 | 瓦斯灰 | | |
| 产品量 | 1 000 kg | 270 kg | 1 400 $m^3$ | 35 kg | | |
| 含硫率 | 0.04% | 0.95% | $H_2S$ 5 $mg/m^3$ | 0.008% | | |

## （三）炼钢生产的原辅料

炼钢分为转炉炼钢和电炉炼钢，不仅炼钢设备不同，炼钢使用的原辅材料也有差异。炼钢的主原料为铁水和废钢（生铁块），炼钢单元产品为粗钢（其中石灰窑和轻烧白云石窑产品为活性石灰、轻烧白云石）。转炉炼钢主原料为铁水和废钢；辅原料通常指造渣剂（石灰、萤石、白云石、合成造渣剂）、冷却剂（铁矿石、氧化铁皮、烧结矿、球团矿）、增碳剂以及氧气、氮气、氩气等；常用铁合金有锰铁、硅铁、硅锰合金、硅钙合金、金属铝等。电炉炼钢原料有铁质原料（含油漆、塑料的废钢铁，硅铁、硅锰、锰铁、铬铁、钼铁、钒铁、铝丝、碳丝及镍、铌铁等）、氧化剂（氧化铁皮、氧气）、造渣材料（石灰和白云石、萤石、高铝钒土、碳粉）、合成渣料（脱硫剂、熔融合成精炼渣）、耐火材料、其他用途材料（如电极、增碳剂、保温剂、保护渣等）。

产品为钢水。能源主要有焦炭、电力。炼钢过程也会释放部分能量，包括煤气、蒸汽等。2016 年重点钢铁企业转炉工序能耗为 13.20 kgce/t，2016 年重点钢铁企业电炉工序能耗为 52.65 kgce/t。

## （四）轧钢生产的原辅料

在轧钢生产中，一般常用的原料为钢锭、轧坯和连铸坯，也有采用压铸坯的。

主要辅料燃料种类包括重油、柴油、天然气、液化石油气、焦炉煤气、高炉煤气、转炉煤气、发生炉煤气等；酸液（作为酸洗液，如氢氟酸、盐酸）、锌锭（热镀锌和电镀锌原料）、钝化液等。

轧钢分为热轧和冷轧工艺，因此轧钢单元产品分为热轧材和冷轧材。

热轧工序的能耗主要是均热炉、退火炉消耗的。使用的能源主要是高炉煤气、混合煤气、重油等，热轧吨钢需消耗高炉煤气 500～600 $m^3$/t 钢，或消耗混合煤气 200～240 $m^3$/t 钢，或消耗重油 50～60 kg/t 钢。

2016 年重点钢铁企业各工序能耗占行业总能耗比例如表 2-18 所示。

表 2-18 2016 年重点钢铁企业各工序能耗占行业总能耗比例

| 工序 | 烧结 | 球团 | 焦化 | 炼铁 | 转炉 | 电炉 | 轧钢 | 动力 |
|---|---|---|---|---|---|---|---|---|
| 比例/% | 12.1 | 1.3 | 9.2 | 60.7 | 1.4 | 3.6 | 12.7 | 2.6 |

## （五）基本工艺流程

钢铁工业体系分以铁精矿为基本原料生产钢材的长流程，如图 2-2 所示；以废钢铁为基本原料生产钢材的短流程，如图 2-3 所示。

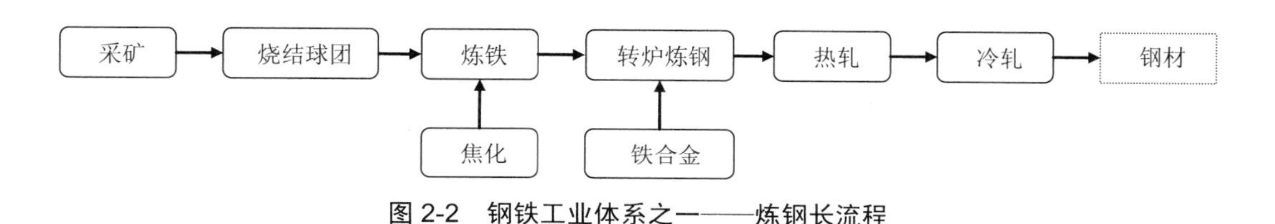


图 2-2 钢铁工业体系之一——炼钢长流程

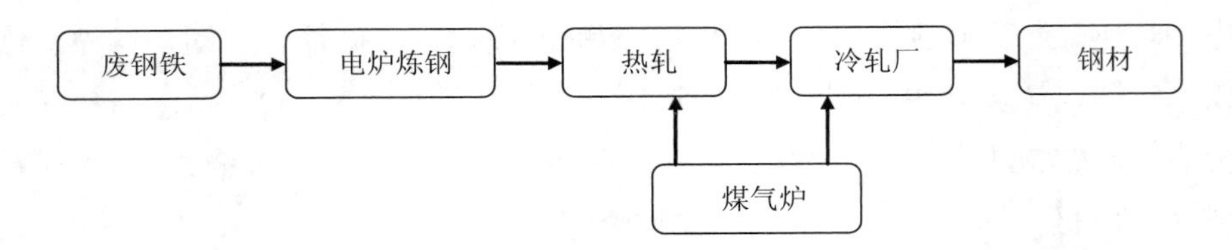


图 2-3 钢铁工业体系之二——炼钢短流程

钢铁工业主要生产单元（原料系统、烧结、球团、炼铁、炼钢、轧钢、公用单元）；主要工艺（机械化原料场、非机械化原料场、带式烧结、步进式烧结、竖炉、链篦机—回转窑、带式焙烧机、高炉炼铁、转炉炼钢、电炉炼钢、热轧、冷轧等）；主要生产设施（烧结机、球团焙烧设备、高炉矿槽、热风炉、转炉、电炉等）；主要产污节点名称（烧结机头废气、烧结机尾废气、焙烧废气、高炉矿槽废气、高炉出铁场废气、热风炉烟气、转炉一次烟气、转炉二次烟气、电炉烟气等）；污染治理设施（袋式除尘器、静电除尘器、电袋复合除尘器、石灰石/石灰—石膏法脱硫、氨法脱硫、氧化镁法脱硫、双碱法脱硫、SCR 脱硝、SNCR 脱硝等）。

烧结生产、球团生产、炼钢流程占排污节点如图 2-4～图 2-8 所示。

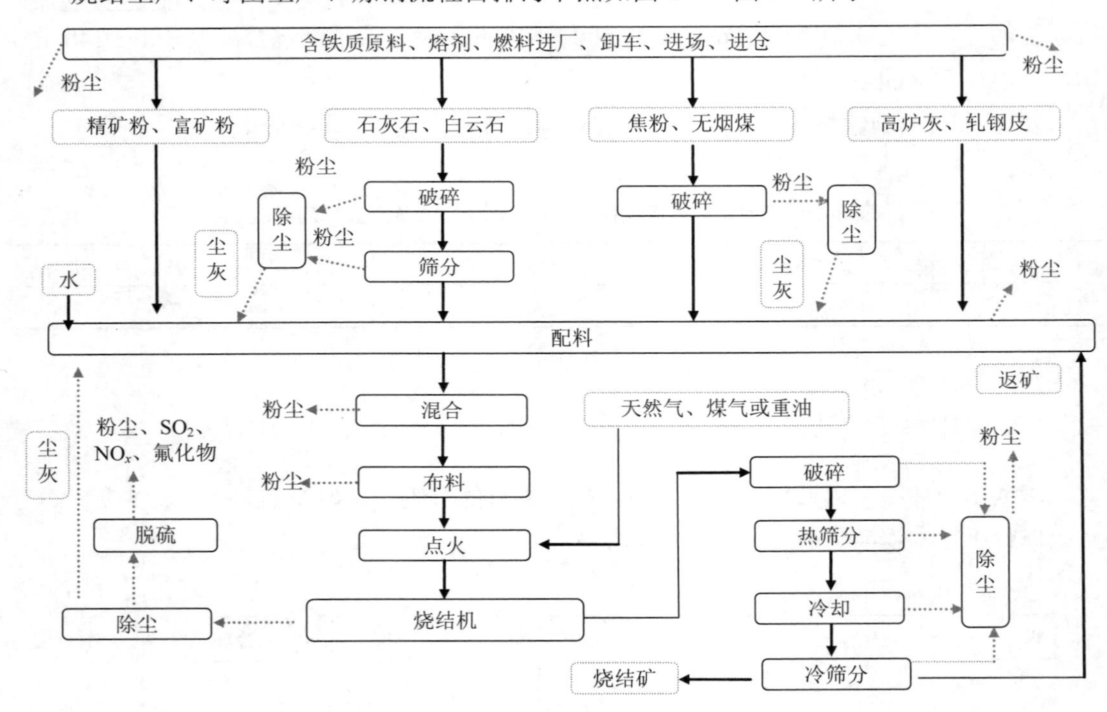


图 2-4 烧结生产流程与排污节点

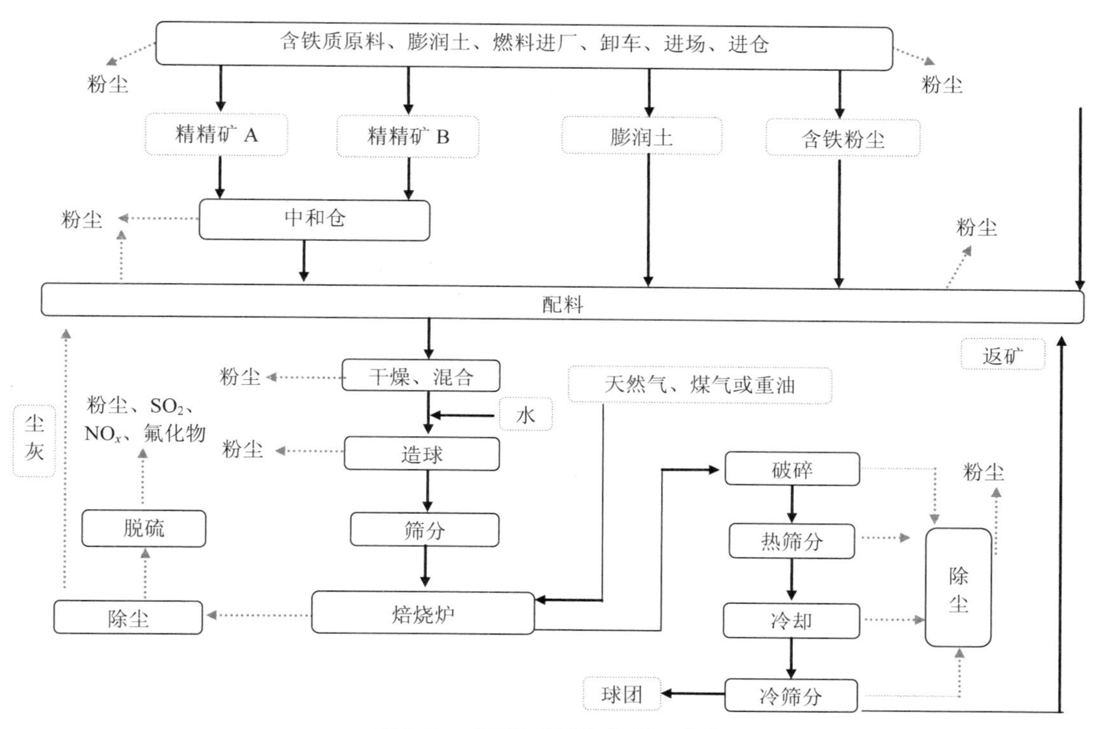


图 2-5　球团生产流程与排污节点

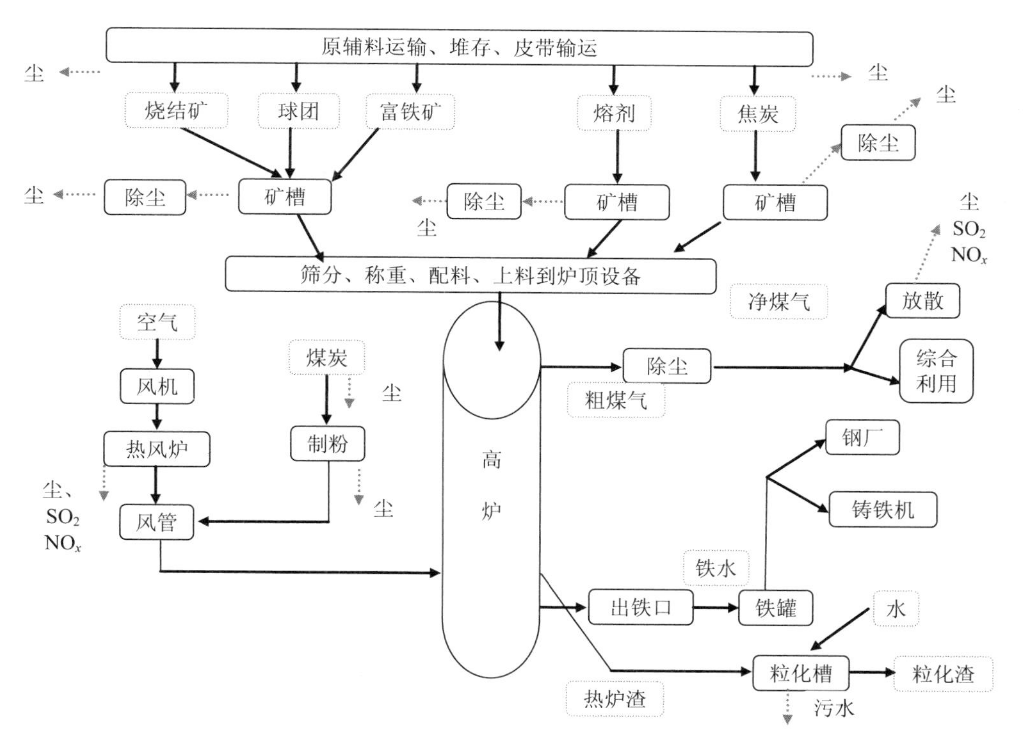


图 2-6　高炉炼铁生产流程与排污节点

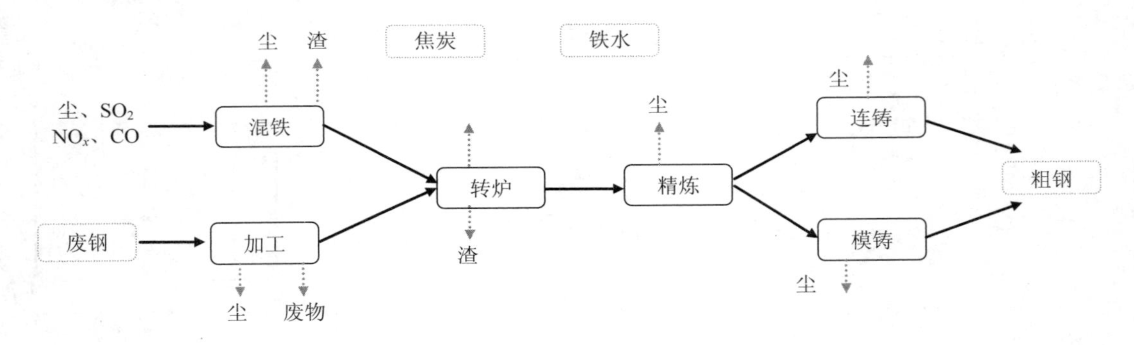


图 2-7 转炉炼钢生产流程与排污节点

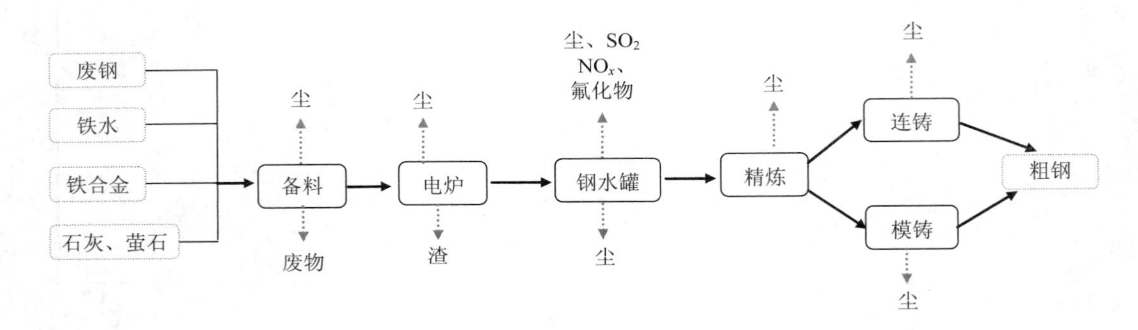


图 2-8 电炉炼钢生产流程与排污节点

钢铁生产企业的主要工序与生产设备如表 2-19 所示。

表 2-19 钢铁企业主要生产设备

| 项目 | | 设备（设施）名称 |
|---|---|---|
| 烧结车间 | 原料进厂 | 运输车辆、堆料机、取料机、堆场或仓棚、仓库、传送带、精矿槽、受料矿槽、取料机、堆料机、除尘器等设备 |
| | 烧结 | 移动皮带、矿槽、圆盘给料机、电子秤、配料桶、混合料矿槽、布料器、带式烧结机、主抽烟机、烧结矿仓、除尘器、脱硫设备等设备 |
| | 球团 | 移动皮带、矿槽、圆盘给料机、电子秤、配料桶、混合料矿槽、造球机、圆筒干燥机、高温焙烧机（竖炉或带式焙烧机或链箅机—回转窑）、球团仓、除尘器、脱硫设备等设备 |
| | 冷却 | 破碎机、筛分设备、皮带输送机、带式或环式冷却机、除尘器、烧结矿仓等设备 |
| 炼铁车间 | 供料上料 | 车辆、矿槽、给料机、供料皮带、运输皮带、筛分设备、称量斗等设备 |
| | 炉顶、炉体 | 料罐、溜槽、料钟、放散阀、高炉、出铁口、出渣口、炉体冷却系统、铁水罐、火车车厢、开口机、渣铁沟、粒化槽、皮带运输机、渣场、除尘器 |
| | 热风、煤粉喷吹 | 热风炉、煤气管道、助燃风机、脱硫装置、煤粉磨机、除尘器、煤粉喷吹系统等设备 |

| 项目 | | 设备（设施）名称 |
| --- | --- | --- |
| 炼钢车间 | 转炉炼钢 | 铁水罐、钢包台车、渣罐、吊车、混铁炉、转炉、烟罩提升装置、升降溜槽、精炼炉、钢渣场等设备 |
| | 电炉炼钢 | 钢包、吊车、变压器、电弧炉、钢渣场、精炼炉等设备 |
| | 模铸工艺 | 钢包及载具、钢包回转台、中间包、结晶器、冷却装置、拉矫装置、引锭杆、切割设备（火焰或机械）、中间包烘烤装置等设备，模铸机、水冷却系统等设备 |
| 轧钢车间 | 热轧工艺 | 加热炉、热轧机组、运输辊道、除磷装置、水冷却系统、冷却水处理系统、卷取机、飞剪、热轧成品库、天车等设备 |
| | 冷轧工艺 | 运输辊道、酸洗槽、脱脂槽、冷轧机、退火炉、水冷却系统、冷却水处理系统、平整机、剪切机、卷取机、冷轧成品库、天车等设备 |
| 其他生产辅助设施 | | 油罐、除尘器、脱硫装置、铁渣场、钢渣场、煤气柜、石灰厂、电厂、污水处理厂 |

## 二、钢铁工业的特征污染物

表 2-20　钢铁工业的特征污染物

| 项目 | 特征污染物 |
| --- | --- |
| 废气 | 原料进厂：运输、卸车、聚堆、贮存、上料、传输产生无组织扬尘。<br>烧结、球团：破碎、筛分、配料、拌合、传输、烧结产生无组织扬尘；破碎、筛分、配料、拌合设备、料仓产生有组织废气含颗粒物，干燥、焙烧、冷却产生烟气含颗粒物、$SO_2$、$NO_x$。<br>高炉熔炼：高炉进料、出铁、出渣、炉体、铁水装罐、运输、铁渣水冷粒化、渣场运输产生无组织含尘废气；上料、热风炉、出铁、出渣、水冷粒化集气口产生有组织含尘废气；热风炉烟气含颗粒物、$SO_2$、$NO_x$、CO、$H_2S$ 等；<br>转炉、电炉、连铸、模铸：转炉铁水、废钢的转运、倾倒、钢水倾倒、转运过程和撇渣、运渣、渣场装卸过程产生大量含尘废气，电炉废钢加工、电炉布料、出渣、出钢、钢包运输、过程产生大量含尘工艺废气，连铸钢水包运输、倾倒、结晶器拉坯、坯材切割、中间包烘烤过程排放含尘废气，模铸钢水包运输、倾倒、结晶器拉坯、坯材切割、中间包烘烤过程排放粉尘；转炉吹炼、烟罩提升产生吹炼烟气、精炼炉产生精炼烟气，含颗粒物、CO、$SO_2$、$NO_x$、氟化物，电炉熔炼、精炼产生熔炼废气，含颗粒物、CO、$NO_x$、氟化物、$SO_2$、二噁英、铅、锌等。<br>热轧、冷轧：热轧加热炉产生燃烧废气，含颗粒物、$NO_x$、$SO_2$；退火炉产生燃烧烟气，含颗粒物、$SO_2$、$NO_x$，冷轧产生含尘废气；冷轧退火炉产生燃烧烟气，含颗粒物、$SO_2$、$NO_x$，冷轧产生含尘废气 |
| 废水 | 烧结（湿式除尘排水、地面冲洗水含有高的悬浮物）；炼铁（主要为高炉煤气洗涤水、冲渣废水、地面冲洗水，含悬浮物、酚、氰等）；炼钢（水冷却废水、湿法除尘废水、地面冲洗水，主要污染物 SS、石油类、COD、氨氮、氰化物、氯化物）；轧钢（除磷废水和直接冷却水、电镀废水含 COD、SS、石油类、pH 值、金属锌） |
| 固体废物 | 烧结（含铁尘泥、废矿石、除尘灰、脱硫渣）；炼铁（除尘灰、铁水冶炼渣、瓦斯尘泥、脱硫渣）；炼钢（钢渣、尘泥、氧化铁皮、脱硫渣、废钢碳钢酸洗废酸）；轧钢（废氧化皮、水处理池污泥，废油、电镀废渣、废液、废酸、废碱均属危险废物）；烧结、炼铁、炼钢、轧钢均有废润滑油（危险废物） |
| 噪声 | 转炉、电炉、蒸汽放散阀、火焰清理机、火焰切割机、煤气加压机、吹氧阀站、空压机、真空泵、各类风机、水泵等机械产生的噪声 |

注：烧结、炼铁、炼钢、轧钢均有废润滑油产生。

## 三、钢铁工业的污染物来源

钢铁工业中废气、废水、废渣的产生量都很大，尤其是废气污染物排放总量更大，基本各工序中均有废气产生。废气主要污染因子为颗粒物、$SO_2$、$NO_x$、氟化物、氯化氢等。废水污染因子主要为COD、石油类、重金属、酚、氰等。固体废物主要为含铁尘泥、除尘灰、铁渣、钢渣以及碳钢酸洗废酸等。

### （一）钢铁工业废气主要来源

#### 1．烧结工序废气来源

烧结生产有组织排放废气污染源。烧结机配料废气、机头烟气、机尾废气、筛分废气，球团工序配料废气、焙烧烟气。

烧结和球团生产无组织废气排放环节为物料混合、烧结、破碎、冷却、筛分、储运等生产过程中产生的含尘废气，产生的主要污染物为颗粒物、$SO_2$、$NO_x$、氟化物和二噁英。

球团生产产污环节与烧结类似，只是在球团生产时，产生含颗粒物、$SO_2$、$NO_x$、氟化物和二噁英废气的环节由烧结台车变成了竖炉、链箅机—回转窑、带式焙烧机等球团焙烧设备。

#### 2．炼铁工序废气来源

炼铁的主要有组织排放大气排放口包括热风炉烟气、出铁场废气、炼铁矿槽废气、高炉上料系统废气、高炉喷吹煤粉制备系统废气的集气排放口，排放污染物主要有颗粒物、$SO_2$、$NO_x$。

炼铁的主要无组织排放大气产污环节有矿槽配料系统/高炉上料、卸料系统产生含尘废气，出铁时开、堵铁口以及出铁口、铁沟、渣沟、撇渣器、摆动流嘴、铁水罐等部位产生的含尘废气，煤粉制备及喷吹过程中产生煤尘，用水粒化高炉熔渣和用水热泼干渣会产生蒸汽和含硫烟气，由于煤气回收系统管网不平衡，无法及时回收，高炉煤气点火放散产生颗粒物、$SO_2$、$NO_x$。

#### 3．炼钢工序废气来源

炼钢的主要有组织废气污染源：转炉一次、二次和三次除尘烟气转炉废气、电炉冶炼烟气、炼钢石灰窑、白云石窑焙烧、精炼炉冶炼烟气等。炼钢生产无组织废气产污环节为铁水预处理过程、生石灰等原辅料输送、转炉兑铁水、加废钢、吹炼、出钢泄漏的废气，转炉在吹炼时产生大量含 CO、粉尘的高温烟气，电炉炼钢加废钢、冶炼、出钢过程加废钢、出钢过程，以及精炼炉冶炼产生的含尘烟气产生的含尘和二噁英烟气。电渣冶金时会产生含氟废气，同时由于转炉、LF 精炼炉冶炼时加入萤石，故烟气中还含有氟化物。另外，炼钢所需的石灰、白云石生产时原料和成品转运产生的含尘废气，焙烧过程中产生的含有烟尘、$SO_2$、$NO_x$的烟气。

#### 4．轧钢工序废气来源

轧钢主要废气污染源为热处理炉烟气及轧制、表面处理产生的无组织废气排放。热轧工序产污环节为加热炉燃烧后产生含颗粒物、$SO_2$、$NO_x$的烟气及轧制过程中产生的粉尘和油烟。冷轧工序产污环节为拉矫机、焊机在生产过程中会产生的含尘废气，污染物种类为颗粒物；酸洗槽、漂洗槽等处产生的氯化氢、硫酸雾、硝酸雾及氟化物；废酸再生系统产生的含颗粒物、氯化氢、硝酸雾及氟化物废气和酸雾；碱洗槽、刷洗槽、漂洗槽等处产生的碱雾；轧机、平整机组产生的乳化液油雾；涂镀层机组产生的铬酸雾；彩涂产生的含苯、甲苯、二甲苯及非甲烷总烃的有机废气；退火产生的含颗粒物、$SO_2$、$NO_x$的燃烧废气。

### （二）钢铁工业废水主要来源

#### 1．烧结工序废水来源

烧结工序废水包括冲洗地坪废水、湿式除尘废水、脱硫废水等。污染物脱硫废水（pH、SS、COD、石油类、总砷）、净环水系统排水（COD、SS），脱硫废水经絮凝沉淀后回用或排至厂内综合污水处理站，净环水系统排水排至厂内综合污水处理站。

#### 2．炼铁工序废水来源

炼铁废水包括高炉煤气洗涤水、炉渣粒化废水、铸铁机喷淋冷却废水等。主要为炼铁高炉煤气湿法净化系统废水（SS、COD、挥发酚、总氰化物、总锌、总铅）、炼铁高炉冲渣废水（SS、挥发酚、总氰化物）及净环水系统排水（COD、SS）。炼铁高炉煤气湿法净化系统废水和炼铁高炉冲渣废水沉淀后循环利用，净环水系统排水用作炼铁高炉冲渣补水。

#### 3．炼钢工序废水来源

炼钢废水包括转炉烟气湿法除尘废水、精炼装置抽气冷凝废水、连铸生产废水、火焰清理机废水等。主要为炼钢转炉煤气湿法净化回收系统废水（SS、氟化物）、炼钢连铸废水（SS、COD、石油类）和净环水系统排水（COD、SS）。炼钢转炉煤气湿法净化回收系统废水经沉淀处理后回用，炼钢连铸废水采用除油+沉淀+过滤装置处理后，大部分回用，少部分排至厂内综合污水处理站，净环水系统排水作为炼钢连铸浊环水系统补水。

#### 4．轧钢工序废水来源

轧钢工艺产生的废水分为热轧废水和冷轧废水，其中以冷轧废水为主。

热轧工序废水类别主要为热轧直接冷却废水，含有氧化铁皮及石油类污染物等（SS、

COD、石油类)，且温度较高；热轧废水还包括净环水系统排水（COD、SS)，设备间接冷却排水、带钢层流冷却废水，以及热轧无缝钢管生产中产生的石墨废水等。热轧生产废水包括轧机、卷取机、除磷、冷却、冲洗废水等。热轧直接冷却废水采用除油+沉淀+过滤装置或稀土磁盘处理后，大部分回用，少部分排至厂内综合污水处理站，净环水系统排水作为热轧直接冷却水系统补水。

冷轧废水包括冷轧酸碱废水、冷轧含油和乳化液废水、稀碱含油废水、酸性废水，还包括少量的光整废水、湿平整废水、重金属废水（如含六价铬、锌、锡等）和磷化废水等。酸洗、漂洗槽产生的含酸废水（pH、COD、氟化物)，脱脂产生的含碱废水（pH、COD、石油类)，轧机排雾净化系统以及清洗产生的含油废水（pH、COD、石油类)，磨辊间及冷轧轧制等产生乳化液废水（pH、COD、石油类)，热镀锌钝化废水（六价铬、总铬)，净环水系统排水（COD、SS)。

### （三）钢铁工业固体废物主要来源

#### 1．烧结工序固体废物来源

烧结、球团工艺产生的固体废物主要为除尘器灰尘、生产工艺散落物料和污油（危险废物)。

#### 2．炼铁工序固体废物来源

主要为炼铁渣、粉尘、尘泥和污油（危险废物）等。我国高炉渣铁比为 265～770 kg/t。

#### 3．炼钢工序固体废物来源

炼钢工序产生的固体废物有冶炼渣、转炉污泥、除尘灰、氧化铁皮、水处理污泥、废耐火材料和精炼渣（可能属危险废物)、污油（危险废物）等。

#### 4．轧钢工序固体废物来源

轧钢工艺产生的固体废物主要为冷轧酸洗废液（包括盐酸废液、硫酸废液、硝酸-氢氟酸混酸废液)，还包括除尘灰、水处理污泥（包括少量含铬污泥、含重金属污泥)、锌渣和废油（含处理含油废水中产生的废滤纸带）等，其中含铬污泥、含重金属污泥、锌渣及废油属危险废物。

## 四、钢铁工业的排污节点分析

表 2-21 钢铁企业大气排污节点

| 工序 | | 排污节点 | 污染物 | 检查方式 |
|---|---|---|---|---|
| 烧结 | 备料 | 原料运输进厂、堆料、堆场或仓棚、仓库 | 粉尘 | 现场检查无组织排放防护措施；检查封闭、密闭和防尘措施；检查除尘设施收尘和换袋台账 |
| | | 取料、传输、提升受料矿槽 | | |
| | 烧结工艺 | 破碎、筛分 | 粉尘 | |
| | | 配料、拌合、传输封闭不严产生含尘废气 | | |
| | | 烧结、（球团）焙烧，生球干燥、焙烧过程烧结机机头机尾、竖炉会产生大量烧结烟气 | 颗粒物、$SO_2$、CO、$NO_x$、氟化物等 | 现场检查无组织排放防护措施；检查封闭、密闭和防尘措施。检查除尘设施收尘和换袋台账；检查脱硫设施的运行与消耗；检查炉窑和锅炉的烟气排放的颗粒物、$SO_2$、$NO_x$ 监控或监测数据。检查电除尘器时注意电压和电流的情况 |
| | 冷却 | 破碎、筛分、输运、冷却、矿仓产生含尘废气；冷却机产生冷却烟气 | 颗粒物、$SO_2$、CO、$NO_x$ 等 | |
| 炼铁 | 上料矿槽废气 | 采用胶带机或上料小车上料时，炉顶卸料时产生的含尘废气 | 颗粒物 | 现场检查无组织排放防护措施；检查封闭、密闭和防尘措施；检查除尘设施收尘和换袋台账 |
| | | 矿槽卸料、给料机，烧结、焦炭筛分，输运机等生产环节产生的含尘废气 | | |
| | 热风炉 | 热风炉燃烧煤气、粉煤、石油、塑料等燃料燃烧烟气 | $SO_2$、$NO_x$、烟尘、二噁英 | 检查除尘设施收尘和换袋台账；检查脱硫设施的运行与消耗；检查炉窑和锅炉的烟气排放的颗粒物、$SO_2$、$NO_x$ 监控或监测数据 |
| | 出铁场 | 出铁时开、堵铁口以及出铁口、铁沟、渣沟、撇渣器、摆动流嘴、铁水罐等部位产生含尘废气 | 颗粒物、$SO_2$、$NO_x$、CO | 现场检查无组织排放防护措施；检查封闭、密闭和防尘措施；检查除尘设施收尘和换袋台账 |
| | 高炉喷吹 | 煤粉制备及高炉喷吹过程中产生含尘废气 | 颗粒物 | 现场检查无组织排放防护措施；检查封闭、密闭和防尘措施；检查除尘设施收尘和换袋台账 |
| | 高炉渣处理 | 用水粒化高炉熔渣产生含硫蒸气 | 烟尘、$SO_2$ 和 $NO_x$ 汽和含硫气体 | 检查除尘设施收尘和换袋台账；检查脱硫设施的运行与消耗；检查炉窑和锅炉的烟气排放的颗粒物、$SO_2$、$NO_x$ 监控或监测数据 |
| | | 用水热泼干渣产生烟气 | | |
| | 高炉炉顶 | 高炉均压放散，高炉煤气点火放散 | $SO_2$、$NO_x$、烟尘、CO | |

| 工序 | | 排污节点 | 污染物 | 检查方式 |
| --- | --- | --- | --- | --- |
| 炼钢 | 预处理 | 铁水倒罐、前扒渣、后扒渣、清罐、预处理过程等 | 颗粒物、CO | 现场检查集气、除尘设施运行状态和除尘、换袋台账 |
| | 转炉炼钢 | 吹氧冶炼（一次烟气） | 颗粒物、$SO_2$、$NO_x$、氟化物（主要成分为 $CaF_2$） | |
| | | 兑铁水、加废钢辅料、出渣、出钢（二次烟气） | 颗粒物、CO | |
| | 电炉炼钢 | 吹氧冶炼（一次烟气） | 颗粒物、CO、$NO_x$、$SO_2$ 氟化物（主要成分为 $CaF_2$）、二噁英、铅、锌等 | 现场检查集气、除尘设施运行状态和除尘、换袋台账 |
| | | 加废钢辅料、兑铁水、出渣、出钢等（二次烟气） | | |
| | 精炼 | 钢包精炼炉（LF）、真空循环脱气装置（RH）、真空脱气处理装置（VD）、真空吹氧脱碳装置（VOD）等设施的精炼过程 | 颗粒物、CO、氟化物（主要成分为 $CaF_2$） | 现场检查集气、除尘设施运行状态和除尘、换袋台账 |
| | 连铸 | 中间罐倾翻和修砌、连铸结晶器浇铸及添加保护渣、火焰清理机作业、连铸切割机作业、二冷段铸坯冷却等 | 颗粒物 | 现场检查集气、除尘设施运行状态和除尘、换袋台账 |
| | 其他 | 原辅料输送、地下料仓、上料系统、钢渣处理等，中间罐和钢包烘烤，石灰、白云石焙烧 | $SO_2$、$NO_x$、颗粒物 | 现场检查集气、除尘设施运行状态和除尘、换袋台账 |

**表 2-22　轧钢生产废气污染源及污染物**

| 污染物 | 排放源 | 排放工艺 | 检查方式 |
| --- | --- | --- | --- |
| 烟气 | 加热炉 | 加热炉运行时染料产生烟气，含颗粒物、$SO_2$、$NO_x$ 的燃烧废气 | 现场检查集气、除尘设施运行状态和除尘、换袋台账 |
| 酸雾 | 连轧、推拉式酸洗、电镀锡、电镀锌、热镀锌、中性盐电解酸洗、电解酸洗、混酸酸 | 酸洗连轧、推拉式酸洗、电镀锡、电镀锌、热镀锌、中性盐电解酸洗、电解酸洗、混酸酸洗、电解脱脂槽、涂层、酸再生装置等工艺过程产生的含酸废气，含酸雾、颗粒物等 | 现场检查集气、除酸设施运行状态，检查运行和辅料消耗记录 |
| 碱雾 | 热镀锌机组、连退机组、脱脂清洗段等 | 热镀锌机组连退机组、脱脂等设备的碱洗槽、漂洗槽等设备在工艺过程产生的含碱废气，含碱雾、颗粒物等 | 现场检查集气、除碱设施运行状态，检查运行和辅料消耗记录 |
| 乳化液油雾 | 冷轧机组、湿平整机、修磨抛光机组等设备 | 轧机组、湿平整机修磨抛光机组等设备工作时产生乳化液油雾、颗粒物 | 现场检查集气、净化设施运行状态，检查运行和辅料消耗记录 |
| 粉尘 | 热轧精轧机、拉矫机、焊接机、酸再生、干平整机、管坯精整、方坯精整、抛丸机、修磨机、锌锅、锡锅、铅浴炉等设备 | 热轧精轧机、拉矫机、焊接机、酸再生、干平整机、管坯精整、方坯精整、抛丸机、修磨机、锌锅、锡锅、铅浴炉等设备运行时产生的含颗粒物废气 | 现场检查集气、除尘设施运行状态和除尘、换袋台账 |

表 2-23　钢铁企业废水排污节点

| 工序 | | 排污节点 | 污染物 | 检查方式 |
|---|---|---|---|---|
| 烧结 | 备料 | 地面冲洗废水 | SS、COD、石油类 | 检查废水产生量和去向的记录台账，现场检查废水预处理设施运行状况 |
| | 烧结冷却工艺 | 地面冲洗废水 | | |
| | | 湿式除尘废水 | | |
| | | 净环水系统排水 | | |
| | | 脱硫废水等 | pH、SS、COD、石油类 | |
| 炼铁 | 上料矿槽废气 | 地面冲洗废水 | SS | 检查废水产生量和去向的记录台账 |
| | 热风炉 | 煤气洗涤水 | SS、COD、挥发酚、总氰化物、总锌、总铅 | 检查废水产生量和去向的记录台账，现场检查废水预处理设施运行状况 |
| | 出铁场 | 高炉、炉渣粒化废水 | | |
| | 铸铁 | 铸铁机喷淋冷却废水 | | |
| | 其他 | 净环水系统排水 | COD、SS | 检查废水产生量和去向的记录台账 |
| 炼钢 | | 转炉烟气湿法除尘浊环水系统 | COD、SS | 检查废水产生量和去向的记录台账 |
| | | 精炼装置抽气冷凝废水 | | |
| | | 连铸生产废水、火焰清理机直接冷却浊环水系统 | SS、COD、氧化铁皮、油脂 | |
| | | 间接冷却软水（转炉吹氧管、氧枪、烟罩和位于烟罩部位的氧枪孔及连铸结晶器等设备冷却），间接冷却水循环系统（转炉下料溜槽、炉口、耳轴、转炉前后挡板；精炼炉等设备的间接冷却排水；电炉、电磁搅拌器、变压器油冷却器以及排烟管道套管冷却水） | 污染很小 | 循环使用后 |
| | | 煤气湿法净化回收系统废水 | SS、COD、挥发酚、总氰化物 | 检查废水产生量和去向的记录台账。现场检查废水预处理设施运行状况 |
| 热轧 | | 热轧直接冷却废水，含有氧化铁皮及石油类污染物等 | SS、COD、石油类 | 检查废水产生量和去向的记录台账。现场检查废水预处理设施运行状况 |
| | | 轧机、卷取机、除磷、冷却、冲洗废水等 | | |
| 冷轧 | | 冷轧酸碱废水、脱脂产生的含碱废水 | 含 pH、COD、石油类六价铬、锌、锡等 | |
| | | 含油和乳化液废水、稀碱含油废水、酸性废水，还包括少量的光整废水、湿平整废水、重金属废水 | pH、SS、COD、氟化物 | |
| | | 磨辊间及冷轧轧制等产生乳化液废水，轧机排雾净化系统以及清洗产生的含油废水 | pH、COD、石油类 | |
| | | 热镀锌钝化废水 | pH、总锌、六价铬、总铬 | |
| | | 净环水系统排水 | COD、SS | |

表 2-24　钢铁企业固体废物排污节点

| 类别 | 排污节点 | 污染物 | 检查方式 |
| --- | --- | --- | --- |
| 烧结球团 | 烧结、球团工艺产生的固体废物主要为除尘器收集的灰尘和生产工艺中散落的物料。这些灰尘和物料可回收，并作为烧结原料回用 | 一般固体废物 | 检查收集、管理和外运处置的台账记录 |
| 炼铁 | 含铁尘泥、废矿石、除尘灰、粒化槽冲渣、瓦斯尘泥、脱硫渣 | 一般固体废物 | 检查除尘灰、选矿尾矿、锅炉灰渣、废金属、废包装材料、废耐火材料、赤泥收集、管理和外运处置的台账记录 |
| 炼钢 | 钢渣、尘泥、氧化铁皮、除尘灰、脱硫渣 | 一般固体废物 | |
| | 废钢碳钢酸洗废酸 | 危险废物 | |
| 轧钢 | 尘泥、氧化铁皮、除尘灰 | 一般固体废物 | |
| | 水处理池含油污泥 | 危险废物 | 现场检查危险废物的收集、处置、利用的的暂存场所，检查台账外运联单是否与危险废物管理要求合规 |
| | 废油、电镀废渣、废液、废酸、废碱 | 危险废物 | |
| 机修 | 废矿物油、维修油泥、含油抹布属危险废物 | 危险废物 | |
| | 污水处理设施产生的污泥 | 污水处理污泥（一般固体废物） | 检查污泥产生量、去向和台账记录 |

## 五、钢铁工业企业常见的环境违法行为

（1）环保部《关于开展重点行业环境保护专项执法检查的通知》中将钢铁行业列入重点行业专项执法检查，要求各地于 2016 年 6—10 月对钢铁企业逐一进行梳理排查。全国各级环境保护部门一共对 1 019 家钢铁企业进行现场检查，发现共有 173 家企业存在环境违法行为，其中 62 家违反建设项目环保规定，35 家超标排污，25 家未有效控制粉尘等无组织排放，5 家自动监控设施运行不正常，46 家以逃避监管方式排放污染物。相关地方已对违法企业实施限制生产、停产整治等处罚措施，3 家企业责任人已被实施行政拘留。

（2）国家不仅大力削减钢铁行业产能，而且在规模、工艺、技术、设备方面有严格要求。一些企业在未取得备案、环评、产能置换等手续的情况下，擅自开工建设，擅自扩大规模。某钢铁企业产业园区开建 1 座 400 $m^3$ 铸造高炉，在未取得备案、环评、产能置换等手续的情况下，擅自启动了转炉炼钢项目建设，建成后开始调试，被环保部门紧急叫停。

（3）钢铁行业的 $SO_2$ 主要产生于烧结过程，要求采取有效的脱硫措施和装置。有一些钢铁企业屡屡出现超标排放大气污染物的现象。某钢铁企业 $SO_2$ 排放浓度超过排放许可证规定浓度限值，最大超标倍数达 2.98 倍。

（4）钢铁行业中，违反建设项目环境管理规定、超标排放等问题相对突出。部分钢铁企业仍不能实现污染物稳定达标排放。一些钢铁企业为了降低环保设施运行成本，污染防治设施不正常运行，甚至擅自停运环保设施，导致大气污染物烟烟气直接排向大气，造成严重污染，被处罚。

（5）部分企业环境管理存在漏洞，生产粗放，原料和固体废物堆场无有效的防尘措施。钢铁行业原料和废渣数量大，采取露天堆放，会产生严重的扬尘问题。某公司煤渣未采取有效防治措施覆盖，向大气排放粉尘而被处罚。某公司未建设固体废物贮存设施，堆场无有效的防尘措施，露天堆放而被处罚。某钢铁企业现场料堆未采有效防尘措施，被环境处罚。某钢铁企业现场原料煤粉、铁矿石、焦炭露天存放，未采取防尘措施而被环境处罚。某钢铁企业烧结原料厂现场未采取有效防尘措施，运输原料车辆撒漏严重，道路扬尘，造成大气环境污染而被处罚。

（6）在高炉炼铁生产工艺中，废气的有组织和无组织排放都比较严重，冶炼车间烟粉尘和气态污染物的逸出或泄漏，会造成较大的无组织排放，都应采取有效防控措施。钢铁企业生产环节多，无组织排放点多，多数钢铁企业在有效控制有组织大气排放的同时，未能对大气无组织排放采取有效措施，无组织扬尘排放使钢铁企业的突出问题。

（7）高炉煤气洗涤水和湿法除尘废水中的主要污染物为SS，浓度为1 000～3 000 mg/L。其次含少量酚、氰、Zn、Pb、硫化物等，许多企业未进行有效治理，采取了综合废水稀释酚、氰和重金属污染物，经常被测出这些指标超标排放。

（8）钢铁企业的轧钢车间生产过程及废水处理过程产生多种危险废物，如废油、维修产生的废油泥、废酸、废碱、废电镀液、含铬（镍）污泥以及含铅、铬、锌等重金属的废渣（尘泥）等，应严格遵照危险废物的管理规定，妥善贮存、回收利用安全处置要求，严格外运联单制度。

（9）工信部特别要求钢铁企业配套建设污染物治理设施，实施在线自动监控系统等，并与地方环保部门联网。企业要接受环保监测，定期形成监测报告。一些钢铁企业由于脱硫设施处理未能达标排放，擅自停运自动监控设施，或造成部分环境监测数据缺失。

# 第三节　原生铅冶炼工业污染特征及环境违法行为

## 一、原生铅冶炼工业工艺环境管理概况

铅冶炼是先通过烧结工艺将精矿粉和返矿烧结成块状；再通过熔炼还原工艺，将烧结块与还原剂（焦炭）、熔剂在熔炼设备内氧化还原，得到金属铅水；再通过火法精炼分离

工艺，在精炼锅内将粗铅水精炼，将粗铅液中的其余重金属元素逐一分离；或通过电解精炼分离工艺，在电解槽内将粗铅液中的其余重金属元素分离到阳极泥中。

### （一）原生铅冶炼的原料

炼铅原料主要为铅精矿、粗铅、含铅废料、返矿等。炼铅原料大部分是硫化铅精矿，小部分是铅锌氧化矿。

### （二）原生铅冶炼的辅料

铅冶炼的辅料包括烧结熔剂（主要有石灰石、白云石、菱镁石、生石灰、消石灰），还原剂主要有焦粉，辅料还包括纯碱、硫酸等。燃料分为煤、焦炭、重油、天然气等。

### （三）原生铅冶炼的产品

熔炼产出的粗铅纯度在96%～99%，其余1%～4%为贵金属金银，硒、碲等稀有金属以及铜、镍、硒、锑和铋等杂质。

### （四）原生铅冶炼生产企业的主要生产工艺与设备

原生铅冶炼生产单元：分为备料烧结、熔炼-还原、烟气制酸、烟化、铅精炼、铜浮渣处理、公用单元等。

原生铅冶炼工艺：分为富氧底吹（顶吹、侧吹）熔炼-鼓风炉还原炼铅工艺、富氧底吹（顶吹、侧吹）熔炼-液态高铅渣直接还原工艺、闪速熔炼（基夫赛特法、富氧底吹闪速熔炼）工艺（表2-25、表2-26）。

**表2-25　各类铅冶炼工艺简介**

| | 工艺类型 | 主要设备与流程 |
|---|---|---|
| 烧结-焙烧工艺 | 1）烧结-鼓风炉熔炼法数量最多。分为富氧底吹（顶吹、侧吹） | 流程由原料制备、烧结焙烧（氧化 $SO_2$）、鼓风炉熔炼（C还原）等工序组成。核心设备为干燥窑、鼓风烧结机、鼓风炉等 |
| | 2）返烟烧结-密闭鼓风炉熔炼法 | 核心设备是鼓风烧结机、密闭鼓风炉、热风炉、铅雨冷凝器、烟化炉等 |
| 直接炼铅法 | 1）氧气底吹炼铅法（QSL法） | 核心设备为QSL反应器，工艺过程简单，铅回收率高达99%，硫回收率达99% |
| | 2）基夫赛特法 | 主要设备是基夫赛特炉，由熔炼竖炉、炉缸、电热区和烟道四部分组成 |
| | 3）水口山炼铅法（SKS法） | 主要设备有卧式底吹转炉（SKS炉）、鼓风炉。在我国得到推广，近期产能预计可以达到我国铅年产量的40% |
| | 4）顶吹旋转转炉法 | 核心设备分别为艾萨炉和奥斯麦特炉等，含铅物料的氧化熔炼和高铅渣的还原两个阶段 |

表 2-26　原生铅冶炼工艺与设备

| 工序 | 工艺设备 |
|---|---|
| 备料与烧结 | 输送机、提升机、破碎机、转运站、碎磨设备、筛分设备、配料拌合设备、原料库、贮料仓、预热器、鼓风烧结机、干燥窑、冷却设备 |
| 熔炼-还原 | 包括各类熔炼炉、还原炉（鼓风炉、熔炼竖炉、卧式底吹转炉热风炉等）、浮渣反射炉、铅雨冷凝器、除尘器、烟化炉干燥窑、捞渣机、圆盘浇铸机、铸渣机等、水冷却槽 |
| 烟化 | 前床分离的铅渣，通过烟化炉分离出氧化锌 |
| 火法精炼 | 在电铅锅和熔析锅中进行除杂（除铜，除砷、锑、锡，除锌、除铋和除钙镁）及熔铸，制取半精铅。精炼锅、除铜精炼池、捞渣机、搅拌机、铅泵、压渣坨、淋水设备、冷凝设备等；真空脱锌锅、反射炉、真空泵等 |
| 电解精炼 | 电铅锅、电解槽进行电解精炼精铅的过程。在阴极形成阴极泥将半精铅中杂质（锑、砷、铋、铜、碲、金和银）析出，制取精铅。电解槽、循环槽、循环泵、过滤压滤机 |
| 铜浮渣处理 | 反射炉、除尘器、捞渣机等 |
| 烟气制酸 | 除尘器、洗涤器、净化塔、转化器（催化剂）、吸收塔、电除雾器、干燥塔、硫酸罐 |
| 公用工程 | 返矿处理（粗炼渣经分离、筛分，制得返矿）锅炉、除尘器、脱硫装置、污水处理厂等 |

熔炼-还原工艺：分为富氧底吹（顶吹、侧吹）熔炼-鼓风炉还原炼铅工艺、富氧底吹（顶吹、侧吹）熔炼-液态高铅渣直接还原工艺、闪速熔炼（基夫赛特法、富氧底吹闪速熔炼）工艺（图 2-9、图 2-10）。

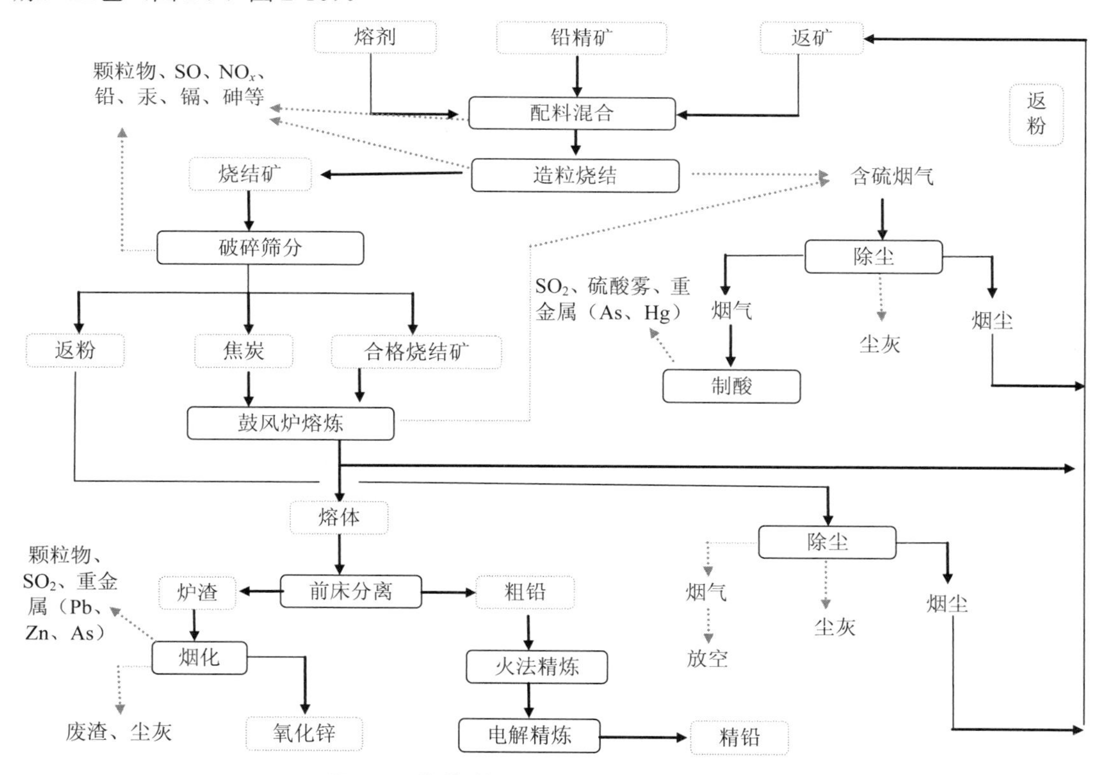


图 2-9　烧结-鼓风炉炼铅法工艺及排污节点

我国硫化铅精矿中常伴生铅、锌、铜、砷、锑、铋、镉、汞、金、银、硒、碲、铟、锗、铊等金属，一般铅含量为 40%～70%，含硫 20%。烧结过程中，95%以上的汞进入烟气；70%的铊，30%～40%的镉、硒、碲，以及一小部分砷、锑、铋等金属进入烟尘；其余留在烧结块和返粉中。在鼓风炉熔炼过程中，几乎全部的金、银和大部分铜、砷、锑、铋、锡、硒、碲进入粗铅，95%以上的锌、锗，50%以上的铟进入炉渣，80%～90%的镉进入烟尘。火法初步精炼过程，粗铅中的铜、锡、铟大部分进入浮渣，金、银、铋等金属留在铅中。在铅电解精炼过程，比铅更正电性的金属如金、银、铜、锑、铋、砷、硒、碲等不溶解而留在阳极泥，比铅更负电性的金属如铁、锌、镍、钴与铅一道溶解，进入电解液，但不在阴极析出。

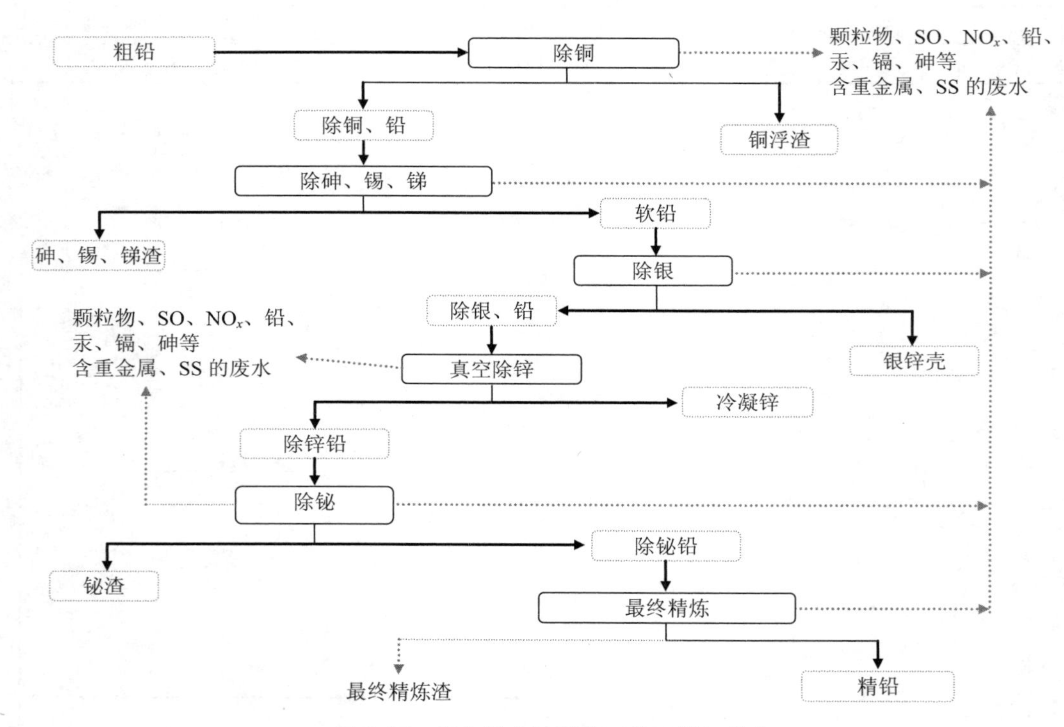


图 2-10　原生铅火法精炼工艺及排污节点

## 二、原生铅冶炼工业的主要污染指标

表 2-27 原生铅冶炼工业的主要污染指标

| 污染类型 | | 主要污染指标 |
| --- | --- | --- |
| 废气 | 无组织 | 备料、烧结：精矿装卸、输送、配料、造粒、干燥、给料等过程，产生无组织扬尘，含颗粒物、铅及其化合物、汞及其化合物。破碎、筛分、配料、拌合、传输、烧结产生无组织扬尘；干燥、焙烧、冷却泄漏烟气含颗粒物、铅及其化合物、汞及其化合物、$SO_2$、$NO_x$。<br>熔炼-还原：（冶炼、吹炼和熔炼烟囱及集气排放口）：熔炼炉、还原炉排气口；加料口、出铅口、出渣口、溜槽、铸锭、水冷粒化、渣场运输以及皮带机受料点等处泄漏烟气、产生无组织含颗粒物、$SO_2$、铅及其化合物、汞及其化合物、CO；加料口、出渣口以及皮带机受料点等处泄漏烟气，主要含颗粒物、$SO_2$、$NO_x$、铅及其化合物、汞及其化合物。<br>烟化：烟化炉加料口、出渣口以及皮带机受料点等处泄漏烟气，主要含颗粒物、$SO_2$、$NO_x$、铅及其化合物、汞及其化合物。<br>火法精炼：精炼泄漏烟气含颗粒物、铅及其化合物、汞及其化合物、$SO_2$、$NO_x$。<br>电解精炼：电解泄漏废气含酸雾。<br>铜浮渣处理：反射炉泄漏的烟气，含颗粒物、铅及其化合物、汞及其化合物、$SO_2$、$NO_x$。<br>烟气制酸和酸罐区：制酸的净化、转化、干吸过程及酸罐区泄漏废气含酸雾、$SO_2$ 等 |
| | 有组织 | 备料、烧结：破碎、筛分、配料、拌合、干燥、焙烧、冷却产生有组织烟气含颗粒物、$NO_x$、$SO_2$ 等，需除尘后，含硫烟气导引制酸。<br>熔炼-还原（熔炼炉、还原炉、烟化炉环境集烟排气口，烟化炉+还原炉排气口）：进料、出铅水、铸锭、出渣、水冷粒化产生有组织烟气，含颗粒物、$SO_2$、铅及其化合物、汞及其化合物、$NO_x$ 等，需高效除含重金属尘后，含硫烟气制酸。<br>烟化：烟化炉排气口排放烟气，主要含颗粒物、$SO_2$、$NO_x$、铅及其化合物、汞及其化合物。<br>火法精炼：熔铅[电铅]锅烟囱、浮渣反射炉烟囱（主要含颗粒物、铅及其化合物等）。<br>电解精炼：电解槽电解精炼产生有组织烟气，主要含酸雾，需集气除酸。<br>烟气制酸：制酸系统沸腾炉烟气，主要含颗粒物、$NO_x$、$SO_2$、硫酸雾、铅及其化合物、汞及其化合物。<br>铜浮渣处理：反射炉排气口产生的烟气，含颗粒物、铅及其化合物、汞及其化合物、$SO_2$、$NO_x$。<br>环境集烟烟囱：主要污染物颗粒物、$NO_x$、$SO_2$、硫酸雾、铅及其化合物、汞及其化合物 |
| 污水 | | 车间或生产设施废水排放口：总铅、总镉、总汞、总砷、总镍、总铬。<br>污水站总排口：pH、悬浮物、化学需氧量、氨氮、总磷、总氮、总锌、总铜、硫化物、氟化物、总铅、总镉、总汞、总砷、总镍、总铬 |
| 固体废物 | | 主要有包括烟化炉水淬渣、浮渣处理炉渣（含 Pb、Zn、As、Cu）、阳极泥、废催化剂（主要为五氧化二钒）在烧结、熔炼、精炼过程收集的尘灰、污水处理站污泥均属危险废物；煤渣、粉煤灰等属一般固体废物 |
| 噪声 | | 主要噪声源包括运输车辆、鼓风机、烟气净化系统风机、余热锅炉排气管及氧气站的空气压缩机等。在采取控制措施前，其噪声声级可达到 85～120 dB（A） |

## 三、原生铅冶炼工业的主要污染物来源

### 1. 废气污染来源

原辅料备料、烧结工序的精矿装卸、输送、配料、造粒、干燥、给料、烧结等过程产生有组织和无组织排放，主要污染物：颗粒物、$SO_2$、$NO_x$、重金属（Pb、Zn、As、Cd、Hg）。

熔炼-还原工序的熔炼炉、还原炉排气口；加料口、出铅口、出渣口、溜槽以及皮带机受料点等处泄漏烟气，主要污染物：颗粒物、$SO_2$、$NO_x$、重金属（Pb、Zn、As、Cd、Hg）、CO。

烟化炉排气口排放烟气，主要含颗粒物、$SO_2$、$NO_x$、铅及其化合物、汞及其化合物。

火法精炼工序的熔（电）铅锅烟气，主要污染物：主要含颗粒物、铅及其化合物等。

电解精炼工序的电解槽及其他槽、电铅锅，主要污染物：酸雾、颗粒物、铅及其化合物重金属等。

烟气制酸工序的沸腾炉烟气（制酸尾气），主要污染物：颗粒物、$NO_x$、$SO_2$、硫酸雾、铅及其化合物、汞及其化合物。

浮渣处理工序的反射炉窑烟气；加料口、放冰铜口、出渣口等处泄漏烟气，主要污染物：颗粒物、铅及其化合物、汞及其化合物、$SO_2$、$NO_x$。

环境集烟过程，主要污染物：颗粒物、$NO_x$、$SO_2$、硫酸雾、铅及其化合物、汞及其化合物。

### 2. 废水污染来源

铅冶炼工艺复杂，废水排放量大，且含多种重金属和 As、$F^-$等离子，是典型的重金属废水。

铅冶炼过程中产生的废水包括炉窑设备冷却水、冲渣废水、高盐水、冲洗废水、烟气净化废水等。

熔炼-还原工序、浮渣处理工序、烟化工序产生炉窑汽化水套或水冷水套、余热锅炉（主要污染物盐类）。

烟化工序产生冲渣废水（SS，重金属 Pb、Zn、As）。

烟气制酸工序产生制酸系统烟气净化装置废水（主要污染物：酸，SS，重金属 Pb、Zn、As、Cd、Hg）。

电解精炼工序产生阴极板冲洗水、地面冲洗水（主要污染物：酸，SS，重金属 Pb、Zn、As）。

初期雨水收集产生熔炼区、电解区初期雨水（主要污染物：酸，SS，重金属 Pb、Zn、As、Cd、Hg）。

废气湿式除尘产生除尘废水（主要污染物：SS，重金属 Pb、Zn、As、Cd、Hg）。

车间或生产设施废水排放口监控指标：总铅、总镉、总汞、总砷、总镍、总铬。

污水站总排口监控指标：pH、悬浮物、化学需氧量、氨氮、总磷、总氮、总锌、总铜、硫化物、氟化物、总铅、总镉、总汞、总砷、总镍、总铬。

### 3. 工业固体废物来源

铅冶炼企业原料铅精矿中的砷经过熔炼-还原后部分进入粗铅，经电解后留在阳极泥中，进入贵金属回收系统；另一部分在熔炼过程被氧化为三氧化二砷，随废气挥发，部分冷却到氧化锌烟尘（一般含砷 1%～5%）中；部分进入净化烟气的洗涤废水（一般含砷 500～2 000 mg/L），在湿法炼锌系统处理，一般以砷酸铁的形式沉淀到危险废物废渣中。

铅冶炼过程中产生的固体废物主要包括烟化炉渣、浮渣处理炉渣、含砷废渣、脱硫石膏渣及废触媒。

烟化工序产生烟化炉水淬渣（含 Pb、Zn、As、Cu）。

烟气制酸工序产生污酸处理含砷废渣（含 Pb、Zn、As、Cd、Hg），废触媒（主要为五氧化二钒）。

浮渣处理工序产生浮渣处理炉渣（含 Pb、Zn、As、Cu）。

电解精炼工序产生电解槽阳极泥。

烟气脱硫系统产生脱硫副产物。

污水处理和预处理污泥。

## 四、原生铅冶炼工业的排污节点分析

表 2-28　原生铅冶炼企业排污节点

<table>
<tr><th>类别</th><th>排污节点</th><th>污染物</th><th>检查方式</th></tr>
<tr><td rowspan="9">废水</td><td>料场和烧结工序地面冲洗废水</td><td rowspan="2">含悬浮物、重金属（铅、锌、镉、镍、汞、铬等）、砷、COD 等</td><td rowspan="9">检查车间或生产设施废水排放口监控指标：总铅、总镉、总汞、总砷、总镍、总铬等指标产生量、是否经预处理；检查一类污染物是否达标（一类污染物指标必须在车间排放口达标）；<br>检查监测数据、检查废水去向（检查台账）</td></tr>
<tr><td>熔炼-还原工序压渣、冲渣废水、湿法除尘废水、地面清洗废水</td></tr>
<tr><td>烟化冲渣废水</td><td>SS、重金属（Pb、Zn、As）</td></tr>
<tr><td>湿法除尘废水</td><td>SS、重金属（Pb、Zn、As、Cd、Hg）</td></tr>
<tr><td>熔炼、烟化工序炉窑汽化水套或水冷水套、余热锅炉</td><td>盐类</td></tr>
<tr><td>火法精炼工序产生地面清洗水</td><td>含 SS、重金属铅等</td></tr>
<tr><td>电解精炼工序产生地面清洗水</td><td>废水含酸、重金属（Pb、Zn、As）、SS</td></tr>
<tr><td>制酸系统净化装置废水及地面清洗废水</td><td>含 SS、重金属（铅、锌、镉、镍、汞、铬等）、砷，氟化物、pH</td></tr>
</table>

| 类别 | 排污节点 | 污染物 | 检查方式 |
|---|---|---|---|
| 废水 | 初期雨水收集废水 | 酸、重金属（Pb、Zn、As、Cd、Hg）、SS | |
| | 生活废水 | COD、氨氮、总磷 | 检查废水去向 |
| | 污水站（综合废水） | pH、重金属（Pb、Zn、As、Cd、Hg）、SS、COD、氨氮、石油类、氟化物等 | 检查废水监测监控记录，主要特征污染物是否达标排放 |
| 废气 | 【备料工序】精矿装卸、输送、配料、造粒、干燥、给料等过程 | 产生无组织和有组织排放含颗粒物、$NO_x$、$SO_2$ | 现场检查无组织排放防护措施 |
| | 【烧结工序】（破碎、筛分、配料、拌合、传输、烧结、干燥、冷却）产生大量废气 | 产生有组织和无组织排放含颗粒物、铅及其化合物、汞及其化合物、$SO_2$、$NO_x$ | 现场检查无组织排放防护措施；检查除尘设施收尘和换袋台账；查有资质排放口的环境监测与监控数据。严格检查污染治理设施是否正常运行 |
| | 【熔炼-还原】熔铅（电铅）锅烟囱排放口，熔炼炉、还原炉排气口；浮渣反射炉排放口、加料口、出铅口、出渣口、溜槽以及皮带机受料点等处泄漏烟气 | 产生有组织和无组织排放含颗粒物、$SO_2$、铅及其化合物、汞及其化合物、$NO_x$ | |
| | 【烟化】烟化炉排气口；加料口、出渣口以及皮带机受料点等处泄漏烟气 | 产生有组织和无组织排放含颗粒物、$SO_2$、$NO_x$、铅及其化合物、汞及其化合物 | |
| | 【火法精炼工序】（熔铅锅、电铅锅）产生燃烧烟气和熔铅烟气 | 产生颗粒物、铅及其化合物 | 现场检查无组织排放防护措施；检查除尘设施收尘和换袋台账。检查烟气排放重点监控指标的监控或监测数据。严格检查污染治理设施是否正常运行 |
| | 【浮渣处理】浮渣反射炉烟气；加料口、放冰铜口、出渣口等处泄漏烟气 | 产生有组织和无组织排放颗粒物、铅及其化合物、汞及其化合物、$SO_2$、$NO_x$ | |
| | 【烟气制酸】制酸系统沸腾炉烟气 | | |
| | 环境集烟烟囱 | | |
| | 【电解精炼工序】（电解槽）产生酸雾等逸出 | 电解过程：有 HF 酸雾 | 现场检查酸雾的集气和净化效果。烟气排放查监测数据 |
| | 【液态辅料、产品罐区】在卸料、贮存和上料时可能产生"跑、冒、滴、漏" | 产生 VOC 和酸蒸气 | 现场检查"跑、冒、滴、漏"防控措施；检查管理台账记录 |
| 固体废物 | 【污酸处理系统】含砷废渣（含 Pb、Zn、As、Cd、Hg） | 危险废物 HW24 | 检查废酸、废触媒收集、管理、回用记录的台账；是否与危险废物管理要求合规 |
| | 【烟气制酸工序制酸系统】废触媒 | 一般废物 | |
| | 熔炼环节各集（除）尘装置收集的粉尘 | 危险废物 HW48 | |
| | 【浮渣处理工序铜浮渣处理】浮渣处理炉渣（含 Pb、Zn、As、Cu） | 危险废物 HW48 | 检查除尘灰收集、管理、回用记录的台账 |
| | 电解精炼工序电解槽阳极泥、废电解液 | 危险废物 HW48 | 检查铅冶炼废渣、阳极泥、废电解液的收集、管理、外运记录的台账；是否与危险废物管理要求合规 |
| | 烟化工序的烟化炉水淬渣（含 Pb、Zn、As、Cu） | 一般固体废物 | 检查烟化渣收集、管理、外运记录的台账 |
| | 污水处理设施产生的污泥 | 危险废物 HW48 | 检查污泥产生量、去向和危险废物的台账 |

## 五、原生铅冶炼工业企业常见的环境违法行为

### 1．企业数量多、中小企业多、企业集中度差、仍有“散乱污”企业存在

虽经“十一五”“十二五”淘汰落后产能，近期一波接一波环保督察的检查和督办，铅锌冶炼行业关停了许多属于“三无”的铅锌冶炼企业。但随着我国铅锌冶炼的产能和产量的不断扩大，铅锌冶炼企业但是仍以中小企业为主，且行业集中度仍然不高。中小企业在生产工艺、环境管理、环保设施的运行上，都与大型冶炼企业有一定差距，与国家对铅锌冶炼企业的要求差距更大。

中央环保督察组的检查力持续升级，对于铅行业供给端的影响十分明显。中央环保督察组进驻的15个省2016年的铅精矿产量占全国总量近70%，其中陕西、甘肃、江西、河南、云南影响较大。原生铅方面，河南省、云南省各个陈旧铅冶炼厂全面关停，云南部分小型铅矿山也受影响暂时关停。根据有色资讯网（SMM）数据，2016年6月全国主要原生铅厂开工率为64.7%，随后8月主要原生铅厂开工率分下降至50.86%。自2017年4月起，中央环保督察组分两批次陆续进驻湖南、安徽、新疆、西藏、贵州、四川、山西、山东、天津、海南、辽宁、吉林、浙江、青海、福建等15省，开展为期三个月的环保督察。环保督察组重点检查了地方政府和有关部门环保责任落实的情况，天津、山西、安徽、福建、辽宁等5省近3 000人因环保问题被问责；山西、安徽两省的再生铅“三无”小厂基本关停。受环保核查影响，“三无”冶炼厂被大面积关停，山东省、河南省95%的非法铅冶炼厂被取缔，再生铅产能大幅收缩。这些说明铅冶炼行业的环境问题整体还是比较突出的。

工信部、环境保护部等部门已出台《铅锌行业规范条件（2015）》《铅锌工业污染物排放标准》《铅锌冶炼业污染物防治技术政策》等法规文件，督促企业加大污染治理力度，改善环境质量。在水源保护区、基本农田区、蔬菜基地、自然保护区、重要生态功能区、重要养殖基地、城镇人口密集区等环境敏感区及其防护区内，要严格限制新（改、扩）建铅锌冶炼和再生项目；区域内存在现有企业的，应适时调整规划，促使其治理、转产或迁出。涉铅项目（铅锌矿采选除外）应进入已完成规划环境影响评价的工业园区。工业园区以外的现有涉铅企业，应尽快搬迁入园。

《铅锌行业规范条件（2015）》规定铅冶炼：新建、改造及现有铅冶炼项目，粗铅冶炼须采用先进的富氧熔池熔炼-液态高铅渣直接还原或一步炼铅工艺，以及其他生产效率高、能耗低、环保达标、资源综合利用效果好的先进炼铅工艺，并需配套双转双吸或其他先进制酸工艺。

在检查铅锌冶炼企业时，不仅要看其是否具备环评和验收手续，还要看其是否符合现有铅冶炼项目的行业规范条件，批复给企业的产能和限产要求。某市在排查涉铅企业环境

问题是，坚决做到 3 个“一律”，即对属于《产业结构调整指导目录》淘汰类的企业、饮用水水源地保护区内排放污染物的企业，一律报当地政府依法予以取缔关闭；对违反环评和“三同时”制度、未经环保部门批准、已经建成并投入生产的企业，一律由项目所在地环保部门报请有审批权的环保部门，依法责令停止生产或关停；对虽经环保部门批准，但未执行建设项目“三同时”制度，没有污染治理设施或污染治理设施不能稳定运转、各类污染物不能稳定达标排放的，一律限期停产治理。

铅锌冶炼企业仍有许多中小型企业，不仅生产工艺落后，环保设施多未达到可行技术，许多小型企业在未经环境影响评价和审批手续的情况下，未批先建、擅自开工建设；未经验收，擅自投产，造成严重污染。对某县 18 家涉铅企业督察发现，有 4 家企业擅自改变生产工艺，未经环保部门重新审批；有 3 家企业未办理环保审批手续，擅自建设、开工；关键是县环保局竟越权审批了 11 家蓄电池及铅熔炼企业，在无监测能力的情况下，对涉铅企业进行环保验收并出具虚假监测数据，还擅自为涉铅企业延长排污许可证有效期限。环保部门依法对 15 家违法企业进行了经济处罚，并暂收了排污许可证；对其中 11 家擅自改变生产工艺、未建污染治理设施的涉铅企业，拆除其设备或依法取缔。县工商部门暂扣了这些企业的营业执照，公安部门行政拘留了 4 家企业的法定代表人。

某开发区环保局、公安分局等部门联合执法检查时，一家隐藏于园区管委会 4 km 外某租赁站的非法冶炼厂正在进行非法炼铅，将从事涉嫌环境犯罪的公司法人抓获。根据相关法律法规，若涉及非法处置危险废物达到 3 吨以上严重污染环境将被判 3 年以下或者拘役，后果特别严重的将被判刑 3～7 年。

**2．铅冶炼企业在生产的多环节产生含铅和汞的颗粒物废气，保证这些排放口的超低排放**

含重金属烟气和废气的超标排放问题。铅冶炼过程产生的铅尘、铅烟重金属含量占 40%～60%，提高含铅烟气和废气的收集和除尘对减排重金属至关重要。各产尘点应设置集气罩，还原炉和烟化炉烟气均应设置密闭式集气设施，多采用电除尘+布袋除尘，应定期进行反吹，检查袋有无破损、漏灰等现象和反吹记录。铅锌冶炼的烟气应采取负压工况收集、处理。含铅烟粉尘的处理分干法和湿法，干法除尘是用袋式除尘器和滤筒除尘器截留烟气中污染物。应采用微孔膜复合滤料等新型织物材料的布袋除尘器及其他高效除尘器，处理含铅、锌等重金属颗粒物的烟气。湿法除尘是利用碱液喷淋的捕集和吸收作用去除废气中的污染物。检查富氧底吹炉烟气：应设置密闭式集气设施，经除尘后送制酸系统制酸。

绝大多数大型铅冶炼企业在产含重金属烟粉尘排放节点排放口能做到达标排放，但绝大多数小型冶炼企业不能保证持续达标，有一些中型冶炼企业超标排放也被查到超标排放，铅冶炼企业由于在许多产污环节的颗粒物含重金属，对重金属的严格要求，也导致对颗粒物的排放浓度非常低，否则，会导致重金属超标。

采用火法工艺的冶炼企业，必须在密闭条件下进行，防止有害气体和粉尘逸出，设置尾气净化系统、监测报警系统和应急处理系统；冶炼烟气制酸和尾气净化系统不得设置烟气旁路。污染治理设施运行不正常或污染治理技术不到位的问题。许多铅冶炼企业集气设施不到位，除尘设施不能达到超低排放，导致废气排放的铅烟和铅尘超标。一些企业烟气处理设施运行不正产，设施故障，产生事故性超标排放。某公司铅及其化合物无组织排放环境监控浓度限值超标，环保部门依法责令该公司限期改正超标排放问题。

### 3．严格检查铅冶炼企业的无组织排放控制措施

由于铅冶炼企业在许多产排污节点的颗粒物都含重金属，又存在一些无法完全密闭的排放点，采用集气装置严格控制废气无组织排放。为防止含铅粉尘排放的环境风险，铅冶炼企业在矿物原料的运输、储存和备料等过程中会产生含重金属扬尘，应采取密闭等措施。原料、中间产品和成品不宜露天堆放。采用重点区域洒水等措施，防止扬尘污染。铅冶炼企业在控制无组织扬尘方面中小企业还普遍做得不到位。由于含重金属粉尘的无组织排放，导致铅冶炼企业虽然在排放口能做到达标排放，但对周围环境重金属污染的风险依然很大。

### 4．酸雾无组织排放问题

铅冶炼企业产生大量含酸烟气，烟气制酸系统制酸尾气应采取除酸雾等净化措施后，许多企业在酸雾收集、净化处理上不能达到环保要求，仍有酸雾外泄。一些铅冶炼企业酸雾收集措施不到位，吸收工艺效果差，导致酸雾外泄，污染周围环境。制酸系统应建有脱硫设施（多采用双碱法），观察排气筒外排烟气颜色，烟气为白色或灰白色属正常，烟气为黄色，说明脱硫效果差或脱硫设施设计参数与实际不匹配。

### 5．含重金属废水超标排放，对环境危害极大

铅冶炼过程中，烟气净化废水处置最为困难，不仅产生量大，而且酸度高，含有多种重金属离子和非金属化合物。冶炼废气的成分更为复杂，含有硫、氟、氯、铅等多种成分，治理困难。冶炼厂废水重金属超标排放问题也时有发生。铅冶炼企业为防范环境风险，应对每一批矿物原料均应进行全成分分析，严格控制原料中汞、砷、镉、铊、铍等有害元素含量。无汞回收装置的冶炼厂，不应使用汞含量高于 0.01%的原料。含汞的废渣作为铅锌冶炼配料使用时，应先回收汞，再进行铅锌冶炼。要加强对中小企业汞、砷、镉排放的监测。严格监控铅锌冶炼厂废水中重金属离子、苯和酚等有害物质的超标排放。

### 6．在废水排放过程弄虚作假

有些铅冶炼厂为了节省废水处理成本，或污染治理设施不能保证废水总排放口稳定达标排放，部分企业利用废水循环使用之名，实施稀释排污，这种情况小型铅冶炼企业较为普遍。对于涉重企业采取废水循环使用的，必须配套建设相应的重金属处理设施，及时将

高浓度的重金属废水处理后，才能进行回用，杜绝废水仅靠简单沉淀后就回用的现象。

还有一些污染物排放不达标的铅冶炼企业，擅自停运自动监控设施或修改自动监控数据和参数。

2017年环境督察组发现，西南某市鼓风炉炼铅小企业大量聚集，废气无组织排放严重，生产期间整个区域浓烟弥漫，废渣随处堆存。某小型铅冶炼厂内鼓风炉的热浪卷着机器轰鸣充斥着整个厂房，厂房里煤块与废渣这儿一堆、那儿一堆随意地摊在地上，工人们正把冶炼出的铅块码在一侧。熏黑的厂房旁，崭新的脱硫环保设施更是引人注目。作为负责该厂污染源在线监测设备运维的第三方公司负责运维的设备显示，近一个月以来二氧化硫等指标严重超标。但超标数据在系统中并没有发出任何预警，企业没有因此采取措施，这些企业被要求停产。

**7. 含重金属废渣污泥不能合规处置**

铅冶炼企业产生的废渣污泥多少都含有重金属，虽有些不属于危险废物，但处置不合规，往往造成土壤的重金属污染风险。应按照法律法规的规定，开展固体废物管理和危险废物鉴别工作。不可再利用的铅锌冶炼废渣经鉴定为危险废物的，应稳定化处理后进行安全填埋处置。渣场应采取防渗和清污分流措施，设立防渗污水收集池，防止渗滤液污染土壤、地表水和地下水。

某铅锌冶炼厂废渣场位于某乡，占地2.53万$m^2$，其有效库容15.2 $m^3$，服务年限为20年，现渣场内存废渣（HW-48）约4万$m^3$（6万t），渣场从2015年起停产至今。2017年，省环保督察组到堆场进行了现场检查，发现该废渣堆放场存在两个问题：一是堆场安全防护措施不到位；二是堆场废水对地下水的影响有待评估。

## 第四节　铅酸蓄电池与再生铅工业污染特征及环境违法行为

我国再生铅企业存在数量多、规模小的特点，技术水平不高，大部分小型企业技术落后，有些再生铅厂采用传统的小反射炉、鼓风炉熔炼再生铅。我国再生铅行业还有一些企业甚至没有环保设备，不能对产生的废酸、废水、烟气进行处理，造成极为严重的环境影响。许多再生铅企业技术落后，废铅酸蓄电池拆解后无分选处理技术，板栅金属和铅膏混炼，导致废旧蓄电池中的铅金属回收率低，综合利用率低。

为规范、引导再生铅行业健康发展，根据国家有关法律法规、产业政策及《重金属污染综合防治“十二五”规划》《再生有色金属产业发展推进计划》（工信部联节〔2011〕51号）等规定和要求，制定《再生铅行业准入条件》。2012年8月27日国家工信部、环保部发布《再生铅行业准入条件》，分别从项目建设条件和企业生产布局，生产规模，工艺和装备，环境保护，安全、卫生与职业病防治，监督与管理等六方面对再生铅行业提出了明确的行业环境保护规范要求。

国家工信部发布了《铅蓄电池行业规范条件（2015 年本）》和《铅蓄电池行业规范公告管理办法（2015 年本）》，《铅蓄电池行业规范条件（2015 年本）》分别从企业布局、生产能力、不符合规范条件的建设项目、工艺与装备、环境保护、职业卫生与安全生产、节能与回收利用、监督管理等八方面对铅蓄电池行业提出了明确的行业环境保护规范要求。随着铅蓄电池行业规范条件的推行，有逾九成铅锌企业和逾七成的铅蓄电池生产企业被淘汰，近年来，我国铅酸蓄电池和再生铅行业快速发展，成为全球铅酸蓄电池生产、消费和出口大国。部分企业规模小、工艺技术落后、污染治理水平低，导致铅污染事件频发，环境风险巨大。我国铅蓄电池生产企业从 2011 年近 2 000 家企业到 2015 年仅剩下不足 200 家，生产铅酸蓄电池耗用铅约占我国铅消费总量的 83%。

## 一、再生铅冶炼与铅酸蓄电池工业工艺环境管理概况

铅酸蓄电池主要由管式正极板、负极板、电解液、隔板、电池槽、电池盖、极柱、注液盖等组成。排气式蓄电池的电极是由铅和铅的氧化物构成，电解液是硫酸的水溶液。完整的铅酸蓄电池通常由以下物料组成：电解质（稀 $H_2SO_4$ 溶液），有机物（ABS 树脂、聚丙烯、聚乙烯、聚氯乙烯、胶木等），含锑、钙多元合金铅（板栅、连接件），电极糊（铅膏泥）等物质组成。

### （一）加工再生铅的原辅料

#### 1．原料

再生铅的主要原料是废铅酸电池（属危险废物），也有少量来自电缆铠装、管道、铅弹和铅料加工废材。这些废铅到再生铅厂再熔炼，可生产出精炼铅、软铅和各种铅基合金。但废蓄电池和电缆包皮回收的铅，含有少量的锑和其他金属。

#### 2．辅料

【氢氧化钠】俗称烧碱、火碱、苛性钠，为一种具有强腐蚀性的强碱，一般为片状或块状形态，易溶于水（放热）形成碱液，易潮解和吸收二氧化碳（变质）。用于精炼锅中再生铅的精炼。

【硝酸钠精炼剂】为无色透明或白微带黄色菱形晶体。其味苦咸，易溶于水和液氨，微溶于甘油和乙醇中，易潮解。受热硝酸钠易分解成亚硝酸钠和氧气。硝酸钠可助燃，有氧化性，与有机物摩擦或撞击能引起燃烧或爆炸。有刺激性，毒性很小，但对人体有危害。用于精炼锅中再生的精炼。

【添加剂】锑、硒锡、铜等金属元素添加剂，用于生产铅合金的添加剂。

3．产品

精炼铅和铅合金。

## （二）加工铅酸蓄电池的原辅料

1．原料

铅蓄电池加工生产的原料主要有电池壳（ABS）、正负极板（铅）、隔板（AGM GEL）、电解液（硫酸、纯水）、安全阀、端子。

【正负极板（铅）】正极板采用二氧化铅 $PbO_2$ 的铅板制作（占重量的 45%～46%），负极板采用海绵状铅制作（占重量的 24%～25%）。

【电池壳】电池槽和电池盖采用 ABS 树脂制成（占重量的 7%～9%）。ABS 树脂一般采用无机填料、玻璃纤维、颜料、抗氧化剂、抗紫外线剂、塑化剂等。无机填料和玻璃纤维类本身是性质稳定的矿物和玻璃，对人体没有毒性。

【隔板】铅酸蓄电池隔板有 PE 塑料材料隔板、AGM 玻璃纤维材料隔板和复合隔板。主要采用 PE 塑料材料制成的隔板，PE 塑料分解温度在 380℃以上，不易产生毒性。

【电解液】铅蓄电池的内充电解液一般采用稀硫酸（浓硫酸用水稀释，占重量的 4%～5%）。硫酸有腐蚀性，酸和酸雾对人体皮肤、消化器官和呼吸器官会产生灼伤伤害。

【废旧铅酸蓄电池】废铅酸蓄电池若不按操作规范要求进行收集、拆解和回收，可能向环境释放硫酸及铅、锑、铋、砷、镉等重金属物质，造成环境污染，特别是拆解过程是产生污染最严重的阶段。

2．辅料

【封盖胶】采用 AB 胶（占重量的 0.5%～0.6%），将电池盖和电池槽之间的缝密封的胶水。

【极柱胶】采用红黑胶（占重量的 0.3%～0.4%），俗称电子灌封胶（环氧树脂胶）。环氧树脂及环氧树脂胶黏剂本身无毒，但由于在制备过程中添加了溶剂及其他有毒物，因此不少环氧树脂“有毒”。

【电解铅】材料是铅，用于连接线（占重量的 6%～7%）。有金属铅的化学性质和危害。

【添加剂】主要是制作铅膏，包括腐殖酸、超短纤维、软木粉、木质素、硫酸钡、胶体石墨粉剂、栲胶。

3．产品和副产品

产品是铅酸蓄电池。副产品废旧蓄电池拆解的废酸，废旧蓄电池拆解水利分选出的铅板栅和铅碎屑，熔铸产生的铅渣、铅屑，除尘手机的铅烟、铅尘，水力分选出硬胶木、塑料等。

#### 4. 能耗和水耗

水耗，0.032 $m^3$/kW·h；电耗，80 kW·h/kVA·h；废水产生量，0.015 $m^3$/kVA·h；废渣，0.39 kg/kVA·h；水中铅排放量，0.7 mg/L；空气中铅排放量，0.54 mg/$m^3$；硫酸雾排放量，0.32 mg/$m^3$。

一个近 5 kg 重的废旧铅蓄电池，经过脱硫、废酸回收、结晶和低温熔炼等工序可产生 3 kg 多再生铅。再生铅能耗仅为原生铅能耗 25.1%～31.4%，与开发利用原生铅矿资源相比，每生产 1 t 再生铅可节约 1 360 kg 标准煤，减排固体废物 98.7 t，节水 208 t，减排二氧化硫 0.66 t，大大减少了铅废料对环境的污染和资源浪费。

### （三）基本生产工艺

#### 1. 再生铅冶炼生产工艺流程

我国再生铅工业采用的主要工艺为：机械破碎-分选-湿法转化-熔炼工艺、固定式熔炼炉技术、传统熔炼技术等。再生铅冶炼工艺包括含铅废料预处理、板栅熔炼、铅膏冶炼板栅熔炼生产工艺及产污环节（见图 2-11）。

预处理工艺包括：酸分离单元、破碎单元、水力分选单元、压滤单元、酸液净化单元及其他辅助单元。

铅膏转化工艺（预脱硫）包括：包括一次脱硫单元、二次脱硫单元、压滤单元、脱硫液浓缩结晶单元、自动控制单元及其他辅助单元。

熔炼工艺包括：低温熔炼、精炼生产精炼铅，或通过调整成分生产铅合金。

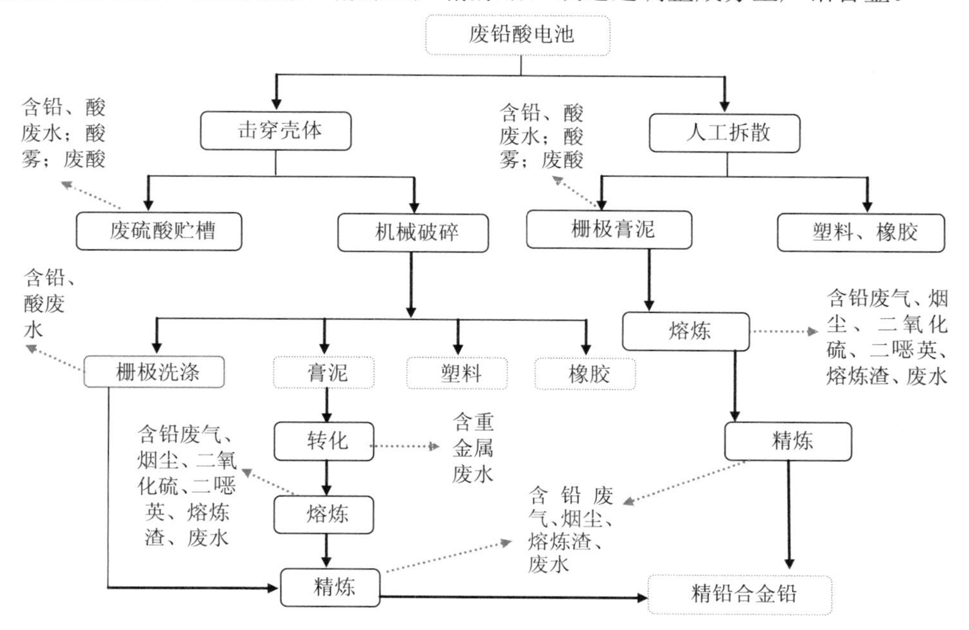


图 2-11 再生铅熔炼生产工艺及排污节点

### 2. 铅蓄电池生产工艺流程

铅蓄电池工业生产工艺流程包括原辅材料进厂、废旧蓄电池拆解和水力分选、铅粉制造、板栅铸造、和膏工序、涂板工序、极板固化工序、极板分片和叠片、装配工序、极板化成（见图 2-12）。

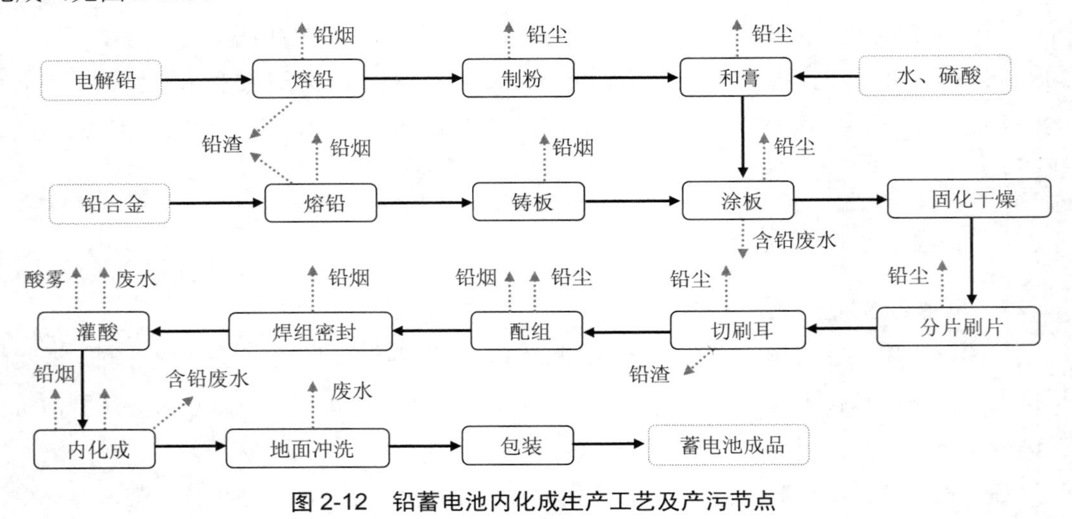


图 2-12　铅蓄电池内化成生产工艺及产污节点

## （四）再生铅冶炼与铅蓄电池生产企业的主要生产设备

表 2-29　铅蓄电池企业主要生产设备

| 工序 | | 设备（设施）名称 |
|---|---|---|
| 再生铅冶炼 | 原辅料进厂 | 装载机、储存坑、皮带输送机、原辅料仓库、硫酸罐区、运输车辆等 |
| | 原料预处理 | 穿孔机、破碎机、加料斗、螺旋输送机、水力分选设施、除膏机、压滤机、洗涤器、脱硫净化设施 |
| | 铅膏泥转化 | 脱硫系统、压滤机、浓缩结晶系统 |
| | 熔炼工艺 | 短回转炉、反射炉、鼓风炉、炉床（水淬渣溜槽、渣包）、炉窑设备冷却水套、余热锅炉 |
| | 精炼工艺 | 熔铅锅、电铅锅 |
| 铅蓄电池生产 | 制粉工序 | 铅粉机、熔铅炉、铸机、氧化筛、运输储存系统、除尘器等 |
| | 板栅工序 | 熔铅炉、铸板机生产线、各种模具、水冷却槽、格栅冲压生产线、除尘器等 |
| | 和膏工序 | 配料机、和膏生产线等 |
| | 涂板固化 | 传送带、涂布机、淋酸装置、酸储罐、表面固化系统、固化干燥系统、酸雾回收净化装置等 |
| | 分片、叠片 | 传送带、分片机、磨边机、切边机、称重装置、集群装配线 |
| | 装配工序 | 传送带、焊机、装配生产线、注酸装置、酸储罐等 |
| | 化成工序 | 水冷化成系统、充放电机、电池内化成生产线、环保设备等 |
| 其他生产辅助设施 | | 硫酸储罐区、铅原料库、危险废物仓库、污水处理厂等 |

## 二、再生铅冶炼与铅酸蓄电池工业的环境问题

表 2-30　再生铅冶炼与铅蓄电池工业的环境问题

| 污染类型 | | 环境污染指标与来源 |
|---|---|---|
| 废气 | 有组织废气 | 火法熔炼烟气，含铅废气、烟尘、二氧化硫、二噁英等。<br>火法精炼烟气，含铅废气、烟尘。<br>在栅铸造、合金配制、铅零件、铅粉制造等工序，有加热、铸型、磨粉、切边、打磨等作业，都不可避免地产生含铅烟、铅尘废气，应采用袋式除尘进行净化 |
| | 无组织废气 | 废蓄电池破碎、分选、洗涤过程，在酸液净化过程产生硫酸雾。<br>在铅酸蓄电池生产过程中，有加热、铸型、磨粉、切边、打磨等作业，都不可避免地产生含铅尘和铅烟的无组织排放。<br>在和膏、涂板、灌酸、化成过程使用硫酸，会不同程度产生酸雾 |
| 污水 | 生产废水 | 废蓄电池穿孔、破碎、水力分选、栅板洗涤过程产生废水，主要污染物重金属（铅、锑、砷、镉等）、pH、石油类、COD 等。<br>预脱硫、熔炼过程产生废水，含重金属（铅、锑、砷、镉等）、pH、SS 等。<br>再生铅熔炼废水、精炼废水，含重金属（铅、锑、砷、镉等）、SS 等。<br>铅蓄电池生产企业在涂板工序、化成工序以及电池清洗等工序产生的废水含铅的重金属废水，主要污染物铅及化合物、SS、石油类等。<br>在和膏、涂板、灌酸、化成工序使用硫酸，会产生酸性废水，主要污染物铅及化合物、pH、SS、石油类等 |
| | 生活污水 | 主要来源于食堂、办公区、浴室，主要污染物为 COD、SS、氨氮、色度等 |
| 固体废物 | 生产废物 | 一般固体废物：废塑料、废橡胶、废隔板、废纸箱、废木料、废金属、废包装泡沫、废劳保用品等；<br>危险废物：除尘灰、烟尘（含颗粒物、铅、锑、砷、镉等）、熔炼渣、精炼渣、浸出渣（含铅、锑、砷、镉等）、废电池、废酸、废油、废铅渣、铅泥、污泥等 |
| | 生活垃圾 | 主要产生于办公区，作为一般固体废物经环卫部门收集填埋 |

## 三、再生铅冶炼与铅酸蓄电池工业的污染物来源

### （一）铅蓄电池工业废气污染来源

1．废蓄电池破碎、分选、洗涤过程，在酸液净化过程产生硫酸雾。

2．火法熔炼烟气，含铅废气、烟尘、二氧化硫、二噁英等；火法精炼烟气，含铅废气、烟尘。

3．制粉工序的熔铸、制粉；板栅工序的熔铸、铸板；和膏工序的配料、调膏；涂板固化的涂板和干燥炉；装配工序的焊接会产生铅尘、铅烟或燃烧烟气，应设高效集气除尘

设施，减少颗粒物尤其是铅及其化合物的排放量。

4. 原辅材料进厂铅料卸车入库；制粉工序熔铸和制粉；板栅工序熔铸和制板；和膏工序配料和和膏；涂板固化的涂板和固化；分片、叠片的分片、磨边、切边生产过程会产生含铅粉尘的泄漏，应增加设备的密闭性或采用有效的集气措施，防止含铅废气无组织外泄。

5. 和膏、涂板、装配、化成工序生产过程会产生酸雾，已采取有效的集气除酸措施，防止酸雾外泄。

## （二）水污染的来源

### 1. 再生铅冶炼废水

（1）废蓄电池穿孔、破碎、水力分选、栅板洗涤过程产生废水，主要污染物重金属（铅、锑、砷、镉等）、pH、石油类、COD 等。

（2）预脱硫、熔炼过程产生废水，含重金属（铅、锑、砷、镉等）、pH、SS 等。

（3）再生铅熔炼废水、精炼废水，含重金属（铅、锑、砷、镉等）、SS 等。

（4）各生产车间的地面冲洗废水，含有铅及其化合物、SS、石油类、pH、COD 等污染物。

### 2. 铅蓄电池生产废水

（1）各生产车间的地面冲洗废水，含有铅及其化合物、SS、石油类、pH、COD 等污染物。

（2）和膏工序、涂板固化工序、装配工序、极板化成工序设施清洗废水，含有铅及其化合物、SS、石油类、pH、COD 等污染物。

（3）在和膏、涂板、灌酸、化成过程使用硫酸，会产生酸性废水。

## （三）固体废物来源

再生铅冶炼企业生产过程产生的主要固体废物有废塑料、废橡胶、废隔板（一般固体废物）；除尘器去除的铅烟、铅尘、污水处理或预处理产生的污泥、冶炼和精炼渣（属危险废物）。铅蓄电池企业生产过程产生的主要固体废物是各排放口设置的除尘器去除的铅烟、铅尘和熔铸产生的铅渣、铅屑，污水处理或预处理产生的污泥均属危险废物。维修产生的污油、油抹布也属危险废物。

按危险废物收集、贮存、管理、处置、移送都应按危险废物的规定办理应严格执行转移联单制度、台账化管理、交接责任制。

## 四、再生铅冶炼与铅酸蓄电池工业的排污节点分析

表 2-31　铅酸蓄电池企业排污节点

| 类别 | | 排污节点 | 污染物 | 检查方式 |
|---|---|---|---|---|
| 废水 | 再生铅冶炼 | 废蓄电池穿孔、破碎、水力分选、栅板洗涤过程产生废水 | 主要污染物重金属（铅、锑、砷、镉等）、pH、石油类、COD 等 | 检查废水产生量和去向的记录台账；检查车间排口一类污染物的环境监测指标是否达标 |
| | | 预脱硫、熔炼过程产生废水 | 含重金属（铅、锑、砷、镉等）、pH、SS 等 | |
| | | 再生铅熔炼废水、精炼废水 | 含重金属（铅、锑、砷、镉等）、SS 等 | |
| | 铅蓄电池生产 | 废铅酸蓄电池拆解产生拆解废水、塑料清洗废水、冲洗废水 | 主要污染物为 pH、COD、SS 和 Pb | |
| | | 铅膏脱硫废水、烟气脱硫废水 | 主要污染物为 pH、SS、Pb | |
| | | 冶炼炉排渣系统产生水淬渣废水、烟气冷却废水 | 主要污染物为 SS、Pb | 检查废水产生量和去向的记录台账；检查车间排口一类污染物的环境监测指标是否达标 |
| | | 涂板工序、化成工序以及电池清洗等工序产生的废水 | 废水污染物主要有铅及化合物、pH、SS 等 | |
| | | 各生产车间的地面冲洗废水，厂区初级雨水 | 主要污染物为 SS、Pb、COD 和石油类 | |
| | | 硫酸罐区 | 主要污染物为 SS、Pb、COD 和石油类 | |
| | | 污水站 | SS、Pb、石油类、pH、COD、氨氮、总磷 | 检查废水监测监控记录，检查主要特征污染物的排放浓度和排放量 |
| 废气 | 再生铅冶炼 | 火法熔炼含铅烟气 | 产生有组织和无组织排放的含铅废气、烟尘、二氧化硫、二噁英等 | 现场检查无组织排放防护措施，检查除尘设施收尘和换袋台账。检查除尘设施的监控或监测数据 |
| | | 精炼含铅烟气 | 产生有组织和无组织排放的含铅废气、烟尘 | |
| | | 破碎、分选、废酸净化、预脱硫产生硫酸雾 | 产生有组织和无组织排放的酸雾 | 现场检查无组织排放防护措施；检查集气和酸雾净化设施的台账记录 |
| | 铅蓄电池生产 | 废蓄电池破碎、分选、洗涤过程，在酸液净化过程 | 产生硫酸雾 | |
| | | 在和膏、涂板、灌酸、化成过程使用硫酸 | 会不同程度产生酸雾，应采取集气净化措施 | |
| | | 在板栅铸造、合金配制、铅零件、铅粉制造等工序，有加热、铸型、磨粉、切边、打磨等作业 | 产生有组织和无组织排放的含铅烟、铅尘废气 | |
| | | 硫酸罐区 | 产生硫酸泄漏 | 检查硫酸罐区的管理台账，关注“跑、冒、滴、漏”和事故性排放记录 |

| 类别 | | 排污节点 | 污染物 | 检查方式 |
|---|---|---|---|---|
| 固体废物 | | 破碎分选工序（废塑料、废橡胶、废隔板） | 一般固体废物 | 检查除尘灰收集、管理台账 |
| | | 废电池、废酸、废铅渣、铅泥、污泥污油等 | 危险废物 | 对产生的危险废物要严格检查收集和贮存过程的合规性；严格检查各种危险废物的管理台账，检查出厂的联单记录 |
| | | 除尘灰、烟尘（含颗粒物、铅、锑、砷、镉等）、熔炼渣、精炼渣、浸出渣（含铅、锑、砷、镉等） | 危险废物 | |

## 五、再生铅冶炼与铅酸蓄电池工业企业常见的环境违法行为

### （一）现有铅蓄电池企业，工艺装备及相关配套设施必须达到下列要求

（1）熔铅、铸板及铅零件工序应设在封闭的车间内，熔铅锅、铸板机中产生烟尘的部位，应保持在局部负压环境下生产，并与废气处理设施连接。熔铅锅应保持封闭，并采用自动温控措施，加料口不加料时应处于关闭状态。禁止使用开放式熔铅锅和手工铸板、手工铸铅零件、手工铸铅焊条等落后工艺。所有重力浇铸板栅工艺，均应实现集中供铅（指采用一台熔铅炉为两台以上铸板机供铅）。

（2）铅粉制造工序应使用全自动密封式铅粉机。铅粉系统（包括贮粉、输粉）应密封，系统排放口应与废气处理设施连接。禁止使用开口式铅粉机和人工输粉工艺。

（3）和膏工序（包括加料）应使用自动化设备，在密封状态下生产，并与废气处理设施连接。禁止使用开口式和膏机。

（4）涂板及极板传送工序应配备废液自动收集系统，并与废水管线连通，禁止采用手工涂板工艺。生产管式极板应当采用自动挤膏工艺或封闭式全自动负压灌粉工艺。

（5）分板刷板（耳）工序应设在封闭的车间内，使用机械化分板刷板（耳）设备，做到整体密封，保持在局部负压环境下生产，并与废气处理设施连接，禁止采用手工操作工艺。

（6）供酸工序应采用自动配酸系统、密闭式酸液输送系统和自动灌酸设备，禁止采用人工配酸和灌酸工艺。

（7）化成、充电工序应设在封闭的车间内，配备与产能相适应的硫酸雾收集装置和处理设施，保持在微负压环境下生产；采用外化成工艺的，化成槽应封闭，并保持在局部负压环境下生产，禁止采用手工焊接外化成工艺。

（8）包板、称板、装配焊接等工序，应配备含铅烟尘收集装置，并根据烟、尘特点采用符合设计规范的吸气方式，保持合适的吸气压力，并与废气处理设施连接，确保工位在

局部负压环境下。

（9）淋酸、洗板、浸渍、灌酸、电池清洗工序应配备废液自动收集系统，通过废水管线送至相应处理装置进行处理。

（10）所有企业的电池清洗工序必须使用自动清洗机。

### （二）对再生铅冶炼和铅蓄电池企业的行业准入和行业规范

国家对未达到《再生铅行业准入条件》和《铅蓄电池行业规范条件（2015 年本）》要求的再生铅冶炼和铅蓄电池企业，一律责令停产。江苏省环保厅也下文要求：对工艺落后、污染严重的小铅蓄电池、小再生铅冶炼企业，一律依法关闭，限期拆除生产设备；对未落实卫生防护距离，未经环评审批或环保“三同时”落实不到位的，一律停产整改或停止建设并依法进行处罚；对污染治理设施不配套或不正常运行、偷排直排、超标排放的，一律停产整治并依法进行处罚，未经环保部门验收合格不得恢复生产；对无危险废物回收利用资质从事废铅蓄电池回收的，一律停止非法经营活动；对危险废物处置不规范的，一律停产整治，责令企业建立健全相关台账，限期落实危险废物处置单位。全国各地环保部门对这两个行业实行了严格监管。

2011 年 3 月，环境保护部、国家发展改革委等国务院九部门联合印发《关于 2011 年深入开展整治违法排污企业保障群众健康环保专项行动的通知》（环发〔2011〕41 号），将铅蓄电池企业的整治作为 2011 年环保专项行动的首要任务，要求对铅蓄电池行业企业进行彻底排查，全面整治环境违法问题，并在 2011 年 7 月底前，公布辖区内所有铅蓄电池企业（加工、组装和回收）名单，接受社会监督。截至 2011 年 7 月 31 日，各地共排查铅蓄电池生产、组装及回收（再生铅）企业 1 930 家，其中，被取缔关闭 583 家、停产整治 405 家、停产 610 家；有 252 家企业在生产，80 家在建。在全部 1 930 家企业中，从事蓄电池极板加工生产的企业 639 家，单纯组装企业 1 105 家，回收企业 186 家。在生产的 252 企业中，极板加工生产的企业 121 家，单纯组装企业 108 家，回收企业 23 家。

### （三）对再生铅冶炼和铅蓄电池企业现场检查发现的主要问题

对再生铅冶炼和铅蓄电池企业现场检查发现的主要问题与原生铅冶炼污染源违法特点相似（表 2-32），主要是以下几方面：

（1）涉铅项目（铅锌矿采选除外）应进入已完成规划环境影响评价的工业园区。工业园区以外的现有涉铅企业，应尽快搬迁入园。

（2）严格查处未批先建、擅自开工、擅自投产的行为。严格查处和关停“散乱污”类型企业。

（3）严格查处故意违法排污的问题。

表 2-32 某地在对铅蓄电池企业的现场监察中查出的问题

| 序号 | 被查处的环境问题 |
|---|---|
| 企业 1 | 1. 未经批复擅自扩大产能；2. 未落实卫生防护距离；3. 冶炼废渣出厂未执行联单管理制度 |
| 企业 2 | 1. 污染治理设施不完善；2. 未落实卫生防护距离 |
| 企业 3 | 1. 生产中硫酸雾吸收装置未投用；2. 未落实卫生防护距离 |
| 企业 4 | 1. 未经批复擅自扩大产能；2. 未落实卫生防护距离；3. 冶炼废渣出厂未执行联单管理制度；4. 厂区雨污分流不彻底 |
| 企业 5 | 污染治理设施不能正常运行 |
| 企业 6 | 未落实卫生防护距离，污染治理设施不能正常运行 |

（4）严格查处含重金属烟气和废气的超标排放问题。

（5）严格查处涉铅企业含重金属粉尘无组织超标排放问题，解决设备负压运行和高度密闭运行的技术措施。

（6）严格查处酸雾无组织排放问题。

（7）严禁涉铅企业废水采用稀释排放的问题。

（8）危险废物不能合规管理的问题，要建立严格的台账制度、移送联单制度、交接责任人制度等。

（9）对处于停产状态和拆除涉铅生产工序的企业，继续加大日常巡查频次，严防“死灰复燃”，并责令企业妥善处置贮存的危险废物。

## 第五节 氧化铝工业污染特征及环境违法行为

### 一、氧化铝工业工艺环境管理概况

工业提取氧化铝生产工艺，主要原料是铝土矿，辅料是碱、石灰石、白煤和选矿药剂。氧化铝生产需消耗大量蒸汽，因此我国氧化铝厂均建有自备热电厂。我国铝矿石 A/S 相对较低，而且以一水硬铝石为主，80%以上铝土矿的 A/S 为 4～8。因为矿石类型和品位的原因，我国普遍采用烧结法和联合法生产工艺。近年来建设的拜耳法氧化铝厂的技术装备水平已达国际领先水平，如铝土矿溶出采用双流法、管道化溶出；赤泥分离洗涤采用高效沉降技术；氢氧化铝焙烧采用流态化焙烧技术等。国外 90%以上的氧化铝生产采用拜耳法工艺。

## （一）原辅料

氧化铝生产原料主要是铝土矿。金属铝生产分为两大步骤：一是以铝土矿为原料生产氧化铝；二是将氧化铝进行熔盐电解生产金属铝。

### 1. 原料

【铝土矿】铝土矿是氧化铝生产的主要矿石，以三水铝石、一水软铝石或一水硬铝石为主要矿物所组成矿石的统称，铝土矿中氧化铝含量在45%～75%之间。

### 2. 辅料

【石灰石】主要成分是碳酸钙。石灰石平均含硫0.025%。用于拜耳法苛化反应，还可用于烧结法配料。

【烧碱】学名氢氧化钠（NaOH），俗称火碱、苛性钠，具有强腐蚀性的强碱，易溶于水形成碱性溶液。用于拜耳法溶出铝土矿中的氧化铝。

【纯碱】碳酸钠（$Na_2CO_3$），俗名苏打、纯碱，为强电解质，易溶于水，水溶液呈碱性。用于烧结法配料过程。

【选矿药剂】分散剂：六偏磷酸钠；捕收剂：脂肪酸+氢氧化钠。

## （二）能耗、水耗

氧化铝生产能耗一般在11～15 GJ/t-$Al_2O_3$，最低的甚至不到10 GJ/t-$Al_2O_3$。铝矿成分分析及能耗、水耗比较见表2-33。

表2-33 铝矿成分分析及能耗、水耗

| 项目 | | 拜耳法 | | | 烧结法 | | 联合法 | |
|---|---|---|---|---|---|---|---|---|
| | | 常规拜耳法 | 石灰拜耳法 | 选矿拜耳法 | 常规烧结法 | 强化烧结法 | 混联法 | 串联法 |
| 铝矿要求 | 铝矿类型 | 三水铝石<br>一水铝石 | 一水硬铝石 | | 一水硬铝石 | | 一水硬铝石 | |
| | 适用A/S | ＞8 | ＞7 | ＞5 | 4～6 | ＞8 | 4～8 | 3～6 |
| 单位产品消耗指标 | 石灰 | 0.054～0.3 | 0.3～0.5 | 0.433 | 0.896 | 0.054 | 0.812 | 0.812 |
| | 碱耗/kg | 53～95 | 60～80 | 72 | 85～102 | 38～95 | 78～87 | 78～87 |
| | 综合能耗/（kg·标煤） | 375～615 | 420～717 | 510 | 1 196 | 665 | 1 000～1 115 | 800 |
| | 蒸汽/t | 2.6～3.2 | 3.2 | 3.36 | 5 | 2.8 | 5.89 | 5.89 |
| | 新水/$m^3$ | 6～10 | 3～8 | 11.5 | 14～25 | 8～10 | 10～16 | 17 |
| | 氧化铝回收率/% | 72～82 | 75～81 | 74.4 | 90.7 | 72～82 | 91～92 | 81 |

## （三）产品

【氧化铝】纯净的氧化铝是白色无定形粉末，俗称矾土，熔点 2 050℃、沸点 2 980℃，不溶于水，工业上从铝土矿中提取。氧化铝总产量 90%以上用于生产电解铝，还供硅酸盐、耐火材料、机械、无线电、冶金工业、制药等行业使用。氧化铝生产，是使原料中的氧化铝与其他杂质分离的过程。

【赤泥】赤泥，因其为赤红色泥浆状而得名。赤泥是氧化铝生产过程中产生的最大废弃物，也是氧化铝生产的最大污染源。由于生产方法和铝土矿品位的不同，一般平均每生产 1 t 氧化铝，附带产生 1.0～2.0 t 赤泥，每吨赤泥还附带有 3～4 $m^3$ 的含碱废液。

## （四）基本生产工艺

我国氧化铝的主要生产方法有碱法、拜耳法、烧结法和联合法。各种生产工艺中，拜尔法工艺最简单，没有熟料烧成工序，因此能耗低，大气污染物排放量小，是氧化铝生产的最佳工艺。

### 1. 氧化铝工艺流程

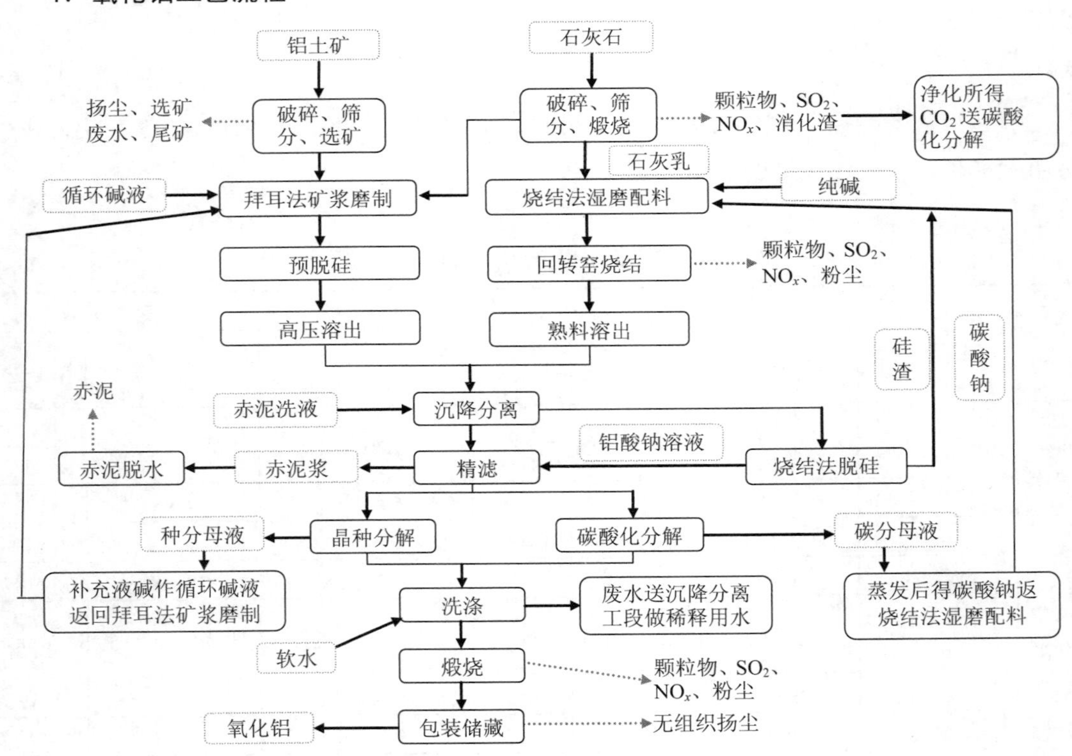


图 2-13　拜耳法氧化铝生产工艺流程

### 2．氧化铝生产企业的主要工序与生产设备

表 2-34　氧化铝企业主要生产设备

| 项目 | 设备（设施）名称 |
|---|---|
| 进料备料 | 运输车辆、矿石堆场、给料机、传送带、振动筛、破碎机、球磨机、均化堆场、原矿仓、原矿浆槽、石灰仓、石灰窑、化灰机、石灰乳槽 |
| 溶出 | 预脱硅槽、机械搅拌槽、高压泵、压煮器、溶出器、稀释槽、蒸发器、苛化槽、回转窑、溶出后槽 |
| 沉降分离 | 赤泥分离洗涤沉降槽、压滤机、叶滤机、赤泥泵、赤泥浆液输送管道、赤泥附液回水管、脱水压滤系统、赤泥库、换热器、搅拌分解槽、过滤机 |
| 蒸发焙烧 | 蒸发器、过滤机、盐沉降槽、过滤机、焙烧炉 |
| 辅助系统 | 煤棚、热电锅炉、除尘器、压缩机、污水站、灰渣堆场、赤泥堆场、空压站、工业废水处理设施、生活污水处理设施 |

## 二、氧化铝工业的环境问题

氧化铝生产企业生产过程产生的污染物包括废水、废气、固体废物和噪声。氧化铝生产企业的主要环境指标如表 2-35 所示。

表 2-35　氧化铝工业的污染要素

| 污染类型 | | 环境污染指标与来源 |
|---|---|---|
| 废气 | 有组织废气 | 原辅料进厂、装卸、输送、配料、上料等过程产生无组织扬尘，含颗粒物；<br>燃煤锅炉烟气主要污染物为烟尘、$SO_2$、$NO_x$ 等污染物；<br>石灰烧制产生石灰粉尘、$SO_2$、$NO_x$；<br>氢氧化铝焙烧炉产生氧化铝粉尘、$SO_2$、$NO_x$ |
| | 无组织废气 | 铝矿石在贮运、输送转接点、破碎、筛分、磨粉、下料过程产生粉尘；<br>石灰贮运、石灰乳制备产生粉尘；<br>锅炉燃料煤在贮运、输送转接点、破碎、筛分、磨粉、下料过程产生粉尘；<br>氧化铝贮运过程产生粉尘 |
| 污水 | 生产废水 | 铝土矿选矿废水，含悬浮物等；<br>石灰乳制备、原矿浆磨制、溶出、预脱硅、赤泥分离洗涤、母液蒸发、氢氧化铝过滤等工艺废水，主要含碱和 SS；<br>热电站化学处理时产生的酸碱废水、冲渣废水（pH 值、SS）；<br>溶出、熟料溶出、压煮脱硅、分离洗涤、母液蒸发、焙烧炉的工序设备（凝汽机、空冷机、油冷机、空压机、焙烧炉、石灰炉）的间接冷却水（循环使用） |
| | 生活污水 | 主要来源于食堂、办公区、浴室，主要污染物为 COD、SS、氨氮、色度等 |

| 污染类型 | | 环境污染指标与来源 |
| --- | --- | --- |
| 固体废物 | 生产废物 | 一般固体废物：铝土矿选矿后的尾矿；燃煤锅炉产生的煤灰渣；废纸箱、废木料、废金属、废包装泡沫、废劳保用品等；石灰消化产生消化渣，含 $Al_2O_3$、$SiO_2$、CaO、$CaCO_3$ 等；污水站产生污泥；<br>危险废物：氧化铝生产过程产生的赤泥，有害成分为含 $Na_2O$ 的附液 |
| | 生活垃圾 | 主要产生于办公区，作为一般固体废物经环卫部门收集填埋 |
| 噪声 | | 运输车辆噪声、破碎机、原料磨、真空泵、鼓风机、排烟机、汽轮机、发电机、风机、空压机等 |

## 三、氧化铝工业的污染物来源

### 1．氧化铝工业废水污染来源

氧化铝的生产工艺用水主要是生料磨制、母液蒸发、脱硅、氧化铝洗涤、赤泥洗涤以及石灰窑 $CO_2$ 洗涤等工序，进入工艺流程的废水主要是冷凝水和洗涤水。氧化铝生产企业在铝土矿选矿、石灰乳制备、原矿浆磨制、溶出、预脱硅、赤泥分离洗涤、母液蒸发、氢氧化铝过滤等工艺排放出的废水碱度高，悬浮物含量高。生产过程的““跑、冒、滴、漏””流失到废水中的碱度是很高的，最高可达 120 g/L，设备维修的含油污水也会进入废水系统。

溶出、熟料溶出、压煮脱硅、分离洗涤、母液蒸发、烧成窑、焙烧炉、空压机、真空泵等冷却水，电厂凝汽机、空冷机、油冷机等冷却水，这些均为设备间接冷却水（循环使用）。

氧化铝生产需要大量蒸汽和电力，配套的热电厂也会产生冲渣废水（pH、SS），化学水处理产生的树脂再生酸碱废水。我国氧化铝厂废水排污指标见表 2-36。

表 2-36 氧化铝厂废水排污指标

| 生产厂 | | 生产废水排放量 | | 污染因子 |
| --- | --- | --- | --- | --- |
| | | 单位 | 数量 | |
| 氧化铝厂 | 联合法 | $m^3/t\text{-}Al_2O_3$ | 1.1～7.96 | pH、SS、石油类、挥发酚、COD |
| | 烧结法 | | 0～1 | |
| | 拜耳法 | | 0 | |
| 电解铝厂+铝用炭素阳极厂 | | $m^3/t\text{-}Al$ | 5～20 | SS、挥发酚、氟化物、石油类、COD |

### 2．氧化铝工业的废气来源

烧结法和联合法工艺的主要大气污染源是熟料烧成窑，其次是氢氧化铝焙烧炉，拜耳法工艺没有熟料烧成窑，氢氧化铝焙烧炉是主要污染源。烧成、石灰烧制、氧化铝焙烧等工序产生大量废气有组织排放，主要含粉尘、$SO_2$、$NO_x$。

原料堆场扬尘，贮运、输送转接点、破碎、筛分、磨粉、下料过程、石灰烧制，物料和氧化铝贮运等产生粉尘（烟尘）的节点较多且分散（尤其是烧结法和联合法氧化铝厂），是造成氧化铝生产无组织大气污染排放的主要来源。

### 3．氧化铝工业的固体废物来源

一般固体废物：铝土矿选矿后的尾矿，氧化铝生产产生的赤泥（每生产 1 t 氧化铝要排出 0.6～2 t 赤泥）、除尘收集的尘灰、燃煤锅炉产生的煤灰渣；废金属、废包装材料、废耐火材料等。氧化铝生产过程产生的赤泥，是氧化铝工业生产过程排放的强碱性固体废物，盐分含量高、产生量巨大，资源化利用难。外排赤泥以堆存方式为主，堆存填埋赤泥的尾矿库也有很大的环境风险，污染事故频发。

赤泥是从铝土矿中提炼氧化铝后所排出的工业废渣。铝土矿的品位越低，赤泥排出量越大。排出的赤泥及其附液均含有一定量的碱。

机械检修产生的废矿物油、维修油泥、含油抹布属危险废物。

## 四、氧化铝工业的排污节点分析

表 2-37 氧化铝企业排污节点

| 类别 | 排污节点 | 污染物 | 检查方式 |
|---|---|---|---|
| 废水 | 铝土矿选矿废水 | 含悬浮物等 | 检查废水产生量和去向的记录台账 |
| | 石灰乳制备、原矿浆磨制、溶出、预脱硅、赤泥分离洗涤、母液蒸发、氢氧化铝过滤等工艺废水 | 主要含碱和 SS | |
| | 热电站化学处理时产生的酸碱废水、冲渣废水 | pH、SS | |
| | 溶出、熟料溶出、压煮脱硅、分离洗涤、母液蒸发、烧成窑、焙烧炉、空压机、真空泵等冷却水，电厂凝汽机、空冷机、油冷机等冷却水，这些均为设备间接冷却水 | pH、SS | |
| | 生活废水 | COD、氨氮、总磷 | 检查废水去向 |
| | 污水站 | SS、pH、石油类、COD、氨氮、总磷 | 检查废水监测监控记录 |

| 类别 | 排污节点 | 污染物 | 检查方式 |
| --- | --- | --- | --- |
| 废气 | 烧成、石灰烧制、氧化铝焙烧、锅炉等工序产生大量废气有组织排放 | 主要含粉尘、$SO_2$、$NO_x$ | 现场检查无组织排放防护措施；检查除尘设施收尘和换袋台账；检查脱硫设施的运行与消耗；检查炉窑和锅炉的烟气排放的颗粒物、$SO_2$、$NO_x$监控或监测数据 |
|  | 原料堆场扬尘，贮运、输送转接点、破碎、筛分、磨粉、下料过程 | 主要含粉尘 | 现场检查无组织排放防护措施；检查封闭、密闭和防尘措施 |
|  | 石灰烧制，氧化铝焙烧上料、出料、炉窑泄漏、灰渣收集、储运等产生粉尘（烟尘） | 主要含粉尘、$SO_2$、$NO_x$ |  |
| 固体废物 | 生产过程和炉窑、锅炉的除尘灰 | 一般固体废物 | 检查除尘灰、选矿尾矿、锅炉灰渣、废金属、废包装材料、废耐火材料、赤泥收集、管理和外运处置的台账记录 |
|  | 铝土矿选矿后的尾矿 | 一般固体废物 |  |
|  | 燃煤锅炉产生的灰渣 | 一般固体废物 |  |
|  | 氧化铝生产产生的赤泥 | 一般固体废物 |  |
|  | 废金属、废包装材料、废耐火材料等 | 一般固体废物 |  |
|  | 废矿物油、维修油泥、含油抹布属危险废物 | 危险废物 | 检查废矿物油、维修油泥、含油抹布的暂存场所，外运联单是否与危险废物管理要求合规 |
|  | 污水处理设施产生的污泥 | 污水处理污泥（一般固体废物） | 检查污泥产生量、去向和台账记录 |

## 五、氧化铝工业企业常见的环境违法行为

（1）2017 年，金属铝行业作为中国供给侧改革的代表，行业大幅重整淘汰落后产能，但氧化铝整体产能趋于过剩。《京津冀及周边地区 2017 年大气污染防治工作方案》已开始落地实施。此方案最大的亮点之一就是要求各地在采暖季期间，氧化铝生产企业限产 30%。这一方案将使氧化铝产量减少 190 万 t，占各自行业产量的 2%～5%，现场督察还有一些氧化铝企业未落实减产的要求。

（2）氧化铝企业在环评和“三同时”制度方面违规现象较为常见。某氧化铝企业建设项目在未经环境影响评价和审批手续的情况下，擅自开工建设，未批先建；某氧化铝企业新建项目环保设施未建成、未经批准擅自投入试生产，被查出时，违规产能均已建成；某氧化铝厂主体工程投入试生产 1 年，配套建设的环境保护设施未经环保部门验收；某氧化铝厂建设项目需要配套建设的环境保护设施未建成，主体工程投入生产；某氧化铝厂生产工艺及生产规模发生重大变化，未重新报批环境影响评价文件即擅自开工建设；某企业氧化铝项目，在未经过必要的环评审批和项目核准的情况下仓促上马，还建在环境保护区内。未按要求建设污染防治设施还是电解铝企业在建设项目上存在的主要问题。

（3）氧化铝中产生的赤泥一直是个突出的问题，未能及时妥善处置，堆积量大、溃坝、废水溢流、污染土壤等环境风险大。赤泥虽然不属于危险废物，但其长期、大量贮存，问题仍然不少。我国仅山东、山西和河南三个省份，2016 年就累积堆放了 6.1 亿 t 赤泥。

（4）监测数据和在线监控数据显示，氧化铝企业炉窑和锅炉废气污染物（颗粒物、$SO_2$、$NO_x$）超标的问题比较多。

（5）山西环境稽查某铝业有限公司发现，该厂原料堆场西侧和南侧未建挡风抑尘网。

（6）氧化铝企业现场检查也存在着工业行业现场普遍存在的问题，如擅自停运污染防治设施及不正常运行污染防治设施的行为；主要污染物超标排放的问题；自动监控不正常运行和数据缺失也比较多（实际是故意消除超标排放的数据）；机械维修产生的废矿物油、维修油泥等危险废物管理不合规等问题。

## 第六节 电解铝工业污染特征及环境违法行为

金属铝生产原料主要是铝土矿。金属铝生产分为两大步骤：一是以铝土矿为原料生产氧化铝；二是将氧化铝进行熔盐电解生产金属铝。

### 一、电解铝工业工艺环境管理概况

我国电解铝工业主要采用冰晶石-氧化铝融盐电解法。每生产 1 t 电解铝需氧化铝 1 920～1 940 kg，碳素阳极 500 kg，氟化盐（含冰晶石）25 kg。

#### （一）原料

金属铝主要生产原料是氧化铝。氧化铝又称三氧化二铝、刚玉、矾土、铝氧。氧化铝为难溶于水的白色固体，无臭、无味、质极硬，易吸潮而不潮解（灼烧过的不吸湿）。两性氧化物，能溶于无机酸和碱性溶液中，几乎不溶于水及非极性有机溶剂；熔点约 2 000℃。

#### （二）辅料

【冰晶石】冰晶石又名氟化铝钠（$Na_3AlF_6$），白色结晶体，无气味，易受潮。铝电解中的助熔剂。过量的氟对人体有危害，氟化钠对人的致死量为 6～12 g，饮用水含 2.4～5 mg/L，易患氟骨病。

【氟化铝】氟化铝为无色或白色结晶体，溶于水，难溶于酸碱溶液，加热条件下可水解。不溶于大部分有机溶剂，也不溶于氢氟酸及液化氟化氢。多用于炼铝。可由三氯化铝与氢氟酸、氨水作用制得。

【氟化盐】电解铝生产回收的氟化物统称氟化盐。有冰晶石、氟化铝、氟化钠、氟化钙等。

【碳素电极】以炭质材料（无烟煤、石油焦）为原料，以沥青（沥青焦、煤沥青）为黏结剂，经煅烧、配料、混捏、压型、焙烧、石墨化制成，是电炉中以电弧形式加热炉熔化料的导体。主要用于碳素阳极（预焙阳极）、碳素阴极（铝槽底部和侧部炭块）、阳极糊（自焙式铝槽导电阳极）。

电解法制金属铝，每吨铝消耗氧化铝约 1.92 t、氟化盐 25 kg、碳素阳极约 570 kg（阳极毛耗约 560 kg/t 铝，阴极仅 10～15 kg/t 铝）。氟化盐是电解铝企业的重要原材料。国内预焙槽电解铝氟化盐单耗一般为 25 kg/t 铝，而国外仅 16 kg/t 铝（国内考虑回收，实际消耗 1～12 kg/t 铝，而发达国家仅为 0.5～1 kg/t 铝）。每生产 1 t 电解铝需用 530～550 kg 阳极糊或 500～530 kg 预焙阳极块（毛耗）。

【电】2012 年全行业铝锭综合交流电耗平均下降到 13 844 kW·h/t。

电解法电解铝主要技术经济指标对比见表 2-38。

表 2-38 电解法电解铝主要技术经济指标对比

| 项目 | 消耗量/t 铝 | 项目 | 消耗量/t 铝 |
|---|---|---|---|
| 氧化铝 kg/t 铝 | 1 920～1 940 | 碳素阳极快 kg/t 铝 | 430～480 |
| 冰晶石 kg/t 铝 | 5～15 | 电能 kW·h/t 铝 | 13 000～15 000 |
| 氟化铝 kg/t 铝 | 20～30 | 铝锭（99.5%～99.8%）kg | 1 000 |

## （三）产品

电解铝生产回收氟化物（主要是冰晶石）返回电解槽。阴极产物是铝液。

## （四）能耗物耗

用电解法制取金属铝 1 t 铝消耗氧化铝约 1.93 t、氟化盐 35 kg、碳素阳极约 570 kg（阳极毛耗约 560 kg/t 铝，阴极仅 10～15 kg/t 铝）。氟化盐是电解铝企业的重要辅料。国内预焙槽电解铝氟化盐单耗一般为 26～35 kg/t 铝，而国外仅为 16 kg/t 铝（考虑回收，实际消耗国内 1～12 kg/t 铝，而国外仅为 0.5～1 kg/t 铝）。每生产 1 t 电解铝需用 530～550 kg 阳极糊或 500～530 kg 预焙阳极块（毛耗）。经过节能减排的促进，按照 2009 年相关资料显示 1 t 铝电耗 14 177 kW·h/t。

## （五）电解铝的基本工艺

融盐电解法生产电解铝是以氧化铝为溶质、冰晶石是溶剂，以碳素体为阳极，铝液为阴极，通入强直流电后，在 950～970℃下，在电解槽两极进行电化学反应（电解）。基本工艺如图 2-14 所示，主要生产设备如表 2-39 所示。

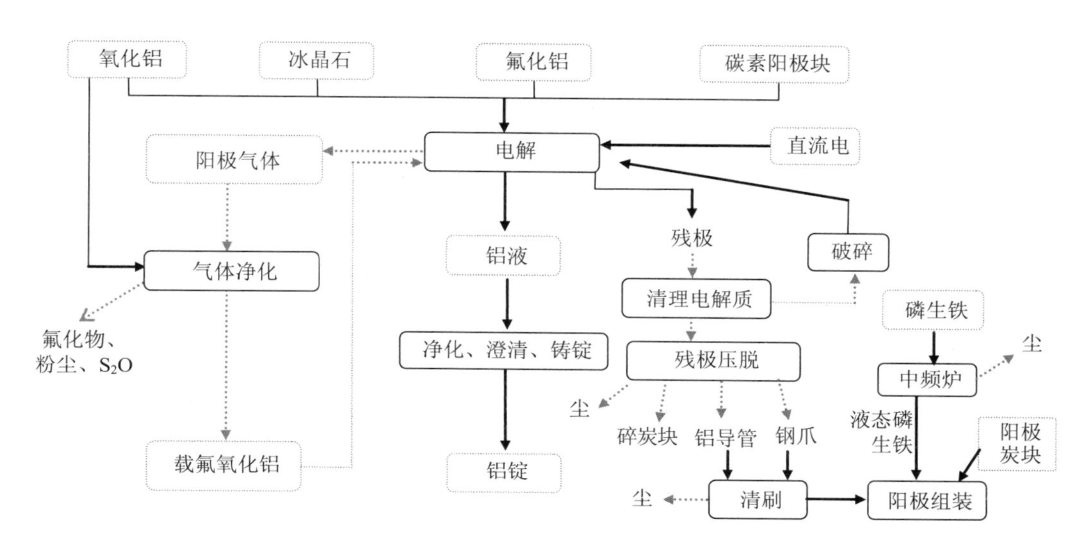


图 2-14　电解铝生产工艺

表 2-39　电解铝企业主要生产设备

| 项目 | 设备（设施）名称 |
| --- | --- |
| 原料入库 | 运料车、装载机、胶带输运机、吊车、原料库、辅料库等 |
| 电解车间 | 电解槽、铝抬包、载氟氧化铝贮槽、风动溜槽、定量加料器、氧化铝输送管道、氧化铝贮槽、排烟管道、风机等 |
| 铸造车间 | 拖车、喷射真空铝抬包、混合炉、连续铸机、冷却池、风机等 |
| 阳极组装车间 | 装卸站、破碎机、胶带输送机、斗式提升机、振动筛、清刷站、中频炉、天车、自动浇注系统、风机等 |
| 其他生产辅助设施 | 含氟废气净化回收系统、除尘器、污水处理厂等 |

## 二、电解铝工业的环境问题

表 2-40　电解铝企业的主要污染指标

| 污染类型 | | 主要污染指标 |
| --- | --- | --- |
| 废气 | 无组织废气 | 原辅料运输、装卸、上料过程，混合炉、连续铸机、冷却池产生粉尘无组织逸散；<br>在废电极清刷、压脱、破碎、清理生产过程，产生粉尘无组织逸散；<br>电解槽体泄漏、添料、出铝、铸锭、冷却等过程或设施存在无组织废气排放，主要污染物载氟粉尘、氟化氢、$SO_2$、沥青烟等 |
| | 有组织废气 | 电解槽集气废气含氟化氢、载氟粉尘、沥青烟、$SO_2$、$NO_x$；<br>混合炉、连续铸机、冷却池集气除尘系统废气含烟粉尘；<br>在中频炉和浇注过程产生废气含烟粉尘、$SO_2$、$NO_x$；<br>在清刷、压脱、破碎、清理过程集气除尘系统废气含粉尘 |
| 污水 | 生产废水 | 主要来自机械冷却水和地面冲洗废水，含氟化物、COD、SS、石油类 |
| | 生活污水 | 污染物主要为 SS、COD、氨氮、总氮、总磷等 |
| 固体废物 | 生产废物 | 主要有废阴极炭块、阳极炭粒、废耐火砖（含氟化物和氰化物）、除尘灰尘 |
| | 生活垃圾 | 一般固体废物 |
| 噪声 | | 机械噪声、运输车辆噪声、空压机噪声 |

## 三、电解铝工业的主要污染物来源

电解铝企业环境污染最主要的因素便是电解铝生产过程中产生的有害气体。排出的废气主要含粉尘、HF 气体、$SO_2$、$CO_2$ 为主的气-固氟化物。水污染较小，也可回用；产生的固体废物主要是回收的粉尘，基本都会被水泥厂综合利用；水泥设施的环境噪声一般都比较高，对周围环境的噪声影响较大。

### （一）电解铝工业废气污染来源

电解铝厂大气污染物控制指标为氟化物（以 $F^-$计）、颗粒物和二氧化硫。电解铝厂大气污染物种类较复杂，主要大气污染源——电解槽产生氟化物（指氟化氢和无机氟化盐），当电解槽发生效应时还会产生全氟化碳（PFCS，主要成分是 $CF_4$ 及少量 $C_2F_6$ 等有机氟化物）、粉尘（主要成分为氧化铝）、二氧化硫、一氧化碳、二氧化碳等。

氟化物和颗粒物主要来源于电解铝在生产过程中产生的电解烟气，其主要污染物可能有 $SO_2$、含铝粉尘、CO、氟化物、含氟颗粒物、沥青烟等。如果没有正确有效的处理措施，会对环境产生严重影响，明显的污染是氟污染。电解辅料中的氟化盐，在电解槽高温和电流作用下生成氟化氢，氟化碳和氟化硅等氟化物气体；在电解槽内，部分含氟颗粒随电解质挥发和氟化物升华而散出，这部分含氟颗粒形成粉尘散布于生产车间直至随空气排出；以游离态存在的氟离子与阳极碳结合生成的氟化物气体也会对环境造成污染。另外，在电解过程中，游离氧与阳极碳素相结合生成二氧化碳和一氧化碳气体，二氧化碳是重要的温室气体。

$SO_2$污染主要产生于阳极氧化，碳素阳极中的硫分受热转化为$SO_2$，因为碳素阳极中是由石油焦制成，硫分较高。生产1 t电解铝消耗的碳素阳极数量较大，产生的$SO_2$的量也不小。

### （二）电解铝工业固体废物来源

电解铝生产，产生废阳极、废碳渣（电解铝过程中电解槽维修及废弃产生的废渣HW48）属于危险废物；废铝渣（灰）、废氧化铝袋、废耐火材料，属一般固体废物。电解槽大修，更换槽内衬和槽体耐火材料，废槽内衬含有氟化物和其他有毒物质，属于危险废物，耐火材料含氟量低，属一般固体废物。有关资料显示，电解铝废槽衬、耐火材料等固体废物产率为 10～40 kg/t-Al，露天堆放槽内衬和耐火材料会因雨水冲刷造成氟化物污染土壤和地下水，大气侵蚀产生含毒粉尘，废槽内衬和其他固体废物处理一直是电解铝企业着重解决的固体污染源。

### （三）电解铝工业废水来源

电解铝企业生产废水主要包括：空压机和烟气净化系统主排烟机冷却水、铸锭循环冷却水、阳极组装工频炉冷却水、石油焦煅烧循环水、阴极原料煅烧冷却水、成型循环水系统废水、车间地面冲洗废水、生活废水等，以氟化物、石油类、色度和悬浮物等污染物为主，其次为COD、溶解固体。电解铝厂的生产废水可用混凝、气浮、过滤及吸附等工艺来进行处理，但一般来说电解铝厂的生产废水量均不大，废水回收利用对电解铝厂生产和阳极生产需要大量的冷却水，一般采用循环水以节省新水用量。

## 四、电解铝工业的排污节点分析

表 2-41　电解铝企业排污节点

<table>
<tr><th>污染类别</th><th>排污节点</th><th>污染物</th><th>检查方式</th></tr>
<tr><td rowspan="5">废水</td><td>主排烟机冷却水、铸锭循环冷却水</td><td rowspan="3">产生直接冷却和间接冷却废水（氟化物、石油类、色度、SS、石油类、COD）</td><td rowspan="3">检查废水产生量和去向的记录台账</td></tr>
<tr><td>阳极组装工频炉冷却水、石油焦煅烧循环水、阴极原料煅烧冷却水、成型循环水系统废水</td></tr>
<tr><td>车间地面冲洗废水</td></tr>
<tr><td>生活废水</td><td>COD、氨氮、总磷</td><td>检查废水去向（检查台账）</td></tr>
<tr><td>污水站</td><td>氟化物、石油类、色度、SS、石油类、COD、氨氮、总磷</td><td>检查废水监测监控记录</td></tr>
</table>

| 污染类别 | 排污节点 | 污染物 | 检查方式 |
|---|---|---|---|
| 废气 | 【原料仓库】原料（氧化铝）辅料（萤石）装运储、拆包、上料、输运、料仓 | 产无组织排放生含粉尘废气 | 现场检查无组织排放防护措施 |
| | 【电解车间】在加料、出铝、换阳极、清理废极块过程产生槽气外泄；电解过程产生烟气 | 槽气泄漏产生大量含氟化物的烟气（含氟化物、$SO_2$、铝尘等）<br>电解烟气（含氟化物、$SO_2$、铝尘等）应除尘和氟回收处理 | 现场检查无组织排放防护措施；检查除尘设施收尘和换袋台账。检查电解烟气排放的监控或监测数据 |
| | 【铸造车间】在铝抬包运输、混合炉、铸机、冷却池产生烟气 | 泄漏产生大量含尘废气 | 现场检查无组织排放防护措施；检查除尘设施收尘和换袋台账 |
| | 【阳极组装车间】在清刷、压脱、电解质破碎、残极清理过程产生粉尘；<br>在中频炉熔磷铁和浇注过程产生烟气 | 在清刷、压脱、破碎、清理过程产生粉尘，应集气除尘；熔炼、浇铸产生烟气（含烟粉尘、$SO_2$、$NO_x$） | 现场检查无组织排放防护措施；检查集气除尘设施运行效果和换袋台账 |
| | 【氟净化回收系统】电解槽废气经除尘、氟吸附后废气排放 | 排放的废气含尘、氟化物、$SO_2$ | 检查监测监控数据和记录，是否达标排放 |
| 固体废物 | 原料（氧化铝）、辅料（萤石）装运储、拆包、上料、输运、料仓过程的除尘灰 | 除尘灰（一般固体废物）<br>废阳极、废碳渣（危险废物HW48） | 检查除尘灰收集、管理和外运处置的台账；<br>检查废阳极、废碳渣的暂存场所，外运联单是否与危险废物管理要求合规 |
| | 电解槽烟气除尘灰 | | |
| | 铸造过程烟气除尘灰 | | |
| | 在清刷、压脱、电解质破碎、残极清理过程产生的除尘灰；中频炉熔磷铁和浇注过程产生烟气除尘灰 | | |
| | 污水处理设施产生的污泥 | 一般固体废物 | 检查污泥产生量、去向和危险废物的台账 |

欧盟（IPPC，2001）认为：采用最佳实用技术，经布袋除尘器后的电解烟气粉尘浓度可控制在 1～5 mg/m$^3$，总氟可降到 0.5 mg/m$^3$；阳极效应小于 0.1 次/天·槽，PFCs 排放量小于 0.1 kg/t-Al；$SO_2$ 通过降低阳极含硫量进行控制。

## 五、电解铝工业企业常见的环境违法行为

2017 年，电解铝行业作为中国供给侧改革的代表，行业大幅重整淘汰落后产能，但随着电解铝行业产业集中度迅速提升，电解铝整体供需仍趋于过剩。以目前的生产工艺，从氧化铝制取 1 t 电解铝，会产生大量的大气污染物：111 kg 的 $SO_2$，78 kg 的 $NO_x$，18 kg 的颗粒物，2.9 kg 的 $CO_2$，0.2 kg 的氟化物，大量的 CO 以及 1.3 kg 的沥青烟雾；产生的固

体废物包括 3.5 t 的赤泥，2 t 的煤灰，10 t 的废阴极碳和 14 $m^3$ 的废水，等等。虽然有环保部门的全力监察，严格执法，但从生产企业的实际执行情况来看，受到成本的制约及工艺水平的限制，电解铝行业超标排放的企业还不少。

（1）2016 年以前，在淘汰落后产能、促进技术进步方面，政策执行效果较好；但环境保护、规范产业链发展和限制产能扩张方面政策执行力度仍有待加强。因此，2017 年，国家陆续出台了《清理整顿电解铝行业违法违规项目专项行动工作方案的通知》（以下简称“656 号文”）、《京津冀及周边地区 2017 年大气污染防治工作方案》和《关于开展燃煤自备电厂规范建设及运行专项督察的通知》，旨在限制电解铝产能扩张、控制区域空气污染和规范自备电厂建设运营。山东、河南、内蒙古、新疆等部分产能集中地区仍存在较大环保压力。例如，某电解铝企业将尚未建成的电解铝产能虚报为建成产能，被查出时，违规产能均已建成。某电解铝企业新建项目环保设施未建成、未经批准擅自投入试生产；某电解铝企业电解铝项目在未经环境影响评价和审批手续的情况下，擅自开工建设；未批先建、未按要求建设污染防治设施还是电解铝企业在建设项目上存在的主要问题。

（2）监测数据和在线监控数据显示，阳极焙烧炉烟气（沥青烟、炭尘、氟化物和 $SO_2$）、电解槽烟气（氟化物和 $SO_2$）超标还是电解铝企业的突出问题。

（3）电解铝企业大修产生的废阴极炭块、废残阳极属于危险废物，应暂存于厂内危险废物库房。但许多企业未严格按危险废物管理，如有的企业露天堆放，对环境造成巨大环境危害；还有的企业擅自将大修渣倾倒在山沟。许多电解铝企业在废阴极炭等电解废物管理中存在非法倾倒、非法处置行为。

（4）一些电解铝企业还存在污染防治设施不正常运行，氟化物超标排放的环境违法行为。

（5）电解铝车间、铸造车间、阳极组装车间无组织排放问题突出，造成含氟粉尘和气态污染物无组织排放。

（6）废水循环利用有不外排的要求，但有少数水泥企业污水处理系统的两个沉淀池各设有一个外排口向外排水。

（7）电解铝企业现场检查也存在着工业行业现场普遍存在的问题，如擅自停运污染防治设施及不正常运行污染防治设施的行为；主要污染物超标排放的问题；自动监控不正常运行和数据缺失也比较多（实际是故意消除超标排放的数据）；机械维修产生的废矿物油、维修油泥等危险废物管理不合规等问题。

# 第七节 水泥工业污染特征及环境违法行为

## 一、水泥工业工艺环境管理概况

水泥熟料生产原料包括钙质原料（石灰石、电石渣等）、硅铝质原料（砂岩、页岩、黏土、粉煤灰、煤矸石等）和铁质原料（铁矿石、硫酸渣等），辅料有石膏和混合材（粉煤灰、粒化高炉渣、火山灰质材料等）。如表 2-42 所示。

### （一）原料

**1．钙质原料**

【石灰石】石灰石主要成分是 $CaCO_3$。含硫率一般在 0.02%～0.04%。

【电石渣】电石和水反应制取乙炔过程中排出的浅灰色细粒渣，主要成分：氢氧化钙。

**2．硅铝质原料**

【砂岩】砂岩由石英颗粒（沙子）形成，主要含硅、钙、黏土和氧化铁。

【页岩】页岩是一种由黏土硬化形成的沉积岩，成分包括黏土矿物（如高岭石、蒙脱石、水云母等），还含碎屑矿物（石英、长石、云母等）和自生矿物（铁、铝、锰的氧化物与氢氧化物等）形成具有薄页状层理结构的黏土岩。

【黏土】一般黏土的成分主要为氧化硅与氧化铝。

【粉煤灰】粉煤灰是煤烟气的除尘灰。主要组成为：$SiO_2$、$Al_2O_3$、$FeO$、$Fe_2O_3$、$CaO$、$TiO_2$ 等。

【煤矸石】是煤炭采选产生的固体废物，是含碳较低、比煤坚硬的黑灰色岩石。主要成分是 $Al_2O_3$、$SiO_2$，还含数量不等的 $Fe_2O_3$、$CaO$、$MgO$、$SO_3$ 等。

**3．铁质原料**

【铁矿石】主要有磁铁矿（$Fe_3O_4$ 为主）、赤铁矿（$Fe_2O_3$ 为主）、菱铁矿（$FeCO_3$ 为主）等。

【硫酸渣】硫酸渣又称黄铁矿渣，是硫酸生产的化工废渣。主要化学成分为 $Fe_2O_3$（20%～50%），S（1%～2%），还含有 Cu、Co 等。

### （二）辅料

【石膏】石膏主要化学成分是硫酸钙（$CaSO_4$）。

【粒化高炉矿渣】高炉冶炼生铁时的熔融物，经淬冷成粒后，即为粒化高炉矿渣。含硅酸盐、硅铝酸盐与铁氧化物。

【火山灰质材料】是以氧化硅、氧化铝为主成分的矿物。它磨成细粉加水后并不硬化，但与石灰混合后再加水拌和，则不但能在空气中硬化，而且能在水中继续硬化。

水泥工业原辅料消耗见表 2-42。

表 2-42 水泥工业原辅料消耗表

| 单位 | 生料 | 石灰石 | 黏土 | 铁粉 | 熟料 | 石膏 | 混合材 | 水泥 |
|---|---|---|---|---|---|---|---|---|
| t | 1.535 | 1.228 | 0.276 | 0.031 | 1.000 | 0.067 | 0.269 | 1.333 |
| % | 100 | 80 | 18 | 2 | 75 | 5 | 20 | 100 |

## （三）产品

水泥行业产品有三种，由生料经制备、焙烧成熟料产品；由生料制备、焙烧、磨配成水泥产品；由熟料磨配成水泥产品。不同的产品的原料、工艺流程、能耗有很大差异，产排污强度也有差异。

## （四）能耗和水耗

### 1. 能耗

与新型干法水泥相比，小立窑、湿法窑等落后工艺能耗高。水泥熟料煅烧过程需要较高的煅烧温度，消耗大量的煤炭，每生产 1 t 水泥熟料约消耗 115 kg 标煤。

表 2-43 是各种水泥生产工艺单位煤耗的对比（立窑、中空干法窑、湿法窑基本淘汰）。

表 2-44 是水泥生产各工艺过程的电力消耗。

表 2-43 全国水泥行业各类窑型平均煤耗

| 生产方法 | 熟料标准煤耗<br>kg 标煤/t | 熟料煤耗折原煤 kg 原煤/t<br>（原煤热值 20 934 千焦/t） |
|---|---|---|
| 新型干法窑 | 115 | 161 |
| 立窑 | 160 | 224 |

注：数据参照袁文献等著《水泥生产工艺和规模与单位产品废气排放量的关系探讨》和《水泥工业发展专项规划》。

表 2-44 水泥生产各工艺过程的电力消耗

| 工艺过程 | 单位水泥电耗/（kW·h/t） | 占电力总消耗比例/% |
|---|---|---|
| 原料开采 | 3.6 | 3.96 |
| 生料制备 | 27.3 | 24.8 |
| 生料煅烧 | 25.6 | 23.3 |
| 熟料磨配、包装、输运 | 42.0 | 38.2 |
| 其他 | 11.5 | 10.5 |
| 总计 | 110.0 | 100 |

注：数据摘自《水泥工艺网》。

### 2. 水耗

综合水耗立窑约为 0.15 m³/t 熟料，新型干法为 0.08～0.1 m³/t 熟料，粉磨站约为 0.05 m³/t 水泥。

## （五）基本生产工艺

水泥工业的三大生产系统包括生料制备系统、熟料煅烧系统、水泥配磨系统。石灰质原料、黏土质原料与少量校正原料经破碎后，按比例配合、磨细并调配为生料的过程称生料制备；生料经预热器或预分解系统预热/分解后，在水泥窑内煅烧成以硅酸钙为主成分的水泥熟料，称为熟料煅烧；第三阶段熟料加入适量石膏，和混合材料或外加剂共同磨细成水泥成品。水泥在贮存时应进行检验，合格的水泥可以包装或散装出厂。

我国水泥熟料煅烧主要有两种方式：一种是以回转窑为主要生产设备，包括新型干法窑、预热器窑、余热发电窑、干法中空窑、立波尔窑、湿法回转窑；另一种则是以立式窑为主要生产设备（绝大部分已淘汰）。目前，窑径 2.5 m 以下中空干法窑（生产高铝水泥的除外）、立波尔窑、湿法回转窑（主要用于处理污泥、电石渣等的除外）、窑径 3.0 m 以下机械化立窑、普通立窑等近年来已逐步淘汰。新型干法窑外预分解技术已成为我国水泥生产的主导工艺。

### 1. 新型干法水泥工艺流程

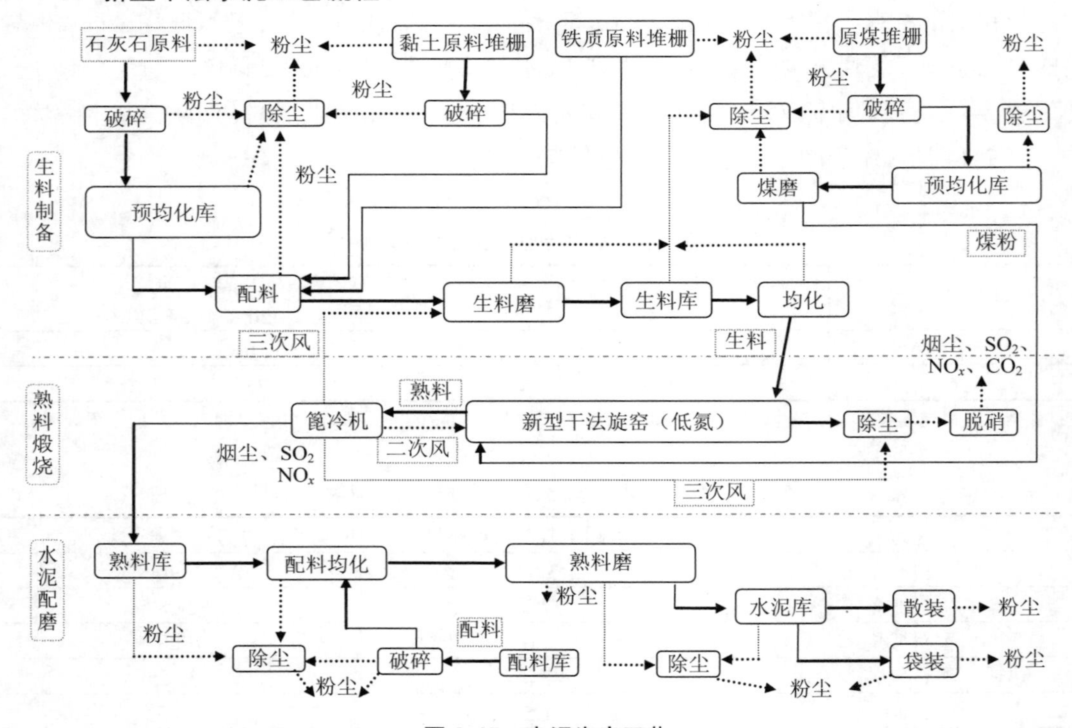


图 2-15 水泥生产工艺

### 2. 水泥生产企业的主要生产工艺与设备

表 2-45 水泥企业主要生产工艺与设备

| 项 目 | 设备（设施）名称 |
|---|---|
| 备料系统 | 装载机、皮带输送机、运输车辆、预均化库、黏土堆棚、煤堆棚、铁质原料堆棚、配料库、石膏库等 |
| 生料制备系统 | 破碎机、磨机（辊式、球磨、立磨）、链板输送机、斗式提升机、皮带输送机、贮料仓、配料库、均化库、生料库、除尘器 |
| 熟料煅烧系统 | 预热器、新型干法旋窑、分解炉、篦式冷却机、破碎机、熟料库、输送机（拉链式、链斗式）、烘干机、风机、除尘器、低氮燃烧器 |
| 水泥配磨系统 | 配料库、辊压系统、水泥粉磨、除尘器、水泥库 |
| 水泥储运系统 | 水泥库（罐）、袋装水泥库、水泥槽罐车、包装机、水泥运输车辆、输送机（皮带、拉链式、链斗式） |
| 其他生产辅助设施 | 氨水罐区、除尘装置、脱硝装置、污水处理厂、余热发电站 |

## 二、水泥工业的环境问题

表 2-46 水泥工业的主要污染指标

| 污染类型 | | 环境污染指标与来源 |
|---|---|---|
| 废气 | 有组织废气 | 主要来源于生料制备、水泥配磨、水泥储运系统，主要污染物是粉尘；熟料煅烧、窑头窑尾、烘干机烟气，主要污染物为粉尘、$SO_2$、$NO_x$ |
| | 无组织废气 | ①原料贮存与准备：破碎机、烘干机、烘干磨、生料磨、储料场或原料库、喂料仓、生料均化库。<br>②燃料贮存与准备：破碎机、煤磨（烘干+粉磨）、煤堆场、煤粉仓。<br>③熟料煅烧系统：窑尾废气、冷却机废气（窑头）、旁路气体（预热器旁路，控制挥发性元素 S、Cl、碱金属的含量），除尘脱硝设施废气。<br>④水泥粉磨和贮存：熟料库、混合材库、水泥磨、水泥库。<br>⑤包装和配送：包装机、散装机。<br>主要污染物为粉尘、氨气 |
| 污水 | 生产废水 | 主要来源于生料制备、熟料煅烧、水泥配磨、机修车间、污水厂，主要污染物为石油类、COD、SS 等 |
| 固体废物 | 生产废物 | 主要来源于生料制备、熟料煅烧、水泥配磨、水泥储运系统、机修车间和污水站，其中生料制备、熟料煅烧、水泥配磨、水泥储运系统的固体废物为尘灰，以及污水站污泥都属于一般固体废物，而机修车间产生的含油废物属于危险固体废物 |

## 三、水泥工业的主要污染物来源

水泥工业的环境污染因素中，大气污染十分突出；水污染较小，也可回用；产生的固体废物主要是回收的粉尘，基本都会被水泥厂综合利用；水泥设施的环境噪声一般都比较高，对周围环境的噪声影响较大。

### （一）水泥工业废气污染来源

粉尘排放方式分有组织和无组织排放两大类。有组织排放包括热力设备烟囱和各种通风设备排气筒排放的粉尘。无组织排放包括各种物料在装卸、运输、堆存过程中扬散的粉尘。粉尘最大的有组织排放源为窑尾、窑头和篦冷机废气。$SO_2$、$NO_x$、氟化物等产生于煅烧过程，由窑尾烟囱排入大气。

**1. 颗粒物的排放**

在水泥制造（含粉磨站）过程中，污染特征为物料处理量大，粉状物料或成品输送环节多。原料进厂后需经过矿山开采、原燃料破碎、输送、粉磨、烘干制备过程；生料煅烧、熟料冷却、熟料储备过程；水泥配料煤、粉磨、水泥储备及水泥包装运输等多道工序，几乎每道工序都有粉尘产生和排放。粉尘一直被认为是水泥厂最主要的污染物，粉尘产生的部位较多，既有有组织排放，也有无组织排放。其中烘干及煅烧发生的粉尘有组织排放最为严重，约占水泥厂粉尘总排放量的70%（表2-47）。

表2-47 某水泥企业各设施排放口废气污染物初始浓度

| 产生部位 | 除尘器进口颗粒物浓度/（$g/m^3$） | $SO_2$浓度/（$mg/m^3$） | NO浓度/（$mg/m^3$） |
|---|---|---|---|
| 破碎机 | 2～5 | | |
| 配料库 | 4～5 | | |
| 生料均化库 | 3～5 | | |
| 输送设备出口 | 2～5 | | |
| 煤破碎 | 6～10 | | |
| 煤磨 | 30～50 | | |
| 生料磨 | 20～30 | | |
| 窑尾 | 10～30 | 30～200 | 700～1 200 |
| 窑头（篦冷机） | 2～5 | | |
| 熟料库 | 2～3 | | |
| 石膏混合材破碎 | 2～5 | | |
| 水泥磨 | 30～45 | | |
| 水泥库 | 2～4 | | |
| 水泥包装 | 3～4 | | |

水泥烟粉尘的主要有组织排放源来自生料的粉磨、煤磨，熟料的水泥磨，窑头窑尾烟气，以及各个库、仓顶的排放口（一般水泥企业有几十个之多），都采用高效的袋式除尘器，把排放浓度降至 10～30 mg/m$^3$。水泥企业另一个粉尘无组织排放的主要排放源是水泥包装、散装和运输环节，尤其以装运环节居多（表 2-48）。据浙江省水泥散装办引用北京环科院测定使用散装水泥粉尘排放计算数据，散装水泥粉尘排放为 0.28 kg 粉尘/t 水泥，使用袋装水泥时，水泥粉尘排放为 4.48 kg 粉尘/t 水泥，两者粉尘排放量差为 4.48–0.28=4.2 kg 粉尘/t 水泥。如果按水泥运输无组织粉尘排放水泥厂内外各占 50%计算，在水泥厂内散装水泥粉尘排放为 0.14 kg 粉尘/t 水泥，使用袋装水泥时，水泥粉尘排放为 2.24 kg 粉尘/t 水泥，袋装比散装多排放粉尘 2.1 kg 粉尘/t 水泥。

表 2-48 水泥生产过程的无组织除尘措施

| 工艺 | 除尘措施 |
|---|---|
| 转筒式烘干机与吸风罩的连接处 | 必须严格密封 |
| 卸料口和除尘器出灰口 | 均须装锁风器 |
| 烘干机排气端筒 | 工况风速不得超过 4 m/s。在确定系统排风量时，漏风量不超过 40% |
| 立窑卸料系统 | 应有防尘措施 |
| 包装机 | 应有集尘措施、袋装水泥的包装破损率应不大于 1% |
| 水泥散装库 | 散装头须有除尘措施，以减少库底扬尘 |
| 料库（仓） | 一般的排气，设置简易袋除尘器。对于气力输送入库的以及空气搅拌的粉料库，均须设置袋除尘器 |

### 2. $NO_x$ 的排放

水泥在水泥窑煅烧过程均会产生一定数量的 $NO_x$，新型干法窑由于窑温可以超过 1 600℃，且高温区域比较长，水泥生产过程产生的热力型 $NO_x$ 很高。新型干法窑窑尾 $NO_x$ 产生的初始浓度在 700～1 000 mg/m$^3$，产生量在 1.8～2.5 kg/m$^3$ 废气；一些新型干法窑采取了低 $NO_x$ 燃烧器和 SNCR 喷氨脱硝技术，排放浓度可降低到 500～800 mg/m$^3$。目前开发的 $NO_x$ 控制技术主要采用低 $NO_x$ 燃烧器、预分解炉分级燃烧、添加矿化剂、工艺优化控制（系统均衡稳定运行）等炉窑内环保措施，如采用选择性非催化还原技术（SNCR）、选择性催化还原技术（SCR）等二次措施，去除 $NO_x$ 的效果会更加显著。

### 3. $SO_2$ 的排放

水泥原燃料都含硫，由煤带入的 $SO_3$ 占生料量约 0.54%，通常燃料带入水泥生产的 $SO_3$ 折算量不超过生料量的 0.3%，系统吸硫率很高（可达 98%以上），一般不脱硫，$SO_2$ 排放浓度只在 30～60 mg/m$^3$。

#### 4. $CO_2$的排放

1 t 熟料生产生料消耗约 1 600 kg 石灰石，产生 $CO_2$约 600 kg/t 熟料，燃料产生 $CO_2$约 300 kg/t 熟料，水泥行业成为我国 $CO_2$排放的第二大行业。

#### 5. 氟化物的排放

如不添加萤石用于水泥生产过程以降低烧成温度，窑尾排放的氟化物会很低。立窑普遍使用萤石等矿化剂，氟化物排放很高。新型干法窑废气中的氟化物平均浓度为 2.48 mg/m$^3$。

### （二）水泥行业的废水来源

水泥厂生产废水主要为煤粉制备、生料磨、生料库和水泥库风机、窑尾、窑中、窑头、水泥磨、空压机等处的设备轴承冷却水；化验室、机修、冲洗等辅助生产用水。水泥企业设循环供水设施，大部分冷却水可循环使用。综合水耗立窑约为 0.15 m$^3$/t 熟料，新型干法为 0.08～0.1 m$^3$/t 熟料，粉磨站约为 0.05 m$^3$/t 水泥，主要水污染物为 SS、石油类。此外还包括少量办公、食堂、生活污废水。综合废水中的主要污染物为 SS、$BOD_5$、COD、氨氮、总氮、总磷（见表 2-49）。

表 2-49 某水泥厂综合废水水质

| 污染物 | COD | $BOD_5$ | SS | $NH_3$-N | TP |
| --- | --- | --- | --- | --- | --- |
| 综合废水进水浓度/（mg/L） | 320 | 80 | 2 100 | 20 | 4 |

### （三）水泥工业的固体废物和噪声

水泥生产过程产生的主要污染物是各排放口设置的除尘器（一般水泥厂有几十个除尘器）去除的尘灰，都可以回收利用作为生产的原料。

水泥生产过程产生噪声高的大型设备，如破碎机、磨机、风机等对周边的噪声影响也比较突出。

## 四、水泥工业的排污节点分析

表 2-50　水泥生产企业排污节点

<table>
<tr><th>类别</th><th colspan="2">排污节点</th><th>污染物</th><th>检查方式</th></tr>
<tr><td rowspan="7">废水</td><td>备料系统</td><td>原料和燃煤卸、储、上料系统</td><td rowspan="4">产生磨机冲洗废水或地面清洗废水（SS、石油类、COD 等）</td><td rowspan="4">检查废水产生量和去向的记录台账</td></tr>
<tr><td>生料制备</td><td>生料粉磨、烘干、料均化和贮存</td></tr>
<tr><td>水泥配磨</td><td>熟料库、混合材库、水泥磨、水泥库</td></tr>
<tr><td>水泥储运</td><td>水泥库、装卸、运输、路面</td></tr>
<tr><td rowspan="2">熟料煅烧</td><td>脱硝设施、氨罐区</td><td>地面清洗废水（SS、氨氮等）</td><td rowspan="2">检查废水去向</td></tr>
<tr><td>窑头、窑尾、冷却、旁路</td><td>产生冷却废水（SS），地面清洗废水（SS、石油类、COD）</td></tr>
<tr><td>污水站</td><td>污水处理回用</td><td>SS、石油类、COD、氨氮、总磷</td><td>检查废水监测监控和废水回用记录</td></tr>
<tr><td rowspan="6">废气</td><td>备料系统</td><td>原料和燃煤卸、储、上料系统</td><td rowspan="4">产生含粉尘废气（有组织与无组织排放）</td><td rowspan="4">现场检查无组织排放防护措施，检查除尘设施收尘和换袋台账。检查生料磨的监控或监测数据</td></tr>
<tr><td>生料制备</td><td>生料、燃煤的粉磨、烘干、料均化和贮存</td></tr>
<tr><td>水泥配磨</td><td>熟料库、混合材库、水泥磨、水泥库作业</td></tr>
<tr><td>水泥储运</td><td>水泥库、装卸、运输、路面</td></tr>
<tr><td>熟料煅烧</td><td>窑头、窑尾、冷却、旁路</td><td>烟气（烟尘、$SO_2$、$NO_x$、氟化物、$CO_2$）（有组织排放）</td><td>现场检查无组织排放防护措施；检查监控或监测数据或除尘设施收尘和换袋台账</td></tr>
<tr><td>熟料煅烧</td><td>脱硝设施、氨罐区、污水处理等辅助设施</td><td>产生氨逃逸</td><td>检查氨的消耗台账</td></tr>
<tr><td rowspan="6">固体废物</td><td>备料系统</td><td>原料和燃煤卸、储、上料系统</td><td rowspan="5">除尘灰（一般固体废物）</td><td rowspan="5">检查除尘灰收集、管理台账</td></tr>
<tr><td>生料制备</td><td>生料、燃煤的粉磨、烘干、料均化和贮存</td></tr>
<tr><td>水泥配磨</td><td>熟料库、混合材库、水泥磨、水泥库作业</td></tr>
<tr><td>水泥储运</td><td>水泥库、装卸、运输、路面</td></tr>
<tr><td>熟料煅烧</td><td>熟料煅烧（窑头、窑尾、冷却、旁路）</td></tr>
<tr><td>辅助设施</td><td>除尘设施、脱硝设施、氨罐区、机修车间、污水处理等辅助设施</td><td>废水泥、污水处理污泥（一般固体废物）；脱硝废催化剂、污油、含油抹布（危险废物）</td><td>检查固体废物和危险废物的台账</td></tr>
</table>

**表 2-51　水泥厂大气排放源归类（参考）**

| 排放源性质 | | 生产设备（设施） | 排放形式 | 污染物 | GB 4915 的划分 |
|---|---|---|---|---|---|
| 热力过程 | 燃烧 | 水泥窑 | 排气筒 | 粉尘、气态污染物 | 水泥窑及窑磨一体机 |
| | 干燥 | 烘干机、烘干磨、煤磨 | 排气筒 | 粉尘 | 烘干机、烘干磨、煤磨及冷却机 |
| | 冷却 | 冷却机 | 排气筒 | 粉尘 | |
| 冷态操作 | 加工 | 破碎机、生料磨、水泥磨 | 排气筒 | 粉尘 | 破碎机、磨机、包装机及其他通风生产设备 |
| | 贮存 | 储料场、煤堆场 | 无组织 | 粉尘 | |
| | | 原料库、喂料仓、生料均化库、煤粉仓、熟料库、混合材库、水泥库 | 排气筒 | 粉尘 | |
| | 其他 | 包装机、散装机、输送设备、装卸设备、运输设备等 | 有些有排气筒，但无组织逸散较多 | 粉尘 | |

**表 2-52　主要生产设备的废气排放性质（参考）**

| 设备 | 新型干法窑 | | | 篦冷机 | 生料立磨 | 水泥管磨 | 煤磨 |
|---|---|---|---|---|---|---|---|
| 污染物 | $PM_{10}$ | $SO_2$ | $NO_x$ | $PM_{10}$ | $PM_{10}$ | $PM_{10}$ | $PM_{10}$ |
| 原始浓度/（$g/m^3$） | 30～80 | 0.05～0.2 | 0.8～1.2 | 2～20 | 400～800 | 20～120 | 250～500 |
| 气体温度/℃ | 300～350 | | | 150～300 | 70～110 | 90～120 | 60～90 |
| 含湿量，体积/% | 6～8 | | | — | 10 | — | 8～15 |

注：数据来源于 2012 年 10 月发布的《水泥工业大气污染物排放标准》编制说明。

**表 2-53　水泥生产过程的无组织除尘措施（参考）**

| 工　艺 | 除尘措施 |
|---|---|
| 转筒式烘干机与吸风罩的连接处 | 必须严格密封 |
| 卸料口和除尘器出灰口 | 均须装锁风器 |
| 烘干机排气端筒 | 工况风速不得超过 4 m/s。在确定系统排风量时，漏风量不超过 40% |
| 立窑卸料系统 | 应有防尘措施 |
| 包装机 | 应有集尘措施、袋装水泥的包装破损率应不大于 1% |
| 水泥散装库 | 散装头须有除尘措施，以减少库底扬尘 |
| 料库（仓） | 一般的排气，设置简易袋除尘器。对于气力输送入库的以及空气搅拌的粉料库，均须设置袋除尘器 |

**表 2-54　水泥生产主要设备噪声情况**

| 设备名称 | 破碎机 | 原料磨 | 煤磨 | 空压机 | 高压风机 | 中、低压风机 |
|---|---|---|---|---|---|---|
| 声级 *Laeq*（dB） | 98～110 | 100～110 | 90～105 | 90～100 | 90～105 | 90～100 |

### 五、水泥工业企业常见的环境违法行为

（1）在稽查中，发现少数小水泥企业属于“散乱污”企业，无环保手续，存在“未批先建、违法投产”等环境违法行为，还有不符合产业政策，仍有使用国家明令淘汰的落后工艺和设备的水泥熟料和粉磨企业。2017 年 7 月 26 日《关于水泥玻璃行业淘汰落后产能专项督查情况的通报》（环办环监函〔2017〕1186 号）指出：督察期间，共现场核查水泥企业 224 家，发现全国仍有使用国家明令淘汰的落后工艺和设备的水泥熟料企业 19 家，产能 433 万 t；水泥粉磨企业 70 家，产能 2 058.7 万 t。

（2）在线监控系统历史数据显示，窑尾排放废气的 $NO_x$ 超标是水泥企业普遍的问题，有组织排口颗粒物超标排放也时有发生。

（3）各工段产生的，尤其是水泥袋装和装车运输过程产生的粉尘和气态污染物无组织排放，是水泥企业粉尘污染的普遍问题。

（4）废水循环利用有不外排的要求，但有少数水泥企业污水处理系统的两个沉淀池各设有一个外排口向外排水。

（5）排风机、磨机等大型设备噪声扰民。

（6）擅自停运污染防治设施，尤其是停运脱硝装置，导致 $NO_x$ 超标排放。

（7）在线监测数据弄虚作假，在线监控设施擅自停运、闲置或监控数据不完整，逃避监管。

（8）环保自行监测不规范。

（9）一些中小水泥企业污染治理设施简陋，长期超标排放，被责令停产整顿，但拒不执行，擅自恢复生产。

（10）生料和熟料未存入封闭库房或筒仓，违规露天堆存。多地现场检查发现一些水泥企业物料违规堆放。

## 第八节　平板玻璃工业污染特征及环境违法行为

有三种类型的平板玻璃：平拉、浮法、压延。浮法玻璃在目前玻璃生产总量中占 90% 以上。浮法玻璃工艺包括六个主要步骤：原料预加工、配合料制备、熔化、成形、热处理、切割和包装。

## 一、平板玻璃工业工艺环境管理概况

### （一）平板玻璃（浮法）制造行业主要原辅材料

普通平板玻璃是用石英砂、白云石、长石、硅砂、纯碱、芒硝等原料（主要原料成分组成约73%矽砂、9%氧化钙、13%碳酸钠及5%其他原料）。辅助原料有着色剂（金属氧化物）、澄清剂（芒硝、碳粉）。玻璃主要成分是二氧化硅。

**1．原料**

生产一重箱普通浮法平板玻璃大约需要消耗石英砂 33.55 kg、石灰石 2.96 kg、白云石 8.57 kg、纯碱 11.39 kg、芒硝 0.55 kg、长石 3.45 kg、碳粉 0.03 kg。

生产普通平板玻璃主要原料有50%的沙子（二氧化硅），其他成分有纯碱（碳酸钠）、石灰石、白云石（碳酸镁）和碎玻璃。

辅助原料：着色剂、助溶剂、澄清剂。氧化物在玻璃中起着非常重要的作用，作用如下：

【石英砂】由石英石破碎加工而成，是一种非金属矿物质，其主要矿物成分是 $SiO_2$。

【石灰石】主要引入氧化钙。

【白云石】主要引入氧化镁。

【长石】主要引入氧化铝。

【硅砂】硅砂（$SiO_2$、石英砂）。以石英为主要成分。

【纯碱】纯碱，学名碳酸钠，俗名苏打、石碱、洗涤碱，化学式 $Na_2CO_3$，为强电解质，具有盐的通性和热稳定性，易溶于水，其水溶液呈碱性，主要成分为氧化钠。

**2．辅料**

【芒硝】芒硝（$Na_2SO_4$，占配料总量2%～5%），是含有结晶水的硫酸钠的俗称。融化过程，硫分约90%分解产生 $SO_2$。

【着色剂】着色剂通常使用锰、钴、镍、铜、金、硫、硒等金属或非金属化合物。

【脱色剂】添加脱色剂以除去玻璃原料含的铁、铬、钛、矾等化合物和有机物的有害杂质。

【碳粉】在玻璃熔制过程中与芒硝起澄清作用。

平板玻璃纯碱消耗属工艺消耗，国内大型企业约 10.5 kg/重量箱。浮法生产须通过锡槽，密封不严和玻璃带出会消耗部分锡，约 2.3 g/重量箱。芒硝（$Na_2SO_4$）主要作玻璃液澄清剂。芒硝含率（芒硝和氧化钠总量之比）低，意味着进入流程和排放的硫少，可降低 $SO_2$ 排放。

### 3．产品

普通平板玻璃产品按厚度分为 2 mm、3 mm、4 mm、5 mm、6 mm 等。平板玻璃的产量折算：1 重量箱的玻璃重 50 kg，20 重量箱折合 1 t。平板玻璃根据玻璃厚度再换算成 $m^2$。1 t 玻璃折合 2 mm/200 $m^2$、3 mm/133.33 $m^2$、4 mm/100 $m^2$、5 mm/80 $m^3$、6 mm/66.66 $m^2$、8 mm/50 $m^2$、10 mm/40 $m^2$、12 mm/33.33 $m^2$、15 mm/26.66 $m^2$、19 mm/19.04 $m^2$、22 mm/18.18 $m^2$、25 mm/16 $m^2$。

## （二）能源和水耗

表 2-55　平板玻璃生产消耗的主要技术指标

| 序号 | 指标名称 | 指标 | 备注 |
|---|---|---|---|
| 一 | 原材料 | | |
| 1 | 砂岩/（kg/重箱） | 34.53 | |
| 2 | 石灰石/（kg/重箱） | 2.76 | |
| 3 | 白云石/（kg/重箱） | 8.4 | |
| 4 | 重碱/（kg/重箱） | 10.65 | |
| 5 | 芒硝/（kg/重箱） | 0.37 | |
| 6 | 长石/（kg/重箱） | 2.0～5.0 | |
| 二 | 辅料 | 2.0～4.0 | |
| 7 | 锡/（g/重箱） | 1.00 | |
| 三 | 燃料和动力 | 10 | 电耗/（kW·h/t） |
| 8 | 天然气/（$m^3$/重箱） | 10.87 | |
| 9 | 电/（kW·h/重箱） | 6.5 | |
| 10 | 新水消耗/（$m^3$/t） | 0.033 | |

表 2-56　我国玻璃工业生产企业实际平均综合能耗、电耗

| 序号 | 熔化能力/（t/d） | 平均综合能耗 | 平均电耗 | |
|---|---|---|---|---|
| | | kgce/重量箱 | kgce/重量箱 | kW·h/重量箱 |
| 1 | 300 | 21.21 | 11.43 | 37.11 |
| 2 | 400 | 19.05 | 7.96 | 25.85 |
| 3 | 500 | 18.48 | 7.79 | 25.29 |
| 4 | 600 | 16.77 | 7.17 | 23.28 |
| 5 | 700 | 16.62 | 6.68 | 21.69 |
| 6 | 900 | 14.27 | 6.39 | 20.75 |

注：重油热值约 10 000 千卡/kg 重油，石油焦约 8 800 千卡/kg 石油焦，3.246 9 kW·h/kgce。

2016 年我国公布的 169 个中类行业产值能耗显示，玻璃综合能耗燃油占总消耗比重的 27.1%、电力占 56.7%、燃气占 8.6%、燃煤占 7.3%；按燃料消耗燃油占总燃料消耗 63%、燃气占 20%、燃煤占 17%。玻璃制品行业燃油消耗占比还是过大。

## （三）基本生产工艺

浮法玻璃的基本生产工艺流程是：

备料—原料粉碎、筛分—原料称量配合—混合—入窑熔化—冷却均化—锡槽摊平—拉薄或堆厚—退火—检验—切割—装箱—入库。

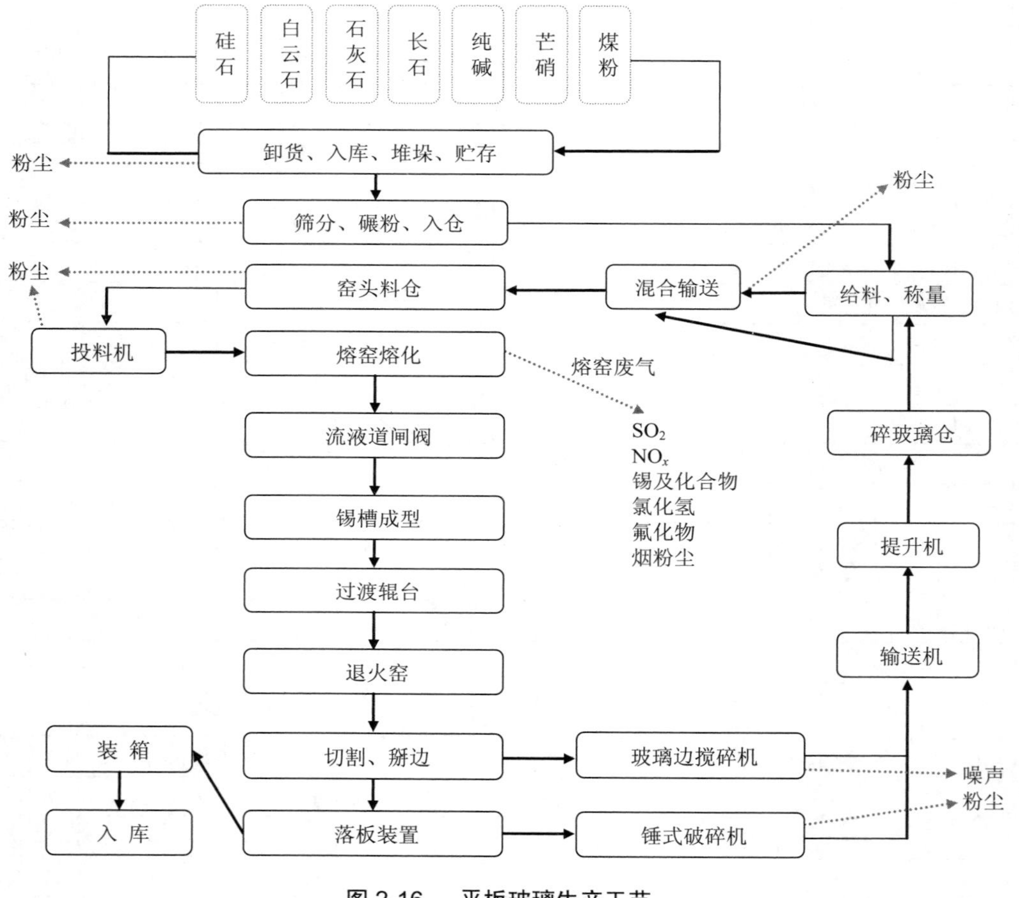


图 2-16　平板玻璃生产工艺

## （四）平板玻璃加工业主要生产工序与设备

平板玻璃的制造方法主要有引上法、平拉法、压延法和浮法。引上法基本被淘汰。先进平拉法主要用于生产超薄玻璃，压延法主要用于生产夹丝玻璃，浮法是目前最为流行的平板玻璃生产方法。

表 2-57　浮法平板玻璃制造的主要生产设备

| 项　目 | 设备（设施）名称 |
|---|---|
| 备料预加工 | 运输车辆、提升机、装载机、起重机、胶带输送机、碾粉机、筛分机、粉料仓、煤场（煤棚）、储油罐、储气罐、仓库等 |
| 配料工序 | 提升机、混合机、带式输送机、计量设备、窑头料仓、碎玻璃仓 |
| 熔制工序 | 池窑（投料部分、熔化部、分隔设备、冷却部、成型部）、热源供给系统（小炉）、排烟供气（烟道、换向设备、烟囱）、锡槽、拉引设备、拉边机 |
| 退火工序 | 过渡辊台、退火窑 |
| 包装入库 | 玻璃横、纵切割机、掰边机、破碎机、绞碎机、堆垛机（机械手）、叉车 |
| 其他生产辅助设施 | 重油罐、天然气罐、碎玻璃仓、污水站、氮站、氢站、水泵房、变电站、机修站、空压机站等 |

## 二、平板玻璃工业的环境问题

表 2-58　平板玻璃行业的特征污染物

| 污染类型 | | 特征污染物 |
|---|---|---|
| 废气 | 有组织废气 | 筛粉机、碾粉机、混合机、提升机、皮带机、窑头料仓、搅碎机、破碎机产生的粉尘；熔窑废气为燃料燃烧产物和玻璃原料分解产物的混合体，废气含 $NO_x$、$SO_2$、烟粉尘、氟化物、氯化氢等；锅炉产生的烟尘、$SO_2$、NO |
| | 无组织废气 | 运输、卸货、拆包、燃料卸车、堆场、输运、提升、上料、入仓、出仓、包装入库、煤场、灰渣库（场）、运输车辆产生的粉尘；重油、天然气卸车入罐产生的VOC（异味）；成型热处理的锡槽产生锡及其化合物；氨储罐产生泄漏氨气 |
| 污水 | 生产废水 | 脱硫废水、重油站产生的清洗废水（石油类、COD、SS）；车间冲洗地面产生废水、污染的雨水（石油类、COD、SS）；冲渣、软化水制备废水（SS、盐分）、锅炉排污废水（SS）；机修车间废水（石油类、COD、SS） |
| | 生活污水 | 浴室、食堂、厕所废水（COD、SS、氨氮） |
| 固体废物 | 生产垃圾 | 熔窑产生的废耐火材料、锅炉房的灰渣、软化水制备设备更换的树脂、备料预加工废配合料、净化干燥用的分子筛、脱硫石膏、脱硝粉尘、污水站的污泥属一般废物；机修厂废机油、油泥棉纱、煤气炉的焦油渣、脱硝用催化剂属危险废物 |
| | 生活垃圾 | 办公室、食堂、浴室等 |
| 噪声 | | 配料工段运输车辆、碎玻璃仓噪声、包装入库玻璃破碎噪声；各类风机、空压机噪声、汽车运输噪声、破碎筛分噪声等 |

熔窑类型主要有池窑和坩埚窑。

【池窑】属于先进熔窑设备，结构主要包括玻璃熔制、热源供给、余热回收和供气排烟四部分。池窑是用耐材建的熔制池、蓄热室或换热室等所组成。原料由熔池的一端加入，经熔化、澄清、冷却等阶段后，由另一段引出至成型锡槽。常用燃料有重油、天然气、发生炉煤气、焦炉煤气、煤焦油、石油焦等。

【坩埚窑】在窑内置坩埚，坩埚是将配合料熔化成玻璃的热工设备。窑膛内放置单只或多只坩埚。由于产量小，热效率低，污染严重，也有间歇式的小型池窑，可用以代替坩埚窑。

## 三、平板玻璃工业的主要污染物来源

### （一）废气主要污染来源

平板玻璃生产过程主要废气污染源是玻璃熔窑。原料熔化过程，燃料（主要用重油、石油焦、发生炉煤气等为燃料，少量使用天然气）燃烧产生大量 $SO_2$、烟尘、$NO_x$、氟化物（表 2-59）。

在生产过程的原料装卸、堆放、破碎、配料混料过程，废玻璃输运破碎过程会产生扬尘污染。

（1）粉尘来源：原料主要为颗粒或粉状物料，在贮存、搬运、混合工序过程易产生扬尘。

（2）烟尘来源：平板玻璃烟尘来源于三个方面：在加料过程中少部分原料被带入烟气中；熔炉中易挥发物质（部分金属氧化物，如 $Na_2O$ 等）高温挥发后冷凝生成烟尘；燃料燃烧后生成的烟尘。

（3）$SO_2$ 来源：由于燃料中硫分（重油作为燃料）氧化；另外，原料中芒硝（澄清剂约占平板玻璃配料总量的 5%）分解，产生大量 $SO_2$。采用重油为燃料，未脱硫烟气排放浓度在 1 800 mg/Nm$^3$ 左右（表 2-60、表 2-61）。

（4）$NO_x$ 来源：玻璃熔炉中 $NO_x$ 是由燃料燃烧和原料中硝酸盐分解产生。玻璃熔炉温度最高达 1 650℃，空气中氮气会与氧反应生成 $NO_x$。此外，原料中含硝酸盐（一般为 $KNO_3$）在高温下分解产生 $NO_x$。平板玻璃烟气中有大量的 $NO_x$ 排放，一般浓度高达 2 000 mg/Nm$^3$ 以上（表 2-62）。

（5）氯化氢来源：由于原料、碎玻璃中含氯化物杂质，当燃烧时便会生成定量的 HCl。初始排放浓度在 85 mg/Nm$^3$ 以下。

（6）氟化氢来源：平板玻璃一般不用萤石为原料，氟化氢排放主要源于原料中含氟杂质。

表 2-59 平板玻璃烟气中污染物初始排放水平（标况条件下、8%含氧量状态下）

| 污染物 | 初始排放浓度/（$mg/Nm^3$） | 初始吨产品排放量 | |
|---|---|---|---|
| | | /（kg/t） | /（kg/重量箱） |
| 颗粒物 | 99～280 | 0.2～0.6 | 0.01～0.03 |
| 硫氧化物（以 $SO_2$ 计） | 365～3 295 | 1.0～10.6 | 0.05～0.53 |
| 氮氧化物（以 $NO_x$ 计） | 1 800～2 870 | 1.7～7.4 | 0.085～0.37 |
| HCl | 7.0～85 | 0.06～0.22 | |
| HF | 1.0～25 | 0.002～0.07 | |
| 金属 | 1.0～5.0 | 0.001～0.015 | |

注：数据摘自《平板玻璃工业大气污染物排放标准》（编制说明）。

表 2-60 不同芒硝含率融化后 $SO_2$ 产生量

| $SO_2$ 产生量 \ 芒硝含率 | 2% | 2.5% | 3% | 3.5% | 4% | 4.5% | 5% |
|---|---|---|---|---|---|---|---|
| kg/重量箱玻璃 | 0.11 | 0.138 | 0.165 | 0.193 | 0.22 | 0.248 | 0.275 |
| kg/t 玻璃 | 2.2 | 2.76 | 3.3 | 3.86 | 4.4 | 4.96 | 5.5 |

表 2-61 不同燃料 $SO_2$ 排放水平　单位：$mg/Nm^3$

| 燃料 | 天然气 | 含 1%S 重油 | 含 2%S 重油 |
|---|---|---|---|
| $SO_2$ 排放水平 | 300～1 000 | 1 200～1 800 | 2 200～2 800 |

表 2-62 玻璃池窑中 $NO_x$ 的排放与工艺的关系

| 工 艺 | | 换热式 | 马蹄形 | 横火焰 |
|---|---|---|---|---|
| $NO_x$ 排放/（$mg/m^3$） | 燃油 | 1 200 | 1 800 | 3 000 |
| | 燃气 | 1 400 | 2 200 | 3 500 |

## （二）废水污染主要来源

平板玻璃企业的废水，按来源可分为生产排水和生活排水。生产排水包括车间地面冲洗水、余热锅炉房废水、化验室废水、深加工车间和重油站废水等。主要污染物是 SS、COD、油类污染物、含氟物质和重金属等污染物。在生产过程中，各种矿物质、废耐火材料、碎玻璃等是主要固体废物；发生炉煤气作燃料产生的洗涤煤气废水含酚氰废水是酚类污染物的主要来源。玻璃行业废水污染物以 SS 为主，大部分可处理后回用（表 2-63）。

表 2-63　玻璃企业污水站进水水质表　　单位：mg/L

| | $COD_{Cr}$ | SS | 石油类 | 含氟类物质 |
|---|---|---|---|---|
| 某企业污水厂进水 | 350 | 470 | 20 | 50 |

### （三）固体废物主要来源

固体废物包括除尘器回收的尘灰、污水站的污泥、废弃的耐火材料、废弃配合料等。

尘灰主要来源于原料的贮藏、粉碎、混合等工序，这些粉尘可重新作为原料使用。清洁生产标准要求：废弃耐火材料应100%回收利用。

### （四）环境噪声

表 2-64　噪声及其他污染控制措施表

| 产生部位 | 主要污染成分/dB（A） | 采取措施 | 产生部位 | 主要污染成分/dB（A） | 采取措施 |
|---|---|---|---|---|---|
| 破碎机 | 强度 85～95 | 车间封闭 | 锅炉房 | 强度 90 | 车间封闭 |
| 磨机 | 强度 90～110 | 车间封闭 | 余热发电机 | 强度 90～100 | 车间封闭 |
| 锅炉排气阀 | 强度 100～120 | 安装消声器 | 碎玻璃噪声 | 强度 85～90 | 安装消声器 |
| 风机 | 强度 90～115 | 安装消声器 | 风机噪声 | 强度 90～115 | 安装消声器 |
| 铲车、运输车辆 | 强度 70 | / | 空压机噪声 | 强度 85～95 | 安装消声器 |
| 切割机 | 强度 85 | 车间封闭 | | | |

## 四、平板玻璃工业的排污节点特征

表 2-65　平板玻璃加工企业排污节点

| 污染类别 | 排污节点 | 污染物 | 检查方式 |
|---|---|---|---|
| 废水 | 来自车间的冲洗废水、锅炉房废水 | 产生冲洗废水或地面清洗废水（SS、石油类、COD） | 检查废水产生量和去向的记录台账 |
| | 脱硝设施、重油和氨贮存罐区废水 | | |
| | 污水站 | SS、石油类、COD、氨氮、总磷 | 检查废水监测监控记录 |
| 废气 | 【备料预加工】原料燃料装运储、卸货、拆包，输运、提升、上料、入仓，堆场、料库、料仓 | 产生含粉尘废气（有组织与无组织排放），罐区（重油和氨贮存）产生 VOC 泄漏 | 现场检查无组织排放防护措施，检查除尘设施收尘和换袋台账。检查生料磨的监控或监测数据 |
| | 【配料工段】筛粉机和碾粉机，提升机、混合机、带式输送机、窑头料仓、碎玻璃仓，混合机、窑头料仓排气口 | | |

| 污染类别 | 排污节点 | 污染物 | 检查方式 |
| --- | --- | --- | --- |
| 废气 | 【熔制工段】池窑的投料、熔化部、分隔设备、冷却部、成型部、热源供给系统（小炉）、排烟供气（烟道、换向设备、烟囱） | 烟气（烟粉尘、$SO_2$、$NO_x$、氟化物、氯化氢等）（有组织排放）。窑气中一般 $NO_x$ 浓度在 1 800～2 800 mg/m$^3$，$SO_2$ 浓度在 400～3 000 mg/m$^3$ | 现场检查无组织排放防护措施；检查监控或监测数据或除尘设施收尘和换袋台账 |
| | 【成型热处理】锡槽、拉引设备、接边机、过渡辊台、退火窑 | 锡槽出口废气泄漏会产生含锡及其化合物废气 | |
| | 玻璃切割机、吊挂吸盘、搅碎机、破碎机、带式输送机、提升机、叉车、碎玻璃仓 | 碎玻璃破碎与进仓产生少量的尘灰 | 现场检查无组织排放防护措施 |
| | 脱硝设施、氨罐区、污水处理等辅助设施 | 产生氨逃逸 | 检查氨的消耗台账 |
| 固体废物 | 【备料预加工】除尘灰 | 除尘灰（一般固体废物） | 检查除尘灰收集、管理台账 |
| | 【配料工段】除尘灰 | | |
| | 【包装入库】除尘灰 | | |
| | 【熔制工段】除尘灰、废耐火材料 | 一般固体废物 | |
| | 除尘设施、脱硝设施、氨罐区、污水处理等辅助设施 | 废水泥、污水处理污泥（一般固体废物），废催化剂（危险废物） | 检查固体废物和危险废物的台账 |

## 五、平板玻璃工业企业常见的环境违法行为

为什么一些玻璃企业污染物治理进程缓慢？且看玻璃企业的生产特点和投资费用。与水泥等行业的生产过程相比较，玻璃窑炉烟气中氮氧化物原始浓度高、烟尘黏性大，因此对脱硝效率、脱硝技术的要求更高，企业在污染物排放治理上的投资均在千万元以上。

（1）在稽查中，发现少数水泥企业存在无环保手续、未批先建、违法投产的环境违法行为。检查企业建设项目是否位于饮用水水源保护区等特别保护的区域。2017 年 7 月 26 日《关于水泥玻璃行业淘汰落后产能专项督察情况的通报》（环办环监函〔2017〕1186 号）指出：督察期间，共现场核查平板玻璃企业 66 家，发现全国仍有使用国家明令淘汰的落后工艺和设备的平板玻璃企业 16 家，产能 1 456.2 万重量箱。

（2）污染防治设施建设运行与污染物达标排放情况。玻璃窑炉是否配备烟气除尘脱硝装置，以重油、石油焦等为燃料的是否配套脱硫装置，各项大气污染物是否达标排放。在线监控系统历史数据显示，窑尾排放废气的 $NO_x$ 超标还是平板玻璃加工企业普遍存在的问题。

（3）在熔窑废气排放口的环境监测中发现，颗粒物超标排放也时有发生。

（4）颗粒物无组织排放。原料系统是否配备封闭原料库，配料系统是否配备除尘装置，颗粒物无组织排放是否达标。企业应加强颗粒物无组织排放管理防控，采取有效措施，控

制、减少颗粒物排放。原辅材料、燃料的备料和配料过程无组织排放，是平板玻璃企业无组织排放粉尘的典型问题。

（5）废玻璃破碎等大型设备工作噪声扰民严重。

（6）擅自停运污染防治设施的环境违法行为，停运 SNCR 脱硝装置，$NO_x$ 超标排放。

（7）检查大气污染物自动监控设施是否正常运行，是否与环保部门联网，通过对设施进行校对，来检查其是否反映企业真实排污状况。玻璃企业由于 $SO_2$ 和 $NO_x$ 指标难以达标，经常在线监测数据弄虚作假，在线监控设施擅自停运、闲置或监控数据不完整。玻璃企业在线监测造假。关闭在线装置数采仪，逃避监管。

（8）一些玻璃企业长期超标、污染治理设施简陋，被要求停产整顿，擅自开工。对平板玻璃加工行业优先使用天然气作为生产燃料；已安装脱硫除尘设施、未安装脱硝设施的企业立即进行整改，拒不改正的，报请政府批准，责令停业、关闭；依法公开排污信息，全部按要求建设在线监控系统并与环保部门联网，对未按期完成整改任务的，依法予以严处；对于未办理环评手续、超期试生产的生产线责令停止生产；对属于落后产能实施停业、关闭；对存在未批先建投入生产、超期试生产、污染物超标排放等环境违法行为的企业，一律依法立案查处。

（9）玻璃企业现场检查也存在着工业行业现场普遍存在的问题，如擅自停运污染防治设施及不正常运行污染防治设施的行为；主要污染物超标排放的问题；自动监控不正常运行和数据缺失也比较多（实际是故意消除超标排放的数据）；机械维修产生的废矿物油、维修油泥等危险废物管理不合规等问题。除机修产生的废矿物油、危险油泥等危险废物外，还有脱硝产生的废催化剂，一般固体废物中脱硫、脱硝除尘产生的固体废物储存和处置也有不合规行为，还可能产生二次污染。

## 第九节　陶瓷工业污染特征及环境违法行为

### 一、陶瓷工业工艺环境管理概况

水泥熟料生产原料包括钙质原料（石灰石、电石渣等）、硅铝质原料（砂岩、页岩、黏土、粉煤灰、煤矸石等）和铁质原料（铁矿石、铁渣等），辅料有石膏和混合材（粉煤灰、粒化高炉渣等）。

#### （一）原料

陶瓷是以黏土、长石、石英等天然原料为主要原料按不同配方配制，经加工、成型、干燥及烧成而得的陶器、炻器和瓷器制品的通称，这些制品统称为“普通陶瓷”，如建筑卫生陶瓷、卫生陶瓷、日用陶瓷等。陶瓷产品虽有建筑陶瓷、卫生陶瓷和日用陶瓷等不同大类，但其生产工艺技术基本相近，均包括原料制备、坯体成型、烧成三大工序。本指南只涉及建筑陶瓷和卫生陶瓷的工业生产。

陶瓷的主要原料是黏土、石英、长石等三大类矿山原料和一些化工原料。不同品种的陶瓷原料配方都会有所不同，根据需要添加辅料改善陶瓷制品的特性，以适应不同用途。

【黏土（高岭土）】黏土类原料为可塑性物质，主要化学成分是 $Al_2O_3$，可用于陶瓷坯体、釉色、色料等配方。用作黏土的矿物有高岭石类、蒙脱石类、伊利石类等，另外还有少见的水铝英石。

【石英（硅砂）】属于瘠性材料（减黏物质），它可降低坯料黏性，主要化学成分是 $S_iO_2$。石英类原料有脉石英、砂岩、石英岩、石英砂、燧石、硅藻土等。

【长石（石粉）】属于熔剂原料，主要是含碱金属氧化物的矿物原料，主要化学成分是 $K_2O$、$Na_2O$、CaO、MgO。在陶瓷生产中用于作坯料、釉料、色料溶剂等基本组分。

### （二）辅料

【制釉原料】

颜色釉料均采用金属氧化物颜料制备，过渡金属的无机化合物如钒、铬、锰、铁、钴、镍和铜都是常用颜料。颜色釉的效果取决于基釉的化学组成、色料添加量、施釉厚度与均匀性、烧成时窑炉气氛。制釉的原料分为天然原料和化工原料（表 2-66）。

**表 2-66　陶瓷制釉原料简介**

| 色釉主成分 | 烧成效果 | 色釉成分 | 烧成效果 |
|---|---|---|---|
| 红色氧化铁 | 能产生淡黄色、蜂蜜色与棕色。也可形成淡蓝灰色、绿色、蓝色或黑色 | 氧化镍 | 可形成棕色、绿色、深蓝色釉 |
| 氧化铬 | 某些釉呈绿色，也可以形成红色、黄色、粉红色或棕色 | 含碳酸钡 | 它会形成粉红色、紫红色 |
| 黑色氧化钴 | 当含量低于 1%时，也能形成鲜艳的蓝色 | 含锰的高碱釉 | 高温烧成后会产生淡蓝色 |
| 二氧化锰 | 能形成黑色，也能形成红色、粉红色与棕色 | 钒与锆 | 可制成钒锆黄、钒锆蓝等色釉 |
| 氧化铜 | 在氧化焰时呈现绿色，还原焰时则呈现红色 | 硫化镉与硒 | 可制成黄、橙黄与红釉 |
| 五氧化二钒 | 可产生棕色或黄色，但只是呈现中强度黄色 | | |

【石膏】石膏属单斜晶系矿物，是主要化学成分为硫酸钙（$CaSO_4$）的水合物。在卫生陶瓷中用于注浆的模具生产。

## （三）产品

纳入工业统计的陶瓷产品主要有建筑陶瓷、卫生陶瓷和日用陶瓷三大类。2016 年我国建筑陶瓷产量 111 亿 $m^2$，约占世界总产量 73%；卫生陶瓷产量 2.04 亿件，约占世界总产量 70%；日用陶瓷产量 430 亿件，约占世界总产量 76.2%。

## （四）能耗和水耗

我国陶瓷工业常常被称为“三高一低”产业，即高耗能、高污染、高耗资源及低产出型行业。我国陶瓷工业能耗高于发达国家，我国生产每平方米陶瓷砖耗能 2.5～7.8 kg 标煤、每吨卫生瓷耗能 200～720 kg 标煤，发达国家生产每平方米陶瓷砖耗能 0.8～6.4 kg 标煤、每吨卫生瓷耗能 238～476 kg 标煤。

陶瓷行业是一个高能耗行业，从原料的制备到制品的烧成等各工序燃料、电力等能源成本占整个陶瓷生产成本的比重超过 36%，我国有近 20%的陶瓷企业（主要是中小型陶瓷企业）能耗超国家规定能耗标准，不仅增加了能耗，而且增加了污染。陶瓷生产使用的燃料，北方企业以煤气、石油液化气和天然气为主，南方以油、煤和自制发生炉煤气为主，但同时一些手工作坊式的陶瓷企业仍以高污染的煤、重油和天然气为主。

根据《陶瓷工业污染物排放标准》（GB 25464—2010）中规定单位产品（瓷）基准排水量。日用及陈设艺术瓷中普通瓷为 2.0 $m^3/t$，骨质瓷为 1.8 $m^3/t$；建筑陶瓷中抛光陶瓷为 0.3 $m^3/t$，非抛光陶瓷为 0.1 $m^3/t$；卫生陶瓷为 4.0 $m^3/t$；特种陶瓷为 1.0 $m^3/t$。

## （五）基本生产工艺

陶瓷产品虽有建筑陶瓷、卫生陶瓷和日用陶瓷等不同大类，但其生产工艺技术基本相近，生产工艺流程大致可分为坯料制备、釉料制备（制釉、施釉）、成型（包括干燥）、烧成等四大工序。

本节研究建筑陶瓷与卫生陶瓷的生产工艺流程。建筑陶瓷生产工艺流程可以分为泥浆制备、釉料制备和生产线工艺流程三大步骤，卫生陶瓷采用注浆法成形。生产工艺主要包括泥浆制备、釉料制备、注浆成形、干燥、施釉和烧成。

### 1. 陶瓷生产工艺流程

陶瓷工业是国家环保规划重点治理的行业之一。陶瓷行业本身属于高能耗、高污染行业，如生产过程不能使用清洁能源和电源作为炉窑燃料，其大气污染物中的 $SO_2$、$NO_x$ 和烟尘、粉尘污染物的产生量非常大，如果生产过程的废水未能得到有效处理，废水的重复利用率不高，也会产生大量废水（图 2-17、图 2-18）。

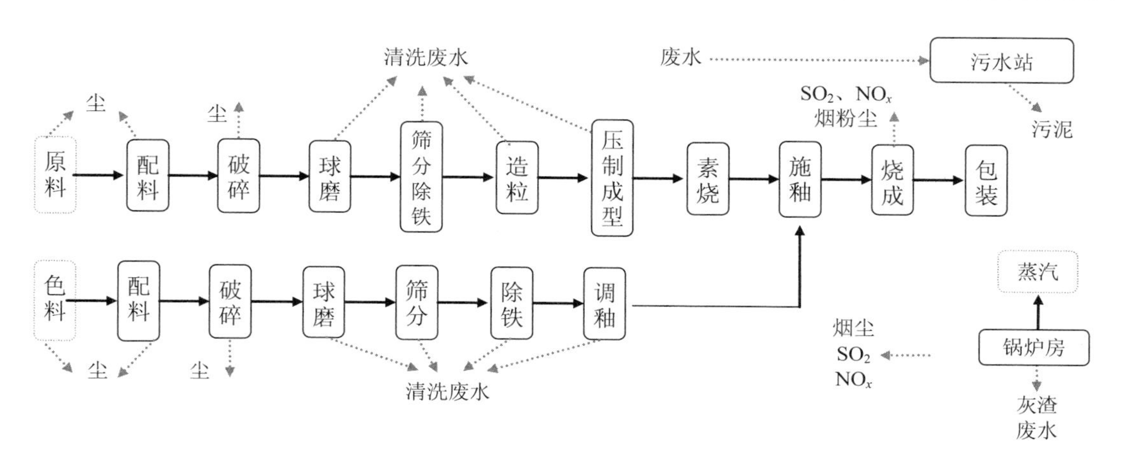


图 2-17　建筑陶瓷生产工艺

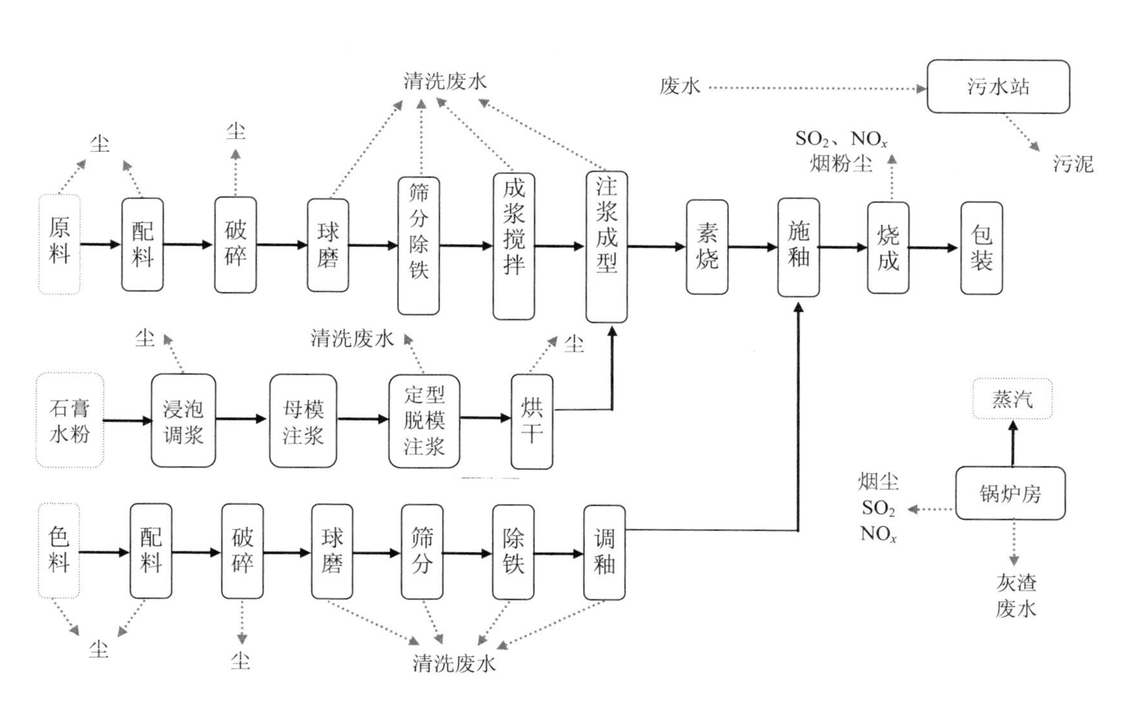


图 2-18　卫生陶瓷生产工艺

### 2. 建陶（卫陶）主要生产设备

表 2-67 陶瓷工业的主要生产设备

<table>
<tr><th colspan="2">项　目</th><th>设备（设施）名称</th></tr>
<tr><td rowspan="2">泥浆</td><td>备料贮存</td><td>运输车辆、提升机、装载机、起重机、胶带输送机、原料库、粉料仓、化学品辅料库、煤场（煤棚）、储油罐、储气罐等</td></tr>
<tr><td>破碎磨粉</td><td>输运机、提升机、混合机、计量设备、筛分设备、球磨、柱塞泵、干燥塔（热风炉加热）、陈腐仓</td></tr>
<tr><td>釉料</td><td>配制釉料</td><td>输运机、提升机、混合机、计量设备、筛分设备、球磨、釉料浆桶</td></tr>
<tr><td rowspan="2">建陶成型施釉</td><td>建陶泥坯成型烘干</td><td>传送带、压坯机、多层干燥窑、抛光机</td></tr>
<tr><td>建陶施釉印花</td><td>传送带、喷枪、淋釉、印花</td></tr>
<tr><td rowspan="3">卫陶成型施釉</td><td>模具制造</td><td>传送带、真空搅拌机、制冷设备、干燥房</td></tr>
<tr><td>卫陶成型烘干</td><td>高位浆槽、组合台式浇注机械、高压注浆机组、隧道式、室式干燥设备、传送带</td></tr>
<tr><td>卫陶施釉</td><td>传送带、浸釉机、喷枪</td></tr>
<tr><td colspan="2">烧成</td><td>传送带、窑车、辊道窑、隧道窑、梭式窑</td></tr>
<tr><td colspan="2">包装入库</td><td>传送带、包装生产线</td></tr>
<tr><td colspan="2">其他生产辅助设施</td><td>重油罐、天然气罐、除尘器、脱硫设施、污水站</td></tr>
</table>

陶瓷的烧成窑炉分隧道窑、辊道窑、梭式窑。目前在我国 2 860 家建筑陶瓷厂家中，仍在生产的生产线共计有 3 200 条左右，拥有各处类型的窑炉总量为 3 600 条左右，其中辊道窑 2 150 条，隧道窑约 850 条，多孔窑约 300 座，其他窑炉约为 300 座。

隧道窑是窑炉中先预热，加热烧成，逐步冷却，最后制品推出窑外，生产过程是在一个隧道窑内连续完成。

辊道窑是一种小截面的隧道窑。

梭式窑是间歇烧成的窑，跟火柴盒的结构类似，窑车推进窑内烧成，烧完了再往相反的方向拉出来，卸下烧好的陶瓷，窑车如同梭子，故而称为梭式窑。

陶瓷的粉碎多采用鄂式破碎机、轮碾机、施磨机、雷蒙磨、球磨机振动磨、搅拌磨、气流磨等设备。

## 二、陶瓷工业的环境问题

表 2-68　陶瓷工业的特征污染物

| 污染类型 | | 特征污染物 |
|---|---|---|
| 废气 | 有组织废气 | 备料贮存（粉尘）、破碎磨粉（粉尘）、配制釉料（有毒粉尘）、建陶泥坯成型烘干（粉尘）、卫陶泥坯成型烘干（粉尘）、烧成工段的燃烧烟气（烟尘、$SO_2$、$NO_x$）和窑炉废气（铅烟和铅尘、氯化氢、氟化氢、铅、镉、钴、镍的氧化物、颗粒物及粉尘）、锅炉房（烟尘、$SO_2$、$NO_x$） |
| | 无组织废气 | 陶瓷的生产过程从原料堆存、制备、成型、施釉、喷涂、干燥、烧成、彩烤、检选到包装，以及与它配套的耐火材料加工、石膏模型制作等，这些生产过程中均会有无组织排放产生，主要污染物为粉尘。其中，以原料的配料以及耐火材料车间粉尘最为严重。<br>重油、天然气卸车入罐（VOC 异味）、建陶施釉印花和卫陶施釉（含颗粒物和重金属废气）、卫陶模具制造和卫陶泥坯成型烘干（粉尘）、煤场和灰渣库（扬尘）、油罐进出口呼吸和泄漏（VOC 异味） |
| 污水 | 生产废水 | 生产车间清洗设备和地面（清洗废水主要含大量悬浮物、pH 值、SS、COD、氨氮色料中的重金属，监测的陶瓷企业生产车间排出废水中 SS、COD、总铅、总铜、总铬、总镍、总镉浓度含量高，且浓度变化大）；重油站清洗油罐、设备、地面（含石油类、COD、SS）；锅炉冲渣、清洗锅炉（SS）；机修车间（石油类、COD、SS）；污水站（pH、SS、COD、氨氮、总锌、总铜、总铅、总镍、总汞、总镉、总砷、总铬） |
| | 生活污水 | 浴室、食堂、厕所废水（COD、SS、氨氮） |
| 固体废物 | 生产固体废物 | 建陶泥坯成型烘干（产生废品泥坯）、卫陶模具制造（产生废品模具）、卫陶泥坯成型烘干（产生废品泥坯）、包装入库（产生废品陶瓷）、锅炉房（尘灰、炉渣）、污水站（污泥）、机修厂（废机油、油泥棉纱） |
| | 生活垃圾 | 办公室、食堂、浴室等生活垃圾 |
| 噪声 | | 备料贮存产生的运输车辆、装载机器噪声；配料工段运输车辆、破碎机、球磨机、搅拌机噪声 |

## 三、陶瓷工业的主要污染物来源

### （一）废气污染来源

根据陶瓷行业大气污染物排放特点并结合陶瓷厂实际生产工艺分析可知，项目产生的废气大致可分为三大类：第一类为含二氧化硫、氮氧化物、烟尘等为主的燃料废气，主要来源于喷雾干燥塔、窑炉、锅炉；第二类为含生产性粉尘为主的工艺废气，主要来源于原料堆存、制备、成型、施釉、喷涂、干燥、烧成、彩烤、检选到包装，以及与它配套的耐火材料加工、石膏模型制作等，这些生产过程中均会有无组织排放产生，主要污染物为粉尘，这类废气温度一般不高；第三类为煤气生产车间废气（只有部分企业自产煤气）。

陶瓷企业废气排放的污染物主要有常规控制因子：烟尘、粉尘、$SO_2$、$NO_x$；特征污染因子：氯化氢、氟化氢、铅、镉、钴、镍的氧化物。

烟气中含有燃料燃烧和制粉及砖坯烧成过程中物理化学反应产生的气相和固相物质，主要有：$SO_2$、$NO_x$；氟离子、氯离子、粉尘（颗粒物）；铅、镉、汞等重金属离子。

陶瓷工业废气的来源及特点建筑卫生陶瓷工业废气大致可分为两大类。第一大类是含生产性粉尘为主的工艺废气，这类废气温度一般不高，主要来源于坯料、釉料及色料制备中的破碎、筛分、造粒及喷雾干燥等；第二类为各种窑炉烧成设备在生产中产生的高温烟气，这些烟气中含有 CO、$SO_2$、$NO_x$、氟化物和烟尘等。

粉料输送及其料仓系统的除尘系统在陶瓷地砖的生产中，在从原辅料破碎、粉磨生产的细粉料的输送、上料及入料仓过程，产生粉尘。故在成型设备处均需安装局部排风罩和除尘系统。

（1）$SO_2$ 的来源：一是燃料，如煤、煤气、重油等；二是坯料中的黄铁矿（$FeS_2$）、硫酸盐等。（陶瓷生产过程中使用大量燃料，燃料燃烧产生 $SO_2$ 主要来自燃料中的硫分。使用燃气，$SO_2$ 排放较小，使用重油和煤炭 $SO_2$ 排放严重。废气中 $SO_2$ 主要来源于燃料中硫及陶瓷原料中硫。高温时，原料中一部分硫形成 $SO_2$ 释放到窑炉气中。当陶瓷原料中含有 $CaCO_3$ 时，$CaCO_3$ 与 $SO_2$ 反应可减少硫的排放，反应产物留在陶瓷坯体中。）

（2）氟离子、氯离子来源：F、Cl 的来源一是坯料中的含氟、氯矿物在高温下分解为气态的氟离子、氯离子；二是釉料中添加的化工原料在高温下分解以气体的形态排放。目前的处理方法也多为湿法脱硫一并去除。原理是烟气中氟离子、氯离子与吸收剂反应生成氟化物和氯化物而被除去。目前烟气脱硫采用的大多都是湿法技术，不同的吸收剂生成不同的硫酸物质。

（3）颗粒物的来源：一是燃料如煤、煤气等；二是坯料表面以及窑炉工况携带；三是烟气脱硫过程中产生的二次微尘。目前的处理方法采用的是过滤或水洗涤的方法除去。（使用天然气和重油烟粉尘污染物排放较少，使用燃煤烟粉尘污染排放较重，落后的倒焰窑烟粉尘污染十分严重，属于被明令淘汰装备。）

（4）重金属的主要来源：是坯料中的矿物质在高温下分解以离子状态析出，从目前的处理方法采用的是过滤和水洗涤的方法除去，过滤通常采用布袋过滤，水洗涤通常采用水雾喷淋而使重金属离子沉降。

（5）$NO_x$ 的来源：一是燃料中的氮和空气中的氮和氧在高温下生成的 $NO_x$，目前的处理方法采用的大都是非催化还原法。（陶器烧成温度一般都低于瓷器，最低甚至达到 800℃以下，最高可达 1 100℃左右。瓷器的烧成温度则比较高，大都在 1 200℃以上，甚至有的达到 1 400℃左右。瓷器烧成产生的热力型 $NO_x$ 明显高于陶器烧成。$NO_x$ 排放浓度在 400 mg/m$^3$ 左右。）

【燃烧烟气】

第一类为各种窑炉烧成过程产生的燃烧废气。我国多数陶瓷工业窑炉使用的燃料以煤、重油和天然气为主，陶瓷炉窑又属于高温加热，燃煤和重油的陶瓷企业废气中烟尘、$SO_2$、$NO_x$、氟化物污染比较严重，尤其是落后的倒焰窑，大气污染会十分严重，烟气的污染控制十分重要。如果使用天然气为燃料，相应的烟气中的主要污染物是 $NO_x$、氟化物。燃烧废气主要是有组织排放。

【工艺废气】

工艺废气主要来自原料运输、堆存、制备、成型、施釉、喷涂、干燥、彩烤、检选到包装，以及与它配套的耐火材料加工、石膏模型制作等，这些生产过程中均会有无组织排放产生，主要污染物为颗粒物（粉尘）。在干轮碾、喷雾塔出料口、压砖机、精坯、修坯、配料等环节无组织排放较严重。工艺废气除了有集气装置的采用有组织排放，其余均为无组织排放，是陶瓷加工的主要颗粒物排放源。

半干法生产陶瓷产品的工厂，废气排放量为 60 000～100 000 m$^3$/t 制品，其中破碎、磨机、筛分过程含尘废气占废气量的 70%，烧成设备产生的烟气占废气量的 30%左右。以煤为燃料，烟气的污染十分严重，为减少窑炉烟气的排放量，可将煤转化成煤气，再供陶瓷窑炉作为燃料，废气污染减少很多。

陶瓷炉窑烟气污染物初始浓度见表 2-69。

**表 2-69　陶瓷炉窑烟气污染物初始浓度**　　单位：mg/m$^3$

| 设备 | 燃料类型 | 颗粒物初始浓度 |
|---|---|---|
| 隧道窑 | 混合柴油 | 860 |
| | 煤 | 3 000 |
| | 水煤气 | 300 |
| 辊道窑 | 工业柴油 | 660 |
| | 混合柴油 | 560 |
| | 重油 | 560 |

| 设备 | 燃料类型 | $SO_2$ 浓度 |
|---|---|---|
| 干燥塔 | 水煤气 | 285 |
| | 水煤浆 | 250～1 000 |
| | 重油、煤 | 1 400～2 200 |
| 隧道窑 | 重油 | 2 000～3 000 |
| | 煤 | 1 000～2 000 |
| 辊道窑 | 水煤气 | 400～1 000 |
| | 工业柴油 | 1 000 |
| | 重油 | 1 500 |

| 设备 | 燃料类型 | $NO_x$ 浓度 |
|---|---|---|
| 干燥塔 | 水煤浆 | 400～900 |
| | 水煤气 | 200～400 |
| 隧道窑 | 混合柴油 | 400 |
| | 水煤气 | 200～400 |
| 辊道窑 | 工业柴油 | 600 |
| | 混合柴油 | 600 |
| | 重油 | 1000 |

注：数据摘自《环境科学与技术》刊载《陶瓷炉窑烟气污染物排放特征及治理技术现状》。

## （二）废水来源

废水主要来自生产过程中的球磨（洗球）、原料精制过程中压滤机滤布清洗，喷雾干燥塔冲洗和墙地砖抛光冷却水，施釉、磨边、抛光等工序废水，原料制备、釉料制备工序及设备和地面冲洗水，窑炉冷却水。

修坯废水水量较少，但悬浮含量大。

抛光废水主要产生在研磨、抛光、磨边、倒角等工序中，主要含瓷砖粉末、抛光剂和研磨剂。

设备间接冷却水无污染，主要为温度升高。

原料精制过程的压滤水，主要污染物为SS，颗粒较细；修坯废水水量少，但SS含量大，可达到5 000 mg/L；抛光废水主要产生于研磨、抛光、磨边、倒角等工序，含瓷砖粉末、抛光剂和研磨剂；设备（球磨机、浆池、料仓、喷雾干燥塔的冲洗，施釉、印花机械、除铁器的冲洗）和车间地面冲洗废水，由于工序的不同及陶瓷产品的差异这类废水污染物的成分较复杂，主要有硅质、矿物质和化工原料悬浮颗粒、油脂、铅、镉、锌、铁等有毒污染物废水。

在原料制备过程，需对球磨后的泥料进行过筛除铁，除铁器清洗时产生废水，主要污染物还有$Fe^{2+}$或$Fe^{3+}$、SS，由于受到废机油、乳化油等污染，陶瓷工业废水还含一定量石油类。

特种陶瓷需加涂层材料，主要成分为金属氧化物、碳化物、硼化物、氮化物、硅化物等，污染物涉及各种金属，如铝、硅、锆、铬、镍、锌、铍等。

陶瓷废水处理前污染物检测统计结果见表2-70。

**表2-70 陶瓷废水处理前污染物检测统计结果**

| 分析项目 | pH值 | SS | COD | 总铜 | 总锌 | 氨氮 | 总镍 |
|---|---|---|---|---|---|---|---|
| 浓度范围 | 3.22～12.81 | 27～5 458 | 20.2～496 | 0.05～44.0 | 0.02～37.6 | 0.247～20.07 | 0.05 |
| 分析项目 | 总汞 | 总镉 | 总砷 | 总铬 | 六价铬 | 总铅 | |
| 浓度范围 | 0.000 01～0.015 24 | 0.05～0.10 | 0.000 5～0.017 8 | 0.03～0.13 | 0.2～2.8 | 未分析 | |

注：摘自《陶瓷工业污染物排放标准 编制说明》。

## （三）固体废物污染来源

固体废物包括废品、废渣、废模具等，属一般固体废物，大部分可在返回生产综合利用。

废品可以分生坯废品和烧成废品，上釉废品和不上釉废品。陶瓷泥渣是在废水的净化过程中产生出来的。多数陶瓷生产成型都用石膏模型具，可多次使用、品种更新或破损模具，都将成为废品，一般是送至水泥厂作原料。陶瓷抛光废渣主要由玻化瓷和特种陶瓷表面及接口抛光冷却水产生，废渣含有砂轮磨料中的碳化硅、碱金属化合物及可溶盐类，国内外多采用堆埋处理。此外，生产过程中产生的废釉料污水经沉淀得到的污泥，其中含有黏土釉料和粉尘等，通常含有一定量的重金属和稀有金属，可用于回收利用。

## 四、陶瓷工业的排污节点特征

表 2-71　陶瓷生产企业排污节点

| 类别 | 排污节点 | 污染物 | 检查方式 |
| --- | --- | --- | --- |
| 废水 | 原料制备（混合、破碎、球磨）废水、修坯抛光（研磨、抛光、磨边、倒角）废水、原料精制过程中压滤机滤布清洗废，设备冲洗包括球磨机、浆池、料仓、喷雾干燥塔的冲洗水、除铁器的冲洗和地面冲洗废水 | 废水中 SS 含量大，主要含原辅料颗粒、瓷砖粉末、抛光剂和研磨剂（SS、石油类、COD） | 检查废水产生量和去向的记录台账 |
|  | 釉料制备、施釉车间施釉、印花机械冲洗废水、地面冲洗水 | 主要含硅质悬浮颗粒、矿物悬浮颗粒、化工原料悬浮颗粒、油脂、铅、镉、锌、铁等有毒污染物废水，污染物有悬浮物、pH 值、SS、石油类、COD、氨氮色料中的重金属（总锌、总铜、总铅；总镍、总汞、总镉） | 检查废水产生量和去向的记录台账 |
|  | 喷雾干燥塔旋风碱液喷淋除尘器冲洗废水 | 产生脱硫废水，含 SS、硫化物、pH | 检查废水产生量和去向的记录台账 |
|  | 墙地砖抛光冷却水、窑炉冷却水 | 污染物含量较低，主要污染物为 SS、石油类、COD |  |
|  | 污水站 | 悬浮物、pH 值、SS、COD、氨氮色料中的重金属（总锌、总铜、总铅；总镍、总汞、总镉）、石油类、总氮、总磷等 | 检查废水监测监控记录，检查主要污染物排放浓度是否超标，污染物是否超过排放限值 |
| 废气 | 燃料烟气（燃煤锅炉、窑炉、喷雾干燥塔） | 产生含烟尘、$SO_2$、$NO_x$、氟化物烟气，主要是有组织排放 | 现场检查监控或监测数据和除尘、脱硫、脱硝设施运行记录和换袋台账 |
|  | 工艺废气（粉料的输送过程，破碎、筛分、原料制备过程，喷雾干燥制粉过程，修坯抛光过程） | 产生含粉尘废气（有组织与无组织排放） | 现场检查无组织排放防护措施，检查除尘设施收尘和换袋台账。检查生料磨的监控或监测数据 |
| 固体废物 | 废品（废坯和废瓷）、废包装、含铁渣 | 一般固体废物 | 检查一般固体废物收集、管理台账，检查脱硫渣去向记录 |
|  | 废模具（更新或破损模具） |  |  |
|  | 陶瓷泥渣（沉淀池、过滤池、污水净化池污泥） |  |  |
|  | 除尘收集的除尘灰、煤渣 |  |  |
|  | 脱硫渣 |  |  |
|  | 煤制气尘灰、污泥、浮油 | 危险废物 | 检查危险废物的收集、贮存、外运台账和联单记录 |

## 五、陶瓷工业企业常见的环境违法行为

陶瓷行业是一个高能耗的行业，陶瓷的高能耗必然带来高污染，陶瓷业对我国的环境造成很大的污染，特别是陶瓷发展迅速的瓷区及周边地区更为严重。

（1）从陶瓷工业的现状看，大部分企业分布在大、中、小城市郊区，污染点多、面广，大多数企业生产工艺落后。生产设备陈旧，污染严重。陶瓷工业污染物排放总量较大，陶瓷工业原辅材料及能源消耗过大。国家的产业政策是淘汰落后工艺和设备，如以重油和水煤气为燃料的炉窑（水煤气的生产三废污染十分严重，且不可控）。陶瓷工业集中进入园区统一管理。如陶瓷集聚区共引进 14 家陶瓷企业，目前在产陶瓷企业共 12 家。在产的 12 家陶瓷企业共 71 条生产线，其中 46 条获得了环评审批，其余 25 条未获得环评审批的生产线为停产状态。某陶瓷企业未批先建、未验先投的违法行为一律要求停产处罚。某陶瓷有限公司“一条窑炉生产线正在进行技术升级改造，但未经环评审批”。

（2）在线监控系统历史数据显示，窑尾排放废气的 $NO_x$ 超标还是陶瓷企业普遍的问题。陶瓷企业的烟气污染源燃煤锅炉、窑炉、喷雾干燥塔，尤其是窑炉的氮氧化物、喷雾干燥塔的二氧化硫等项指标超标排放的问题较多，应严格检查，同时防止设置旁通管路，违法排放。某陶瓷园区一次稽查 11 家陶瓷企业因污染物超标排放被罚，其中，6 家喷雾塔排气筒颗粒物超标排放，2 家脱硫塔排气筒超标排放。某公司因废气超标被处罚 10 万元，同时查出其 1 号窑炉存在旁路，时有偷排行为。

（3）陶瓷生产过程的无组织排放问题，粉料的输送过程，破碎、筛分、原料制备过程，喷雾干燥制粉过程，修坯抛光过程的粉尘排放还有许多企业集气控制措施不到位；另外物料和废渣未进入封闭的库房或筒仓，露天堆放，也是产生无组织排放的尘源。现场检查某公司存在生产原材料堆场露天堆放部分原材料及废渣土，其中约 1.3 万 $m^2$ 的堆场未进行加盖封闭，并在公司门口露天堆放陶瓷泥及废渣土。某企业部分原料贮存场地未设置防尘围挡，未采取有效覆盖措施防治扬尘污染。某陶瓷厂物料堆场无围蔽，粉料输送带无密封，车间粉尘无组织排放严重。某陶瓷企业被查粉料仓和喷雾塔粉尘较大。原辅材料未存入封闭库房或筒仓，违规露天堆存。某企业成型车间粉尘无组织排放严重，被查处。环保检查某镇陶瓷集聚区发现 7 家陶瓷企业废气超标，11 家陶瓷企业违规露天堆放原料。某陶瓷原料有限公司被检查出未设置洗车槽等抑尘设施，泥土露天堆放。环境监察人员在某企业现场中发现存在以下问题：①部分原料、陶瓷废料堆场等未落实密闭、围挡、遮盖等措施，厂内道路扬尘较大；②废气连接管道密闭性差，脱硫塔接口阀门处出现较大泄漏。

（4）许多企业在原辅料运输和卸料规程遗撒、扬散严重，陶瓷企业周围道路运输扬尘污染严重。某陶瓷企业门口装卸货物，有粉尘散落，污染路面，加之该段公路养护管理不

到位，造成车辆驶经激起大量扬尘。某企业现场道路脏乱，原料泥洒落满地。某陶瓷园区公路上频繁驶过大货车，以致路面积了一层灰土，空气中始终弥漫着灰尘，许多路人都戴上口罩。

（5）陶瓷行业中的许多中小企业不仅存在旁通管路、超越排放等违法排放行为，而且采取在线监控数据造假和擅自停止运行的方式，逃避监管。许多陶瓷企业的“在线监控数据有异常”，还存在企业涉及安装在线设备并与环保部门联网行为。在线监控设施擅自停运、闲置或监控数据不完整。关闭在线装置数采仪，逃避监管。在线监控站房管理混乱，企业人员自由出入，在线监控二氧化硫数据长期为零。

（6）陶瓷企业多为民营中小企业，为了减少污染治理成本，私设暗管，违法排污的现象也时有发生。某陶瓷企业现场检查发现，生产废水经两级废水沉淀池简易沉淀后，通过铺设在地下的白色硬塑料管直接排向厂外下水道，多项指标超标，被责令立即停止排放生产废水，立即拆除暗管。某陶瓷企业因擅自设置管道将生产废水从废水沉淀池引入项目一楼厕所用于冲洗，冲洗废水再经暗管排入紫洞涌，属于违法私设暗管排污。

（7）煤气发生炉属重污染设备，未经批准不得擅自使用煤气发生炉。某陶瓷园区现场检查发现，5 家企业未按环评批复要求使用天然气，擅自变更使用煤气发生炉。煤气站异味（氨、挥发酚、焦油、氰化物）严重，没有有效防控措施，煤气生产废水也属于难于处理的酚氰废水，毒性较高。

（8）陶瓷企业中中小企业多，设施运行、自行监测和固体废物、危险废物管理台账严重缺失。

## 第十节　煤矿采选工业污染特征及环境违法行为

### 一、煤矿采选工业工艺环境管理概况

#### （一）主要原辅材料

##### 1. 原料

（1）浮选剂

常用的浮选剂分三大类：捕收剂、起泡剂、调整剂。

【捕收剂】是改变矿物表面疏水性，使浮游的矿粒黏附于气泡上的浮选药剂。

常用的硫化矿捕收剂有黄药、黄药衍生物、黑药、白药、苯并噻唑硫醇、苯并咪唑硫醇、苯并嗯唑硫醇等；氧化矿捕收剂主要有脂肪酸及其钠皂、烷基磺酸盐、烷基硫酸盐、

磷酸酯、砷酸酯、脂肪胺及其盐、松香胺、季铵盐、二胺及多胺类化合物、两性表面活性剂等；油类捕收剂，如煤油、柴油等。

【起泡剂】是具有亲水基团和疏水基团的表面活性分子，定向吸附于水一空气界面，降低水溶液的表面张力，使充入水中的空气易于弥散成气泡和稳定气泡。常用的起泡剂有：松树油（俗称二号油）、酚酸混合脂肪醇、异构己醇或辛醉、醚醉类以及各种酯类等。

【调整剂】分为五类：pH 值调整剂、活化剂、抑制剂、絮凝剂、分散剂。常用的有石灰、碳酸钠、氢氧化钠、硫化钠、聚丙烯酰胺、淀粉、水玻璃、磷酸盐等。

（2）表面活性剂

【表面活性剂】硫代表面活性剂是硫化矿的主要浮选药剂，其极性基至少含有一个不与氧联结的硫原子。硫代碳酸盐（黄药等）、黑药、硫醇、硫代磷酸盐是浮选中最常用的硫代化合物。

（3）炸药

【硝酸铵】硝酸铵炸药是粉状的爆炸性机械混合物，是应用最广泛的工业炸药品种之一，具有中等威力和一定的敏感性。起爆药在较弱外部激发能（如机械、热、电、光）的作用下，即可发生燃烧，并能迅速转变成爆轰的敏感炸药。有害燃烧产物：氮氧化物。

【梯恩梯（TNT）】黄色炸药，是一种常用的炸药中的成分，如混合炸药，硝酸铵可成为阿马托。它是由甲苯硝化的通过。它的 IUPAC 名称是 2,4,6-三硝基甲苯，黄色晶体。

**2．产品**

煤矿采选即“采煤+选煤”，就是企业既采煤又有选煤厂，销售分选后的精煤产品。选煤后产生的煤矸石可作为副产品，或是作为回填。

## （二）能耗水耗

**表 2-72 煤矿井工开采企业资源能源利用指标**

| 清洁生产指标等级 | 原煤生产电耗/（kW·h/t） | 原煤生产水耗/（$m^3$/t） | 选煤补水量/（$m^3$/t） | 选煤电耗/（kW·h/t） | |
|---|---|---|---|---|---|
| | | | | 洗动力煤 | 洗炼焦煤 |
| 一级 | ≤15 | ≤0.1 | ≤0.15 | ≤3.2 | ≤5.7 |
| 二级 | ≤20 | ≤0.2 | | ≤6 | ≤8 |
| 三级 | ≤28 | ≤0.3 | | ≤6.3 | ≤9.5 |

注：参照《选煤电力消耗限额》（GB 29446—2012）。

## （三）基本生产工艺

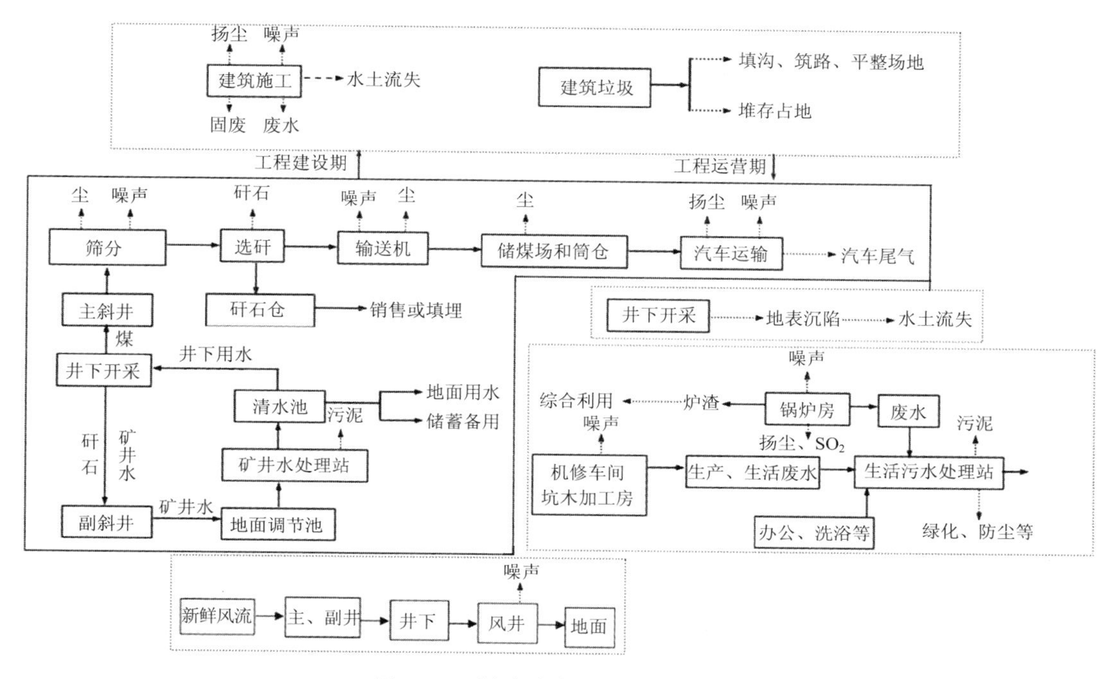


图 2-19 煤矿采选工艺流程示意图

## （四）煤矿采选主要生产设备

表 2-73 煤矿采选主要生产设备

| 装置 | 设备 |
|---|---|
| 矿井 | 采煤机、矿井主提升机、输送机、转载机、破碎机、掘进和支护机械配备、井下连续运输系统、斜井通风设备、矿井主排水泵房排水设备、压缩空气设备、矿井排矸带式输送机 |
| 选煤厂 | 破碎机、筛分机、输送机、脱介筛、分级旋流器、精煤离心机和煤泥离心机 |

## 二、煤矿采选工业的环境问题

表 2-74 煤矿采选工业环境污染指标

| 污染类型 | | 环境污染指标与来源 |
|---|---|---|
| 废气 | 有组织废气 | 探矿、破碎、筛分产生的粉尘；汽车尾气产生的 $NO_x$、CO、THC；锅炉产生烟尘、二氧化硫、氮氧化物、氟化物 |
| | 无组织废气 | 挖掘车辆、传送带产生的粉尘；煤炭、矸石堆场产生的煤尘和粉尘 |
| 污水 | 生产废水 | 锅炉冲渣水、机修废水、钻井泥浆水、钻井废油液 |
| | 生活污水 | 浴室、食堂、厕所废水（COD、SS、氨氮） |
| 固体废物 | 生产废物 | 开采工段挖掘产生的废弃表土、破碎筛分机产生的灰渣、洗选工段产生的矸石、脱硫除尘系统沉渣、污水站污泥、机修车间废物（废机油、油泥棉纱） |
| | 生活垃圾 | 办公室、食堂、浴室等 |
| 噪声 | | 探矿探矿采矿、选矿、运输机械；＜85 dB |
| 生态 | | 场地平整、煤炭开采产生的地表植被破坏、水土流失、污染土壤 |

## 三、煤矿采选工业污染物来源

### （一）废气主要来源

我国大部分煤矿都有瓦斯，高瓦斯突出矿井约占到总矿井数的 40%。目前煤炭开采过程中产生的瓦斯基本没回收，直接排入大气。矸石堆场（矸石山）长期堆存，风吹日晒，有 20%～25%会发生自燃，产生大量烟粉尘、$SO_2$、CO、$H_2S$ 等大气污染物。

煤炭开采大气污染主要是无组织排放的粉尘。主要有：采煤作业的钻孔、爆破（会产生 CO、$H_2S$ 和 $NO_x$ 等有害气体排放，柴油设备也会产生含有 CO、$NO_x$、$SO_2$、甲醛等的有害尾气）；采煤储存、装卸和运输产生大量的粉尘污染；另外还有煤矸石堆场产生的扬尘污染。

### （二）废水主要来源

煤炭开采废水主要源于矿井开采的矿井涌水（地表渗透水、岩石孔隙水、矿坑水、地下含水层的疏放水），生产过程中用于防尘、灌浆、充填的污水。矿井水由于受开采、运输过程中散落的煤粉、岩粉、支架乳化液等杂物的污染以及煤中伴生矿物的分解氧化等导致水体混浊，大多数水体呈灰褐色，悬浮物、色度高，水面浮有油膜，并散发出少量的腥臭、油腥味，细菌和大肠杆菌群数超标。

我国吨煤涌水量地域差别极大，我国北方矿区平均吨煤涌水量为 3.8 $m^3$；而我国南方矿区平均吨煤涌水量为 10 $m^3$ 左右；西北矿井水涌水较少，吨煤涌水量大部分在 1.6 $m^3$ 以下。另外，各煤矿所排放的矿井水水质情况差异极大，有的矿井水较为洁净，有的则含大量悬浮物，有的则是酸性矿井水。

我国采煤活动产生的各种废水主要包括矿坑水和流经矿区的雨水等。煤矿的废水以酸性为主，并多含大量重金属及有毒、有害元素（如铜、铅、锌、砷、镉、六价铬、汞、氰化物）以及 COD、$BOD_5$、悬浮物等。煤矿开采过程和洗选过程中废水中有毒有害物质指标主要指重金属、部分非金属和放射性污染物。有毒有害物质虽仅在我国少量煤矿废水排放中检出，但其危害性大，环境风险高。目前，我国排放有毒有害废水的煤矿主要分布在我国的东北、华北北部、淮南、贵州等矿区，主要有毒有害污染物为汞、镉、铬、铅、锌等重金属，砷、氟以及放射性物质。

酸性矿井水是我国煤矿的一大污染源，它污染地表水体和土壤，对水生生物有重要影响。它还影响矿工的安全健康，腐蚀矿井管路及设备。由于酸性矿井水中伴随着铁离子，使酸性水流入排水沟、河流之后，水体发黄，色度严重超标，破坏自然景观。酸性矿井水因其量大、面广、污染严重、治理程度低而成为制约矿区可持续发展的一大障碍。

非酸性矿井水中，主要含有悬浮物（SS）。SS 主要由煤粉、岩粉组成，其含量较不稳定，不仅同一矿区各矿井水浓度差异较大，而且同一矿井不同时期排水浓度差异也很大。例如，四川天府矿务局杨柳坝矿矿井水，最小 SS 浓度为 11.5 mg/L，最大时达到 594 mg/L，为最小浓度的 52 倍。

### （三）固体废物主要来源

煤炭开采产生的固体废物主要是采掘废矸石、剥离物等。开采 1 t 煤产生的矸石量在 0.15～1 t，北方煤矿在正常开采时，开采 1 t 煤排出矸石为 0.15 t；南方煤矿在正常开采时，开采 1 t 煤排出矸石为 0.2～0.4 t。

矸石堆积形成煤矸石山不仅占用大量土地，长期堆存还会产生自燃，产生烟尘和 $SO_2$，风化时会产生粉尘，对大气环境产生粉尘污染，多属于无组织排放。矸石山是煤矿区污染的首要原因。矸石经风化、雨水渗透等方式将矿体含有的有害有毒物质（如汞、铬、镉、铜、砷等）带入土壤与水体，造成二次污染。有些地区的煤矸石中也会含有一定量放射性物质，产生辐射性污染。

### （四）噪声

矿井开采的过程中，爆破所产生噪声声压级≥110 dB(A)，开采的机械噪声源强在 70～90 dB（A），但由于爆破和开采在矿井下作业；选矿过程产生的噪声主要为工业广场锅炉风机、窄轨铁路、水泵、装车站胶带输送机、振动筛及风井场风机等，其噪声声压级一般在 85～110 dB（A）之间。需分别在其进出口加装消声器、减振弹簧、橡胶垫及厂房隔声及绿化等措施。

## 四、煤矿采选工业的排污节点特征

表 2-75　煤矿采选排污节点

| 类型 | 工序（节点） | 污染物 | 检查要点 |
|---|---|---|---|
| 有组织排放废气源 | 探矿 | 废气、粉尘 | 检查密封设施是否安装，检查除尘器类型，排放粉尘浓度；检查废气排放管道是否老化、泄漏。检查过滤吸附设施是否安装、是否运行。检查除尘效率、排尘浓度和排尘数量 |
| | 破碎、筛分 | 粉尘 | |
| | 汽车尾气 | $NO_x$、CO、THC | 检查车辆尾气是否达标 |
| | 公用设施 | 烟尘、二氧化硫、氮氧化物、氟化物 | 检查脱硫、脱氮、脱氟除尘设施是否安装，设施是否正常运行 |
| 无组织排放废气源 | 露天挖掘 | 粉尘 | 检查洒水抑尘效果 |
| | 煤炭、矸石运输 | 粉尘 | 检查车辆的防尘措施是否安装，检查洒水抑尘效果，检查车辆整洁程度 |
| | 堆场 | 煤尘、粉尘 | 检查是否密闭，是否安装洒水抑尘措施，检查抑尘效果 |
| 污水源 | 锅炉 | SS | 检查废水是否全部收集进入污水处理站，检查废水输送管道是否堵塞、滴漏 |
| | 机修车间 | 石油类、COD、SS | |
| | 生活废水 | COD、SS、氨氮 | |
| | 钻井 | 泥浆水、废油液 | 检查废泥浆水是否单独处理 |
| | 厂区被污染雨水 | SS、COD、油类、致病微生物、VOCs | 检查厂区水沟，污雨水去向 |
| | 污水处理 | COD、SS、pH、致病微生物、大肠菌群数 | 检查是否回用，严禁外排；如有外排废水，应检查 COD、SS、pH、致病微生物、大肠菌群数等污染物指标是否达标 |
| 固体废物 | 开采工段 | 废弃表土 | 检查弃土场是否设置合理，是否有防止滑坡设施 |
| | 破碎、筛分工段 | 袋式收尘器灰渣 | 检查固体废物是否全部进入矸石场 |
| | 洗选工段 | 矸石 | 检查是否所有矸石进入矸石堆场，检查矸石堆场设置是否符合环评要求 |
| | 生活设施 | 生活垃圾 | 检查生活垃圾是否全部收集送垃圾填埋场 |
| | 脱硫除尘 | 双碱法脱硫除尘系统沉渣 | 检查固体废物是否全部收集，是否妥善运输至水泥厂 |
| | 污水站 | 污泥（一般废物） | 检查产生量是否符合万吨水 1 t 污泥量指标 |
| | 机修厂 | 危险废物 | 检查去向，是否符合手续 |
| 噪声 | 探矿采矿、选矿、运输 | 机械噪声 | 检查降噪措施效果 |

## 五、煤矿采选工业企业常见的环境违法行为

（1）煤堆没有集中堆放，没有防尘、抑尘措施。

（2）煤矿废水不经处理直接外排，或者污水治理设施不正常运行，废水重金属超标。

（3）煤矸石堆场没有环保措施，并且存在坍塌风险。堆置场周边没有排洪沟、导流渠等措施。

（4）环保审批手续不全。如环评、“三同时”、环保验收等。

（5）采矿废石随意堆放，不符合环评要求。

（6）煤炭、矿石等运输车辆没有采取防尘措施，运输道路遗撒严重。

（7）煤矸石自燃问题严重，自燃后产生的气体排放污染严重，企业没有采取相应措施。

（8）物料输送或物料库未进行密闭，物料露天存放未进行苫盖等未严格落实“三防”措施。

（9）开采过程对地下水和土壤污染严重，没有采取有效措施。

（10）某地煤矿长期违法排污，矸石山燃烧产生的有毒气体，粉尘污染，直接损害了当地村民的身体健康，给村民的生产和生活产生了严重影响。调查发现，在煤矸石堆放现场，部分山沟已经被煤矸石填平，生活垃圾随处可见，空气中弥漫着一股难闻刺鼻的气味。煤矸石含硫量较高，常常会自燃，现场闻到的气味就是煤矸石燃烧产生的气体。煤矿在生产时将井下的污水排除，排水管道不断地向外流着污水，河沟里沉淀着一层厚厚黑黑的煤泥，散发着一股怪味。

（11）某煤炭企业年产原煤 81 万 t 的煤炭开采技改项目未办理环评批复手续，洗煤厂未通过环保“三同时”验收，煤矿生产厂区未采取防尘措施及围挡措施，洗煤产生的煤泥未覆盖，产品精洗煤等未进行覆盖密闭，堆煤泥场地未采取硬化措施，供暖用的 2 台燃煤锅炉未落实库尔勒市建成区淘汰 10 t/h 及以下燃煤锅炉等行为，严重违反了《中华人民共和国大气污染防治法》及《中华人民共和国环境影响评价法》中相关规定。

# 第三章 轻工、机械行业污染特征及环境违法行为

## 第一节 制浆造纸工业污染特征及环境违法行为

### 一、制浆造纸工业工艺环境管理概况

#### （一）主要原辅材料

**1．原料**

造纸原料有植物纤维和非植物纤维（无机纤维、化学纤维、金属纤维）等两大类。目前国际上的造纸原料主要是植物纤维，一些经济发达国家所采用的针叶树或阔叶树木材占总用量的95%以上。

我国常用的木材纤维原料有两大类：一是针叶树木材，如落叶松、红松、马尾松、云南松、樟子松等；二是阔叶树木材，如杨木、桦木、桉木等。以这些为原料的称为木材制浆造纸。

常用的非木材纤维原料有：（1）禾本科植物（稻麦草、芦苇、荻苇、甘蔗渣、芒草、竹、龙须草等）。芦苇、荻苇适于制造印刷纸类。蔗渣适于制造胶版纸和人造纤维浆粕。禾本科植物制浆容易，灰分含量高，影响碱回收。（2）韧皮植物（麻类、树皮、棉秆皮等）。韧皮植物是造纸的高级原料，如宣纸、复写原纸等。（3）棉纤维（棉短纤维、废棉、破布等）。棉纤维可生产高级生活纸、钞票纸、油毡纸等。以上这些为原料的称为非木材制浆造纸。

**2．辅料**

在制浆过程使用的化学辅料有离解浆料使用的火碱、芒硝、亚硫酸钠、亚硫酸铵等；根据制浆方法不同，使用的化学品也不同。如碱法（包括硫酸盐法、苛性钠法、石灰法）以氢氧化钠、芒硝、石灰等为蒸煮剂；酸性亚硫酸盐法以亚硫酸氢钙（或镁）为蒸煮剂；中性亚硫酸盐法以亚硫酸钠和碳酸钠为蒸煮剂；氧碱法以氧和氢氧化钠等为蒸煮剂。

有漂白过程使用的过氧化氢、氯气、漂白粉等。在抄纸过程使用的填料氧化镁、氧化钙、滑石粉等；还有作为施胶剂的淀粉、松香、酪素、三聚氰胺等；作为颜料的染料等。

3. 产品

按照纸张用途分类：涂布纸（具有高平滑度、高白度、耐湿、耐摩擦、不透印、匀度好等特点，能印刷原色及多色的美术图片、宣传画报、标签及高档报刊）、双胶纸（具有高强度、白度好、匀度好、平整性好、套版准确、印刷图像清晰的特点，可印学生课本、报刊、封面、插图、彩色图片也是很好的办公用纸）、铜版纸（用于美术图片、插图、画册、画报、书刊、杂志、封面、高档商品包装）、书写纸（主要用于练习簿、记录本及其他书写用纸，还可用于印刷书刊、杂志等）、箱板纸（主要用于加工包装纸箱、用作纱管）、生活用纸（卫生巾、尿布纸）及其他特种纸（静电复印原纸、电脑打印原纸、薄型无纺布、账册纸、香烟纸等）。不同造纸产品的原料、生产工艺流程、能耗均有差异，因此单位产品的产排污强度也不尽相同。

## （二）能耗、水耗

一般生产 1 t 草浆需要 2.5 t 左右干禾草；生产 1 t 芦苇浆需要 2.7 t 左右干禾草；生产 1 t 纸浆需要 2 t 左右干蔗渣（或 4～5 t 湿蔗渣）；生产 1 t 竹浆需要 4～5 t 鲜竹（2 t 干竹）；生产 1 t 木浆需要 2 $m^3$ 左右木材；生产 1 t 再生浆需要 1.2～1.4 t 废纸。

生产一吨纸，需消耗烧碱 300 kg（考虑碱回收实际消耗 70～100 kg）。1 t 纸中约含填料 10%～30%；需取水 100～200 $m^3$（如循环利用可减少用量），耗电 2 000～2 500 kW·h，耗煤 300～400 kg；1 t 再生浆需 1.5～3 t 左右蒸汽（折消耗煤炭 0.5 t）。

《中国造纸协会关于造纸工业“十三五”发展的意见》要求造纸行业积极配合完成我国“十三五”期间全社会万元 GDP 用水量下降 23%，单位 GDP 能源消耗降低 15%，主要污染物 COD、氨氮排放总量减少 10%，二氧化硫、氮氧化物排放总量减少 15%的社会发展目标。

根据《制浆造纸单位产品能源消耗限额》（GB 31825—2015）的规定，见表 3-1。

表 3-1 制浆造纸主要生产系统单位产品能耗限定值 单位：kgce/ADt

| 产品分类 | | 现有企业能耗限定值 | 新建、改（扩）建企业准入值 | 制浆企业能耗先进值 |
|---|---|---|---|---|
| 漂白化学木浆 | 自用浆 | ≤280 | ≤240 | ≤200 |
| | 商用浆 | ≤400 | ≤360 | ≤320 |
| 未漂化学浆 | 自用浆 | ≤220 | ≤180 | ≤150 |
| | 商用浆 | ≤340 | ≤300 | ≤270 |
| 漂白化学非木浆（自用浆） | | ≤400 | ≤310 | ≤280 |

## （三）基本生产工艺

### 1．植物纤维原料制浆工艺流程

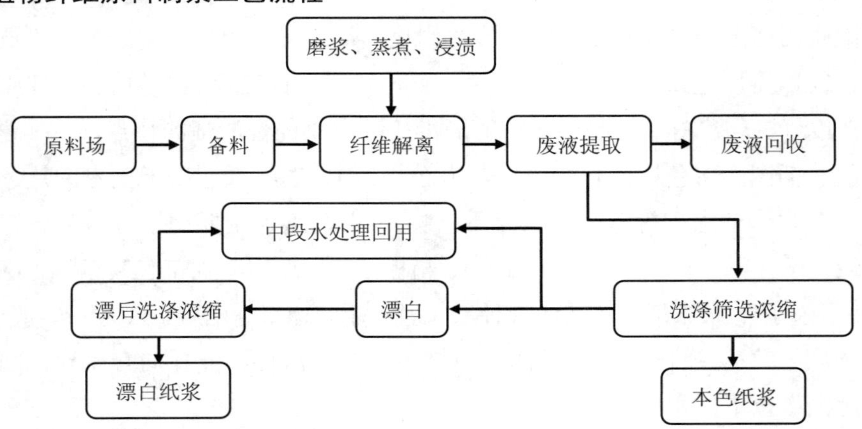


图 3-1 植物纤维原料制浆（木浆、非木浆）工艺流程

纤维离解对于化学法制浆工艺是蒸煮过程，对于机械法制浆工艺是粗磨过程，对于化机法、半化学法制浆工艺是化学预处理过程和磨浆过程。

除上述基本过程外，还包括一些辅助过程，如蒸煮液的制备、漂白液的制备、蒸煮废气和废液中化学品与热能的回收利用，以及废液的综合利用等。此外，还包括中段废水（主要指浓缩机废水和漂后洗涤废水）的处理和废纸的回收利用等。

### 2．废纸原料制浆工艺流程

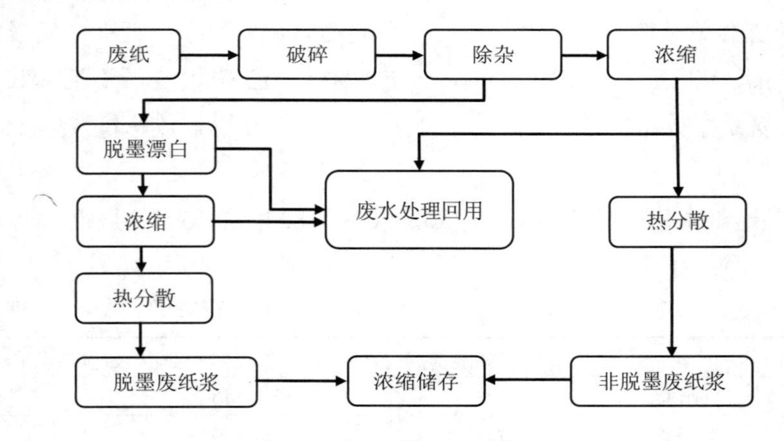


图 3-2 废纸原料制浆工艺流程

### 3. 造纸工艺流程

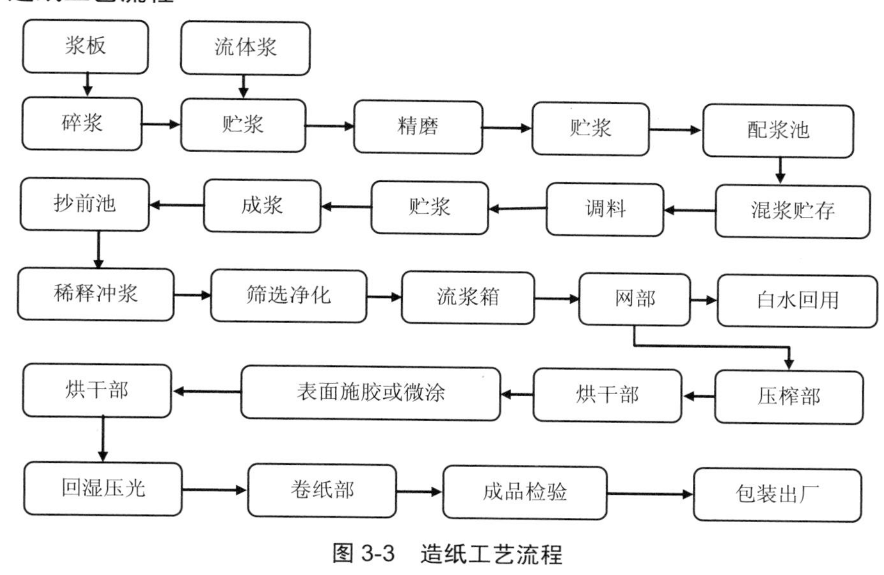


图 3-3　造纸工艺流程

## （四）制浆造纸主要生产设备

表 3-2　制浆造纸工业主要生产设备

| 车间名称 | 生产设备 |
|---|---|
| 麦草备料 | 辊式切草机、除尘器 |
| 蒸煮工段 | 杂物分离器、水洗碎草机、草片泵、斜螺旋脱水机、销鼓计量机、预热螺旋、螺旋喂料机、蒸煮管、御料器、喷放塔、洗草水净化系统 |
| 洗筛及氧脱木素工段 | 混合箱、鼓式真空洗浆机、压榨洗浆机、贮浆机、黑液槽、黑液过滤机、氧化塔、中浓泵、混合器、加热器、封闭筛选系统、热水槽、真空泵 |
| 漂白工段 | 鼓式真空洗浆机、压榨洗浆机、预处理塔、中浓泵、混合器、加热器、漂白塔、贮浆塔、药业制备系统、桥式起重机 |
| 抄纸工段 | 抄纸机、复卷机 |
| 碱回收车间 | 稀黑液槽、板式蒸发器、板式冷凝器、黑液燃烧炉、圆盘蒸发器、静电除尘器、引风机、溶解槽、浓黑液槽、除氧加药系统、石灰粉碎系统、消化提渣机、苛化器、澄清器、洗渣机、白泥洗涤机 |
| 废纸浆系统 | 转鼓式碎浆机、除砂机、粗筛、纤维分离机、精筛、多盘浓缩机 |

表 3-3 废纸制浆造纸企业主要生产设备

| 项　目 | 设备（设施）名称 |
| --- | --- |
| 碎浆系统 | 水力碎浆机、圆筒疏解机、浆泵 |
| 筛选及净化 | 压力筛、锥形除渣器、立式旋翼筛 |
| 洗涤和浓缩 | 带式洗浆机、喷淋式圆盘过滤机、鼓式洗浆机、多盘浓缩机、夹网挤浆机、双辊脱水压榨机等 |
| 脱墨 | 除渣机、筛选机、洗涤设备、浮选机 |
| 漂白 | 漂浆机、氯化塔、碱处理塔、漂白塔 |
| 造纸 | 长网造纸机、夹网造纸机、叠网造纸机、圆网造纸机、流浆箱、压榨机、烘干机、压光机、卷纸机 |
| 其他生产辅助设施 | 锅炉、引风机、鼓风机 |

## 二、制浆造纸工业的环境问题

表 3-4 制浆造纸主要污染指标

| 污染类型 | | 主要污染指标 |
| --- | --- | --- |
| 废气 | 有组织废气 | 运输和备料工段产生的颗粒物；蒸煮系统和碱回收系统产生的恶臭；锅炉产生的二氧化硫、氮氧化物、烟尘；食堂产生的油烟 |
| | 无组织废气 | 运输和备料工段产生的颗粒物；蒸煮系统和碱回收系统产生的恶臭 |
| 废水 | 生产废水 | 备料工段产生的洗涤废水；蒸煮工段、碱回收工段、中段水等产生的可吸附有机卤化物 AOX、pH、SS、COD、BOD、氨氮、总氮、总磷、石油类、动植物油、阴离子表面活性剂、色度、氯化物、硫酸盐 |
| | 生活污水 | 浴室、食堂、厕所废水（COD、SS、氨氮） |
| 固体废物 | 生产废物 | 备料废渣、蒸煮产生的浆渣、白泥、造纸工段产生的废过滤网、废毛布、锅炉产生的炉渣、污水站污泥 |
| | 生活垃圾 | 办公室、食堂、浴室等产生的垃圾 |
| 噪声 | | 碎浆机和振筛 80～85 dB（A）、造纸机 75～80 dB（A）、锅炉房引风机 82～90 dB（A）、鼓风机 90～95 dB（A） |

## 三、制浆造纸工业的污染物来源

### （一）污水主要来源与处理

#### 1. 黑液

黑液是碱法制浆（烧碱法与硫酸盐法）过程中产生的废液，是通过提取工段（多段逆流洗涤）提取出来的。黑液中含有有机物与无机物两大类物质。有机物主要是碱、木素、半纤维素的降解产物；无机物中绝大部分是各种钠盐，如硫酸钠、碳酸钠、硅酸钠，以及NaOH 和 $Na_2S$（硫酸盐法）。黑液主要通过碱回收进行处理，使得制浆厂总产污负荷可减少 85%～95%，是解决制浆废水污染的重要途径之一。也可以从黑液中提取木素进行资源化利用。

#### 2．红液

红液是酸法过程中产生的废液，是通过提取工段（多段逆流洗涤）提取出来的。红液中残酸、木素、半纤维素的降解产物。利用红液可以生产酒精、酵母、香兰素、木精、黏合剂、扩散剂等。

#### 3．白水

白水是造纸过程中废液，主要成分是 SS、COD、BOD 等，其中 SS（纤维和填料）量大，主要通过过滤、沉淀和气浮等工艺技术进行处理。

#### 4．中段水

中段水来源于制浆造纸企业的除黑液、红液和白水（单独处理）之外的所有生产废水，主要成分是 COD、BOD、SS 等，常用的处理工艺有物化、生化及深度综合处理。

### （二）废气主要来源及处理

#### 1．锅炉及碱回收炉

采用静电除尘+袋式除尘系统、石灰石+石膏湿法脱硫处理系统、低温燃烧技术、使用选择性非催化还原法脱硝、炉内脱硫以及双碱法脱硫除尘等技术。

#### 2．制浆废气

根据生产过程分阶段、分装置分别进行收集和处理。从硫酸盐木浆的蒸煮废气中可提取松节油等，也可以使用离子氧发生器进行无害化处理。

#### 3．粉尘

备料粉尘采用袋式除尘或水膜除尘；煤场和道路采用定期洒水，保持表面湿润，大型料场、堆场应建设全封闭或防风抑尘设施。

### （三）固体废物主要来源及处理

#### 1．一般固体废物

主要包括备料废物、锅炉炉渣和煤灰、生化污泥、白泥（硫酸盐木浆生产工艺）、生活垃圾等，备料废物、锅炉炉渣和煤灰，要进行综合利用，生化污泥、生活垃圾要进行无害化处理，其中脱水污泥可与燃煤混合后燃烧，也可用于生产有机肥。

2. 危险废物

制浆造纸过程中产生的脱墨渣、废弃染料、碱回收工艺故障或停用时产生的白泥、绿泥等应依据《国家危险废物名录》和《危险废物鉴别标准》进行判断，属于危险废物的严格按照危险废物相关管理要求管理，不得将不相容的废物混合或合并存放。

## 四、制浆造纸工业排污节点特征

表 3-5 制浆造纸企业排污节点

| 类型 | 工序（节点） | 污染物 | 检查要点 |
| --- | --- | --- | --- |
| 有组织排放废气源 | 运输和备料工段 | 颗粒物 | 颗粒物破碎机除尘器的除尘效率、安装位置及设计指标；除尘器数量；排气筒高度、直径；排气筒高度是否符合要求，是否有预留监测孔（包括进、出口的预留孔），预留孔是否符合采样要求，是否具备现场监测的条件 |
| | 蒸煮系统 | 蒸煮臭气、$SO_2$ | 臭气源收集与处理方式，检查 $SO_2$ 回收装置是否运行，运行状态如何 |
| | 碱回收系统 | 臭气 | 在车间内部观察是否有臭气回收设备，包括洗涤装置、冷凝器等，若车间内部设备均是封闭不可分辨，则检查碱回收炉中控系统 DCS 上是否有臭气燃烧系统 |
| | 锅炉房 | 烟尘、$SO_2$、$NO_x$ | 检查是否有除尘器，检查颗粒物排放与除尘效果；<br>检查脱硫装置类型，检查 $SO_2$ 排放与脱硫效果；<br>检查脱硝装置类型，检查 $NO_x$ 排放与脱硝效果 |
| | 厨房 | 油烟 | 检查油烟净化机是否正常工作；是否达标排放 |
| 无组织排放废气源 | 备料工段 | 颗粒物 | 原料场地的位置及安全防护、环境保护措施；检查仓库周围和运输通道是否有遗撒；粉料加料是否采用密闭操作；检查皮带输送机的防尘廊道封闭性，从周围的植物和建筑上的浮尘判别无组织排放情况 |
| | 蒸煮系统 | 蒸煮臭气、$SO_2$ | 臭气源收集与处理方式，检查臭气的收集系统有无泄漏 |
| | 碱回收系统 | 臭气 | 在车间内部观察是否有臭气回收设备，包括洗涤装置、冷凝器等，若车间内部设备均是封闭不可分辨，则检查碱回收炉中控系统 DCS 上是否有臭气燃烧系统 |
| 废水 | 备料工段 | 悬浮物、COD | 产生量及处理方式是否正常 |
| | 蒸煮工段 | 碱、COD、SS、木素、挥发酸、硫酸钠、二氧化硅 | 查阅企业生产台账是否正常，硫酸盐木浆主要是查询单位产品外购碱量，计算产品实际需要碱量，根据碱回收率的计算公式，计算碱回收率是否能达到97%以上 |
| | | 木素磺酸盐、己糖、戊糖、磺酸盐类、挥发性有机物、无机物 | 检查是否安装红液回收装置，检查红液的回收效果及最终成品，检查红液回收装置是否存在“跑、冒、滴、漏”现象，检查红液回收装置运行效率是否正常 |
| | 碱回收工段 | SS、COD | 废水产生量、排放去向及处理方式是否正常 |

| 类型 | 工序（节点） | 污染物 | 检查要点 |
|---|---|---|---|
| 废水 | 造纸工段 | SS、COD | 白水产生量、处理方式及循环利用率是否正常 |
| | 锅炉排水 | SS | 产生量、处理方式及排放去向是否正常 |
| | 废纸脱墨工段 | 油墨粒子、COD、SS | 通过查阅生产记录及现场检查。现场取样监测或查阅企业自行监测记录检查处理工艺和设施运行参数是否正常 |
| | 中段水处理工段、厂区生活污水、雨水 | COD、SS、BOD | 处理工艺、各处理单元污染因子的去除效率设计指标、设计和实际处理能力 |
| | | | 废水排放去向和流量，外排口的数量及规范化 |
| | | | 废水循环利用情况 |
| | | | 流量计、废水在线监测仪器的型号、生产单位、运行情况等 |
| 固体废物 | 备料工段 | 备料废渣 | 重点检查湿法备料料渣是否随废水一起排放，是否回收利用 |
| | 筛浆工段 | 浆渣（包括脱墨废纸残渣及废纸中其他固体废物） | 蒸煮工序和碱回收工序相关设备大修或停产时设备清理出的废渣，是否作为危险废物处理处置。检查是否具有转运、销售、代处理合同或协议，必要时对接收单位一并检查 |
| | 碱回收工段 | 白泥、绿泥 | 碱回收工序生产过程中产生的白泥、绿泥，污水处理站污泥是否按照一般工业固体废物妥善处置 |
| | 锅炉 | 灰渣、炉渣、石灰渣 | 固体废物的贮存设施，固体废物堆场、填埋场及环境保护措施 |
| | 造纸工段 | 废纸、废纤维 | 是否回收利用 |
| | 污水处理系统 | 废水处理设施产生的污泥 | 是否安全填埋或者综合利用 |
| | 机修厂 | 危险废物 | 检查去向，是否符合手续 |

## 五、制浆造纸工业企业常见的环境违法行为

2017 自 7 月 1 日起，环境保护部组织开展为期 1 个月的打击进口废物加工利用企业环境违法行为专项行动，截至 7 月 18 日，共检查企业 1 247 家，对 798 家企业提出立案处理处罚建议，占检查企业总数的 64%。从 7 月 12 日到 7 月 18 日，纸品行业共有 24 家企业被查。其中，山东省 6 家、广东省 4 家、浙江省 3 家、河北省 2 家、河南省 2 家、福建省 2 家、江苏省 2 家、湖南省 2 家、广西壮族自治区 1 家。各企业环境违法行为汇总如下：

（1）涉嫌将进口的固体废物全部或者部分转让给固体废物进口相关许可证载明的利用企业以外的单位或者个人。

（2）未办理环评审批手续，擅自建设 1 万 t/a 新闻纸 11 号生产线并投入生产；环评批

复建设 2 台 4 t/h 燃煤锅炉，实际建设了 1 台 25 t/h 燃煤锅炉，批建不符。

（3）锅炉反渗透浓水通过雨水口排入外环境。

（4）污水处理过程的格栅、污泥调节池、污泥回流进等工序未按环评批复要求采取加盖密封措施。

（5）未经环保审批，新上 32 台抄纸机及相关生产设备并投入生产，未经审批擅自建设 15 万 t/a 果袋纸生产项目。

（6）锅炉废气排放口未达到环评要求高度（如 15 m）。

（7）未向当地环保部门报批，擅自改变烟气处理设施。

（8）未经审批或后评价，将脱墨渣与煤混合后直接投入锅炉焚烧；未经环评审批或后评价，将脱墨渣与煤混合后直接投入锅炉焚烧，且锅炉废气排放超标，涉嫌环境污染犯罪。

（9）未制定突发环境事件应急预案，突发环境事件应急预案未备案，突发环境时间应急预案超过 3 年未重新修订并备案。

（10）突发环境事件应急预案备案超过 3 年未进行回顾性评估，且未编制环境风险评估报告。

（11）高浓度渗滤液涉嫌通过渗坑渗排。

（12）废水处理污泥仓库无废水收集系统，污泥渗滤液从围墙破损处渗出。

（13）未按环评要求将生活污水排入污水处理厂。

（14）废纸分拣清洗车间产生的清洗废水收集不到位，部分废水直接外排。

（15）被检查时提供虚假资料。

（16）涉嫌烟气治理设施不正常运行。

（17）未配套建设检修废水回收处理管网设施。

（18）未严格执行进口固体废物经营情况和环境监测报告制度，并涉嫌伪造监测报告。

（19）未按环评要求对厂区雨水进行完全收集，设置外排口排入河道。

（20）未建设危险废物贮存场所，危险废物临时贮存在另一家企业危险废物仓库内；危险废物（废矿物油）未按规定进行贮存。

（21）未经批准，擅自将污泥转移出省处置。

（22）危险废物（废机油）与原料（氢氧化钠）混合贮存。

（23）进口固体废物加工利用后的残余物未进行无害化处置。

（24）未执行工业固体废物申报登记制度；未如实申报危险废物产生量；一般工业固体废物贮存量与台账不符；危险废物申报登记种类不全；不按规定处置实验室废液（直接倾倒至下水道内），无危险废物转移处置相关台账资料；染料内衬袋未纳入危险废物管理；未执行经营情况记录簿制度，未按规定报告进口废物经营情况，无相关出入库台账。

（25）原料区产生的不可利用固体废物露天堆放，仅采用防雨布覆盖，未按规定堆放，三防措施落实不到位。

（26）危险废物（废油漆桶、废矿物油和废矿物油桶）未按规定收集、贮存，随意堆放，部分危险废物（废矿物油）流入九号机车间外排水沟；将危险废物脱墨渣委托无危险废物经营许可证单位进行处理，涉嫌非法处置危险废物。

（27）分拣工段产生的废塑料和污水处理设施产生的污泥露天堆放在未进行防雨、渗、漏处置的空地。

（28）废纸原料、废渣堆场露天堆放，造成渗滤液流失、渗漏。

（29）废油桶堆放区未设置危险废物识别标识；废油桶露天堆存，与非危险废物混合贮存。

（30）未无害化处理进口固体废物加工利用后的残余物。

（31）未经许可擅自进口固体废物；走私废物；以加工利用为名，擅自进口不能回收利用的固体废物；或进口属于禁止进口的固体废物。

（32）污泥、废塑料、废油漆桶大量露天堆放；未对产生的废矿物油、废油漆桶、消泡剂废桶等危险废物进行申报。

# 第二节　棉与化纤印染工业污染特征及环境违法行为

## 一、棉与化纤纺织印染工业工艺及环境管理概况

### （一）原料

【坯布】供印染加工用的本色棉布。工业上的坯布一般是指布料，或者是层压的坯布，上胶的坯布等。

【纯棉面料】纯棉面料是以棉花为原料，经纺织工艺生产的面料，具有吸湿、保湿、耐热、耐碱、卫生等特点。

【化纤面料】化纤织物主要是指由化学纤维加工成的纯纺、混纺或交织物，也就是说由纯化纤织成的织物，不包括与天然纤维间的混纺、交织物，化纤织物的特性由织成它的化学纤维本身的特性决定。化纤类型包括涤纶、腈纶、丙纶、锦纶、维纶、氨纶、氯纶、芳纶等，统称化学纤维，分别由不同的化学合成的单体经聚合反应，生成化学聚合物，再经拉丝形成纤维，也称合成纤维（表3-6）。

表 3-6 各类化纤的化学成分和主要用途

| 化纤类型 | 单体和聚合体成分 | 纤维用途 |
| --- | --- | --- |
| 涤纶 | 是以精对苯二甲酸（PTA）或对苯二甲酸二甲酯（DMT）和乙二醇（EG）为原料经酯化或酯交换和缩聚反应而制得的成纤高聚物——聚对苯二甲酸乙二醇酯（PET），经纺丝和后处理制成的纤维 | 用于包履纱、袜子、纱线、手套、地毯、窗帘 |
| 腈纶 | 丙烯腈、丙烯酸甲酯、甲基丙烯磺酸钠等单体聚合制取聚丙烯腈聚合体。聚丙烯腈聚合体浆液经湿抽丝、水洗、上油烘干、定型等后处理制得 | 用于混纺毛线、毛衣、毛毯、地毯，也可用于窗帘、幕布、篷布、炮衣等 |
| 丙纶 | 丙烯的聚合体聚丙烯。熔体纺丝制得的丙纶纤维 | 用于地毯、装饰布、家具布、各种绳索、条带、渔网、吸油毡、建筑增强材料、包装材料和工业用布，如滤布、袋布等生产 |
| 锦纶 | 锦纶也称尼龙。己二胺和己二酸经缩聚、结晶生成锦纶盐 | 用于帘子线、传动带、软管、绳索、渔网等生产 |
| 维纶 | 维纶又称维尼纶。即醋酸乙烯为单体聚合生成聚乙烯醇，纺丝后再用甲醛处理得到耐热水的维纶 | 性能接近棉花，吸湿性好。多和棉花混纺，加工细布、府绸、灯芯绒、内衣、帆布、防水布、包装材料、劳动服等 |
| 氨纶 | 聚氨基甲酸酯纤维的简称。氨纶有干纺丝和熔融纺丝 | 弹性优异。多与其他纤维混纺，常用于针织品 |
| 氯纶 | 以氯乙烯单体经悬浮聚合法聚合成聚氯乙烯。可掺入增塑剂后，熔融纺丝；多数还是用丙酮为溶剂，以溶液纺丝而制得氯纶 | 不吸湿、静电效应显著，染色较困难。常用于制作防燃的沙发布、床垫布和其他室内装饰用布，耐化学药剂的工作服、过滤布、针织品以及保温絮棉衬料等 |
| 芳纶 | 聚对苯二甲酰对苯二胺 | 超高强度、耐高温、耐酸碱。用于复合材料、防弹制品、建材、特种防护服装、电子设备等领域 |
| 黏胶纤维 | 由纤维素材料制得化学浆粕，用烧碱、二硫化碳处理，得到橙黄色的纤维素黄原酸钠，再溶解在稀氢氧化钠溶液中，成为黏稠的纺丝原液，称为黏胶 | 又称人造丝，分为黏胶长丝和黏胶短纤。有较好的可纺性能。适于制作内衣、外衣和各种装饰用品 |

## （二）辅料

### 1. 染料

染料一般能直接溶于水或通过化学处理而溶于水，对纤维有一种结合能力（亲和力），并在织物上有一定的色牢度。染料对纤维的染色，包括面很广，而且各种染料对各种纤维的染色情况也各不相同。

2．助剂

在染整过程中投加的助剂，主要包括表面活性剂、金属络合剂、还原剂、树脂整理剂和染色载体等，其种类繁多，按其应用可列举以下几类：

润湿剂和渗透剂类，乳化剂和分散剂类，起泡剂和消泡剂类，金属络合剂类，匀染剂、染色载体和固色剂类，还原剂、拔染剂、防染剂和剥色剂类，黏合剂和增稠剂类，柔软剂和防水剂类，上浆硬挺整理剂类，树脂整理剂荧光增白剂类，防静电类，阻燃整理类，羊毛防缩和防蛀类，防霉防臭整理剂类，防油易去污类（表 3-7）。

表 3-7 各类纤维印染使用的染料和助剂

| 纤维品种 | 常用染料 | 染料品种 | 主要化学助剂 |
|---|---|---|---|
| 纤维素纤维（如棉、麻、黏胶纤维及混纺） | 直接染料、活性染料、暂溶性还原染料、还原染料、硫化染料、不溶性偶氮染料 | 直接染料 | 硫酸钠、碳酸钠、食盐、硫酸铜、表面活性剂 |
| 毛 | 酸性染料、酸性媒料、酸性含媒染料 | 硫化染料 | 硫化碱、食盐、硫酸钠、重铬酸钾、双氧水 |
| 丝 | 直接染料、酸性染料、酸性含媒染料、活性染料 | 分散染料 | 保险粉、载体、水杨酸酯、苯甲酸、邻苯基苯酚、一氯化苯、表面活性剂 |
| 涤纶 | 分散染料、不溶性偶氮染料 | 酸性染料 | 硫酸钠、醋酸钠、丹宁酸、吐酒石、苯酚、间二苯酚、醋酸、表面活性剂 |
| 涤棉混纺 | 分散/还原、分散/不溶性偶氮染料 | 不溶性偶氮染料 | 烧碱、太古油、纯碱、亚硝酸钠、盐酸、醋酸钠 |
| 腈纶 | 阳离子染料（碱性）、分散染料 | 阳离子染料 | 醋酸、醋酸钠、尿素、表面活性剂 |
| 腈纶-羊毛混纺 | 阳离子/酸性染料先后染色 | 还原染料 | 烧碱、保险粉、重铬酸钾、双氧水、醋酸 |
| 维纶 | 还原染料、硫化染料、直接染料、酸性含媒染料 | 活性染料 | 尿素、纯碱、碳酸氢钠、硫酸铵、表面活性剂 |
| 锦纶 | 酸性染料、分散染料、酸性含媒染料、活性染料 | 酸性媒染 | 醋酸、无明粉、重铬酸钾、表面活性剂 |

（三）产品

棉及化纤印染精加工是指对非自产的棉和化学纤维纺织品进行漂白、染色、印花、轧光、起绒、缩水等工序的加工。产品包括：

【印染布】包括各类品种的漂白布、染色布、印花布以及手工印花布、印染帆布、漂白药纱布等。

【大整理色织布】指经过印染工艺全过程的棉色织布、棉印花布、混纺色织布、混纺印花布、纯化纤色织布、纯化纤印花布等。

### （四）能耗和水耗

纺织染整工业能耗主要有燃料油、原煤、电和蒸汽，尤以蒸汽为主，蒸汽能耗约占总能耗的 60%以上。烧毛所用能耗约占总能耗的 9.5%；退煮漂主要耗用蒸汽，约占总能耗的 28.2%；丝光约占 19.3%；前处理的热能约占总能耗的 57%。棉与化纤纺织印染行业按能源消耗的平均比例油品能源消耗占能源总消耗比例约占 3.6%，电力约占 57.1%，燃气约占 0.9%，煤炭约占 33%，万元产值能耗约为 0.55 t 标煤，水耗为 18.76 $m^3$（表 3-8）。

2017 年 10 月 1 日起实施的《印染行业规范条件（2017 版）》和《印染企业规范公告管理暂行办法》，两文件自 2017 年 10 月 1 日起开始实施要求：印染企业单位产品能耗和新鲜水取水量要达到下表规定要求。

**表 3-8 新建或改（扩）建印染项目印染加工过程综合能耗及新鲜水取水量**

| 分类 | 综合能耗 | 新鲜水取水量 |
|---|---|---|
| 棉、麻、化纤及混纺机织物 | ≤30 kg 标煤/$10^2$ m | ≤1.6 t 水/$10^2$ m |
| 纱线、针织物 | ≤1.1 t 标煤/t | ≤90 t 水/t |
| 真丝绸机织物（含练白） | ≤36 kg 标煤/$10^2$ m | ≤2.2 t 水/$10^2$ m |
| 精梳毛织物 | ≤150 kg 标煤/$10^2$ m | ≤15 t 水/$10^2$ m |

注：1. 机织物标准品为布幅宽度 152 cm、布重 10～14 kg/100 m 的棉染色合格产品，真丝绸机织物标准品为布幅宽度 114 cm、布重 6～8 kg/100 m 的染色合格产品，当产品不同时，可按标准进行换算。

2. 针织或纱线标准品为棉浅色染色产品，当产品不同时，可参照《针织印染产品取水计算办法及单耗基本定额》（FZ/T 01105）进行换算。

3. 精梳毛织物印染加工指从毛条经过条染复精梳、纺纱、织布、染整、成品入库等工序加工成合格毛织品精梳织物的全过程。粗梳毛织物单位产品能耗按精梳毛织物的 1.3 倍折算，新鲜水取水量按精梳毛织物的 1.15 倍折算。毛针织绒线、手编绒线单位产品能耗按纱线、针织物的 1.3 倍折算，新鲜水取水量按纱线、针织物的 1.3 倍折算。

### （五）基本生产工艺

棉与化纤纺织染整厂实际上是分为三部分独立的生产工艺，纺纱厂—织布厂—染整厂。

纺纱厂又主要分为清棉—梳棉—条卷—精梳—并条—粗纱—细纱—络筒—捻线—摇纱工艺过程。

织布厂又主要分为整经—浆纱—穿经—织造工艺过程。

染整厂又主要分为原布准备—烧毛—退浆—煮练—漂白—丝光—染色（印花）—后整理（分机械整理和化学整理）—检测—打包工艺过程。

#### 1. 棉与化纤印染工艺流程图

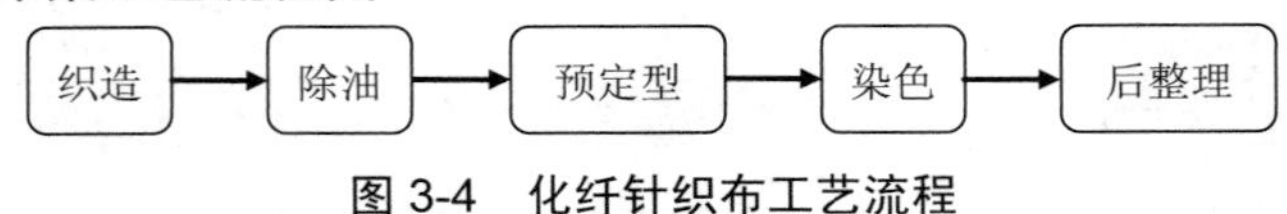


图 3-4 化纤针织布工艺流程

图 3-5　染纱或部分纤维染纱针织布工艺流程

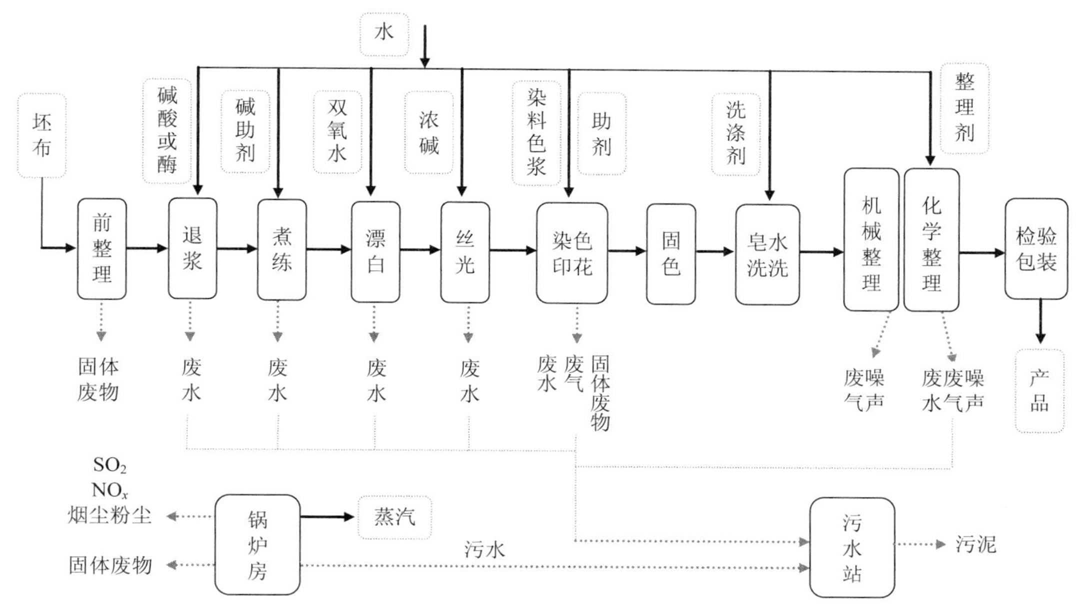


图 3-6　棉与涤纶染整的生产流程图

## 2．棉与化纤印染企业的主要工序与生产设备

表 3-9　棉与化纤印染企业主要生产工艺与设备

| 项　目 | | 设备（设施）名称 |
|---|---|---|
| 纺纱厂 | | 运输车辆、提升机、胶带输送机、仓库、混棉机械、开棉机、梳棉机、纺纱机、打包机等 |
| 织布厂 | | 浆纱机、拉经机、卷纬机、打包机等 |
| 染整前处理 | 原布准备 | 堆布板、烧毛机等 |
| | 退浆 | 退浆机、精炼槽、喷射溢流染色机、净洗机等 |
| | 煮练 | 煮练机（煮练锅）、连续式练漂机、净洗机等 |
| | 漂白 | 连续式练漂机或漂白机、净洗机等 |
| | 丝光 | 连续式练漂机或碱槽、丝光机 |
| | 碱减量 | 精练槽、高温高压喷射溢流减量机 |
| 染色印花 | 染色 | 分浸染机、卷染机、轧染机、蒸化机等 |
| | 印花 | 筛网印花机、滚筒印花机、转移印花机、数码印花机、蒸化机等 |
| 后整理 | | 拉幅定型机、烘干机、预缩机、烫熨平机带、喷砂机、三辊橡胶毯预缩机、轧光机、磨毛机、电光机 |
| 检测包装 | | 监测分析实验室、打包机、仓库 |
| 其他生产辅助设施 | | 锅炉房、污水站 |

## 二、棉与化纤印染工业的主要污染指标

表 3-10 棉与化纤纺织印染工业主要污染指标

| 污染类型 | 主要污染指标 |
| --- | --- |
| 废气 | 主要污染物有蒸汽锅炉烟气（颗粒物、$NO_x$、$SO_2$），锅炉房煤场、灰场的扬尘废气，纺织开松和梳毛产生含尘废气（棉絮和尘）；纺织染整印花（染料、助剂）有机废气挥发、新的激光和热转移法印花产生的油墨挥发后整理产生颗粒物、油烟和有机废气（如热定型排放的芳烃物质；化学后处理，如甲醛、氨气等），这些都会产生一定量的 VOC |
| 污水 | 主要来自退浆废水、煮炼废水、漂白废水、丝光废水、染色印花废水、整理废水、碱减量废水、车间冲洗地面废水等，主要污染物有 COD、pH 值、色度、SS，和染料、助剂、整理剂流失产生的氨氮、总氮、总磷、六价铬、苯胺类、硫化物、可吸附有机卤素（AOX）、二氧化氯等 |
| 固体废物 | 主要有包括除尘器尘灰、尘絮、污水处理站污泥、锅炉房的灰渣等，这些属一般固体废物，还有废染料、废助剂、废碱液等这些属危险废物 |
| 噪声 | 主要是纺纱、织布的机械噪声，运输机械的运输噪声等 |

## 三、棉与化纤印染工业的污染物来源

纺织印染行业的高污染特性素来备受环保方面的关注。在纺织原材料加工为纺织品的生产过程中，会产生超过 8 000 种对环境带来破坏的化学品。从我国来看，纺织印染是我国发展最早且具有国际竞争力的传统优势产业之一，但也是典型的高能耗、高水耗行业。据数据，纺织印染行业能耗约占全国产业总量的 4.4%，水耗约占 8.5%。同时印染行业是我国重点污染行业之一，其污染主要体现在废水和废气两方面。

### （一）废水主要来源

纺织印染废水污染一直在我国工业行业中名列前茅，其废水排放量约为 20 亿 $m^3/a$，占全国废水排放的 10%以上。在纺织行业中，染整（即印染和后处理）废水占 80%以上，化纤生产废水量约占 12%，另外 8%是其他纺织废水。纺织印染行业废水的污染情况。纺织废水主要包括印染废水、化纤生产废水、洗毛废水、脱麻胶废水和化纤浆粕废水五种。纺织染整俗称印染。

COD、色度和 pH 也是染整废水的特征指标，染整工艺中染料的平均上染率在 90%，有 10%的染料残留在废水中，根据不同染料和工艺一般处理前色度在 200～500 倍。由于生产工艺的原因，棉与化纤染整废水绝大部分属碱性，总废水 PH 在 10～11。碱减量废水属于一些染整或前处理过程产生的不好处理的废水。染整废水主要污染物是有机污染物，

主要污染物来源于前处理工序的浆料、棉胶、纤维素、半纤维素和碱，以及染色、印花工序使用的助剂和染料。染整废水的 BOD/COD 一般小于 0.2，属于难生物降解的废水（表 3-11）。

表 3-11 典型染整工序产生废水污染物情况

| 废水名称 | 污染指标 | | | | | |
|---|---|---|---|---|---|---|
| | pH | COD/（mg/L） | BOD/（mg/L） | SS/（mg/L） | $NH_3$-N/（mg/L） | 色度/倍 |
| 退煮漂废水 | 10～13 | 1 900 | 800 | 200 | — | — |
| 染色废水 | 8～10 | 500 | 300 | 250 | 10 | 500 |
| 丝光废水 | 10～13 | 800 | 300 | 200 | — | — |
| 印花废水 | 8～10 | 1 000 | 400 | 250 | 10 | 400 |
| 设备冲洗废水 | 8～10 | 1 000 | 200 | 300 | — | — |
| 后整理废水 | 8～10 | 300 | 150 | 150 | — | — |
| 碱减量废水 | 12～14 | 20 000～100 000 | 700～20 000 | 500～1 000 | — | 250 |
| 综合废水 | 9～11 | 1 200 | 500 | 240 | 45 | 200 |

## （二）废气主要来源

纺织行业的废气主要来源于两个方面。一是企业生产需要大量蒸汽，厂内的供热锅炉会产生大量的含烟尘、$SO_2$ 和 $NO_x$ 烟气。二是来自纺织生产工艺过程中产生的工艺废气。纺织工业的工艺废气主要来自：

（1）化学纤维尤其是黏胶纤维的生产过程。化纤的纺丝工序，先将原材料制成纺丝液，制造纺丝液的过程中需加入黏胶，致使在纺丝过程黏胶的加入会释放出醛类气体（甲醛为主）；有些化纤如黏胶纤维的黄化过程中也会伴随有 $CS_2$、$SO_2$、$H_2S$ 等恶臭气体产生。

（2）在纺织印染前处理在使用定型机、焙烘机、烧毛机、磨毛机等处理织物过程特别是在高温热定型过程（免烫整理、阻燃整理的焙烘）中，产生溶剂、油脂和蜡质等有机挥发物的废气。后处理在高温定型处理，纺织品上的各种染料助剂、涂层助剂都会释放出来；热熔处理，高温导致一些小分子染料升华；烘焙处理，由于添加一些化学助剂，会产生醛类和氨气释放，主要是树脂有机挥发组分（甲醛）、印花浆中的丙烯酸、均染剂溶剂、印染助剂氨、醋酸、染料分解产物等挥发产生；主要含甲醛、多苯类、芳香烃类等 VOCs 气体、氨气、颗粒物等。VOCs 和氨气的挥发，飘散在空气中形成异味。

（3）在喷墨印花（油墨配制 1%～10%分散染料、1%～15%分散剂、0.5%～15%树脂和 60%～95%有机溶剂）过程产生溶剂挥发；在热转移印染过程油墨产生溶剂挥发。不管是平网印花还是圆网印花，99%的“三苯”要挥发到大气中，因此该工段就是最大的 VOCs 污染源，主要成分为苯、甲苯、二甲苯及甲醛。

（4）污水处理站废气，主要污染因子为氨气和硫化氢。

纺织废气对于大气的危害远比废水更难控制。根据《2011—2020 非常规性控制污染物排放清单分析与预测研究报告（环境经济预测研究报告）》，我国纺织印染行业 VOCs（挥发性有机气体）排放量分担率为 8.8%。

### （三）固体废物主要来源

纺织行业的固体废物主要来源于能源消耗过程产生的固体废物，生产过程中的固体废物（如废纱、废布等下脚料）；粉尘处理过程中产生的粉尘；废水处理过程中产生的固体废物（表 3-12）。

纺织产品印染过程中一般染料的上染率为 80%～90%，剩余染料残留在废水中。废水处理后，有微量染料存在于污泥中，按照现行《国家危险废物名录》中规定，这类污泥已被划为危险固体废物（代号：HW12）。另外，由于化纤企业的特殊性质，化纤行业生产过程及清洗过程产生的有机溶剂也会存在于废水处理后的污泥中。

表 3-12　纺织工业固体废物危险废物的来源和类别

| 编号 | 废物类别 | 废物来源 | 常见危害组分或废物名称 |
| --- | --- | --- | --- |
| HW12 | 染料、涂料废物；废有机溶剂 | 油墨生产、配制和使用过程中产生的含颜料、油墨的有机溶剂废物；<br>使用油墨和有机溶剂进行丝网印刷过程中产生废物；<br>使用酸、碱或有机溶剂清洗容器设备过程中剥离下的废染料；<br>含有染料、油墨残余物的废弃包装物；<br>废水处理污泥（有害染料含量超标的污泥） | 废酸性染料、碱性染料、媒染染料、偶氮染料、直接染料、冰染染料、还原染料、硫化染料、活性染料、醇酸树脂涂料、丙烯酸树脂涂料、聚氨酯树脂涂料、聚乙烯树脂涂料、环氧树脂涂料、双组分涂料、油墨、重金属颜料。<br>印染使用的酒精、甘油、丙酮、氯仿、四氯化碳、苯、甲苯、二甲苯、乙醚、尿素、火油等废弃溶剂 |

## 四、棉与化纤印染工业排污节点特征

表 3-13　棉与化纤生产企业排污节点

| 类别 | 排污节点 | 污染物 | 检查方式 |
| --- | --- | --- | --- |
| 废水 | 【退浆废水】COD、BOD、SS 浓度高达数千 mg/L，退浆废水中的 COD 约占整个印染过程加工废水中 COD 的 45%，废水量约占总废水量 15% | 退浆废水含 COD、BOD、SS、pH、色度等。pH 为＞10 | 检查废水是否有碱回收预处理装置，检查废水产生量和去向的记录台账 |

| 类别 | 排污节点 | 污染物 | 检查方式 |
| --- | --- | --- | --- |
| 废水 | 【煮炼、丝光和漂白统称为炼漂废水】含大量烧碱和表面活性剂，废水显强碱性，颜色深褐色，同时含大量植物有机物（如生物蜡、浆料分解物、纤维、酶等），煮炼废水量约占总废水量的18%，COD 浓度高达 5 000 mg/L 以上 | 煮练废水含 COD、BOD、SS、pH 值、色度等，pH 值高达 12～13 | 检查废水产生量和去向的记录台账 |
| | 【染色、印花统称染整废水】废水中含有大量染料、助剂、溶剂和浆料，废水量约占总废水量的 60%，废水中 BOD 约占染整废水 COD 总量的 15%～20% | 色度、COD、BOD、pH 值、苯胺、氨氮等，色度高，氨氮含量高 | |
| | 【前后整理废水】约占总废水量的 7%，COD 平均浓度在 1 000 mg/L 左右 | COD、BOD、pH 值、色度、SS 等 | |
| | 【碱减量废水】部分企业产生碱减量废水，废水中 COD 和 pH 值特别高，属高浓度难降解废水 | 碱减量水含 COD、BOD、SS、pH 值等，COD 高达 10 000 mg/L 以上，pH 值为＞12 | 检查废水是否有预处理装置，检查废水产生量和去向的记录台账 |
| | 污水站（综合废水） | 色度、COD、BOD、pH 值、SS、氨氮、总氮、总磷、苯胺、硫化物等 | 检查废水监测监控记录 |
| 废气 | 锅炉烟气，煤场渣场收储运产生含尘废气 | 烟气（有组织排放）：烟尘、$SO_2$ 和 $NO_x$；<br>含尘废气（无组织排放）：含颗粒物 | 现场检查无组织排放防护措施，检查除尘设施收尘和换袋台账 |
| | 黏胶纤维生产过程黄化过程中也会伴随有 $CS_2$、$SO_2$、$H_2S$ 等恶臭气体产生；化纤的纺丝过程黏胶的加入会释放出醛类气体（甲醛为主） | 黄化废气：含 $CS_2$、$SO_2$、$H_2S$ 等恶臭气体。<br>化纤的纺丝废气（无组织排放）：含 VOC（甲醛为主） | 现场检查集气效果（气味），检查 VOC、氨气净化措施，检查净化设施运行、维护、消耗、故障台账记录；重点检查热定型烟气是否有效收集和净化处置 |
| | 前处理在使用定型机、焙烘机、烧毛机、磨毛机等处理织物过程特别是在高温热定型过程中，产生溶剂、油脂和蜡质等有机化合物的废气挥发 | 主要含甲醛、多苯类、芳香烃类等 VOCs 气体、氨气、颗粒物等 | |
| | 后处理在高温定型处理，纺织品上的各种染料助剂、涂层助剂都会释放出来；后整理热熔处理，高温导致一些小分子染料升华；后整理烘焙处理，由于添加一些化学助剂，会产生醛类和氨气释放 | | |
| | 在喷墨印染过程产生溶剂挥发；在热转移印染过程油墨产生溶剂挥发；产生墨水烘干气体和转移印花气体。制版、清洗版、配料工段、印花工段产生 VOCs 废气 | 其 VOCs 主要成分为苯、甲苯、二甲苯及甲醛 | |
| | 污水处理站废气 | 主要为氨气和硫化氢 | |
| 固体废物 | 锅炉灰渣、除尘粉煤灰、生产过程除尘灰 | 一般固体废物 | 检查一般固体废物收集、管理、处置、运出的台账 |
| | 废纱、废布等下脚料 | | |
| | 废水处理污泥 | | |
| | 含颜料、油墨的有机溶剂废物；丝网印刷过程中产生废物；使用酸、碱或有机溶剂清洗容器设备过程中剥离下的废染料 | 危险废物（HW12） | 检查危险废物的台账收集、贮存、外委处置的管理和联单记录台账 |
| | 含有染料、油墨残余物的废弃包装物 | | |
| | 有害染料含量超标的污泥 | | |

## 五、印染工业企业常见环境违法问题

废水和废气污染是环境监督管理的重点。行业年废水量约占工业废水排放总量的10%，具有污染浓度高、种类多、碱性大、毒害大及色度高等特点，属于难处理的工业废水种类。据专业分析数据，我国印染工业水资源利用效率较低，单位用水量是国外的3～4倍，而废水中污染物平均含量高达国外的2～3倍。废气是工业VOCs的主要来源之一，以高温定型机处理为主，污染更加隐蔽，难于监管。有报告指出，我国纺织印染业VOCs（在纺织原材料加工为纺织品的生产过程中，会产生超过8 000种对环境带来破坏的化学品）排放量占不同来源VOCs排放总量的8.8%，占工业过程VOCs排放的30%以上，国家对此缺乏专门的、针对性的标准，目前全国性的《纺织印染工业大气污染物排放标准》尚未颁布。

### 1. 废水排放超标率高

我国纺织印染行业是个传统行业，绝大多数是民营企业，企业数量众多，传统工艺较多，环保意识普遍落后，环保治理设施多达不到可行技术要求。据中国印染行业协会统计，截至2016年9月，全国规模以上印染企业约1 770家。特别是中低端印染市场，“低、小、散”企业充斥，这些企业污染物超标率高、违法排放的行为也较多。许多企业不仅生产设施和技术不先进，而且废水处理设施也很简陋，印染废水的超标排放时有发生。废水超标的环境因素不仅有COD，还有色度，纺织印染企业色度不达标，难度不仅在染料的可生化性低，更主要是污染治理技术的问题，许多企业存在色度和COD超标排放的问题，对周围水体影响比较突出，周围居民的投诉也比较多。

某地环保部门在对全区印染企业突击检查行动中，立案查处18家企业，限期整改77家，多数印染企业不同程度存在色度和COD超标排放的问题；另一地环保部门开展印染企业外排口废水浓度专项执法检查，4月发现由4家企业存在废水排放浓度超标，处以罚款8万多元；在5月开展的废水在线监控系统运行专项执法检查，3家企业仍存在不同程度的问题，被处以罚款26万余元。

### 2. 加大对废水排放违法排污的查处和打击

印染行业废水量大，废水治理成本高，导致一些印染为降低污染治理成本，采用各种违法手段违法排污。有的私设暗管排污采用超越排放，如某地一印染企业夜间采用塑料管直接将未经处理的废水直接排入围墙外的水体被居民举报；有一印染企业部分废水进入污水站正常处理达标排放，还有部分废水采用暗管直接排入河道，被查处，停产整顿；还有一印染企业现场检查发现一暗管直通市政管网，根本就没有经过废水处理设施；还有一些印染企业擅自变更自动监控设施的设置，某市环境监察在现场突击检查中发现，该市某印染有限公司的排污数据持续异常，自动监控数据达标，环境执法监测数据超标。印染属高污染行业，一些当事企业竟采取暗管直接偷排等手段，主观故意明显，污染物超标严重，环境危害很大，被要求整改并处以高额罚款或按日计罚。印染行业水污染排放，弄虚作假的行为比例较高，问题突出。

### 3. 生产废气 VOCs 控制问题突出

纺织印染作为工业源 VOCs（挥发性有机物）的重点来源。纺织印染工艺的印花机、定型机、涂层机工作过程产生的印染废气，主要以高温气体混合物的形式排放，污染物包含非甲烷总烃、丁酮、二甲基甲酰胺、氨气、多苯类以及染料分子等。目前出现的热转印印染新工艺，VOCs 污染更为突出。在权威机构有关印染行业废气排放的报告中指出，我国纺织印染业 VOCs 排放量占不同来源 VOCs 排放总量的 8.8%，占工业过程 VOCs 排放的 30%以上。

以前环保部门对纺织印染行业的 VOCs 废气污染认识不足，未列入废气的重点检查项目。目前，虽然环保部门已经要求印染企业要重视 VOCs 废气污染排放的控制，但对印染企业这方面的检查压力不大，许多印染企业未予以重视，仍然认为印染行业的主要污染是废水，对 VOCs 废气污染控制应付了事。对此，印染企业集中的地区环保部门还应高度重视纺织印染行业的 VOCs 废气排放问题。目前印染行业 VOCs 废气排放还是一个突出的全行业的问题。

针对印染行业 VOCs 废气违法排放行为，某市环境监察机构提出针对性意见和解决方案，对各企业的废水进行监控并联网，要求各企业定型机、印花机油烟废气净化处理达到全覆盖。同时，按照国家统一部署和安排，2018 年该市还将在印染行业全面推行排污许可制度，年底前完成排污许可证核发。

### 4. 印染企业污泥的问题

印染企业的废水中，由于部分染料和辅料中含有重金属元素，如染色、印花车间排放的废水（使用含铬助剂、有感光制网工艺进行染色印花得）可能含六价铬；含锑催化剂的涤纶为原料的废水可能含总锑等。这些印染企业的废水会含一定量的重金属元素，导致废水处理的污泥可能含重金属，需检验污泥是否属于危险废物。以前在这方面的检查也认识不足，重视不够。

某地印染企业较多，环保部门加强了对印染企业危险废物的环境监管。对辖区内的所有印染企业通过全面排查，结合企业环评和现场检查情况，对企业产生的涉嫌含有重金属的印染污泥进行 1 类重金属污染物全监测，彻底查清基本情况，建立印染企业污泥产生、利用、处置动态管理档案。

### 5. 一些“散乱污”企业无视环评规定

纺织印染企业属于传统行业，企业数量多，既有大型企业，在农村渔村山区也有一些小型企业，属于国家规定严格查处和关停的“散乱污”企业，这些企业属家庭式作坊，既无环评“三同时”手续，又无任何环保措施，擅自开工建设，擅自生产经营，违法超标排污。要像当年打击“十五小”企业一样，发现一家，查封一家，坚决打击，绝不手软。这类企业危害极大。

如某市有等 12 家渔网印染企业生产至今，未办理环评审批手续，其中 10 家企业（个体）未建污水处理设施，印染废水直排外环境。某县原存在 4 家非法印花工场，在全县环境监察开展涉水污染重点行业企业污染专项整治及执法督查行动中，上述 4 家非法印花工场已于 2016 年 12 月被发现并采取断电停产措施。

#### 6. 环保设施不正常运行

大部分印染企业按要求配套了污染防治设施，防污设施运行正常。但在环境监察的现场检查中发现，个别企业仍然存在设置非法排放口，或私设暗管偷排生产废水等环境违法行为；部分企业闲置防污设施，污水处理池水质严重发臭；环保设施管理人员擅自离岗，不按规定投药，环保设施运行记录随意编造，自动监控数据被擅自修改等突出违法行为。环保设施运行不正常的原因，有为降低运行成本，导致不正常；有管理制度、技术水平低导致不正常；还有工人职业技术素质低、岗位责任制不健全导致不正常。

大多印染企业污水处理设施运行记录缺失、不完整、不规范，污泥存放设施不规范，污泥台账登记不规范不翔实；部分企业回用水未按照可联网的计量水表，影响在线监控平台进出水平衡；等等，环保设施不正常运行的问题也很多，与印染行业的环境管理水平低有关。

主要印染设备数量以排污许可证核定的数量为准，超出数量必须拆除。取水口安装流量计，并与环保部门联网，实现对取水量的实时监控。

## 第三节　皮革工业污染特征及环境违法行为

### 一、皮革工业工艺环境管理概况

#### （一）主要原辅材料

#### 1. 原料

皮革原料是动物皮，多数动物皮都可用于制革，如牛皮、羊皮、猪皮、马皮、爬行动物皮、鱼皮、鹿皮、骆驼皮、袋鼠皮、鸵鸟皮等。只是牛皮、猪皮和羊皮的质量好且产量大，是制革的主要原料。

表 3-14 不同原料皮折算牛皮标张数

| 皮种 | 折合比例 | 皮种 | 折合比例 |
|---|---|---|---|
| 牛皮 | 1 | 绵羊皮 | 5 |
| 猪皮 | 5 | 马皮 | 1.2 |
| 山羊皮 | 8 | 鹿皮 | 3 |

注：折合比例=标张牛皮单位重量/其他皮种的单位重量。

### 2. 辅料

表 3-15 皮革用的化学辅料包括八大类

| 化学辅料类型 | 化学辅料种类 |
|---|---|
| 基本化工材料 | 酸类、碱类、盐类、氧化剂、还原剂、其他 |
| 酶制剂 | 主要是水解酶类，如蛋白酶、脂肪酶等 |
| 表面活性剂 | 有阴离子型、非离子型、两性型及其他类型的表面活性剂 |
| 皮革助剂 | 皮革助剂属于功能性皮革助剂，其本身可以赋予皮革某种特定性能，主要有填充剂、蒙囿剂、防霉剂、防腐剂、防水剂、防污剂、防绞剂等 |
| 鞣剂及复鞣剂 | 无机鞣剂：铬鞣剂、锆鞣剂、铝鞣剂、铁鞣剂、钛鞣剂、硅鞣剂等。<br>有机鞣剂：植物鞣剂、芳香族合成鞣剂、树脂鞣剂、醛鞣剂、油鞣剂等 |
| 皮革用染料 | 酸性染料、直接染料、碱性染料、活性染料和金属络合染料 |
| 皮革加脂剂 | 加脂剂：天然油脂加脂剂，天然油脂的化学加工产品，合成加脂剂，复合型和功能性加脂剂等 |
| 皮革涂饰剂 | 涂饰剂由成膜剂、着色剂、涂饰助剂和溶剂组成。<br>成膜剂：蛋白质类成膜剂、硝化（醋酸）纤维类成膜剂、乙烯基聚合物类成膜剂、聚氨酯类成膜剂。<br>着色剂：颜料、颜料膏和染料。<br>溶剂：有水和有机溶剂两大类。<br>涂饰助剂：手感剂、光亮剂、消光补伤剂、增塑剂、增稠剂、渗透剂、流平剂、发泡剂、消泡剂、稳定剂、填料、交联剂、防腐剂、防水剂等 |

### 3. 产品

鞣制方法：可分铬鞣、植鞣、油鞣、醛鞣和结合鞣等。还可分为轻革（于鞋面、服装、手套等）和重革（用于皮鞋内、外底及工业配件等，用较厚的动物皮经植物鞣剂或结合鞣制）。

## （二）能耗水耗

制革生产中用到的主要能源为电能，现阶段我国各类制革产品平方米产品能源消耗水平见表 3-16。

因为猪、牛、羊皮革的性能、用途、厚度、得革率等不同，因此单位面积的成品革耗能有差别。生产相同面积的皮革，猪皮能耗相对最少。

由于皮革不属于高耗能行业，目前世界范围内采用的制革设备耗能相当，相同产品的工艺也基本没有差别，因此我国皮革行业耗能与其他国家相当。目前国外先进平均水平为 13 kW·h/$m^2$ 成品革，我国平均水平为 13～16 kW·h/$m^2$，两者相差不大（表 3-16）。

**表 3-16 我国皮革企业能耗表** 单位：kg 标准煤/$m^2$ 产品

| 原料 | 主要产品 | 能耗 |
|---|---|---|
| 生皮 | 羊皮鞋面革 | 2.0～2.2 |
| 生皮 | 牛皮鞋面革 | 2.3～2.5 |
| 生皮 | 猪皮鞋里革 | 0.6 |
| 生皮 | 牛皮沙发 | 1.5 |
| 生皮 | 牛皮箱包革 | 2.3～2.5 |
| 生皮 | 牛皮沙发革 | 2.2～2.4 |
| 生皮 | 牛皮沙发革 | 1.2～1.5 |
| 绵羊皮 | 服装革 | 2.5～2.9 |
| 牛皮 | 沙发革 | 2.1 |
| 羊皮 | 服装革 | 2.1～2.2 |
| 猪皮 | 服装革 | 1.65～1.86 |
| 二层兰湿 | 鞋面革 | 1.89 |
| 牛皮 | 汽车坐垫 | 1 |
| 猪皮 | 鞋里革 | 1.2 |

制革大多数工序是在有水的条件下进行的，新鲜水消耗量的多少可以在一定程度上衡量制革工艺的先进性，而且新鲜水消耗量越少，制革成本会有一定降低，环境成本也降低，其耗水量及排水量见表 3-17。

**表 3-17 不同种类皮革加工的吨原皮耗水量** 单位：$m^3$/t 生皮

| 皮革种类 | 耗水量 | | |
|---|---|---|---|
| | 从生皮到成品革 | 从生皮到蓝湿革 | 从蓝湿革到成品革 |
| 牛皮 | 70～90 | 40～50 | 20～40 |
| 猪皮 | 70～120 | 40～65 | 35～55 |
| 山羊 | 55～70 | 32～48 | 32～40 |
| 绵羊 | 45～70 | 32～45 | 30～40 |

注：数据来自《制革行业清洁生产评价指标体系（征求意见稿）》编制说明。

## （三）基本生产工艺

皮革生产工艺分为准备工段、鞣制工段、整饰工段，前两者为湿操作，后者主要为干操作。实际生产过程中，一些制革企业 3 个工段都有；一些企业只有准备和鞣制工段，即加工到蓝湿革；还有一些企业只有整饰工段，即从蓝湿革加工到坯革或成品革。制革企业由于加工工段不一样，在制革过程中消耗的水量差别很大（图 3-7）。

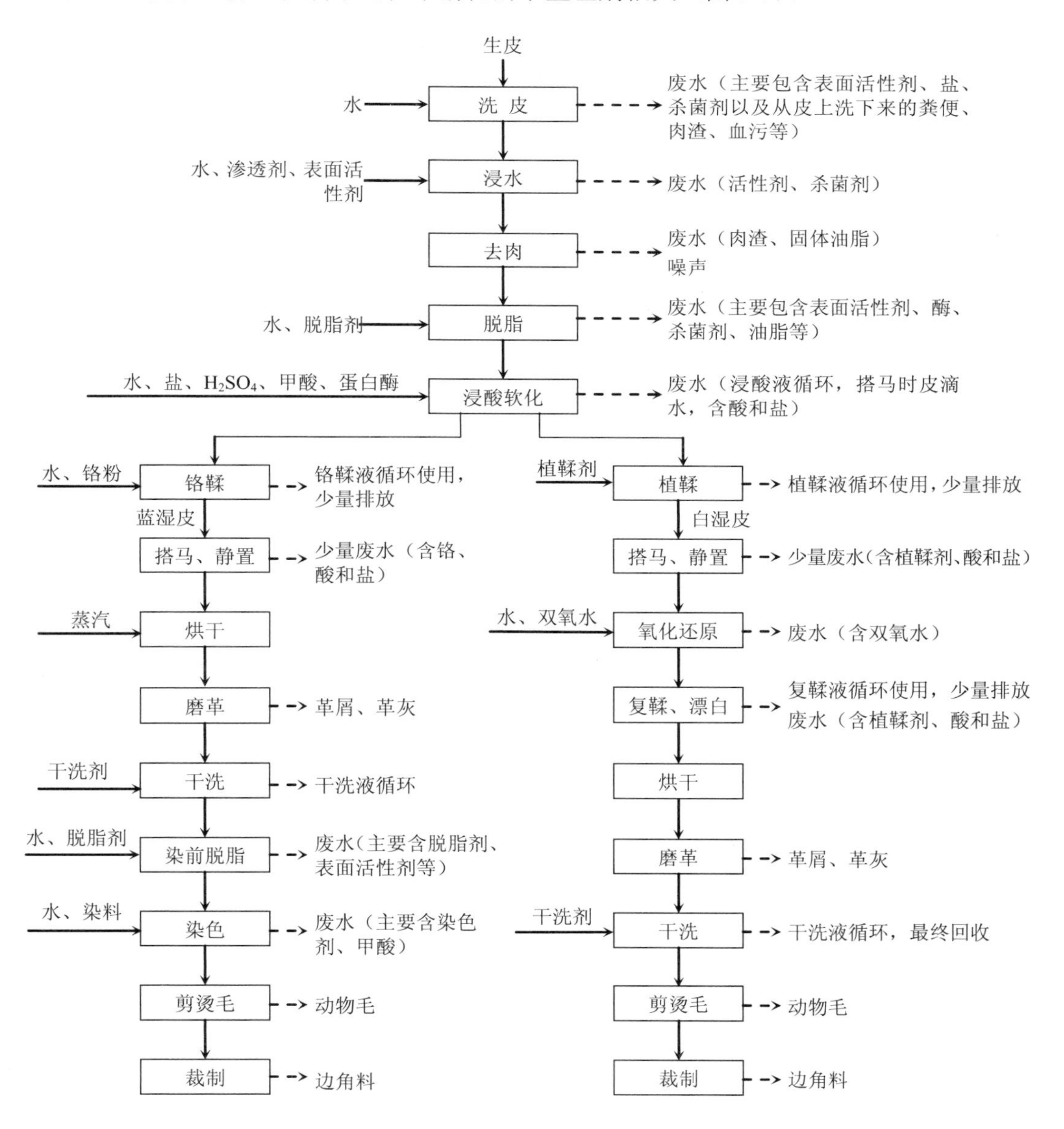


图 3-7 皮革生产工艺流程

### （四）皮革工业主要生产工序与生产设备

表 3-18 皮革工业主要生产设备

| 车间名称 | | 生产设备 |
|---|---|---|
| 生皮库 | | 冷库、转笼、叉车、自动晾干线 |
| 湿加工车间 | 鞣前预处理 | 划槽、去草籽机、甩干机、去肉机、湿剪机 |
| | 铬鞣 | 倾斜转鼓、划槽、伸展机、挤水伸展机、去肉机、湿磨机、输送机、去草籽机 |
| | 植鞣 | 自动划槽、滚涂机、湿磨机、喷淋设备、去草籽机、撒粉机、伸展机、甩干机 |
| 烘干车间 | | 绷板机、挂晾线、木转鼓、除尘机组、拉软机、磨革机、转笼 |
| 后整理车间 | 植鞣烫剪 | 拉软机、粗剪机、旋风除尘器、震荡拉软机、梳毛机、烫机、涂湿机 |
| | 磨革 | 磨革机、拉软机 |
| | 烫剪 | 烘干设备、除尘设备、剪机、梳毛机、烫机、涂湿机、拉软机、磨革机、木转鼓 |
| 染色车间 | | 挤水伸展机、划槽、甩干机、转鼓 |
| 皮型车间（成品分厂） | | 梳毛机、粗剪机、震荡拉软机、烫机、涂湿机 |
| 皮革成品车间 | | 裁断机、削皮机、热压机、打磨机、包缝机、定型机 |

## 二、皮革工业的环境问题

表 3-19 皮革工业的主要污染指标

| 污染类型 | | 主要污染指标 |
|---|---|---|
| 废气 | 有组织废气 | 锅炉产生的二氧化硫、氮氧化物、烟尘；<br>喷涂废气排气筒排放中苯、甲苯、二甲苯 |
| | 无组织废气 | 皮革加工过程产生的硫化氢、氨水和其他一些易挥发的有机废气，以及蛋白质固体废料分解产生的有毒气体或异味气味。<br>胶头堆放也会产生臭气。生产过程中初鞣、复鞣、涂饰车间、储存和废水、污泥收集、处理储存过程也会产生恶臭气体；磨革废气含革屑革灰；<br>刷胶废气：苯、甲苯、二甲苯、VOCs |
| 废水 | 生产废水 | 【准备工段】浸水、脱脂废水（pH 值、COD、SS、色度、油脂、氨氮等）；浸灰、脱毛废水（pH 值、COD、SS、硫化物、色度、油脂、氨氮等）；脱灰、软化废水（COD、SS、硫化物、色度、氨氮等）；浸酸废水（pH 值、COD、SS、色度、氨氮等）。<br>【鞣制工段】鞣制废水（pH 值、六价铬、COD、SS、色度、油脂、氨氮等）；复鞣中和废水（pH 值、六价铬、COD、SS、色度、氨氮等）。<br>【整饰工段】染色加脂废水（pH 值、六价铬、COD、SS、色度、油脂等）。<br>【综合废水】主要污染物有，pH 值、COD、SS、色度、油脂、氨氮、总氮等 |
| | 生活污水 | 浴室、食堂、厕所废水（COD、SS、氨氮） |
| 固体废物 | 生产废物 | 【一般固体废物】准备工段产生的碎肉、油脂、污泥等；蓝湿边角料；综合污水处理站生化污泥。<br>【危险废物】使用铬鞣剂进行铬鞣、复鞣工艺产生的废渣和污水预处理处理物化污泥（HW21）、皮革切削工艺产生的含铬皮革碎料、磨革革屑、磨革除尘灰（HW21）；废染料、废染料包装物、废溶剂（HW12）；维修废污油、含油抹布（HW08） |
| | 生活垃圾 | 办公室、食堂、浴室等产生的垃圾 |
| 噪声 | | 转鼓、引风机、空压机、泵类 |

## 三、皮革工业的污染物来源

皮革工业是轻工行业中仅次于造纸业的高耗水、重污染行业。污水成分复杂，污染物浓度高，含有石灰、染料、蛋白质、盐类、油脂、氨氮、硫化物、铬盐以及毛、皮渣、泥沙等对环境有害的物质。污染物主要有 $COD_{Cr}$、$BOD_5$、硫化物、氨氮、三价铬等。另外，是制革产生的氢氧化铬渣（铬泥）、含铬污泥、皮毛、皮边角废料、蓝湿边角料等固体废物和生产车间、皮革堆存、边角废料堆场、污水站产生的恶臭。

### （一）废水主要来源

皮革废水主要来源于准备和鞣制工段，以及整饰工段的部分工序（复鞣、染色、加脂等）。

在实际生产过程中，有一些制革企业三个工段都有；有一些企业只有准备工段和鞣制工段，即加工到蓝湿革；还有一些企业只有整饰工段，即从蓝湿革加工到坯革或成品革。这样制革企业由于加工工段不一样，制革过程所消耗的水量是有很大差别的。

#### 1．准备工段废水

鞣前准备工段在水洗、浸水、脱毛、浸灰、脱脂、软化等生产过程产生大量废水，废水量占总水量的 70%以上，废水中含大量有机废物（污血、蛋白质、脂肪、泥沙等）、无机废物（酸、碱、硫化物、无机盐类）、有机化学物质（表面活性剂、脱脂剂等）。废水中COD、BOD、SS 等污染物浓度很高，COD 浓度高达 3 000 mg/L 左右、BOD 浓度 1 500 mg/L 左右、SS 浓度达 3 000 mg/L、pH 值平均在 10 左右，显碱性。

制革生产的脱毛工序多采用硫化碱脱毛技术，脱毛化工原料是硫化钠和石灰，废水占总水量 10%，废水的 COD 量占总量 50%，硫化物占 95%，该废水属高浓度，高毒性废水，硫化物浓度在 1 300 mg/L。

#### 2．鞣制工段废水

鞣制工段在浸酸、鞣制、水洗过程产生大量有毒废水，废水量占总水量的 8%，其废水中含高浓度铬盐、COD 等，色度液会严重超标。含铬浓度 800～3 000 mg/L、COD 浓度 3 000～7 000 mg/L 左右、SS 浓度 2 500 mg/L。鞣后湿整饰工序在水洗、挤水、染色、加脂过程产生污水，废水量占总水量的 20%，废水中含表面活性剂、酚类、有机溶剂等，COD 浓度 4 000 mg/L、SS 浓度达 3 000 mg/L。

目前铬鞣是广泛使用的鞣制方法，有些行内人士认为革鞣工序使用的红矾量越多制成的革性能越好，一般红矾用量为裸皮的 5%，对铬鞣进行物料分析，革吸收了食用量的 77%（按使用量 5%计），剩余的铬则流失于鞣制废水中。鞣制 1 t 裸皮需 50 kg 红矾，排放 10 kg 左右铬盐，过多使用的红矾都会排入废水。

铬鞣的废水量约为 1 t，原料皮排放 1.8 m$^3$ 铬鞣废水，废水中含铬浓度 3 500 mg/L；铬复鞣的废水量约为 1 t，原料皮排放 2.2 m$^3$ 铬鞣废液，废水中含铬浓度 1 500 mg/L；制革中的铬鞣和复鞣工序铬污染占总铬污染的 95%，其后的水洗、挤水铬污染占总铬污染的 5%。

### 3. 整饰工段废水

整饰工段废水产生约占 20%，主要污染物为染料、油脂、有机化合物等。整饰过程的磨革会产生粉尘，喷涂会产生有机溶剂挥发产生的废气污染。

预处理后的含铬废水立足于回用浸酸鞣制工序，剩余部分与预处理后的含硫废水以及设备冲洗水、地面冲洗水、废气处理废水、化水车间废水和生活污水等，送综合废水处理系统处理，车间地面，水场车间、物料车间、转鼓等设备区域废水收集沟、管沟周边及底部、废水预沉池采用四层沥青+三层纱布+水泥+防水油的防腐、防渗措施，含铬废水、综合废水等废水收集管道采用高密度聚乙烯材料（表 3-20～表 3-22）。

表 3-20 不同种类皮革加工的吨原皮（从生皮到蓝湿革）排水量调研值 单位：m$^3$/t 原皮

| 皮革种类 | 牛皮 | 猪皮 | 山羊 | 绵羊 |
|---|---|---|---|---|
| 排水量 | 36～45 | 36～60 | 29～45 | 29～40 |

注：数据来自《制革及毛皮加工工业水污染物排放标准》编制说明（征求意见稿）。

表 3-21 不同种类皮革加工的吨原皮（从蓝湿革到成品革）排水量调研值 单位：m$^3$/t 原皮

| 皮革种类 | 牛皮 | 猪皮 | 山羊 | 绵羊 |
|---|---|---|---|---|
| 排水量 | 17～35 | 32～50 | 29～36 | 27～36 |

注：数据来自《制革及毛皮加工工业水污染物排放标准》编制说明（征求意见稿）。

表 3-22 皮革废水水质调查表 单位：mg/L（pH、色度除外）

| 工序 | pH | COD | BOD | SS | 色度 | 油脂 | 氨氮 | $S^{2-}$ | 铬 |
|---|---|---|---|---|---|---|---|---|---|
| 浸水 | 7～8 | 2 500～5 500 | 1 100～2 500 | 2 000～5 000 | 150～500 | 1 000～5 000 | 100～200 | / | / |
| 脱脂 | 11～13 | 3 000～20 000 | 400～700 | 3 000～5 000 | 3 000～7 000 | 1 000～8 000 | / | / | / |
| 浸灰脱毛 | 13～14 | 15 000～40 000 | 5 000～10 000 | 6 000～20 000 | 2 000～4 000 | 300～800 | 50～100 | 2 000～5 000 | / |
| 脱灰 | 7～9 | 2 500～7 000 | 2 000～5 000 | 1 500～3 000 | 50～200 | / | 3 000～7 000 | 300～600 | / |
| 软化 | 7～8 | 2 500～7 000 | 2 000～5 000 | 300～700 | 1 000～2 000 | / | 1 000～3 000 | 100～200 | / |
| 浸酸 | 2～3 | 3 000～5 000 | 500～1 000 | 1 000～2 000 | 60～160 | / | 200～500 | / | / |

| 工序 | pH | COD | BOD | SS | 色度 | 油脂 | 氨氮 | $S^{2-}$ | 铬 |
|---|---|---|---|---|---|---|---|---|---|
| 鞣制 | 3～4.5 | 3 000～7 000 | 300～800 | 1 000～2 500 | 1 000～3 000 | 500～1 000 | 100～200 | 800～3 000 | / |
| 复鞣中和 | 5～7 | 3 000～7 000 | 1 000～2 000 | 300～500 | 500～2 000 | / | 200～400 | / | 40～200 |
| 染色加脂 | 4～6 | 2 500～7 000 | 1 500～3 000 | 300～600 | 500～100 000 | 400～800 | / | / | 10～60 |
| 综合废水 | 8～10 | 3 000～4 000 | 1 500～2 000 | 2 000～4 000 | 600～4 000 | 250～2 000 | 300～600 | 40～100 | / |

注：数据来自《制革及毛皮加工工业水污染物排放标准》编制说明（征求意见稿）。

### （二）废气主要来源

皮革企业在生产过程中也会产生部分气体，皮革加工过程产生的硫化氢、氨水和其他一些易挥发的有机废气，以及蛋白质固体废料分解产生的有毒气体或不良气味，企业废水综合池在高温天气下也产生部分臭气，胶头堆放产生的臭气。生产过程中初鞣、复鞣、涂饰车间、储存和废水处理过程中产生的恶臭气体对车间附近的环境空气有一定的影响。产生粉尘、重金属、恶臭等污染物。

喷涂废气排气筒排放中苯、甲苯、二甲苯。

落实大气污染防治措施。去肉、浸水、浸灰脱毛工序产生的恶臭均密闭收集后经“酸吸收、次氯酸钠氧化、碱吸收”喷淋净化处理；污水处理站调节池、格栅、预沉池、缺氧池、污泥浓缩池、污泥脱水间等恶臭源均密闭处理，产生的恶臭收集后经“碱喷淋吸收、生物除臭”净化处理排放。恶臭废气排放均须满足《恶臭污染物排放标准》（GB 14554—93）表 2 标准要求。

磨革车间外排磨革废气中的颗粒物浓度较高，磨革机组产生的粉尘收集后经布袋除尘器除尘处理；涂饰工序产生的气雾收集后经水膜除尘器处理。

### （三）固体废物主要来源

制革工业固体废弃物主要包括制革污泥和革屑、革渣两大类。一般来讲制革厂在对污水进行预处理时，污泥含量约占污水的 5%～10%，而同时产生与污泥等量的其他固体废物。沉降污泥以大量含水的形态存在，其中的固体干物质约为 3%～5%。

以生化方法处理废水所产生的污泥比用物理方法处理废水所产生的污泥多 50%～100%。皮革厂在处理污泥前，一般要对污泥进行脱水，脱水后的污泥其固体干物质的含量为 20%～40%。

## 四、皮革工业的排污节点特征

表 3-23 皮革企业排污节点

| 类型 | 排污节点 | | 污染物 | 检查方式 |
| --- | --- | --- | --- | --- |
| 有组织排放废气源 | 锅炉房 | 锅炉烟气 | 烟尘、$SO_2$、$NO_x$ | 检查监测数据；检查除尘、脱硫设施的运行记录。判断三项指标排放是否达标，设施运行是否正常 |
| | 整饰工段 | 喷涂废气排气筒 | 排放苯、甲苯、二甲苯 | 检查 VOC 集气效果和 VOC 净化的消耗（如吸收材料），检查运行记录 |
| 无组织排放废气源 | 物料运输 | 运输车辆 | 扬尘 | 检查道路清扫洒水情况、检查车辆密封情况 |
| | 整饰工段 | 喷涂废气 | 苯、甲苯、二甲苯、VOCs | 现场检查无组织排放防护措施，现场检查恶臭和异味的收集措施和净化效果 |
| | | 磨革废气 | 革屑和革灰 | |
| | | 涂饰废气 | 氨 | |
| | 准备工段 | 皮革湿处理 | 臭味 | |
| | 污水站 | 生化单元和污泥处理 | 臭味 | |
| 废水源 | 锅炉 | 冲渣 | SS | 检查污水去向台账 |
| | 机修 | 机修废水 | 石油类、COD、SS | |
| | 生活废水 | 浴室、食堂、厕所 | COD、SS、pH、大肠菌群数 | |
| | 准备工段 | 浸水、脱脂废水 | pH 值、COD、SS、色度、油脂、氨氮等 | 检查废水去向；<br>检查废水管理台账记录 |
| | | 浸灰、脱毛废水 | pH 值、COD、SS、硫化物、色度、油脂、氨氮等 | |
| | | 脱灰、软化废水 | COD、SS、硫化物、色度、氨氮等 | |
| | | 浸酸废水 | pH 值、COD、SS、色度、氨氮等 | |
| | 鞣制工段 | 鞣制废水 | pH 值、六价铬、COD、SS、色度、油脂、氨氮等 | 预处理设施是否安装，是否运行；检查废水监测监控记录，六价铬是否达标；检查与处理后的废水去向 |
| | | 复鞣中和废水 | pH 值、六价铬、COD、SS、色度、氨氮等 | |
| | 整饰工段 | 染色加脂废水 | pH 值、六价铬、COD、SS、色度、油脂等 | 检查污水去向台账；废水监测监控记录 |
| | 锅炉等排水 | 锅炉循环冷却水 | pH、SS、COD | 检查处理装置运行是否正常 |
| | 污水处理站 | 污水处理 | pH 值、COD、SS、色度、油脂、氨氮、总氮等 | 检查污水去向台账，在总排口应检查 COD、氨氮、SS、pH 等指标是否达标 |

| 类型 | 排污节点 | | 污染物 | 检查方式 |
|---|---|---|---|---|
| 固体废物 | 准备工段 | 去肉、脱脂过程 | 碎肉、油脂、污泥、蓝湿边角料等（一般固体废物） | 检查除各种固体废物的收集、管理、去向台账 |
| | 鞣制工段 | 铬鞣、复鞣预处理 | 物化污泥、铬鞣废渣（危险废物） | 含铬污泥，经鉴别为危险废物的需按危险废物处置；各种危险废物按危险废物规定收集、贮存、管理、定向外运（联单）；建立完整的台账 |
| | 整饰工段 | 皮革裁剪加工、磨革过程产生废物 | 碎革、革屑和革灰、废染料、废染料包装物、废溶剂等（危险废物） | |
| | 污水站 | 生化污泥 | 污水站污泥 | 按一般固体废物处置，检查其收集、管理、去向台账 |
| | 锅炉房 | 脱硫塔、除尘器、灰渣 | 双碱法脱硫除尘系统沉渣 | 检查固体废物是否全部收集，是否妥善运输至水泥厂 |
| | 机修车间 | 废机油、含油抹布 | 废机油、含油抹布危险废物 | 按危险废物管理、废物转移联单制度 |

## 五、皮革工业企业常见的环境违法行为

皮革企业应集中生产和集中治污。提升现有制革园区水平；在具备环保承载能力、资源充足的地区建立制革园区，聚集制革企业集中生产或承接制革企业转移；新建（改扩建）制革企业应进入依法合规设立的制革园区或工业园区，鼓励园区外的企业迁入园区；制革园区或工业园区，应建设污水集中处理设施，对园区内企业污水统一收集、集中处理，稳定达标排放；在制革园区建立集中供热系统，逐步淘汰分散燃煤锅炉。

（1）建厂早的老旧皮革企业多数缺乏环评审批及“三同时”验收审批手续，应该严格检查其环评和“三同时”审批手续是否合规。按国家最新要求，皮革企业一律集中生产，集中治污，并符合国家的环境规划要求。某省在环境稽查中发现有 16 家制革企业未经过环保部门的审批，擅自进行建设。还有一些制革企业批小建大，违法建设生产，某地在制革企业督查中发现 21 家制革企业存在擅自扩大生产规模的违法行为。

（2）皮革企业污染治理设施不到位的问题还很常见，如高浓度含铬废水的预处理设施（未建设和使用铬液处理设施—预处理设施）、含硫废水、脱脂废水预处理设施是否建成并正常运行。如检查某皮革园区时发现 2 家企业未建含铬废水处理设施、3 家企业含铬废水处理设施长期不运行；某省在全省 117 家制革企业专项执法检查中，发现有 84 家制革企业未单独设置含铬废水处理设施，将含铬废水与其他制革综合污水混合处理，铬污染物超标排放，通过稀释的方式违法排放含铬污染物，涉嫌环境污染犯罪。

（3）固体废物不按规定处置（尤其是铬泥等危险废物）。检查铬泥等危险废物贮存场所，重点查看是否落实场所、标志、应急措施、产生时间及数量、转移联单、运输车辆、处置方资质、转移计划、审批情况。例如，某皮革企业为节省成本将铬泥混入污泥或其他

非危险废物中贮存和转运。

（4）制革企业的环境超标排放的违法问题仍较普遍。从日常督察情况来看，制革企业仍存在两大顽疾。综合废水处理缺少深度脱氮工艺，废水 COD 尤其是氨氮难以达标排放。制革废水经常会多项指标超标排放，如总铬、氨氮、硫化物、COD、色度等。

（5）许多制革企业采取废水稀释排放（以周边方便取水的企业为常见），弄虚作假。根据经验，对制革企业要严格总量控制指标的核查。重点核查企业废水量，企业生产转鼓车间原则上要安装流量计 A，检查时要反复和污水处理厂排放口流量计 B 比较，如果 A 明显大于 B，则判断企业存在偷排的现象，如果 A 明显小于 B，则判断企业存在用水稀释代替处理的行为。

（6）制革企业中小企业和落后工艺设备居多，为了减少污染治理成本，采用私设暗管、渗井渗坑等偷排手段较为常见。许多企业为躲避监管，设置多处废水排放口。某制革园区在检查时，发现私设暗管、渗坑渗井排放类 5 起。还有一些制革企业通过在厂区地面设置多余软管、通过职工洗手间偷排，通过污染物处理中间工序设置外排管道（观察应急管道阀门是否有经常开启痕迹）。某地环境督察中，发现一皮革企业生产废水在进入污水收集调节池前，私设活动闸门，偷排未经处理的制革废水。某皮革企业将未处理的制革废水运至企业后山挖的一个大土坑内渗漏偷排。

园区外非规模以上的制革企业，即“小制革”，早已被国家列为“十小”企业。因利润微薄、污染治理成本高，其偷排废水的动力非常大。对此类企业进行检查时，应注意检查的突然性和针对性，往往能发现适用环保法配套办法及涉嫌环境污染犯罪的案件，应当坚决使用综合手段倒逼其退出市场。

（7）还有一些制革企业采用在线监测数据弄虚作假，在线监控设施擅自停运、闲置或监控数据不完整。一是检查实时监控水质数据，分析相关指标，如 $COD_{Cr}$ 浓度低于 60 mg/L 或氨氮浓度低于 15 mg/L，则判断仪器出现异常；二是调阅历史数据，查看最近 1 月或 1 周内各项主要指标是否稳定，如水量、出口浓度是否完整，出口浓度是否达标，有无异常；三是查看在线监设施运维台账，翻阅运维公司故障处理记录，考察运维公司事故响应能力。

（8）制革企业擅自非法处置危险废物的情况也经常被查到。如某制革园区检查时，发现擅自非法处置危险废物的行为多达 4 起。

（9）制革企业厂区地面雨污分流不彻底，生产废水涉嫌通过雨水管网排放。

（10）制革企业现场检查也存在着工业行业现场普遍存在的问题，如擅自停运污染防治设施及不正常运行污染防治设施的行为；主要污染物超标排放的问题；自动监控不正常运行和数据缺失也比较多（实际是故意消除超标排放的数据）；机械维修产生的废矿物油、维修油泥等危险废物管理不合规等问题。

（11）园区外非规模以上的制革企业，即“小制革”，早已被国家列为“十小”企业。

因利润微薄、污染治理成本高，其偷排废水的动力非常大。对此类企业进行检查时，应注意检查的突然性和针对性，往往能发现使用环保法配套办法及涉嫌环境污染犯罪的案件，应当坚决使用综合手段倒逼其退出市场。

# 第四节　酒精工业污染特征及环境违法行为

## 一、酒精工业工艺环境管理概况

### （一）原辅材料

#### 1. 原料

【淀粉质原料】淀粉质原料酒精主要产地是北方，以薯类、玉米、谷物和农副产品为原料，利用其中的淀粉质发酵而成，其中发酵酒精的80%是以淀粉质原料生产的，其中以薯类为原料的占45%，以玉米等谷类（包括玉米、小麦、高粱、大米等）为原料的占35%。

【糖质原料】糖质酒精是以糖蜜为原料，经发酵后醪液从初馏塔蒸馏而出，许多糖厂都设有糖蜜制酒车间。废糖蜜的产量约为加工甘蔗和甜菜产量的30%和3.5%～5%，废糖蜜含糖量约为 50%。糖蜜原料发酵生产酒精 直接利用糖蜜中的糖分，经过稀释并添加部分营养盐，借酒母的作用发酵生成酒精。糖质酒精约占酒精生产总量的18%。

【纤维质原料】是以林业和木材工业的下脚料、秸秆、废纤维废料、甘蔗渣等为原料，发酵、蒸馏工业酒精。纤维质原料需要进行酸水解或酶水解，先把纤维质原料转化为葡萄糖，然后进行发酵；虽然该法在理论上是可行的，但在实际生产中由于成本太高而受到很大限制。造纸原料经亚硫酸盐液蒸煮后，废液中含有六碳糖，这部分糖在酵母作用下可以发酵生成酒精，主要用于工业酒精产品，这部分酒精占总量的2%。

#### 2. 辅料

【辅助原料】辅助原料是指生产糖化剂时用来补充氮源所需的原料，主要有麸皮、米糠、玉米粉等富含碳源和氮源的物质。

培养酵母菌和糖化剂制备所需营养盐、酸类、脱水剂、洗涤剂、消泡剂和消毒剂等。

【酿造用水】或称工艺用水，凡制曲时拌料，微生物培养，制曲原料的浸泡、糊化、稀释、设备及工具的清洗等因其与原料、半成品、成品的直接接触，故统称为工艺用水。通常要求具有弱酸性，pH 为 4.0～5.0。

【冷却用水】蒸煮醪和糖化醪的冷却，发酵温度的控制，需大量的冷却用水。因其不与物料直接接触，故只需温度较低，硬度适中。为节约用水，冷却水应尽可能予以回收利用。

【锅炉用水】通常要求无固型悬浮物，总硬度和碱度应尽可能低，pH 在 25℃时高于 7，含油量及溶解物等越少越好。

3．产品

酒精生产得到产品酒精外，还有副产品发酵成熟醪中的酒精酵母、杂醇油、甲醇、二氧化碳、酒精醪等。

目前我国淀粉生产酒精的出酒率一般在 52%左右，较好的为 53%～54%，最高可达 56%，而差的只有 50%左右。其他原料出酒率一般在 32%左右，好的 33%～34%，最高可达 35%。

## （二）水耗、能耗

表 3-24 酒精制造业清洁生产标准指标要求

| 清洁生产指标 | | 一级 | 二级 | 三级 | 国内一般 |
| --- | --- | --- | --- | --- | --- |
| 单位产品综合能耗/（kg 标煤/kL） | 谷类 | ≤550 | ≤600 | ≤800 | 800 |
| | 薯类 | ≤500 | ≤550 | ≤650 | 650 |
| | 糖蜜 | ≤350 | ≤450 | ≤550 | 550 |
| 单位产品耗电量/（kW·h/kL） | 谷类 | ≤140 | ≤260 | ≤380 | 380 |
| | 薯类 | ≤120 | ≤150 | ≤170 | 170 |
| | 糖蜜 | ≤20 | ≤40 | ≤50 | 50 |
| 单位产品取水量/（$m^3$/kL） | 谷类 | ≤10 | ≤20 | ≤30 | 28.7 |
| | 薯类 | ≤10 | ≤20 | ≤30 | 30.6 |
| | 糖蜜 | ≤10 | ≤40 | ≤50 | 51.7 |
| 单位产品废水产生量/（$m^3$/kL） | 谷类 | ≤10 | ≤15 | ≤20 | 20 |
| | 薯类 | ≤10 | ≤15 | ≤20 | 20 |
| | 糖蜜 | ≤10 | ≤20 | ≤30 | 30 |
| 单位产品 COD 产生量/（$m^3$/kL） | 谷类 | ≤250 | ≤300 | ≤350 | 620 |
| | 薯类 | ≤250 | ≤300 | ≤350 | 450 |
| | 糖蜜 | ≤800 | ≤1 000 | ≤1 200 | 1 630 |
| 单位产品酒精糟液产生量/（$m^3$/kL） | 谷类 | ≤8 | ≤10 | ≤11 | 13～16 |
| | 薯类 | ≤8 | ≤10 | ≤11 | 13～16 |
| | 糖蜜 | ≤9 | ≤11 | ≤14 | 14～16 |

注：摘自《清洁生产标准——酒精制造业》（HJ 581—2010）。

【蒸汽】吨酒精耗蒸汽 4～6 t。

【水耗】水耗指标的确定：根据国内企业调研数据，谷类酒精企业的耗水在 9～40 $m^3$/kL 之间，以企业平均数作为标准的三级标准，在此基础上稍做调整，故确定一级指标为≤10，二级指标为≤20，三级指标为≤30；薯类酒精企业一级指标为≤10，二级指标为≤20，三级指标为≤30；糖蜜酒精企业一级指标为≤10，二级指标为≤40，三级指标为≤50。

【燃煤】发酵酒精生产过程使用大量蒸汽，蒸汽锅炉消耗大量燃煤。每吨酒精标煤耗量一般在 700 kg 左右，较低的 600 kg 左右，最低 420 kg，最高 1 300 kg。世界平均水平单位酒精能耗 300～400 kg 标煤。

【电耗】电耗指标的确定：根据国内企业调研数据，谷类酒精企业的耗电在 120～400（kW•h）/kL 之间，以企业平均数作为标准的三级标准，在此基础上稍做调整，故确定一级指标为≤140，二级指标为≤260，三级指标为≤380。薯类酒精企业一级指标为≤120，二级指标为≤150，三级指标为≤170。糖蜜酒精企业一级指标为≤15，二级指标为≤40，三级指标为≤50。

多个非粮原料（木薯、纤维素、粉葛）燃料乙醇项目编制的环境影响报告书“清洁生产部分”显示，生产每千升燃料乙醇综合能耗为 130～890 kg 标煤、电耗 114～210 kW·h、取水量 7～22 t、废水产生量 6～14 t、酒精糟产生量 5～15 t、COD 产生量 200～560 kg，发酵成熟醪酒精分为 11%～13%（v/v）、淀粉出酒率 54%～56%，冷却水循环利用率 96%～98%。

## （三）基本生产工艺

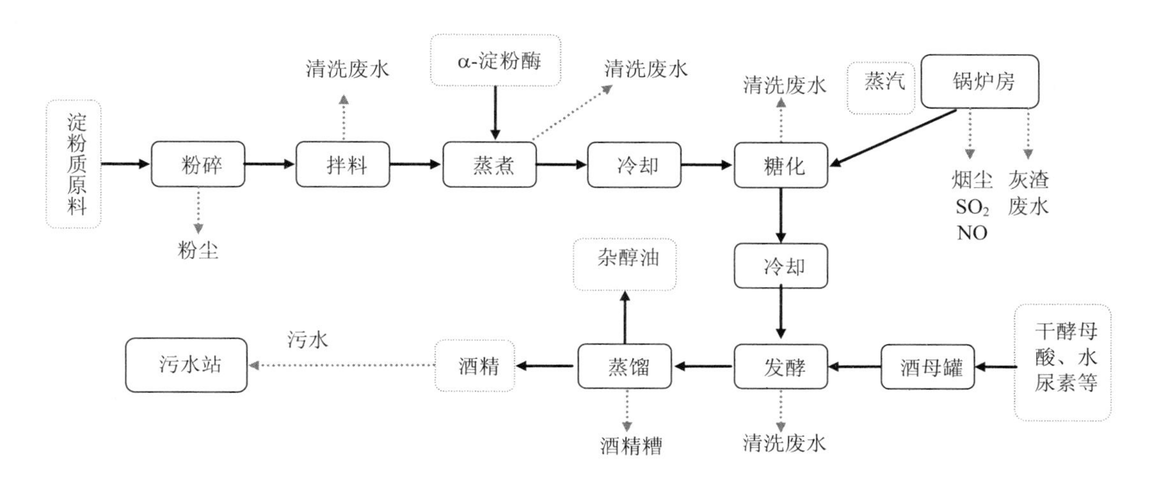


图 3-8　淀粉质发酵酒精生产工艺

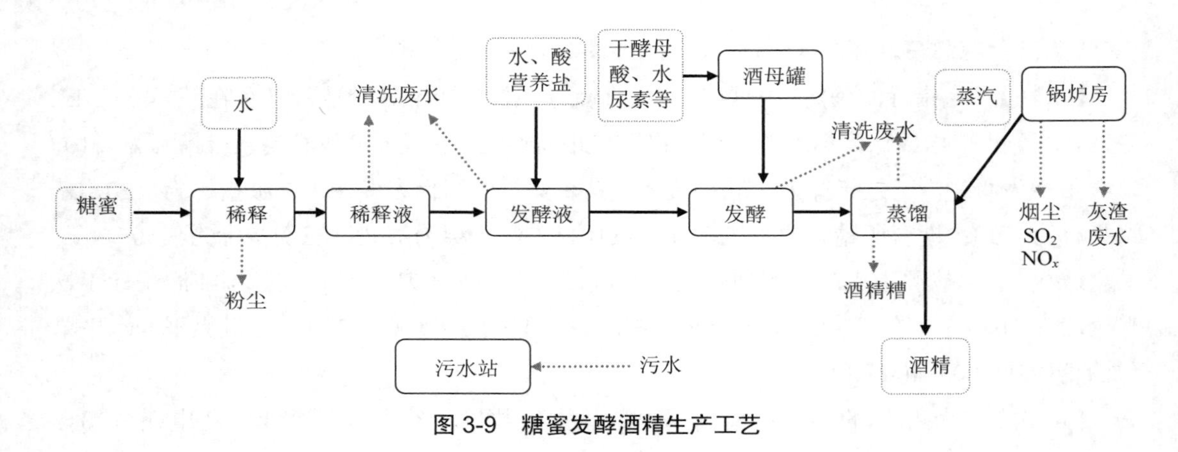


图 3-9　糖蜜发酵酒精生产工艺

## （四）酒精行业主要生产设备

表 3-25　酒精行业主要生产设备

| 项目 | 设备（设施）名称 |
|---|---|
| 原料处理 | 运输车辆、提升机、胶带输送机、锤式粉碎机、振动筛、粉料仓、煤场（煤棚）、仓库等 |
| 蒸煮工序 | 拌料罐、蒸煮锅、提升机、带式输送机、螺旋板换热器 |
| 糖化工序 | 糖化罐、冷却器 |
| 稀释与酸化 | 稀释器、泵 |
| 酒母制备 | 活化罐、扩培罐、酒母罐、泵 |
| 发酵工序 | 发酵罐 |
| 蒸馏工序 | 粗馏塔、精馏塔、水洗塔、杂质塔、酒槽 |
| 其他生产辅助设施 | 重油罐、天然气罐、碎玻璃仓、污水站 |

# 二、酒精工业的主要污染指标

表 3-26　酒精企业主要污染指标

| 污染类型 | | 主要污染指标 |
|---|---|---|
| 废气 | 有组织 | 工业锅炉产生烟气，污染物有颗粒物、$NO_x$、$SO_2$；<br>原辅料预处理破碎、筛分产生的含尘废气；<br>蒸煮、糖化、发酵、蒸馏、干燥过程集中收集的含异味废气 |
| | 无组织 | 原辅料收储运、预处理除尘收集的尘灰；<br>异味与恶臭（蒸煮、糖化、发酵、蒸馏、干燥过程和废水处理产生的气味）等 |

| 污染类型 | | 主要污染指标 |
|---|---|---|
| 污水 | 生产废水 | 蒸馏（粗馏塔底）残液（称为酒精废醪），这是酒精行业最主要的污水来源，属高浓度有机废水，每生产 1 t 酒精排放 13～16 t 酒精糟，酒精糟呈酸性，$COD_{Cr}$ 高达（5～7）× $10^4$ mg/L，BOD 达（1.3～4）万 mg/L，SS 高达（1～5）万 mg/L、pH 值 3～5；<br>生产设备的洗涤水、冲洗水，以及蒸煮、糖化、发酵、蒸馏工艺的洗涤废水等。生产设备的冲洗水、洗涤水属于中浓度污水，COD 浓度为 600～2 000 mg/L，BOD 在 500～1 000 mg/L；<br>蒸煮、糖化、发酵、蒸馏工艺的地面冲洗废水和冷却水属于低浓度污水，COD 浓度低于 100 mg/L。<br>综合废水主要污染物有 $COD_{Cr}$、$BOD_5$、SS、pH、色度、氨氮、总氮、总磷等 |
| | 生活废水 | 办公废水（办公室、浴室、食堂、厕所废水），废水含 COD、SS、氨氮、总磷 |
| 固体废物 | 工业固体废物 | 工业锅炉产生的灰渣，灰渣产生量约为锅炉消耗煤炭的 30%；<br>原辅料收储运及预处理除尘收集的尘灰；<br>酒精糟、啤酒生产的各道工序都会产生废渣，包括过滤出的废麦糟、酵母泥、废硅藻土、废酒泥等；<br>污水处理与预处理产生的污泥 |
| | 生活垃圾 | 办公室、食堂、浴室等处的垃圾 |
| 噪声 | | 主要是运输车辆噪声、设备噪声等 |

## 三、酒精工业的环境污染特征

### （一）废水主要来源

发酵酒精工业的污染主要为水污染。酒精生产主要采用粉碎、搅拌、加热、蒸发、冷却、冷凝、液化、糖化、发酵、蒸馏、洗涤、灭菌等单元操作，这些操作将大量地使用原材料和新鲜水，生产过程产生的废水主要来自蒸馏发酵成熟醪后排出的酒精糟，生产设备的洗涤水、冲洗水，以及蒸煮、糖化、发酵、蒸馏工艺的冷却水等。同时，生产工艺中有些工序有废弃物（酒精糟、炉渣）、废水（洗涤水等）排出。酒精工业的污染以水污染最为严重，生产过程中的废水主要来自蒸馏发酵成熟醪后排出的酒精糟，生产设备的洗涤水、冲洗水以及蒸煮、糖化、发酵、蒸馏工艺的冷却水等。

发酵法生产酒精过程会产生大量的蒸馏（粗馏塔底）残液（称为酒精废醪），这是酒精行业最主要的污水来源，属高浓度有机废水，每生产 1 t 酒精约排放 13～16 t 酒精糟液，酒精糟呈酸性，$COD_{Cr}$ 高达（5～7）万 mg/L，BOD 达（1.3～4）万 mg/L，SS 高达（1～5）

万 mg/L、pH 为 3～5。生产设备的洗涤水、冲洗水，以及蒸煮、糖化、发酵、蒸馏工艺的洗涤废水等。生产设备的冲洗水、洗涤水属于中浓度污水，COD 浓度约为 600～2 000 mg/L，BOD 为 500～1 000 mg/L；蒸煮、糖化、发酵、蒸馏工艺的冷却水属于低浓度污水，COD 浓度低于 100 mg/L。

### （二）废气主要来源

（1）原料粉碎装卸、堆场、粉碎、输送机运料、配料产生的粉尘。

（2）蒸汽锅炉产生的燃料燃烧烟气，污染物主要取决于使用的燃料和锅炉。

（3）蒸煮、糖化、发酵、蒸馏、干燥过程产生的异味，废酒糟和废水收集和处理过程产生的异味和恶臭。

### （三）固体废物主要来源

（1）工业锅炉产生的灰渣，灰渣产生量约为锅炉消耗煤炭的 30%。

（2）原辅料收储运及预处理除尘收集的尘灰。

（3）酒精糟、啤酒生产的各道工序都会产生废渣，包括过滤出的废麦糟、酵母泥、废硅藻土、废酒泥等。每生产 1 t 酒精副产酒精糟 12～15 t。酒精糟主要产生于酒精企业的蒸馏塔，产生量大，酒精糟呈酸性，有机负荷高，是酒精行业最主要的污染源。

（4）污水处理与预处理产生的污泥。

## 四、酒精工业的排污节点特征

表 3-27　酒精企业排污节点

| 污染类型 | 工序（节点） | 污染物 | 检查要点 |
|---|---|---|---|
| 有组织排放废气源 | 原料处理 | 粉尘 | 检查粉尘排放与除尘效果，检查检测数据 |
| | 蒸煮与糖化 | 蒸煮糖化产生异味气体 | 检查集气净化设施和效果，检查车间和周围的气味 |
| | 发酵工序 | 发酵产生异味废气 | 检查集气净化设施和效果，检查车间和周围的气味 |
| | 蒸馏工序 | 产生蒸馏和酒糟异味废气 | 检查集气净化设施和效果，检查车间和周围的气味，尤其是检查酒糟的贮存、运输产生的遗撒 |
| | 污水站 | 产生恶臭 | 检查集气净化设施和效果，检查污水站周围的气味 |
| | 锅炉房 | 烟尘、$SO_2$、$NO_x$ | 检查是否有除尘器，检查颗粒物排放与除尘效果；检查脱硫装置类型，检查 $SO_2$ 排放与脱硫效果；检查脱硝装置类型，检查 $NO_x$ 排放与脱硝效果 |

| 污染类型 | 工序（节点） | 污染物 | 检查要点 |
| --- | --- | --- | --- |
| 无组织排放废气源 | 原料处理 | 原辅料的预处理产生粉尘、煤尘（无组织排放）；<br>硫酸卸车、入罐产生酸性气体排放 | 检查堆场是否建有防风抑尘网；<br>检查粉料仓、料棚的密闭措施，检查上料、入仓加强封闭措施；<br>检查卸车是否存在遗撒；<br>检查输运机和提升机设廊道封闭性 |
|  | 蒸煮与糖化 | 异味废气 | 检查蒸煮和糖化设备的密闭性；<br>对车间和相关设施进行集气净化，去除异味 |
|  | 发酵工序 | 异味废气 | 检查发酵设备的密闭性；<br>对车间和相关设施进行集气净化，去除异味 |
|  | 蒸馏工序 | 异味废气 | 检查蒸馏设备的密闭性；<br>对车间和相关设施进行集气净化，去除异味 |
|  | 硫酸罐区 | 酸性气体 | 检查罐区周围的气味 |
|  | 锅炉房 | 无组织粉尘排放 | 检查防尘设施和效果 |
|  | 污水站 | 排放恶臭废气 | 检查污水站的气味 |
|  | 厂区 | 粉尘 | 检查产区运输扬尘 |
| 污水源 | 原料处理 | 清洗废水含石油类、COD、SS | 检查废水去向；是否导入污水站处理 |
|  | 蒸煮与糖化 | 废水含 COD、SS、氨氮、总氮、总磷、pH 值 | 检查废水去向，是否导入污水站处理 |
|  | 稀释与酸化 |  |  |
|  | 酒母制备 |  |  |
|  | 发酵工序 |  |  |
|  | 蒸馏工序 |  |  |
|  | 锅炉房 | 污水含 COD、SS |  |
|  | 污水站 | 污水含 COD、SS、氨氮、总氮、总磷、pH | 检查 COD、SS、氨氮、总氮、总磷、pH 各项指标的监测数据和自动监控数据，判断是否达标；<br>检查污染治理设施运行是否正常 |
| 固体废物 | 原料处理 | 一般固体废物 | 检查产生量；<br>检查去向；<br>检查贮存场所 |
|  | 锅炉房 |  |  |
|  | 蒸馏工序 |  |  |
|  | 污水站 | 污泥（一般废物） |  |
| 噪声 | 原料处理 | 噪声 | 检查噪声对厂周围环境影响 |
|  | 厂区 |  |  |

## 五、酒精工业企业常见的环境违法行为

（1）废水处理工序的厌氧发酵罐有旁路管道偷排污泥或废水。

（2）少数企业在酒精废液浓缩罐私设活动开口向外抽取浓缩液。

（3）废水在进入污水处理设施前，私设管道偷排未经处理的废水。

（4）将氨氮处理不达标的废水混入冷却水稀释后排放。

（5）蒸煮、糖化、发酵、蒸馏、污水处理等工序产生的异味未经处理，直接外排。

（6）2018 年 4 月 12—13 日，环境执法人员对某酒精生产企业进行现场检查时发现以下环境违法行为：①3 万 t 糖蜜酒精生产线在开机生产情况下，污水处理站停运，浓缩车间冷凝水收集池内的生产废水可从设置在池边的溢流管口溢流出来，未经处理直接排入厂区雨水沟外排，池边路面可见废水溢流腐蚀过的明显痕迹；锅炉冲灰水未经处理可直接通过厂区雨水沟外排。经 4 月 12 日对厂区雨水沟外排废水现场采样分析，雨水沟外排废水 COD 浓度为 256 mg/L，超过了《发酵酒精和白酒工业水污染物排放标准》（GB 27631—2011）中表 2 规定的 COD 排放限值 100 mg/L 的 1.56 倍。②厂区雨水沟废水通过厂外水沟最终排入自然坑塘，经 4 月 13 日采样分析，水沟入 2#塘前废水 COD 浓度为 3 469 mg/L，3#塘西侧芭蕉林边的水沟废水 COD 浓度为 2 745 mg/L，与水沟最下游点连通的 1#塘（1#塘废水排入 2#塘出口处）、2#塘废水 COD 浓度分别为 198 mg/L 和 147 mg/L。③1 台 30 t/h 燃煤锅炉正在开机运行，配套的烟气自动监测设备未开机运行，无 2018 年以来的烟气自动监测设备运行记录。

（7）经某市环境监察支队现场调查，发现某酒精企业存在以下环境违法行为：①年产 5.4 t 食用酒精建设项目未依法报批建设项目环境影响评价文件，擅自开工建设；②年产 5.4 t 食用酒精建设项目需要配套建设的环境保护设施未建成、未经验收，主体工程正式投入生产；③在禁燃区新建燃用高污染燃料的设施。

# 第五节 啤酒工业污染特征及环境违法行为

## 一、啤酒工业工艺环境管理概况

### （一）主要原辅材料

啤酒是以麦芽（包括特种麦芽）、酒花、酵母和水为主要原料，以大米或其他谷物为辅助原料，经麦芽汁的制备，加酒花煮沸，并由酵母发酵酿制而成的，含有二氧化碳、起

泡的、低酒精度（2.5%～12%）的饮料酒。

**1. 原料**

【大麦】大麦制麦芽比小麦、黑麦、燕麦快，才被选作酿啤酒的主原料。

【麦芽】麦芽由大麦制成。大麦经浸渍发芽后制成鲜麦芽，再经干燥和焙焦从除根后制成麦芽。

【酒花】酒花属荨麻或大麻系植物。酒花结球果给啤酒注入苦味与甘甜，使啤酒清爽，且有助消化。

【酵母】酵母是真菌类微生物。啤酒酿造过程，酵母把麦芽汁中糖分发酵成啤酒，产生乙醇、二氧化碳和其他微量发酵产物。

【水】在啤酒产品中水占 90%左右，啤酒酿造用水是指糖化用水和洗涤麦糟用水，在麦汁制备以及发酵过程中，许多物理变化、酶反应、生物化学和生物学的变化都与水质直接有关。啤酒制造还要消耗酵母洗涤用稀释用水、冷却水及冲洗水、洗涤水等，属于耗水量大的行业。

**2. 辅料**

在糖化操作时，常用大米、大麦、玉米和蔗糖等中的某一种代替部分麦芽，我国多用大米为辅料。

【大米】大米淀粉含量高于其他谷类，蛋白质含量低。用大米代替部分麦芽，不仅麦汁的浸出率高，而且可以改善啤酒风味、降低色泽。我国啤酒厂用大米的数量一般在1/3～1/5。

【玉米】与大麦淀粉大致相同。但玉米胚芽含油较多，影响啤酒的泡持性和风味。除去胚芽，就能除去大部分的玉米油。以玉米为辅助原料酿造的啤酒，口味醇厚。玉米为国际上用量最多的辅助原料。

【糖类】 多在产糖地区应用，用量为原料的 10%～20%。添加种类有蔗糖、葡萄糖、转化糖、糖浆等。

**3. 产品**

按生产方式分类：鲜啤酒（不经灭菌的啤酒）、纯生啤酒（不经灭菌的鲜啤酒，而采用物理法无菌过滤）、熟啤酒（经巴氏灭菌或瞬时高温灭菌的啤酒）。

### （二）能源和水耗

啤酒生产过程新鲜水和水蒸气的消耗量较大。每生产 1 000 L 11%啤酒消耗 5～9.5 $m^3$ 的水，水蒸气消耗为 0.5～0.7 t，产生 4～6 $m^3$ 的污水（表 3-28、表 3-29）。

表 3-28　生产 1 t 啤酒的资源消耗

| 标准 | 水耗 | 综合能耗 | 煤耗 | 电耗 |
|---|---|---|---|---|
| 国际一级标准 | ＜6 $m^3$ |  | 80 kg 标煤 | 85 kW·h |
| 国内清洁生产一级标准 | ＜6 $m^3$ | 115 kg 标煤 | 80 kg 标煤 | 85 kW·h |
| 国内现有平均水平 | 5～12 $m^3$ |  |  | 70～120 kW·h |

表 3-29　啤酒生产企业资源能源利用指标

| 清洁生产指标等级 | 一级 | 二级 | 三级 |
|---|---|---|---|
| 取水量/（$m^3$/kL） | ≤6 | ≤8 | ≤9.5 |
| 标准浓度 11°啤酒耗粮/（kg/kL） | ≤158 | ≤161 | ≤165 |
| 电耗/（kW·h/kL） | ≤85 | ≤100 | ≤115 |
| 耗标煤量/（kg/kL） | ≤80 | ≤110 | ≤130 |
| 综合能耗/（kg/kL） | ≤115 | ≤145 | ≤170 |

注：参考《清洁生产标准——啤酒制造业》。

## （三）基本生产工艺

啤酒的生产过程大体可以分为四大工序：麦芽制造、麦汁制备、啤酒发酵、啤酒包装与成品啤酒（图 3-10）。

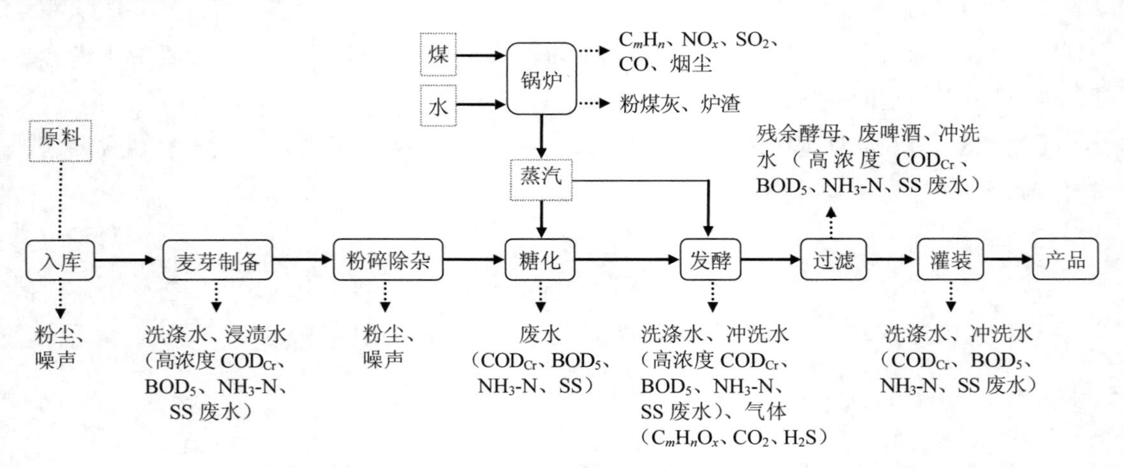


图 3-10　啤酒生产工艺

### （四）啤酒工业主要生产工序与设备

表 3-30　啤酒工业主要生产设备

| 工艺工序 | 设备（设施）名称 |
|---|---|
| 备料 | 运输车辆、装卸机械、胶带输送机、原料仓、辅料仓、煤棚等 |
| 麦芽制备 | 筛选设备、输运设备、浸渍池、发芽室、风机、除根机、烘干机等 |
| 原料粉碎 | 运料车、粉碎机、皮带输送机、斗式提升机、螺旋式输送机等 |
| 糖化 | 糊化锅、糖化锅、过滤槽、煮沸锅、旋沉槽等 |
| 发酵 | 发酵罐、清酒罐等 |
| 过滤 | 过滤机等 |
| 灌装 | 灌装机、保鲜桶、封口机等 |
| 辅助工程 | 锅炉、污水厂、送风设备、制冷机组、冰水罐等 |

## 二、啤酒工业的环境问题

表 3-31　啤酒行业环境污染分析

| 污染类型 | | 环境污染指标与来源 |
|---|---|---|
| 废气 | 有组织废气 | 锅炉房产生含烟尘、$SO_2$、$NO_x$烟气；在原料预处理破碎、筛分过程产生的含尘废气；在制麦芽粉、糖化过程产生收集的异味废气 |
| | 无组织废气 | 原料粉碎装卸、堆场、粉碎、输送机运料、配料产生的粉尘；<br>在制麦芽粉、糖化、酒糟收储运过程和废水处理、污泥贮运产生的异味和恶臭等气味 |
| 污水 | 生产废水 | 糖化车间的麦汁工序废水（糖化锅和糊化锅冲洗水、过滤槽和沉淀槽洗涤水、麦汁煮沸、冷却会产生废酒花容器等的洗涤废水，冲渣废水、含渣废水）含有麦糟液、冷热凝固物、剩余酵母等，属于高浓度污水。废水量占总排水量的5%～10%。<br>发酵车间的发酵工序废水（发酵和贮酒过程产生的发酵罐洗涤水、过滤洗涤水、消毒废水、酵母漂洗水、酵母压缩机洗涤水，消毒废水、酵母漂洗污水），属于中浓度污水。其水量占总水量的25%。<br>麦芽车间、灌装车间的灌酒、制麦芽废水：洗瓶，消毒、清洗废水，破瓶流出的啤酒、地面冲洗水。其水量占总排水量的65%，属于低浓度废水。<br>冷却水一冷冻机、麦汁和发酵冷却水等，这类废水基本上未受污染。<br>综合废水含主要污染物有$COD_{Cr}$、$BOD_5$、SS、pH值、色度、氨氮、总氮、总磷等 |
| | 生活污水 | 办公废水（办公室、浴室、食堂、厕所废水）其水量占总排水量的10%，废水含COD、SS、氨氮、总磷 |
| 固体废物 | 生产废物 | 工业锅炉产生的灰渣，灰渣产生量约为锅炉消耗煤炭的30%。<br>除尘收集的尘灰。<br>酿酒废渣。啤酒生产的各道工序都会产生废渣，包括过滤出的废麦糟、酵母泥、废硅藻土、废酒泥等。<br>污水处理与预处理产生的污泥 |
| | 生活垃圾 | 办公室、食堂、浴室等处的垃圾 |
| 噪声 | | 风机、破碎机等设备产生较强机械噪声、运输车辆产生噪声 |

## 三、啤酒工业的污染物来源

啤酒生产过程，每道工序都会有废水排出，除去水中固体废物（热冷凝固蛋白、废酵母泥、废硅藻土、废麦糟等）、粉尘（粉碎的细粉）外，废水的主要来源有：糖化过程糖化、过滤洗涤水；发酵过程发酵罐、管道洗涤、过滤洗涤水；灌装过程洗瓶、灭菌、破瓶啤酒及冷却水；除啤酒各工序排出废水外，动力部门还会排出冷却水。包装工序的冲洗水属低浓度有机废水；酿造过程属高浓度有机废水。啤酒生产过程中产生的废气主要有发酵过程中产生的 $CO_2$ 和锅炉废气等。啤酒行业主要环境问题是水污染。

### （一）啤酒废水主要来源

啤酒生产过程用水量很大，特别是酿造、罐装工序过程，由于大量使用新鲜水，会产生大量废水。我国每吨啤酒从糖化到灌装总耗水 4～8 $m^3$。啤酒废水主要来自（表 3-32）：

（1）糖化车间麦汁工序废水：糖化、过滤过程来自糖化锅和糊化锅冲洗水、过滤槽和沉淀槽洗涤水、麦汁煮沸、冷却会产生废酒花容器等的洗涤废水，冲渣废水，含渣废水如麦糟液、冷热凝固物、剩余酵母等，属高浓度污水。废水量占总排水量 5%～10%，COD、SS 和氨氮浓度最高可达 30 000 mg/L。

（2）发酵车间发酵废水：来自发酵和贮酒过程的发酵罐和过滤洗涤水、酵母漂洗水、压缩机洗涤水、酵母漂洗污水，属于中浓度污水。其水量占总水量的 25%，其废水为 COD 浓度约 2 500 mg/L。

（3）麦芽车间制麦芽废水，灌装车间的灌酒、洗瓶、消毒废水，地面冲洗水。水量占总排水量 65%，属低浓度废水。废水中有残酒、洗涤液、纸浆、染料、浆糊、残酒和泥沙等，COD 浓度约 700 mg/L。

（4）冷却水一冷冻机、麦汁和发酵冷却水等，这类废水基本上未受污染。

（5）办公废水——其水量占总排水量的 10%，COD 浓度约 300 mg/L。

表 3-32　啤酒生产废水的来源与浓度

<table>
<tr><th rowspan="2">废水种类</th><th rowspan="2">废水来源</th><th rowspan="2">排放方式</th><th rowspan="2">废水量占水量比例/%</th><th colspan="3">COD/（mg/L）</th></tr>
<tr><th>各段废水</th><th>平均浓度</th><th>总排放口（综合废水）</th></tr>
<tr><td>高浓度水</td><td>糖化工序</td><td>间歇排放</td><td>10</td><td>20 000～40 000</td><td rowspan="2">4 000～6 000</td><td rowspan="4">1 000～1 500</td></tr>
<tr><td>中浓度废水</td><td>发酵工序</td><td>间歇排放</td><td>25</td><td>2 000～3 000</td></tr>
<tr><td rowspan="3">低浓度废水</td><td>制麦工序</td><td>间歇排放</td><td>25</td><td>300～400</td><td rowspan="2">300～700</td></tr>
<tr><td>灌装工序</td><td>连续排放</td><td>40</td><td>500～800</td></tr>
<tr><td>冷却废水</td><td></td><td colspan="2">基本无污染物</td><td colspan="2">＜100</td></tr>
</table>

啤酒废水富含糖类、蛋白质、淀粉、果胶、维生素、废酵母等物质，属中等浓度有机废水。废水的主要污染因子是 pH、$COD_{Cr}$、$BOD_5$、悬浮物、氨氮，pH 在 5～12，COD 的浓度在 1 000～3 000 mg/L，BOD 的浓度在 600～1 500 mg/L，SS 的浓度在 300～1 000 mg/L，啤酒废水的可生化性较好，BOD/COD 为 0.5～0.7，属于可生化性较好的废水，生化处理去除效率高达 80%～90%以上，且处理成本较低。

### （二）啤酒废气主要来源

啤酒生产的废气主要来自三方面：

（1）原料粉碎装卸、堆场、粉碎、输送机运料、配料产生的粉尘；

（2）蒸汽锅炉产生的燃料燃烧烟气，污染物主要取决于使用的燃料和锅炉；

（3）蒸煮糊化、发酵、蒸馏工艺过程，酒糟、污水、收集和处理过程产生的异味和恶臭。

### （三）固体废物主要来源

（1）工业锅炉产生的灰渣，灰渣产生量约为锅炉消耗煤炭的 30%。

（2）除尘收集的尘灰。

（3）酿酒废渣。啤酒生产的各道工序都会产生废渣，包括过滤的废麦糟、酒花糟、热凝固物、酵母泥、废硅藻土、废酒泥等。废麦糟是麦汁制作过滤后废物；废酵母是洗涤酵母过程过滤后废物，含丰富的蛋白质（干物质含量达 50%）、维生素、核酸和其他含磷有机物等。

（4）污水处理与预处理产生的污泥。啤酒行业的固体废物多是可回收物质，吨啤酒可回收固体废物包括：废麦糟 200～300 kg（含水 80%）、酵母 6～9 kg、废硅藻土 7～10 kg 等。当污水采用生化法处理时，每削减 1 t $BOD_5$ 约产生污泥 0.6 t。

## 四、啤酒工业的排污节点特征

表 3-33　啤酒企业排污节点

| 污染类别 | 排污节点 | 污染物 | 检查方式 |
| --- | --- | --- | --- |
| 废水 | 备料 | 产生地面冲洗废水，主要含 COD、SS 等 | 检查废水去向台账 |
| | 麦芽制备 | 产生清洗、浸渍废水，地面清洗废水主要含 COD、SS、氨氮等 | |
| | 糖化、糊化、麦汁煮沸、压滤 | 产生洗涤废水、洗涤水、冲洗水，主要含 COD、SS、氨氮等 | |
| | 发酵 | 产生含有大量有机物的洗涤水、冲洗水，主要含 COD、SS、氨氮等 | |

| 污染类别 | 排污节点 | 污染物 | 检查方式 |
|---|---|---|---|
| 废水 | 麦汁冷却 | 产生冷却水 | 检查废水去向台账 |
| | 洗瓶车间 | 产生洗瓶水 | |
| | 灌装车间 | 产生罐装废水、冲洗废水，主要含 COD、SS、氨氮等 | |
| | 巴氏灭菌 | 产生灭菌水 | |
| | 污水站 | 产生综合废水（COD、SS、氨氮、总磷等） | 检查废水监测监控记录 |
| 废气 | 备料装运储 | 产生含粉尘废气（无组织排放） | 现场检查无组织排放防护措施 |
| | 麦汁煮沸、炒麦芽、麦糟脱水烘干 | 异味废气 | 现场检查恶臭和异味的收集措施和净化效果 |
| | 废渣废水收集、输送、处置和内贮存 | 恶臭废气 | |
| | 锅炉房 | 烟气（烟尘、$SO_2$、$NO_x$），渣灰收集运输产生含粉尘废气（无组织排放） | 检查监测数据 |
| 固体废物 | 板框压滤 | 麦糟（一般固体废物） | 检查除各种固体废物的收集、管理、去向台账 |
| | 麦汁冷却 | 酒花糟、冷凝物（一般固体废物） | |
| | 回旋沉淀 | 热凝固物（一般固体废物） | |
| | 发酵罐 | 废酵母（一般固体废物） | |
| | 清酒过滤 | 废硅藻土（一般固体废物） | |
| | 锅炉房、备料 | 炉渣、粉煤灰、除尘灰（一般固体废物） | |
| | 污水站 | 污泥（一般固体废物） | |

## 五、啤酒工业企业常见的环境违法行为

通过等标污染负荷法，结合各个排水单元的水质和水量，比较了糖化洗锅、发酵洗罐、洗瓶车间和巴氏灭菌 4 个节点的等标污染负荷比。分别为 42.7%、36.6%、14.8%、5.86%。从水质上说，糖化洗锅的度水是重要的污染节点，但是发酵洗罐、洗瓶车间和巴氏灭菌 3 个节点排水水质较好、水量较大，有很大的节水潜能，是实施清洁生产节水减排的主要突破口。

啤酒行业用水和排水量都较高。据统计，每生产 1 t 啤酒需要 4～10 $m^3$ 新鲜水，相应地产生 3～8 $m^3$ 废水。在啤酒产量大幅度提高的同时，也向环境中排放了大量的有机废水。我国现在每年排放的啤酒废水已达 1.5 亿 $m^3$。由于这种废水含有较高浓度的蛋白质、脂肪、纤维、碳水化合物、废酵母。酒花残渣等有机无毒成分，排入天然水体后将消耗水中的溶解氧，既造成水体缺氧，还能促使水底沉积化合物的厌氧分解，产生臭气，恶化水质。我国啤酒业的某些企业为了获得利润，不惜降低成本，忽略节能减排这一工作。我国啤酒行

业多数企业仍处在高投入、高消耗、高排放和低效率粗放型经济模式中，这些企业在节能减排和清洁生产技术的运用上，与国家的要求还存在很大的差距。全国的啤酒行业，尚有部分的废水超标排放，不是技术上不能达标，实在是这些企业有意降低污染治理成本，造成环境的严重污染。

（1）储泥池、污泥脱水机房、沉淀池、氧化池以及格栅井等处产生臭气，臭气的污水处理站产生臭气中主要污染物为 $H_2S$、$NH_3$ 等，恶臭气体属于无组织排放，这方面问题较普遍。

（2）麦汁煮沸、炒麦芽、麦糟脱水烘干产生的异味废气污染，也是一个投诉较多的环境问题。

（3）污水处理设施运行管理存在问题。企业污水处理设施没有管理记录和运行台账，存在好氧池曝气不均匀、二沉池污泥膨胀、污泥压滤机长时间闲置不用等问题。

（4）啤酒企业现场检查也存在着工业行业现场普遍存在的问题，如擅自停运污染防治设施及不正常运行污染防治设施的行为；主要污染物超标排放的问题；自动监控不正常运行和数据缺失也比较多（实际是故意消除超标排放的数据）；机械维修产生的废矿物油、维修油泥等危险废物管理不合规等问题。有些企业处理不到位，超标排放，在污染源自动监控设施弄虚作假，如自动监控设施存在二次取样问题。自动监控设施设置有储水槽，储水槽内的污水经监测 COD 浓度仅为 95 mg/L，存在污水经稀释后再进行监测的问题。污染防治设施运行不正常超标排污等问题原因有两方面，一是环保设施维护运行和运维人员水平低，二是企业有意降低环境保护成本，导致投入过低超标排放。

## 第六节 机械工业污染特征及环境违法行为

机械工业中的电镀行业环境污染特征及环境违法行为请参阅第七节电镀工业环境污染特征及环境违法行为。

### 一、机械工业的工艺环境管理概况

#### （一）主要原辅材料

机械工业按使用的原辅材料可分为金属和非金属两大类：

【金属材料】各种类型的钢材、生铁、矽铁、锰铁、铜、铝、铅、锌、锡等。

【非金属材料】焦炭、煤、重油、煤油、轻柴油、燃气、各类油（润滑油、机油）、苯类（苯、甲苯、二甲苯）、各类漆、铬酐、苯酚、甲醛、橡胶、塑料、绝缘材料、硅砂、石英、铸造型砂、石灰石等。

**1．机械工业冷加工原辅料**

主要原料主要包括钢材、锻件、铸件。

主要辅料有润滑油、乳化液、焊条、盐酸、氢氧化钠、磷化液（磷酸、硝酸锌按一定配比的混合液）、油漆等。生产所需要的主要能源为：电力、水、天然气。

**2．机械热加工原辅料**

机械工业热加工的主要原料主要包括：铸钢、铸铁、铸造有色合金（铜、铝、锌、铅等）等。

铸造工艺辅料如原砂、黏土、煤粉、黏结剂和涂料、焦炭、木材、塑料、气体和液体燃料、造型材料；锻造工艺辅料如液压油；焊接工业辅料如焊条、助焊剂；热处理工艺辅料如热处理油、熔盐（氯化钠、氯化钾、氯化钡、氰化钠、氰化钾、硝酸钠、硝酸钾）、铅浴介质、聚乙烯醇、热处理油等。

**3．金属表面处理与涂装原辅料**

金属表面处理与涂装主要原料金属表面处理与涂装的主要原料为加工成型的工件毛坯。

前处理工序辅料有研磨剂、抛光剂等。

化学表面处理工序辅料有硫酸、盐酸、氢氧化钠、表面活性剂、表调剂、磷化液、敏化剂等。

涂装工序辅料有涂料、油漆、成膜物质、颜料、填料、溶剂、助剂、电泳漆等。

### （二）机械工业的能耗水耗

在 2016 年我国 169 个中类行业产值能耗和水耗能效明细表中：金属制品业电耗占本行业能耗的 76.8%，在煤油气消耗的燃料中，燃油消耗占 58.77%、燃气消耗占 9.65%、燃煤消耗占 31.58%；通用设备制造业电耗占本行业能耗的 74.8%，在煤油气消耗的燃料中，燃油消耗占 48.18%、燃气消耗占 19.43%、燃煤消耗占 32.39%；专用设备制造业电耗占本行业能耗的 74.1%，在煤油气消耗的燃料中，燃油消耗占 30.43%、燃气消耗占 8.70%、燃煤消耗占 60.87%。

【机械加工用水量】机械加工的工件无论按重量，还是按体积都无法和生产用水量产生必然的联系。2015 年我国机械工业污水量 16.095 3 亿 $m^3$，占全国工业废水排放总量的 8.87%，用水量约 20 亿 $m^3$。

## （三）基本生产工艺

### 1. 机械冷加工

冷加工通常指金属的切削加工，加工过程中主要的工艺和方法包括：车、镗、铣、刨、磨、钻、压、拉、包绞、切割、焊接等工艺（见图 3-11）。

（1）下料（划、裁、冲、剪、锯、铸、锻）。

（2）机加工（车、削、铣、刨、磨、钳、镗、插、拉等）。

（3）冲剪（冲剪成型、剪切）。

（4）切割（冷切割、热切割）。

（5）表面处理（镀铬、镀锌、镀铜、镀镍、喷漆等）。

（6）装配（部件组装、总装）。

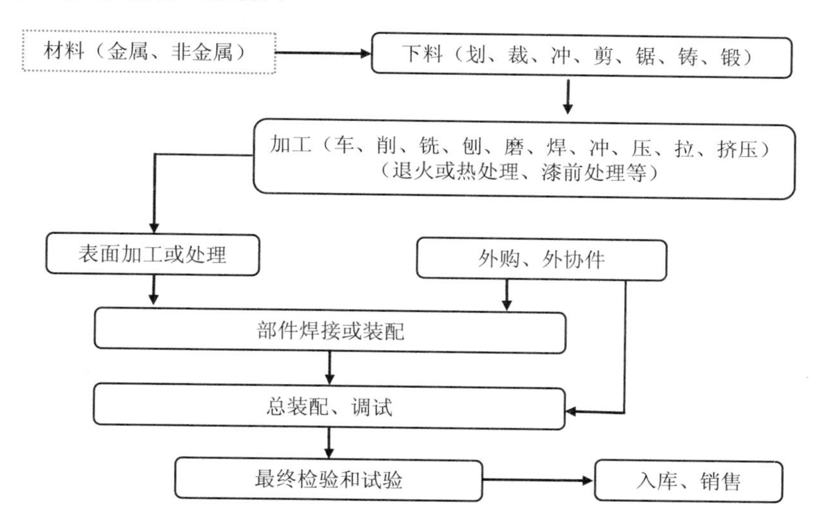


图 3-11 通用机械设备制造的一般工艺流程

专用设备制造业（特殊用途机械制造业）主要行业包括电力装备、冶金矿山、石化通用、汽车、农业机械、大型施工机械、工作母机等。其主要工艺过程应包括：铸造、机加工、冲剪、热处理、表面处理、切割、焊接、装配、维修等（见图 3-12）。

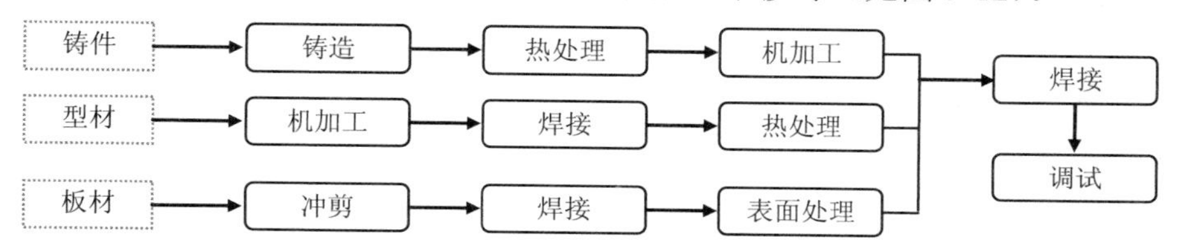


图 3-12 专用机械设备制造业简要工作流程

### 2. 机械热加工

热加工工艺包括：铸造、锻压、加热、冶炼、热处理和非金属烧结等工艺。

铸造、焊接是将金属熔化再凝固成型；热扎、锻造是将金属加热到塑化，再锻压成型加工。金属热处理只改变金属件的金相组织，它包括：退火、正火、淬火、回火等。

（1）铸造工艺

铸造包括：工艺原材料进厂→检验→库房管理→工艺设计→模型制作→配砂→造型→制芯→合箱→配料→熔化→浇注→打箱→落砂→清理→退火→打磨抛光→表面油漆→产品加工→产品包装出库。铸造主要生产工艺流程如图 3-13 所示。

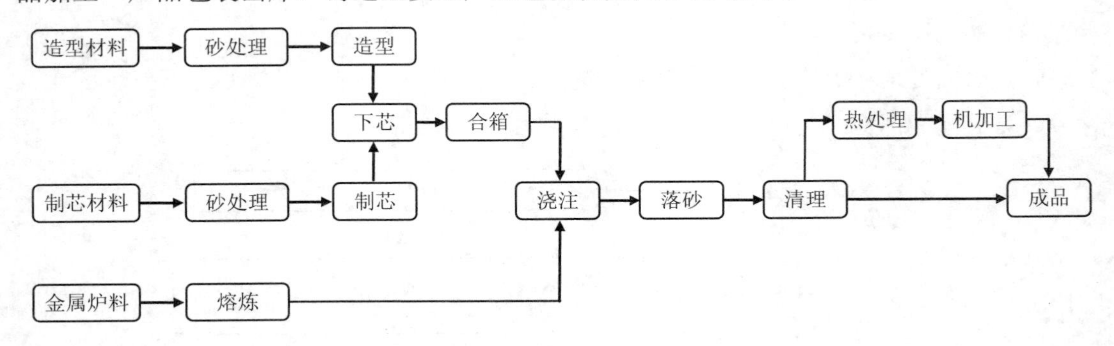


图 3-13 铸造工艺流程图

（2）锻造工艺

不同的锻造方法有不同的流程，其中以热模锻的工艺流程最长，一般顺序为：锻坯下料→加热→辊锻备坯→模锻成形→切边→冲孔→矫正→中间检验（检验锻件的表面缺陷）→锻件热处理→清理（去除表面氧化皮）→矫正→检验等。锻造的一般工艺流程如图 3-14 所示。

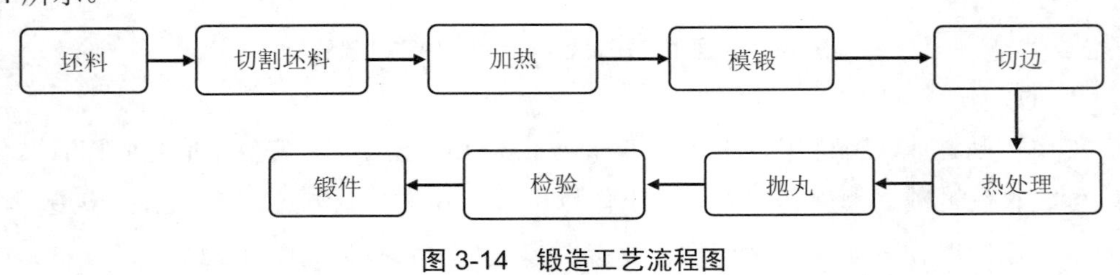


图 3-14 锻造工艺流程图

（3）热处理工艺

热处理工艺包括：正火、退火、淬火、回火、发蓝、渗碳、渗氮、表面热处理、化学热处理等。

### （四）机械工业的主要工序与生产设备

表 3-34　机械工业主要生产工艺与设备

| 项目 | 设备（设施）名称 |
| --- | --- |
| 冷加工 | 车床、铣床、刨床、磨床、钻床、镗床等；还有数控加工、线切割机械、焊接机械等；装载机、吊车、输送机、运输车辆等 |
| 热加工 | 【铸造设备】冶炼金属用的各种炉窑（冲天炉、燃气炉、电弧炉、感应电炉、电阻炉、反射炉等），有混砂用的各种混砂机，有造型造芯用的各种造型机、造芯机，有清理铸件用的落砂机、抛光机等。还有供特种铸造用的机器和设备以及许多运输和物料处理的设备等。<br>【锻造设备】锻压设备包括成形用的锻锤、机械压力机、液压机、螺旋压力机和平锻机，以及开卷机、矫正机、剪切机、锻造操作机等辅助设备；热锻还包括电力、燃油、燃气和燃煤加热炉。<br>【热处理设备】加热炉、退火炉、淬火炉、电阻炉、回火炉、感应炉、氮化炉、坩埚炉、烧结炉、箱式炉等 |
| 金属表面处理 | 抛光剂、抛丸机、喷砂机、等离子表面处理器、酸洗槽、碱洗槽、表调槽、磷化槽、水洗槽。前处理又分为：喷雾式、浸液式、潜泳式三种形式设备。包括机械打磨抛光、化学打磨抛光等设备 |
| 金属涂装 | 【化学转化膜处理】如金属表面的发蓝、磷化、钝化、铬盐处理设备等；<br>【化学镀】如各种金属电镀槽（包括镀锌、铜、铬、铅、银、镍、锡、镉等）等；<br>【涂装】包括油漆涂装、静电喷粉、喷塑、刷漆、抹油、喷涂等设备 |
| 其他生产辅助设施 | 油罐区、酸罐区、除尘装置、VOC 收集净化装置、污水处理厂等 |

## 二、机械工业的环境问题

表 3-35　机械工业环境污染指标

| 污染类型 | | 环境污染指标与来源 |
| --- | --- | --- |
| 废气 | 有组织废气 | 【冷加工】机械加工过程集气收集的含烟粉尘废气，进行除尘处理；加工过程产生的油烟，脱脂、除锈过程含酸碱废气，涂饰、固化过程产生的 VOC 分别进行收集、净化处理。<br>【热加工铸造】熔炉产生的烟粉尘、$SO_2$、$NO_x$ 收集除尘、脱硫处理。铸造、打磨、浇铸、砂芯烘干、表面清理产生含尘废气收集除尘处理；VOC 有机废气要收集净化。<br>【热加工锻造】加热炉产生的烟气收集除尘、脱硫；锻造过程、锻件清理过程的含粉尘废气收集除尘；磨具润滑剂受热油烟收集除油烟。<br>【热处理】加热炉、退火炉和回火油炉烟气（含烟粉尘、$SO_2$、$NO_x$、油烟）收集除尘、脱硫处理；热处理过程产生的油烟、酸雾、VOC、氰化物、含重金属粉尘等废气收集净化处理；盐浴及化学热处理中产生各种酸、碱、盐等及有害气体等收集净化处理。<br>【金属表面前处理】机械抛光、喷砂、喷丸、除锈产生含尘废气收集除尘；磷化废液集气除臭；酸碱处理、化学抛光废气收集净化。<br>【表面涂装】涂料配制、涂覆、喷涂、刷漆过程，烘干和固化过程产生的 VOC 废气收集净化；污水和废渣在收集、输运过程产生的 VOC 废气收集净化 |

| 污染类型 | | 环境污染指标与来源 |
| --- | --- | --- |
| 废气 | 无组织废气 | 【冷加工】机械冷加工车间切削、刨、磨过程中会产生大量含铁粉尘，切割粉尘、焊接烟尘的废气；加工过程油类、冷却剂、表面活性剂挥发产生的油烟；脱脂、除锈过程产生酸雾和碱雾；刷漆、喷涂、固化工艺的溶剂、树脂、沥青产生的VOC挥发。<br>【热加工铸造】熔炉产生的烟粉尘、$SO_2$、$NO_x$和少量聚酯树脂类有机废气。铸造、打磨、表面清理产生含尘面源废气；浇铸过程和砂芯烘干产生的含烟粉尘、VOC有机废气。<br>【热加工锻造】加热炉产生的黑烟、油烟、烟粉尘、$SO_2$、$NO_x$、CO等泄漏；锻造过程、锻件清理过程，产生含粉尘面源废气散逸；磨具润滑剂受热，产生含尘油烟废气散逸。<br>【热处理】加热炉、退火炉和回火油炉排放烟气（含烟粉尘、$SO_2$、$NO_x$、油烟）；热处理过程；产生的油烟、酸雾、VOC、氰化物、含重金属粉尘废气散逸，盐浴及化学热处理中产生各种酸、碱、盐等及有害气体等散逸。<br>【金属表面前处理】机械抛光、喷砂、喷丸、除锈产生含尘废气；碱洗槽产生碱雾；化学抛光、酸洗槽产生酸雾。随着温度升高酸碱雾会愈加严重；磷化废液产生一种难闻气味（异味）。<br>【表面涂装】涂料配制、涂覆、喷涂、刷漆过程废气，喷漆室、浸漆室、流平室及烘干室废气、工件烘干和固化过程废气，电泳槽的蒸汽会产生严重的溶剂VOC废气污染；涂装工序产生的污水和废渣在收集、输运过程也会产生溶剂VOC废气污染 |
| 污水 | 生产废水 | 【冷加工废水】冷加工废水的种类常分为含油废水、乳化液污水、冷却废水、涂装废水、电镀废水等，包括油污、氧化铁皮、尘土等，污染物以油、COD、悬浮物、乳化剂为主。只有含电镀工艺废水水质较复杂，还会含铬、镍等重金属离子、各种化学添加剂、酸、碱以及镀件预处理过程中清除下来的各种杂质。<br>【铸造废水】清砂废水（含SS和石油类）；水淬炉渣废水、湿法除尘废水（含SS和金属离子）；发生炉水煤气废水（含COD、酚氰和SS等）；砂再生废水（含SS和有机物）；铸造脱蜡废水（极高浓度的氨氮和总氮）；淬火废水（金属氧化皮、金属离子、石油类、SS等）；酸洗废水；含油废水。<br>【锻造废水】设备和工模具冷却水（含COD、SS和油等）；设备泄漏的含油废水（含油、COD、和SS等）；酸洗废水；煤气含酚氰废水等。<br>【热处理废水】盐浴热处理产生钡盐废水；回火、淬火产生的硝盐废水（亚硝酸盐、矿物油、氯化钡、PH、SS、COD）；表面氰化废水（含氰化物）；表面氰化废水（含二氧化钛、硅胶、亚硝酸钠、硝酸钾等）；含油酸碱废水（含矿物油、PH、COD、SS等）。<br>【金属表面前处理】脱脂碱性废水含（SS、COD、石油类、pH等）；除锈酸性废水。酸洗会产生废酸和酸洗废水（含氯离子、SS、铁离子、石油类、金属离子、pH值等）；磷化废水（含磷、锌、铁、pH值、COD、乳化油、T-P、LAS，等）；电泳废水（含树脂、颜料、中和剂、重金属离子及有机溶剂）。<br>【表面涂装】主要有电泳废水、喷漆废水、地面清洁废水及模具清洗废水（含$COD_{Cr}$、BOD、SS、石油类、锌、总镍、锰、T—P、$NH_3$-N等） |

| 污染类型 | | 环境污染指标与来源 |
|---|---|---|
| 固体废物 | 生产废物 | 【冷加工】除尘收集的尘灰，机械加工的废边角料、废包装材料、废除尘袋，属一般固体废物；含油抹布、废矿物油（HW08）和废乳化液（HW09），废油漆、废涂料、废化学品、机械维修产生的油泥、回收的污油、废活性炭、焊渣、漆渣，属于危险废物。<br>【铸造废物】冲天炉灰渣、除尘尘灰、高炉水渣，废铸件、废砂模，废耐火砖、废砂属一般固体废物；电石渣、焊渣、废石棉等保温材料，废乳化液、废机油、废油漆、废涂料、废化学品，擦拭机械的含油抹布、机械维修产生的油泥、回收的污油、漆渣，属于危险废物。<br>【锻造废物】加热热炉灰渣、除尘尘灰；加工废渣、废料属一般固体废物；废乳化液、有毒性的工业炉废弃材料，（如工业炉维修废弃的石棉绒、矿渣棉、玻璃绒等保温绝缘材料）等（按《危险废物名录》HW09、HW36H 规定属危险废物）。擦拭机械的含油抹布、废乳化液、废机油、废油漆、废涂料、废化学品、机械维修产生的油泥、回收的污油、漆渣，属于危险废物。<br>【热处理废物】加热炉灰渣、除尘尘灰属一般固体废物；擦拭机械的含油抹布、废乳化液、废机油、废油漆、废涂料、废化学品、机械维修产生的油泥、回收的污油、漆渣，属于危险废物；氰化物热处理废渣（淬火池残渣、淬火废水处理污泥、氰化物热处理和退火作业中产生残渣、热处理渗碳炉产生的热处理渗碳氰渣、氰化物热处理和退火作业中产生残渣）；氰化过程的碱洗有碱和表面活性剂废液、渗硫过程会排出碱和渗硫剂的废液；盐浴固体废物（脱氧的渣和废盐、盐浴槽釜清洗产生的含氰残渣和含氰废液）；热处理中的废液废渣（使用氯化亚锡、氯化锌、氯化铵进行敏化产生的废渣和废水处理污泥）。按《危险废物名录》HW07、HW17 规定，均属危险废物。<br>【金属表面前处理】机械抛光和喷砂除锈产生的废砂、除尘尘灰，属一般废物，前处理收集的废水预处理污泥，属一般废物。酸洗、脱脂过程中的废渣有废酸液、废碱液和废水处理产生的污泥，磷化、电泳废渣：主要是磷化废水处理产生的污泥，前处理产生的废化学助剂、废化学品都属于危险废物。<br>【表面涂装】污水站生化污泥，属一般废物；电泳废液、漆渣、溶剂包装桶、废涂料、废助剂、废化学品、污水站物化污泥、废包装属危险废物，发蓝（发黑）表面处理过程，要使用盐酸、烧碱等有腐蚀作用的化学产品，在去油、酸洗、发黑、皂化等过程中会产生有腐蚀性的废液均属危险废物 |
| 生产噪声 | | 车床、刨床、钻床、电焊机的噪声 70～80 dB，各种大型运输车辆的噪声 80～90 dB，轧材热锯、锻锤噪声 125 dB，通风机噪声 85～90 dB，电焊机的噪声 90～95 dB。锻造的锤击还会对周围环境造成强烈的震动影响 |

## 三、机械工业的污染物来源

### （一）废气污染来源

#### 1. 冷加工废气污染来源

【有组织排放】机械加工产生含尘废气需收集除尘，油类及合成冷却液加工过程、冷轧过程受热、表面活性剂受热产生的油雾和油烟，需收集净化；酸洗、碱洗过程产生酸雾和碱雾，需收集净化；半成品的刷漆、喷涂、固化工艺过程使用油漆、涂料、树脂、溶剂等。含有有机溶剂（如苯、甲苯、稀料、丙酮、汽油、甲酚等）及沥青烟产生含 VOC 废气，需收集净化。

【无组织排放】以上废气形成面源污染，未能收集的废气泄漏产生含尘废气、油烟废气、酸碱废气、VOC 废气。

#### 2. 热加工废气

（1）铸造加工废气来源

【有组织废气】熔炼过程感应电熔炉和冲天炉中熔化粉尘、烟尘、$SO_2$、$NO_x$，还可能含有少量聚酯树脂类有机物，需收集除尘、脱硫、净化；机件的机械打磨、除锈、表面抛光、清砂、废砂再生过程产生大量含尘废气，需收集除尘；浇铸过程涂料、树脂、表面活性剂受热气化产生含烟粉尘、VOC 废气、CO、$CO_2$ 等废气，需收集除尘、净化。切割、焊接过程产生烟气需收集除尘。

【无组织排放】以上废气形成面源污染，未能收集的废气泄漏产生含尘废气、焊接烟气、VOC 废气等。

（2）锻造加工的废气污染

【有组织废气】锻造加热炉烟气，含黑烟、烟粉尘、$SO_2$、$NO_x$、CO、$CO_2$，模具润滑剂高温时生成的烟粉尘和油烟，需收集除尘；锻造、喷砂、抛丸、砂轮磨削过程的含尘工艺废气，需收集除尘。

【无组织排放】加热炉烟气、模具烟气，加热、锻造、切边、清理、备料、储运等工序，锻件清理过程中（喷砂、抛丸、砂轮磨削、运输、清理）产生大量的含尘废气，如集气收集不到位，产生大面积废气的散逸，造成严重无组织排放，是锻造典型废气面源污染。

（3）热处理加工的废气污染

【有组织废气】加热炉、退火炉和回火油炉排放烟气（含烟粉尘、$SO_2$、$NO_x$）和油烟，需除尘、脱硫处置；热处理过程（酸洗、热浸、渗金属、淬火油槽，氧化槽，硝盐浴，碱性脱脂槽、燃料炉等设备）产生的油烟、酸雾、VOC、氰化物、含重金属粉尘废气，在盐浴炉及化学热处理中产生各种酸、碱、盐等及有害气体，需设置除尘、净化装置；表面渗氮时用电炉加热并通入氨气，会有氨气逸出，需集气脱氨处置；表面氰化时，将金属放入加热的含氰化钠的渗氰槽中会产生含氰废气、氰化过程的酸洗有酸雾和氯化氢废气逸出，需集气、净化处置。

【无组织排放】以上生产装置如集气收集不到位，产生大面积废气的散逸，造成严重无组织排放，是热处理无组织废气主要来源。

#### 3. 金属表面前处理预涂装废气来源

（1）金属表面前处理废气来源

【有组织废气】机械打磨抛光、除锈、喷砂、喷丸产生含尘废气，需收集除尘处置；磷化废产生难闻异味、需封闭、集气、除臭处置；碱洗槽产生碱雾，化学抛光、酸洗槽产生酸雾，需封闭、集气、除酸碱处置。

【无组织排放】以上生产装置如集气收集不到位，会产生含尘、酸碱雾、异味无组织废气排放。

（2）金属表面涂装废气污染来源

【有组织废气】涂料配制、涂覆、喷涂、刷漆过程、浸漆室、喷漆室、流平室及烘干室产生含二甲苯、硫酸雾、氯乙烯等污染物的有机废气，喷涂后的工件烘干过程、固化过程、电泳槽产生 VOC 废气，需封闭、集气、除 VOC 处置。

【无组织排放】以上生产装置如集气收集不到位，产生含 VOC 无组织废气排放；涂装工序产生的污水和废渣在收集、输运过程也会产生溶剂 VOC 废气污染。

### （二）废水污染来源

#### 1. 冷加工废水污染来源

冷加工废水的种类常分为含油废水、乳化液污水、酸碱废水、高浓度有机废水、冷却废水、涂装废水、电镀废水等。

【含油废水】在机器维护、保养、清洗过程的洗涤液，零件清洗时产生的废水，各种机械运转滴漏后的冲洗废水，机加工车间冲洗地面、设备、容器维修、擦拭、清洗等排出的废水，这些都是机械加工含油废水。

【乳化液污水】加工过程使用乳化液（有乳化油加水稀释而成，一般含油 2%～5%，高的可达 10%～15%），乳化液不仅含油，还含烧碱、石油磺酸钠、油酸皂、机油、乙醇、苯酚等，使用一段时间会排放含乳化液污水。

【酸碱废水】一般机械加工企业都有电镀和涂饰车间，会产生含酸碱、含氰化物、含有机物、含重金属离子的电镀废水；还会产生含酸碱、有机树脂的喷漆废水。

【高浓度有机废水】机械加工过程中还有冷却液、有机清洗液、废冷却液、电火花工作液等高浓度废水排放。这些废水量虽然很少但有机物浓度却很高，其中冷却液 $COD_{Cr}$ 高达 50 000～300 000 mg/L，若不进行处理直接排放会对环境造成严重的污染。

【电镀废水】电镀废水含有铬、镍等重金属离子、各种化学添加剂、酸、碱以及镀件预处理过程中清除下来的各种杂质，一般都采用单独分质治理，达标后单独排放。

【涂装废水】一般含酸碱、树脂、溶剂等有机物。

其他各种废水可并采用气浮、隔油、过滤等油处理或其他氧化处理法。混合原废水的水质一般为：油 5～50 mg/L，COD 80～500 mg/L，SS 40～400 mg/L。

**2．热加工废水来源**

（1）铸造加工废水来源

【清砂废水】主要污染是 SS 和石油类；

【水煤气炉废水】含氨、COD、酚氰、焦油和 SS；

【冲天炉水淬炉渣废水、湿法除尘废水】含 SS 和金属离子；

【废砂再生废水】含 SS 和有机物；

【淬火废水】含有金属氧化皮、金属离子、石油类、SS 等；

【失蜡精密铸造脱蜡废水】含有极高浓度的氨氮和总氮；还有酸洗废水，压铸机、空压机等机械流出来的含有机械油的废水等。

（2）锻造加工废水来源

【含油废水】各类液压设备、输液管线及液压元器件的运转，渗泄产生废水有油、乳化液、COD、和 SS；

【酸洗废水】污染物为金属离子、油、SS、COD 和 pH；

【水煤气炉废水】含氨、COD、酚氰、焦油和 SS；

【冷却水】多次使用冷却水会含 COD、SS 和油，需更换处理。

（3）热处理加工的废水污染

【钡盐废水】盐浴大多数单位为氯化钡和氯化钠的混合物，废水中含有钡盐；

【硝盐废水】来源于回火、淬火工艺清洗槽中都含有硝盐，含亚硝酸盐、矿物油、氯化钡、pH、SS、COD；

【表面氰化废水】含氰化钠的渗氰槽中会产生含氰废水；

【退火、淬火废水】污水中除油、SS 外，还含有淬火剂（如二氧化钛、硅胶、亚硝酸钠、硝酸钾等）；

【含油酸碱废水】淬油工件的清洗、发兰酸洗废水、氧氮化处理废水、喷砂工件酸洗废水，以及模具真空淬油清洗、油回火工件清洗、酸雾净化塔排液等废水。这类废水的主要污染物是矿物油、pH、COD、SS 等。

#### 3. 金属表面前处理预涂装废水来源

（1）金属表面前处理废水来源

【脱脂槽碱性废水】含 SS、COD、石油类、pH；

【酸洗槽废水】含氯离子、SS、铁离子、石油类、金属离子、pH 值等污染；

【磷化废水】含磷、锌、铁、pH、COD、乳化油、T-P、LAS，等污染物，并具有很高的 COD 值；

【电泳废水】含树脂、颜料、中和剂、重金属离子及有机溶剂。

（2）金属表面涂装的废水污染来源

主要有电泳废水、喷漆废水、地面清洁废水及模具清洗废水。主要污染因子为 $COD_{Cr}$、BOD、SS、石油类、锌、总镍、锰、T—P、$NH_3$-N 等。

### （三）固体废物污染来源

#### 1. 冷加工固体废物污染来源

【一般固体废物】生产的废边角料、废包装材料、除尘收集的尘灰、生化处理的污泥等。

【危险废物】擦拭机械的含油抹布、废矿物油（HW08）、废乳化液（HW09）、废油漆、废涂料、废化学品、机械维修产生的油泥、回收的污油车间预处理污泥（含重金属）、废活性炭、焊渣、漆渣。

#### 2. 热加工固体废物污染来源

（1）铸造加工的固体废物

【一般固体废物】炉窑灰渣（冲天炉灰渣、除尘尘灰、高炉水渣）；废工件（废铸件、废砂模、废除尘袋）；脱硫石膏和冶炼废渣；维修废渣（废耐火砖、废砂均属一般固体废物）。

【危险废物】电石渣、废石棉保温材料，废乳化液、废机油、废油漆、废涂料、废化学品，擦拭机械的含油抹布、机械维修产生的油泥、回收的污油、焊渣、漆渣。

（2）锻造加工的固体废物

【一般固体废物】炉窑灰渣（加热热炉灰渣、除尘尘灰）；加工碎屑废渣（切边、冲孔废料及废品锻件、氧化皮、铁屑、清理滚筒、喷丸设备除尘下来的废渣、废磨料和废填加剂等）。

【危险废物】废乳化液、毒性工业炉废弃材料，（如工业炉维修废弃的石棉绒、矿渣棉、玻璃绒等保温绝缘材料）等（按《危险废物名录》HW09、HW36H 规定属危险废物）。擦拭机械的含油抹布、废乳化液、废机油、废油漆、废涂料、废化学品、机械维修产生的油泥、回收的污油、漆渣。

（3）热处理加工的固体废物

【一般固体废物】炉窑灰渣（加热炉灰渣、除尘尘灰）；

【危险废物】使用氰化物热处理废渣（淬火池残渣、淬火废水处理污泥、氰化物热处理和退火作业中产生残渣、热处理渗碳炉产生的热处理渗碳氰渣、氰化物热处理和退火作业中产生残渣、氰化过程的碱洗有碱和表面活性剂废液）；渗硫过程含碱和渗硫剂的废液；盐浴固体废物（脱氧的渣和废盐、盐浴槽釜清洗产生的含氰残渣和含氰废液）；热处理中的废液废渣（使用氯化亚锡、氯化锌、氯化铵进行敏化产生的废渣和废水处理污泥）。按《危险废物名录》HW07、HW17 规定，均属危险废物。擦拭机械的含油抹布、废乳化液、废机油、废油漆、废涂料、废化学品、机械维修产生的油泥、回收的污油、漆渣，属于危险废物。

### 3．金属表面前处理预涂装固体废物来源

（1）金属表面前处理固体废物来源

【一般固体废物】生化处理污泥；除尘尘灰。

【危险废物】废酸液、废碱液、酸洗脱脂过程中的废渣；车间预处理污泥；废化学助剂、废化学品；磷化、电泳废渣、磷化废水污泥。

（2）金属表面涂装的固体废物来源

【一般固体废物】污水站生化污泥，属一般废物。

【危险废物】 电泳废液、漆渣、溶剂包装桶、废涂料、废助剂、废化学品、污水站物化污泥、废包装属危险废物；发蓝（发黑）表面处理过程，要使用盐酸、烧碱等有腐蚀作用的化学产品，在去油、酸洗、发黑、皂化等过程中会产生有腐蚀性的废液，也属危险废物。

### 4．锻造加工的噪声和振动

机械行业大型设备比较多，整体工厂的噪声对外界还是有一定影响的。锻造车间噪声主要有两种类型：机械噪声和空气动力性噪声、冲压及造成的强烈的震动感。机械噪声与前面所说的振动密切相关，它是由各类机械摩擦、运转不平衡引起振动而形成的；空气动力性噪声主要是由作为机器动力的压缩空气的进、排造成的，如气动元器件动作、加热炉鼓风、锻锤汽缸的活塞往复、水压机低压贮气缸充气、压力机离合器的启闭、风动工具运转、模具行车吹扫、炉门启闭及其他气动机构设施的运转等。检查锻锤设备的减振、防振、隔振等措施（弹簧基础、加阻尼器、橡胶缓冲垫、设防振沟等）使其处于良好状态，应采取加消音器和隔声罩等降噪措施。

## 四、机械工业的排污节点特征

表 3-36　机械工业大气排污节点特征

<table>
<tr><th colspan="2">工序</th><th>排污节点</th><th>污染物</th><th>检查方式</th></tr>
<tr><td colspan="2" rowspan="3">冷加工</td><td>机械加工废气</td><td>烟粉尘、油烟</td><td rowspan="3">现场检查无组织排放防护措施；检查封闭、密闭和除尘、除油烟措施；检查除尘设施收尘、自行监测数据和换袋台账；检查 VOC 集气、处置效果</td></tr>
<tr><td>脱脂、除锈废气</td><td>酸雾碱雾</td></tr>
<tr><td>涂饰、固化废气</td><td>VOC</td></tr>
<tr><td rowspan="8">热加工</td><td rowspan="2">铸造</td><td>熔炉烟气</td><td>烟粉尘、$SO_2$、$NO_x$</td><td rowspan="8">现场检查无组织排放防护措施；检查封闭、密闭和防尘措施；<br>检查炉窑除尘、脱硫设施运行和自行监测数据，检查除尘换袋台账记录；检查产生 VOC 的设施、容器和装置的密闭措施，检查 VOC 集气、处置效果，检查 VOC 处置设施运行台账</td></tr>
<tr><td>铸造、打磨、浇铸、砂芯烘干、表面清理废气</td><td>烟粉尘、油烟、VOC</td></tr>
<tr><td rowspan="3">锻造</td><td>加热炉烟气</td><td>烟粉尘、黑烟、$SO_2$、$NO_x$</td></tr>
<tr><td>锻造过程、锻件清理过程</td><td>烟粉尘</td></tr>
<tr><td>磨具润滑剂受热油烟收集除油烟</td><td>油烟</td></tr>
<tr><td rowspan="3">热处理</td><td>加热炉、退火炉和回火油炉烟气</td><td>烟粉尘、$SO_2$、$NO_x$、油烟等</td></tr>
<tr><td>热处理过程工艺废气</td><td>油烟、酸雾、VOC、氰化物、含重金属粉尘等</td></tr>
<tr><td>盐浴及化学热处理工艺废气</td><td>各种酸、碱、盐等及有害气体</td></tr>
<tr><td colspan="2" rowspan="3">金属表面前处理</td><td>机械抛光、喷砂、喷丸、除锈废气</td><td>粉尘</td><td rowspan="3">产生含尘废气收集除尘；集气除臭；废气收集净化</td></tr>
<tr><td>磷化废液废气</td><td>异味（恶臭）</td></tr>
<tr><td>酸碱处理、化学抛光废气</td><td>酸雾碱雾</td></tr>
<tr><td colspan="2" rowspan="3">表面涂装</td><td>涂料配制、涂覆、喷涂、刷漆废气</td><td>VOC</td><td rowspan="4">检查产生 VOC 的设施、容器和装置的密闭措施，检查 VOC 集气、处置效果，检查 VOC 处置设施运行台账</td></tr>
<tr><td>涂装烘干和固化工艺废气</td><td>VOC</td></tr>
<tr><td>污水和废渣在收集、输运过程废气</td><td>VOC</td></tr>
<tr><td colspan="2">机修</td><td>烃类废气、溶剂废气</td><td>VOC</td></tr>
</table>

表 3-37 机械工业废水排污节点特征

| 工序 | | 排污节点 | 污染物 | 检查方式 |
| --- | --- | --- | --- | --- |
| 冷加工 | | 清洗、滴漏、冲洗地面、设备、维修含油废水、乳化液废水 | 石油类、COD、SS、pH、乙醇、苯酚等 | 现检查废水产生量和去向的记录台账 |
| | | 酸碱废水 | 含 $COD_{Cr}$、BOD、SS、石油类、锌、总镍、锰、TP、$NH_3$-N 等 | |
| | | 冷却液、有机清洗液、废冷却液、电火花工作液等高浓度有机废水 | 含 $COD_{Cr}$、BOD、SS、石油类等 | |
| | | 涂装废水 | 含 pH、树脂、溶剂等有机物 | |
| | | 电镀废水 | 含 pH、$COD_{Cr}$、BOD、SS、石油类、氰化物、重金属等 | 检查一类污染物在车间预处理达标的监测记录，再排入综合污水站，检查废水产生量和去向的记录台账 |
| 热加工 | 铸造 | 清砂废水、砂再生废水、含油废水 | 含 $COD_{Cr}$、SS 和石油类 | 现检查废水产生量和去向的记录台账 |
| | | 炉渣水淬废水、湿法除尘废水 | 含 SS 和金属离子 | |
| | | 铸造脱蜡废水 | 含极高浓度的氨氮和总氮 | |
| | | 淬火废水 | 金属氧化皮、金属离子、石油类、SS 等 | |
| | | 发生炉水煤气废水 | 含 COD、酚氰、氨氮、焦油和 SS 等 | |
| | | 酸洗废水 | 含 $COD_{Cr}$、BOD、SS、石油类、重金属、总磷、总氮等 | 检查一类污染物在车间预处理达标的监测记录，再排入综合污水站，检查废水产生量和去向的记录台账 |
| | 锻造 | 设备和工模具冷却水 | 含 COD、SS 和油等 | 检查废水产生量和去向的记录台账 |
| | | 设备、管线泄漏的含油废水 | 含油、COD、和 SS 等 | |
| | | 发生炉水煤气废水 | 含 COD、酚氰、氨氮、焦油和 SS 等 | |
| | | 酸洗废水 | 含 $COD_{Cr}$、BOD、SS、石油类、重金属、总磷、总氮等 | 检查一类污染物在车间预处理达标的监测记录，再排入综合污水站，检查废水产生量和去向的记录台账 |
| | 热处理 | 回火、淬火产生的硝盐废水 | 亚硝酸盐、矿物油、氯化钡、pH、SS、COD | 检查废水产生量和去向的记录台账 |
| | | 表面硝化废水 | 含二氧化钛、硅胶、亚硝酸钠、硝酸钾等 | |
| | | 含油酸碱废水 | 含矿物油、重金属 pH、COD、SS 等 | 检查一类污染物在车间预处理达标的监测记录，再排入综合污水站，检查废水产生量和去向的记录台账 |
| | | 盐浴废水 | 含重金属 | |
| | | 表面氰化废水 | 含氰化物 | |

| 工序 | 排污节点 | 污染物 | 检查方式 |
| --- | --- | --- | --- |
| 金属表面前处理 | 脱脂碱性废水、除锈酸性废水 | 含氯离子、SS、COD、铁离子、石油类、金属离子、pH 等 | |
| | 电泳废水 | 含树脂、颜料、中和剂、重金属离子及有机溶剂 | 检查一类污染物在车间预处理达标的监测记录，再排入综合污水站，检查废水产生量和去向的记录台账 |
| | 磷化废水 | 含磷、锌、铁、pH 值、COD、乳化油、T-P、LAS 等 | |
| 表面涂装 | 电泳废水、喷漆废水、地面清洁废水及模具清洗废水 | $COD_{Cr}$、BOD、SS、石油类、重金属离子、TP、$NH_3$-N 等 | |
| 机修 | 锻造、铆焊、热处理、机械加工、汽车修理、洗车及保养废水 | 石油类、酸碱、COD、SS 等 | 检查废水产生量和去向的记录台账 |

**表 3-38　机械工业固体废物产污节点**

| 工序 | | 排污节点 | 污染物 | 检查方式 |
| --- | --- | --- | --- | --- |
| 冷加工 | | 生产的废边角料、废包装材料、除尘收集的尘灰、生化处理的污泥等 | 一般固体废物 | 检查收集、管理和外运处置的台账记录 |
| | | 擦拭机械的含油抹布、废矿物油（HW08）和废乳化液（HW09），废油漆、废涂料、废化学品、机械维修产生的油泥、回收的污油车间预处理污泥（含重金属）、废活性炭、焊渣、漆渣 | 危险废物 | 现场检查危险废物的收集、处置、利用的暂存场所，检查台账外运联单是否与危险废物管理要求合规 |
| 热加工 | 铸造 | 炉窑灰渣（冲天炉灰渣、除尘尘灰、高炉水渣）；废工件（废铸件、废砂模、废除尘袋）；脱硫石膏和冶炼废渣；维修废渣（废耐火砖、废砂均属一般固体废物） | 一般固体废物 | 现检查废水产生量和去向的记录台账 |
| | | 使用氰化物热处理废渣（淬火池残渣、淬火废水处理污泥、氰化物热处理和退火作业中产生残渣、热处理渗碳炉产生的热处理渗碳氰渣、氰化物热处理和退火作业中产生残渣、氰化过程的碱洗有碱和表面活性剂废液）；渗硫过程含碱和渗硫剂的废液；盐浴固体废物（脱氧的渣和废盐、盐浴槽釜清洗产生的含氰残渣和含氰废液）；热处理中的废液废渣（使用氯化亚锡、氯化锌、氯化铵进行敏化产生的废渣和废水处理污泥）。按《危险废物名录》HW07、HW17 规定，均属危险废物。擦拭机械的含油抹布、废乳化液、废机油、废油漆、废涂料、废化学品、机械维修产生的油泥、回收的污油、漆渣，均属于危险废物 | 危险废物 | 现场检查危险废物的收集、处置、利用的暂存场所，检查台账外运联单是否与危险废物管理要求合规 |

| 工序 | | 排污节点 | 污染物 | 检查方式 |
| --- | --- | --- | --- | --- |
| 热加工 | 锻造 | 炉窑灰渣（加热热炉灰渣、除尘灰）；加工碎屑废渣（切边、冲孔废料及废品锻件、氧化皮、铁屑，清理滚筒、喷丸设备除尘下来的废渣、废磨料和废填加剂等） | 一般固体废物 | 现检查废水产生量和去向的记录台账 |
| | | 废乳化液、毒性工业炉废弃材料（如工业炉维修废弃的石棉绒、矿渣棉、玻璃绒等保温绝缘材料）等（按《危险废物名录》HW09、HW36H 规定属危险废物）。擦拭机械的含油抹布、废乳化液、废机油、废油漆、废涂料、废化学品、机械维修产生的油泥、回收的污油、漆渣 | 危险废物 | 现场检查危险废物的收集、处置、利用的暂存场所，检查台账外运联单是否与危险废物管理要求合规 |
| | 热处理 | 炉窑灰渣（加热炉灰渣、除尘灰） | 一般固体废物 | 现检查废水产生量和去向的记录台账 |
| | | 使用氰化物热处理废渣（淬火池残渣、淬火废水处理污泥、氰化物热处理和退火作业中产生残渣、热处理渗碳炉产生的热处理渗碳氰渣、氰化物热处理和退火作业中产生残渣、氰化过程的碱洗有碱和表面活性剂废液）；渗硫过程含碱和渗硫剂的废液；盐浴固体废物（脱氧的渣和废盐、盐浴槽釜清洗产生的含氰残渣和含氰废液）；热处理中的废液废渣（使用氯化亚锡、氯化锌、氯化铵进行敏化产生的废渣和废水处理污泥）。按《危险废物名录》HW07、HW17 规定，均属危险废物。擦拭机械的含油抹布、废乳化液、废机油、废油漆、废涂料、废化学品、机械维修产生的油泥、回收的污油、漆渣，属于危险废物 | 危险废物 | 现场检查危险废物的收集、处置、利用的暂存场所，检查台账外运联单是否与危险废物管理要求合规 |
| 金属表面前处理 | | 生化处理污泥；除尘灰 | 一般固体废物 | 现检查废水产生量和去向的记录台账 |
| | | 废酸液、废碱液、酸洗脱脂过程中的废渣；车间预处理污泥；废化学助剂、废化学品；磷化、电泳废渣、磷化废水污泥 | 危险废物 | 现场检查危险废物的收集、处置、利用的暂存场所，检查台账外运联单是否与危险废物管理要求合规 |
| 表面涂装 | | 污水站生化污泥 | 一般固体废物 | 现检查废水产生量和去向的记录台账 |
| | | 电泳废液、漆渣、溶剂包装桶、废涂料、废助剂、废化学品、污水站物化污泥、废包装属危险废物；发蓝（发黑）表面处理过程，要使用盐酸、烧碱等有腐蚀作用的化学产品，在去油、酸洗、发黑、皂化等过程中会产生有腐蚀性的废液，也属危险废物 | 危险废物 | 现场检查危险废物的收集、处置、利用的暂存场所，检查台账外运联单是否与危险废物管理要求合规 |
| 机修 | | 油泥、油抹布、废机油等，都属于危险废物 | | |

## 五、机械工业企业常见的环境违法行为

到2015年年底我国机械行业规模化企业数量有25 000多家。2015年机械工业累计实现主营业务收入22.98万亿元。机械工业不仅有飞机、火车、汽车、轮船各种大型装备制造企业集团，更有多如牛毛的从事机械加工、装配、维修的小型机械加工企业。大型企业虽然也有一些烟粉尘、油烟面源污染、使用树脂、涂料、油漆、溶剂产生的VOC无组织排放的问题，但整体上在污染源的管理、工艺过程的污染物控制、污染治理可行技术的升级方面还是比较守法和自律的。但是数量以十万计的小型加工企业无视国家的环评及验收制度、无视行业的选址、无视行业的准入要求，以简陋的工艺及设备、没有任何环保保护措施和环境治理设施、直接排向环境，是“散乱污”企业数量最多的一个行业。

### 1. 环评要求

如重型工业、汽车工业、航空工业等一些先进的铸造厂；也有工艺落后、设备简陋、手工操作。大型的机械加工企业还能比较好地执行环评和验收制度要求，相当多的小型机加项目，无视环评法的规定，未办理环评手续，也未配套环保设施，擅自开工生产，这类企业均属国家重点打击的“散污乱”企业，这些企业多在城中村、居民区，环境危害极大，应严格查处，发现一家关闭一家。

某机械加工企业属小型企业，位处居民区，未办理环评手续，也未配套环保设施，擅自开工从事机械加工生产，被环境监察机构查处；某市钢圈加工项目，未办理环保手续擅自建设钢圈加工项目，且需要配套建设的环境保护设施未验收，主体工程即投入生产；这两个例子均属“散污乱”小型机加项目，且未依法办理环评手续，责令其立即停止生产，并处罚。

### 2. 烟粉尘和油烟污染问题突出

热加工（铸造、锻造、热处理）的熔炉、加热炉、退火炉，规定高污染、必须淘汰的加热炉设备，必须关停，产生的烟尘、$SO_2$、$NO_x$一定要控制到达标排放，尤其是低温运行时产生的黑烟一定要除尘达标。某市“铁腕治污行动”暗访组检查某县工业园区的2家锻造公司的厂区时发现，锻烧炉内炉火熊熊，浓烟滚滚，黑烟伴着呛人的气味弥漫在厂区上空，一旁的除尘设施早已擅自停用，形同虚设；工人们时不时向锻烧炉内添加着燃煤，院内大小不一的煤堆随处可见。在园区一个无厂名的锻造企业内，天然气锻烧炉正在作业，但旁边早应取缔的燃煤锻烧炉也冒着熊熊的火光，没有经过任何处理，锻烧炉内的烟尘直接排向了空中。随后，暗访组在定襄县蒋村乡附近几个无厂名加工锻造企业内，见到了雷同的生产场景。最终该县有10家污染企业被断电封停。

### 3. 铸造、锻造无组织排放废气必须依法控制

《大气污染防治法》第四十八条规定：“钢铁、建材、有色金属、石油、化工、制药、

矿产开采等企业，应当加强精细化管理，采取集中收集处理等措施，严格控制粉尘和气态污染物的排放。工业生产企业应当采取密闭、围挡、遮盖、清扫、洒水等措施，减少内部物料的堆存、传输、装卸等环节产生的粉尘和气态污染物的排放。”

机械加工的冷加工和热加工生产过程产生大量粉尘，如铸造加工现场、锻造加工现场、金属表面前处理的喷砂、抛丸、打磨、抛光都会产生十分严重的无组织烟粉尘排放。机械行业中冷加工（机械加工）粉尘、烟尘和油烟的无组织排放问题相当普遍和突出，热加工的铸造和锻造粉尘、烟尘和油烟的污染排放更为严重，大型构件的表面清理的喷砂、排放产生的粉尘浓度可以达到 4 000～10 000 mg/m$^3$ 的浓度。基本上可以说形成了粉尘、烟尘和油烟的面源污染。许多机械加工企业因为要频繁的进料与出料，炉窑的封闭程度比较差，也造成烟尘和油烟的大量无组织排放，许多现场已形成面源污染，许多集气装置形同虚设（图 3-15）。

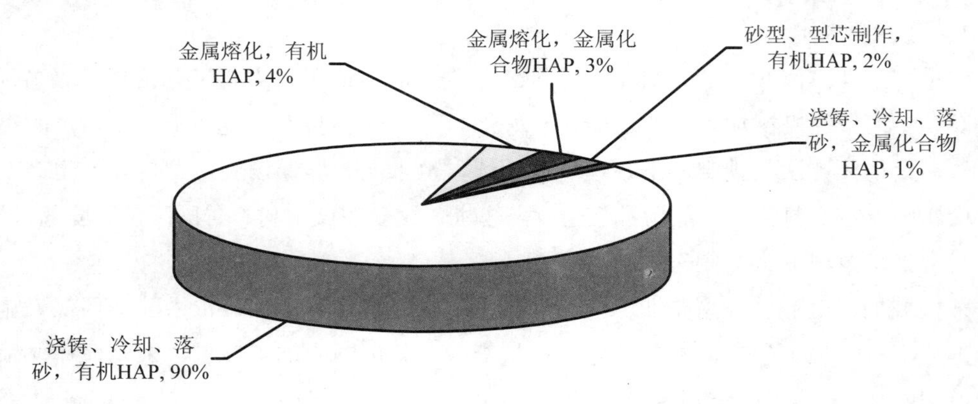


图 3-15 专用机械设备制造业简要工作流程

铸造粉尘可以分为有机和无机两种。固化剂、树脂、桐油、浇注熔炼设备以及烘干炉窑产生的粉尘一般是有机粉尘，新旧砂、膨胀土粉、煤粉、石墨粉以及废钢、石灰石等炉料产生的粉尘一般是无机粉尘。

机械加工企业焊接烟气的无组织排放也是一个普遍存在的突出问题。

督查组现场检查发现某机械公司正在生产，铸造车间污染治理设施不正常运行，4 台抛丸机粉尘直接排放。某金属制品有限公司抛丸机的除尘设施布袋损坏未及时更换，粉尘无组织排放严重。某装饰材料厂正在生产，新型水性环保建筑腻子产品生产线的干混工段和包装工段除尘设施不正常运行，粉尘直排。

铸造有限公司厂区烧结矿渣堆场未采取覆盖措施，厂区部分道路未硬化，物料运输车辆未覆盖，道路扬尘明显。

**4．机械行业的 VOC 排放问题**

在机械行业的冷加工工序中间产品的喷漆、热加工工序中树脂、油脂、表面活性剂的受热挥发、金属工件表面涂装过程，都会产生比较严重的 VOC 挥发问题，多数是无组织排放问题，许多环保部门和机械加工企业还没有引起足够的重视，工作设备和场所的集气和封闭措施还远远没有到位。

在锻压、热处理、金属表面处理的前处理阶段、涂装、电镀等生产过程产生的油烟、VOC、氰化物、氨气、酸雾、碱雾等挥发性有机无机污染废气，处理加强设施的密闭，减少泄漏外；必须设置集气设施，将泄漏的有毒有害污染物收集净化。

如铸造厂空气污染的特点：污染源分散，浓度较低，气体量大。在美国环保局列出的总共 188 种危险空气污染物中，铸造废气中已经检测出的有 40 多种，对环境和人体健康都有巨大危害。

浇注、冷却和落砂过程产生的 HAP 来源于铸造过程中煤粉、有机黏合剂的热解（表 3-39、表 3-40）。

表 3-39　不同生产条件其 VOC 和 HAP 的排放因子

| 生产条件 | 排放因子/（g/t 铸铁） | |
|---|---|---|
| | VOC | HAP |
| 湿砂铸造（无型芯） | 93.4～272.2 | 71.2～235.4 |
| 湿砂铸造（树脂砂型芯） | 298.5～861.8 | 221～441 |
| 树脂砂型铸造 | 666.8～1 864.6 | 526.2～907.2 |

表 3-40　煤粉、树脂、黏结剂热解 HAP 产污构成　单位：%

| HAP 构成 | | 原材料 | |
|---|---|---|---|
| | 煤粉 | 酚醛树脂 | 呋喃树脂 |
| 苯 | 42.15 | 27.26 | 47.95 |
| 甲苯 | 21.63 | 5.51 | 9.328 |
| 二甲苯 | 14.71 | 2.35 | 4.07 |
| 己烷 | 3.72 | 0.24 | 0 |
| 萘 | 3.69 | 4.71 | 1.95 |
| 甲苯酚 | 4.02 | 6.26 | 0 |
| 乙苯 | 2.43 | 0.27 | 0 |
| 酚 | 2.09 | 30.19 | 18.15 |
| 苯乙烯 | 1.08 | 0.20 | 0 |
| 甲基萘 | 1.74 | 8.48 | 0 |
| 乙醛 | 1.03 | 1.42 | 14.01 |
| 丁酮 | 0.40 | 0.08 | 2.45 |
| 苯胺 | 0 | 7.72 | 0 |
| 其他 | 0.5 | 4.12 | 0 |

督察组对德州市武城县鲁权屯镇张南镇村冉鑫通风设备有限公司现场检查时发现，该公司无环保手续，属当地“散乱污”名单外企业，送风阀喷漆工段未安装 VOCs 治理设施，VOCs 气体无组织排放，原环保部督察组检查发现某大型机械加工企业在用的 1 号烤漆房废气处理设施中过滤面板活性炭填料不足，导致喷漆过程中产生的可挥发性有机废气直排，属不正常使用大气污染防治设施，被处罚。某汽车销售有限公司因调漆过程中产生的含挥发性有机物废气直接通过风扇向大气中排放，被责令停止违法行为，限三日内改正，处以一万元罚款。某企业在用的调漆间是密闭空间，但未按规定安装挥发性有机物收集装置，也未安装废气净化装置，使调漆过程中产生的含挥发性有机废气通过风扇直接向大气中排放。

### 5. 酸洗碱洗工序的酸碱雾的无组织排放

机械加工的冷加工、热加工和表面涂装、电镀加工过程的酸洗池和碱洗池（尤其是加热）产生和强的酸碱雾排放，许多小型机械加工企业没有任何封闭和集气措施，导致酸碱雾直接排放。一些大型机械加工业也存在酸碱雾泄漏产生污染的情况。

### 6. 含油废水超标排放问题

一些机械加工企业，尤其是多属小型企业还存在含油、含乳化剂废水仍未得到很好地处理，超标排放的问题。

在对某汽车配件系统有限公司检查过程中，发现企业产生含油废水（含重金属、属危险废物）未按要求处置，生产污水排放超标，被处罚 105 万元。某市在对五金机械加工行业油污染专项整治检查中，共排查企业 187 家，对 5 家未有效收集处置含油废水造成河道污染的企业作出严厉处罚。

### 7. 含重金属废水车间排放口超标排放问题

机械加工的一些车间包括热处理、电镀、涉重金属加工过程都会导致废水中含有一类污染物（重金属离子），企业应该在车间进行预处理，规定车间排口一类污染物应达标排放，但许多中小机械加工企业都未执行这一规定，导致一类污染物进入综合废水稀释排放。

某区某机械加工厂，将含有污染物六价铬超标的废水，经雨污排水管排放污染环境，涉及刑事犯罪，该局将依法把此案移送至公安机关追究刑事责任。

### 8. 危险废物未能规范化管理

加强机械加工行业的固体废物，尤其是危险废物的管理，要实现台账化的责任制管理。机械加工固体废物种类特别多，尤其是危险废物在各道工序都有。

（1）废矿物油、废乳化液、废油漆、废涂料。

（2）磷化废渣、电泳废渣、废活性炭、焊渣、漆渣。

（3）有毒性的工业炉废弃材料（炉衬、石棉等保温材料）。

（4）热处理废渣。盐浴固体废物（脱氧的渣和废盐、盐浴槽釜清洗产生的含氰残渣和含氰废液)、使用氰化物热处理废渣、渗硫过程会排出碱和渗硫剂的废液、热处理中的废液废渣（使用氯化亚锡、氯化锌、氯化铵进行敏化产生的废渣和废水处理污泥)。

（5）溶剂包装桶、废化学品包装。

（6）电镀固体废物。主要来自废弃电镀槽液过滤废渣、(电镀、镀后处理)、废电镀槽液退镀液、钝化废液。

（7）废酸碱液、废有机溶剂、废化学品、废催化剂。

（8）机械加工过程产生的各种废液（废酸、废碱、废热处理液、废磷化液、废乳化液、助剂废液等)。

（9）废水处理含重金属污泥、化学除油工序产生的油泥、污泥中含有金属氢氧化物、硫化物等重金属污染物，多属于危险废物。多数电镀企业对电镀废水的处理方法主要采用化学法，重金属主要沉淀于污泥中。

机械加工过程，尤其是热处理和表面涂装过程产生各类几十种危险废物，许多类型的危险废物既没有管理台账，也没有向环保部门进行设备，随意处置的问题比较普遍，环境监督部门对此也是一笔糊涂账。许多中小型企业油漆桶、废油漆、废涂料与一般固体废物混存，严重违反国家关于危险废物管理的法律规定。

## 第七节　电镀工业污染特征及环境违法行为

### 一、电镀工业工艺环境管理概况

电镀企业集中分布在一些工业部门：33.8%的电镀企业分布在机器制造工业，20.2%在轻工业，5%～10%在电子工业，其余主要分布在航空、航天及仪器仪表工业。我国电镀加工中涉及最广的是镀锌，镀铜、镍、铬，其中镀锌占45%～50%，镀铜、镍、铬占30%，氧化铝和阳极化膜占15%，电子产品镀铅/锡、金约占5%。

电镀生产是金属（或非金属）的表面处理工艺，是通过化学或电化学作用在金属（或非金属）制件表面形成另一种金属膜，从而改变制件表面属性的一种加工工艺。电镀生产工艺根据工序大致可以分为镀前处理—电镀—镀后处理—退镀4个工序。一般镀前处理相同，电镀根据镀层金属分为镀锌、镀铜、镀镍、镀铬以及其他镀种，镀后处理方法一般包括清洗、钝化、烘干。

#### （一）主要原辅材料

电镀原材料包括镀前除油材料、浸蚀材料、镀铜原料、镀镍原料、镀锌原料、镀锡原料、镀银原料等。

### 1. 镀前处理原辅料

表 3-41 镀前处理原辅料

| 类　型 | 原辅料 |
| --- | --- |
| 电抛光 | 硫酸、磷酸、柠檬酸、氢氟酸、铬酐等 |
| 滚光 | 硫酸、盐酸、皂角粉等 |
| 强腐蚀 | 硫酸、盐酸、硝酸、氢氟酸、铬酸、缓释剂等 |
| 化学除油 | 氢氧化钠、碳酸钠、磷酸钠、硅酸钠、OP 乳化液等 |
| 电解除油 | 氢氧化钠、碳酸钠、磷酸钠、硅酸钠等 |
| 溶剂除油 | 四氯化碳、汽油、煤油、酒精等 |

### 2. 各类电镀的原辅料

表 3-42 电镀工艺及电镀液主要成分

| 电镀金属 | 工艺 | 电镀液主要成分 |
| --- | --- | --- |
| 镀铜 | 氰化镀铜 | 是应用广泛的工艺，使用的镀液有预镀溶液、含酒石酸钾钠溶液、光亮氰化镀铜溶液，主要含：氰化亚铜和氢化钠（可能还有酒石酸钾钠和氢氧化钠） |
|  | 酸性硫酸液镀铜 | 使用的镀液有普通镀液和光亮镀液，主要含：硫酸铜、硫酸、氯离子等 |
|  | 焦磷酸盐镀铜 | 使用的镀液主要含：铜盐、焦磷酸钾及辅助络合剂（酒石酸、柠檬酸）和光亮剂等 |
|  | 新镀铜工艺 | 属无氰工艺，又可减少镀前处理，有柠檬酸—酒石酸盐镀铜，羟基亚乙基二磷酸镀铜，铜、硫酸铜、酒石酸钾和羟基亚乙基二磷酸 |
|  | 氟硼酸盐镀铜 | 氟硼酸铜、铜、氟硼酸等 |
| 镀镍 | 瓦特型镀镍溶液 | 硫酸镍、氯化镍、硼酸等 |
|  | 混合镀镍溶液 | 氯化物—硫酸盐混合镀镍溶液主要含：硫酸镍、氯化镍、硼酸等 |
|  | 络合物型镀液 | 硫酸镍、氯化镍、氨水、三乙醇胺、焦磷酸镍、柠檬酸铵等 |
|  | 光亮镀镍 | 硫酸镍、氯化镍、柠檬酸钠、丁炔二醇、光亮剂、柔软剂 |
| 特殊镀镍 | 镀黑镍 | 硫酸镍、硫酸锌、氯化锌、硼酸等 |
|  | 镀缎面镍 | 硫酸镍、氯化镍、硼酸、端面形成剂、光亮剂等 |
|  | 滚镀镍 | 主要用于镀小件，镀液主要含：硫酸镍、氯化镍、硼酸、硫酸镁等 |
| 镀铬 | 镀铬 | 普通镀液含：铬酐、硫酸；复合镀液主要含：铬酐、硫酸、氟硅酸；自动调节镀液主要含：铬酐、硫酸、硫酸锶、氟硅酸钾；四铬酸盐镀液主要含：铬酐、氧化铬、硫酸、氢氧化钠、氟硅酸钾；三价镀液主要以氯化铬、加入络合剂、氯化盐、硼酸等 |
|  | 镀硬铬 | 铬酐、硫酸、CS-添加剂、三价铬等 |
|  | 镀黑铬 | 铬酐、硝酸钠、硼酸、氟硅酸等 |

| 电镀金属 | 工艺 | 电镀液主要成分 |
| --- | --- | --- |
| 镀锌 | 氰化物镀锌 | 氧化锌、氢化钠、氢氧化钠、光亮剂（含苯甲基烟酸、苯甲醛、异丙醇、额二羟丙基乌洛托品氯化物等）等 |
|  | 锌酸盐镀锌 | 锌、氧化锌、氢氧化钠、DE-99 添加剂、HCD 光亮剂等 |
|  | 氯化物镀锌 | 氧化锌、氯化钾、硼酸、光亮剂 H（醇与乙烯的氧化物）等 |
|  | 硫酸盐镀锌 | 硫酸锌、硫酸钠、硫酸铝、硼酸、明矾、光亮剂 SN-Ⅰ、SN-Ⅱ等 |
| 镀镉 | 氰化物镀镉 | 氧化镉、氰化镉、氢氧化钠、硫酸钠等 |
|  | 无氰镀镉 | 三乙酸胺镀镉（氯化铵、三乙酸胺、硫酸镉、氯化镉、乙酸钠等）；硫酸盐镀镉（硫酸镉、硫酸盐、苯酚等）；碱性镀镉（硫酸镉、氯化镉、三乙酸胺、硫酸铵等） |
| 镀锡 | 酸性镀锡 | 硫酸亚锡、硫酸、有机添加剂 SS-820 等 |
|  | 甲酚磺酸镀锡 | 硫酸亚锡、硫酸、甲酚磺酸、β-奈酚等 |
|  | 氟硼酸镀锡 | 氟硼酸、氟硼酸亚锡、2-奈酚等 |
|  | 碱性镀锡 | 硫酸亚锡、氢氧化钠、锡、锡酸钾等 |
|  | 冰花镀锡 | 硫酸亚锡、硫酸、镀锡光亮剂、镀锡稳定剂等 |
|  | 化学镀锡 | 氯化亚锡、氢氧化钠、盐酸、硫脲等 |
| 镀银 | 氰化镀银 | 银盐、氰化钾、光亮剂 FB-1、FB-2、A、B 等 |
|  | 硫代硫酸盐镀银 | 硝酸银、硫代硫酸盐、SL-80 添加剂等 |
|  | 亚氨二磺酸镀银 | 硝酸银、亚铵二磺酸、硫酸铵、光亮剂 A、B 等 |
|  | 乙酸钾镀银 | 硝酸银、乙酸钾、808A、B 添加剂等 |
|  | 尿素镀银 | 硝酸银、氧化买、尿素、硫脲等 |
| 镀金 | 碱性氰化镀金 | 金、氰化钾、磷酸氢二钾等 |
|  | 微酸性柠檬酸盐镀金 | 氰化亚金钾、柠檬酸盐等 |
|  | 亚硫酸盐镀金 | 亚硫酸金铵、亚硫酸盐等 |
| 镀铂 | 亚硝酸盐镀铂 | 亚硝酸二氨铂、硝酸铵、氢氧化铵等 |
|  | 酸性镀铂 | 亚硝酸二氨铂、硫酸钾、磺酸等 |
|  | 碱性镀铂 | 亚硝酸二氨铂、氢氧化钾、EDTA 光亮剂等 |
| 镀仿金 | 闪镀镍铁合金 | 硫酸镍、硫酸亚铁、硼酸、镍、快光剂 |
|  | 镀仿金 | 氰化亚铜、氧化锌、氰化锌、锡酸钠、氰化钠、酒石酸钠等 |
| 镀锌镍 | 酸性镀锌镍 | 氯化锌、氯化镍、硫酸锌、硫酸镍、氯化钾、氯化铵、硼酸等 |
|  | 碱性镀锌镍 | 氧化锌、硫酸镍、氢氧化钠、乙二胺、三乙醇胺、ZQ-添加剂等 |
| 镀锌铬 | 镀锌铬 | 氯化锌、硫酸锌、氯化铬、硫酸铬、硼酸、光亮剂、氯化钾等 |
| 镀锡锌 | 镀锡锌 | 锡酸钠、氰化锌、氰化钠等 |
| 镀锡镍 | 镀锡镍 | 氯化亚锡、氯化镍、氟化氢铵、氯化铵等 |
| 镀镍铁 | 镀镍铁 | 硫酸镍、氯化镍、硫酸铁、硼酸等 |
| 镀镍磷 | 镀镍磷 | 氯化镍、硫酸镍、磷酸、亚磷酸等 |

### 3. 镀后处理原辅料

表 3-43 镀后处理工艺及原辅料

| 工艺 | | 电镀液主要成分 |
| --- | --- | --- |
| 清洗 | | 水 |
| 钝化 | 彩虹色钝化 | 铬酸、硫酸、硝酸等 |
| | 草绿色钝化 | 铬酸、硫酸、磷酸、盐酸、硝酸等 |
| | 高铬酸钝化 | 铬肝、硫酸、硝酸等。高铬酸钝化虽然质量好，但铬酐流失大，且多在清洗时流失，增加了废水处理的负荷 |

### 4. 退镀处理的原辅料

表 3-44 化学退镀工艺及原辅料

| 工艺 | 退镀液主要成分 |
| --- | --- |
| 化学法退除镍、铜镀层 | 硫酸、硝酸、硫脲、丁炔二醇等 |
| 除黑膜 | 烧碱、氰化钠等（或硝酸、氰化钠、防染盐） |
| 电解退除镀铬层 | 盐酸直接退去镀铬层（或纯碱、三乙醇胺） |
| 合金退镀 | 硝酸、硫酸、磷酸 |
| 铝件退镀 | 硝酸、硫酸、氢氰酸 |
| 铁件退镀 | 硝酸、盐酸 |

表 3-45 几种主要镀种的物耗水平

| 名称 | 国际平均水平 | 国内平均水平 |
| --- | --- | --- |
| 镀铜的物料利用率 | 90% | 65% |
| 镀镍的物料利用率 | 90% | 75% |
| 镀铬的物料利用率 | 24% | 10.5% |

表 3-46 电镀企业水污染物排放限值

<table>
<tr><th>序号</th><th colspan="2">污染物项目</th><th>排放限值</th><th>特别排放限值</th><th>污染物排放监控位置</th></tr>
<tr><td colspan="2" rowspan="2">单位产品基准排水量，L/m²（镀件镀层）</td><td>多层镀</td><td>500</td><td>250</td><td rowspan="2">排水量计量位置与污染物排放监控位置一致</td></tr>
<tr><td>单层镀</td><td>200</td><td>100</td></tr>
</table>

注：第一列是现有排放限值（500、200），第二列是特殊区域企业需要执行的特别排放限值（250、100）。
摘自《电镀行业污染物排放标准》。

表 3-47 单位产品基准排气量　　单位：$m^3/m^2$（镀件镀层）

| 序号 | 工艺种类 | 排放限值 | 排气量计量位置 |
| --- | --- | --- | --- |
| 1 | 镀锌 | 18.6 | 车间或生产设施排气筒 |
| 2 | 镀铬 | 74.4 | |
| 3 | 其他镀种（镀铜、镀镍等） | 37.3 | |
| 4 | 阳极氧化 | 18.6 | |
| 5 | 发蓝 | 55.8 | |

注：现有和新建企业单位产品基准排气量执行本表。
摘自《电镀行业污染物排放标准》。

## （二）能源和水耗

如果仅计算照明、除油、空压泵、水泵等用电及清洗用电约 0.1 kW·h/dm$^2$；如果采用电加热，约为 0.4 kW·h/dm$^2$。如果采用蒸汽作为加热介质，其煤消耗约 0.08 kg 煤/dm$^2$。

《电镀行业准入条件》要求电镀企业单位产品每次清洗取水量不超过 0.04 t/m$^2$，水的重复利用率在 50%以上（表 3-48）。

《清洁生产标准——电镀行业》要求单位产品新鲜水用量一级标准≤0.1 t/m$^2$，二级标准≤0.3 t/m$^2$，三级标准≤0.5 t/m$^2$。

2016 年我国公布的 169 个中类行业产值能耗显示电镀行业燃料消耗结构燃油占 37.1%，燃气占 1.2%，燃煤占 61.7%。

表 3-48 电镀工业水耗 单位：m$^3$/m$^2$ 镀件

| 标准 | 水耗 |
|---|---|
| 国外水平 | 0.08 |
| 国内先进水平 | 0.8 |
| 国内平均水平 | 3.0 |

## （三）基本生产工艺

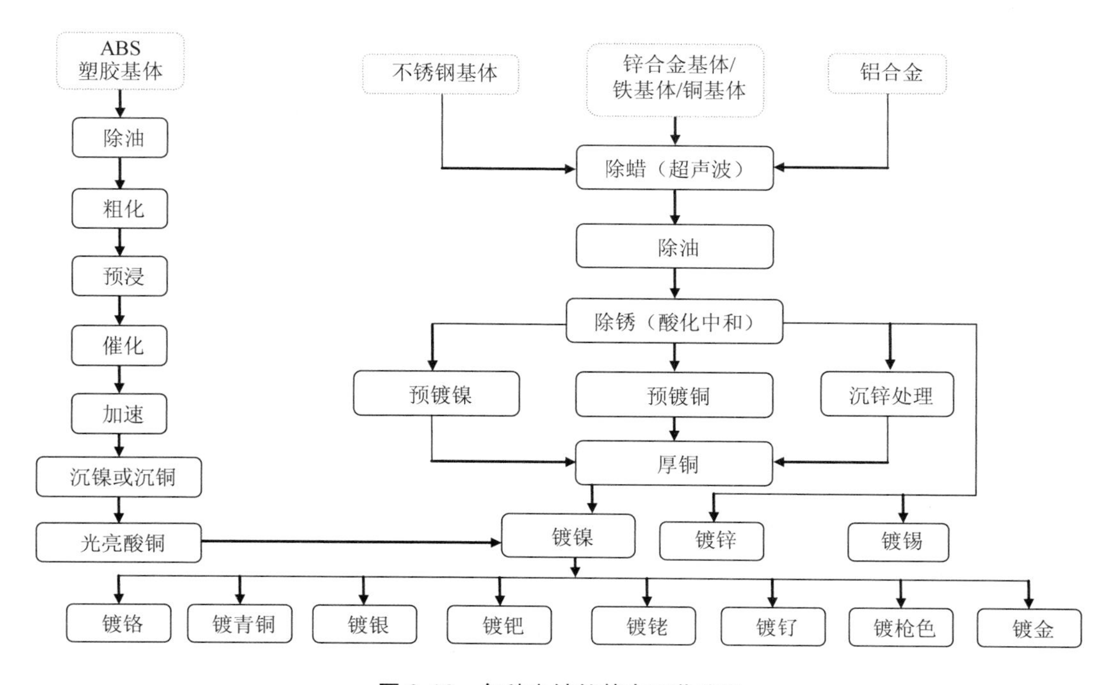


图 3-16 各种电镀的基本工艺流程

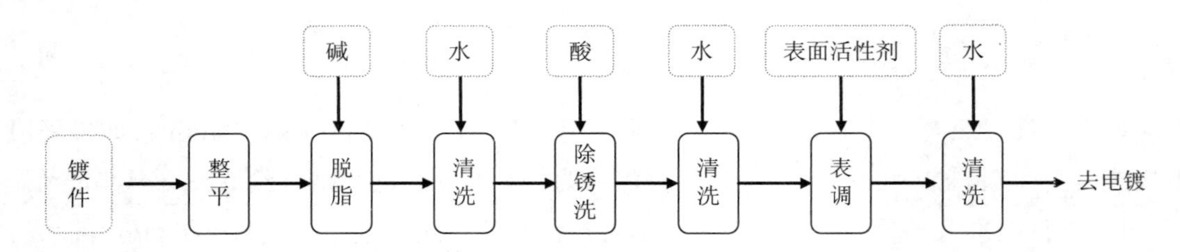


图 3-17 镀前处理工艺流程及排污节点

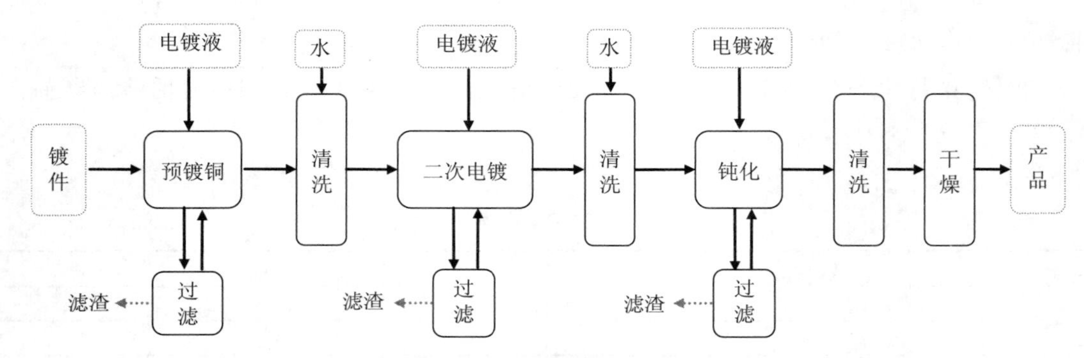


图 3-18 电镀及钝化处理工艺流程及排污节点

表 3-49 电镀企业主要生产设备

| 项目 | 设备（设施）名称 |
| --- | --- |
| 备料系统 | 装载机、皮带输送机、运输车辆、预均化库、黏土堆棚、煤堆棚、铁质原料堆棚、配料库、石膏库等 |
| 镀前处理 | 滚光设备、刷光设备、电抛光设备、化学抛光设备、脱脂槽、酸洗槽、清洗槽、酸储罐、药剂桶等 |
| 电镀工序 | 电镀槽、清洗槽、挂镀设备、滚镀设备、过滤和循环过滤设备、电镀液、氰化处理液等 |
| 镀后处理 | 钝化镀槽、清洗槽、过滤和循环过滤设备钝化液、药剂桶等 |
| 退镀工序 | 退镀槽、清洗槽、酸储罐、退镀液、药剂桶等 |
| 危险废物储库 | 废酸储罐、废碱储罐、电镀槽滤渣罐、钝化槽滤渣罐、废化学药剂储罐、废弃电镀液储罐等 |
| 污水站 | 药剂罐、污水处理池、沉淀池、压滤设备、污泥储罐 |

## 二、电镀工业的环境问题

表 3-50　电镀工业的特征污染物

| 污染类型 | 特征污染物 |
| --- | --- |
| 废气 | 喷砂、磨光及抛光工序产生粉尘；酸洗、出光、化学抛光工序产生酸雾（铬酸雾、硫酸雾、氯化氢、氮氧化物、氰化氢等）；<br>化学、电化学除油产生碱性废气；镀铬工艺产生铬酸雾；氰化镀铜、镀锌、镀铜锡合金、仿金电镀工序产生含氰化氢废气 |
| 废水 | 前处理废水，又称酸碱废水。主要污染物为盐酸、硫酸、氢氧化钠、碳酸钠、磷酸钠、COD 等。<br>含氰废水（镀锌、镀铜、镀镉、镀金、镀银、镀合金等氰化镀槽）；含铬废水（镀铬、钝化、化学镀铬、阳极化处理等）；含镍废水（镀镍）；磷化废水（磷化处理）、酸碱废水（镀前处理中的去油、腐蚀和浸酸、出光等中间工艺以及冲地坪等的废水）、电镀混合废水（除各种分质系统废水，将电镀车间排出废水混在一起的废水）。<br>废水主要污染物包括：铬、镍、镉、银、铅、汞、铜、锌、铁、铝、pH 值、悬浮物、$COD_{Cr}$、氨氮、总磷、石油类、氟化物、氰化物等 |
| 固体废物 | 废酸液、废碱液、废有机溶剂、电镀废液、滤渣、退镀废液、电镀污泥、电镀废水处理产生的污泥（危险废物）等，以上均为危险废物 |

## 三、电镀工业的污染物来源

### （一）废气污染来源

电镀生产过程中产生大量废气，可分为含尘废气、酸性废气（三酸（磷酸、硫酸、硝酸）化学抛光硫酸雾、铬酸雾、盐酸雾）、碱性废气、氮氧化物废气、含铬废气及氰化物废气等。

【含尘废气】主要由喷砂、磨光及抛光等工序产生，含有沙粒、金属氧化物及纤维粉尘，除通过集气收集处理外，也会产生无组织扬尘排放。

【酸雾】酸性废气来源于酸洗、出光、化学抛光等工序产生的氯化氢、二氧化硫、氟化氢、硫化氢、磷酸和酸雾；由于盐酸、硫酸、液碱等酸洗工艺（硝酸槽、粗化槽、混酸槽、热盐酸槽逸出酸雾、酸性铜槽、镀铬槽）产生酸雾，硝酸槽、粗化槽、混酸槽、热盐酸槽加热等工艺操作使产生的酸雾和碱雾挥发更为严重。镀铬工艺及镀后处理的钝化环节会产生含铬酸雾废气。

【碱性废气】碱性废气来源于化学、电化学除油，碱性和氰化电镀等工序产生的氢氧化钠、碳酸钠、磷酸钠等碱性物质。产生于浸蚀、出光、化学抛光、化学除油、电化学除油等工艺环节及碱性和氰化电镀过程中会产生含氯化氢、二氧化硫、氟化氢、硫化氢及磷酸等气体废气和酸雾。

【含氰废气】氰化镀铜、镀锌、镀铜锡合金、仿金电镀等工序的氰化槽的含氰废气。氰化电镀，如氰化镀铜、镀锌及仿金等。氰化物与酸混合，产生毒性很强的氰化氢气体。

【氮氧化物废气】硝酸在电镀行业中主要用于不良镀件或电镀挂具的退镀，以及铝合金、铜合金零件的化学抛光。硝酸槽、硝酸退镀槽、酸性铜槽使用的硝酸会分解出大量的 $NO_x$ 棕黄色气体，也称硝酸黄烟气。

【其他废气】在镀铜、焦铜、酸铜、镀镍、镀银、镀金等工序生产过程中会因为镀槽的药剂与温度环境等的影响产生不同的废气，主要有：硫酸雾（$H_2SO_4$）、氯化氢（HCl）气体、铬酸雾（$CrO_3$）、水蒸气（内含裹于其中的化学药剂）、碱蒸汽等水溶性气体，这些气体中主要以酸性气体为主，碱蒸汽是极微小的部分。

### （二）废水污染来源

电镀废水的主要来源有镀前处理的除油、除锈、活化等工艺的清洗废水，预处理清洗废水，电镀工艺的清洗废水、钝化后的清洗废水。

【前处理废水】又叫酸碱废水。包括工件除锈、脱脂、除油、除蜡等电镀前处理工序产生的废水。一般包括前处理工序及其他酸洗槽、碱洗槽产生的废水，主要污染物为盐酸、硫酸、氢氧化钠、碳酸钠、磷酸钠等。前处理废水不仅产生酸碱污染，还含有机物、石油类、悬浮物、重金属等。

【含氰废水】主要由含氰电镀工序产生，包括氰化镀铜，碱性氰化物镀金，中性和酸性镀金、银、铜锡合金，仿金电镀等含氰电镀废水。氰是剧毒物，应单独处理。主要污染物为氰化物、络合态重金属离子等，须单独收集、预处理。

【含铬废水】包括镀铬、镀黑铬、表面钝化、退镀以及塑料电镀前处理粗化等工序产生的废水，主要污染物为六价铬、总铬等，须单独收集、处理。铬是一类污染物，必须预处理到车间排放口达标。

【含镍废水】包括光亮镀镍、半光镍、高硫镍、镍封、冲击镍、黑镍、化学镀镍等工序产生的废水。镍是一类污染物，必须预处理到车间排放口达标。

【其他废水】一般电镀废液、工艺废水和清洗水，主要污染物为各种游离态、络合态重金属离子及络合剂类有机物、甲醛和乙二胺四乙酸（EDTA）等，含 $Cu^{2+}$、$Cr^{3+}$、$Cr^{6+}$、$Ni^{2+}$、$Zn^{2+}$、$CN^-$、pH 和一定量的有机物。电镀污水的成分非常复杂，除含氰（$CN^-$）废水和酸碱废水外，重金属废水是电镀业潜在危害性极大的废水类别。电镀废水主要是清洗废水（工件漂洗水），废水量约占电镀车间废水排放量的 80%以上，废水中铬离子浓度为 50～300 mg/L，铜离子浓度在 2～150 mg/L，镍离子浓度在 2～80 mg/L。

设备、管道“跑、冒、滴、漏”废水——一般这部分废水与冲刷设备、冲洗地坪废水一并处理。

化验废水——主要包括电镀工艺分析和废水、废气检测，成分复杂，一般排入电镀混合废水统一处理。

综合废水，主要包括酸性镀铜，酸性和碱性镀锌，各种镀锡等废水。主要污染物为多种金属离子，添加剂、络合剂、配位剂、染料、分散剂等有机物，石油类、磷酸盐、悬浮物及表面活性剂等。

### （三）固体废物来源

除油槽、酸洗槽、电镀槽、钝化槽定期清理产生的槽底含油、含酸碱或含重金属的沉淀物质，即为电镀污泥，其他生产过程的清理废液即为电镀废槽液。

1. 电镀企业固体废物主要来自废弃电镀槽液过滤废渣（电镀、镀后处理），均为危险废物。

2. 废电镀槽液退镀液、钝化废液、前处理过程中产生的废酸碱液、废有机溶剂，均为危险废物。

3. 电镀废水处理含重金属污泥、化学除油工序产生的少量油泥等，污泥中含有金属氢氧化物、硫化物等重金属污染物，多属于危险废物。多数电镀企业对电镀废水的处理方法主要采用化学法，重金属主要沉淀于污泥中。

## 四、电镀工业的排污节点特征

表 3-51　电镀生产企业排污节点特征

| 污染类别 | 排污节点 | 污染物 | 检查方式 |
| --- | --- | --- | --- |
| 废水 | 【前处理废水】工件除锈、脱脂、除油、除蜡等前处理工序产生的废水，包括酸碱废水、有机废水、含油废水等 | 主要污染物为盐酸、硫酸、氢氧化钠、碳酸钠、磷酸钠等。还含有机物、石油类、悬浮物、重金属等 | 检查废水去向的记录台账 |
| | 【含氰废水】含氰电镀工序产生，包括氰化镀铜，碱性氰化物镀金，中性和酸性镀金、银、铜锡合金，仿金电镀等的废水 | 主要污染物为氰化物、络合态重金属离子 | 氰是剧毒物，应单独处理，检查台账是否有预处理措施，检查监测记录氰化物是否达标 |
| | 【含铬废水】包括镀铬、镀黑铬、表面钝化、退镀以及塑料电镀前处理粗化等工序废水 | 主要污染物为六价铬、总铬等 | 铬是一类污染物，须单独收集、处理，预处理到车间排放口达标。检查台账是否有预处理措施，检查监测记录铬离子是否达标 |

| 污染类别 | 排污节点 | 污染物 | 检查方式 |
| --- | --- | --- | --- |
| 废水 | 【含镍废水】包括光亮镀镍、半光镍、高硫镍、镍封、冲击镍、黑镍、化学镀镍等工序的废水 | 主要污染物为镍离子等 | 镍是一类污染物，必须预处理到车间排放口达标。检查台账是否有预处理措施，检查监测记录镍离子是否达标 |
| | 【其他废水】一般电镀废液、工艺废水和清洗水，电镀污水的成分非常复杂，除含氰（$CN^-$）废水和酸碱废水外，重金属废水是电镀业潜在危害性极大的废水类别 | 主要污染物为各种游离态、络合态重金属离子及络合剂类有机物、甲醛和乙二胺四乙酸（EDTA）等，含 $Cu^{2+}$、$Cr^{3+}$、$Cr^{6+}$、$Ni^{2+}$、$Zn^{2+}$、$CN^-$、pH 和一定量的有机物 | 因含一类污染物，必须预处理到车间排放口达标 |
| | 【设备、管道“跑、冒、滴、漏”废水】 | 污染物因泄漏位置不同各异 | 检查废水去向的记录台账，一般排入电镀混合废水统一处理 |
| | 【化验废水】主要包括电镀工艺分析和检测，成分复杂 | 污染物因分析和检测物质不同各异 | 检查废水去向的记录台账，一般排入电镀混合废水统一处理 |
| | 【综合废水】导入污水站的废水，主要包括酸性镀铜，酸性和碱性镀锌，各种镀锡等废水 | 主要污染物为多种金属离子，添加剂、络合剂、配位剂、染料、分散剂等有机物，石油类、磷酸盐、及悬浮物、表面活性剂等 | 检查废水监测监控记录，规定的特征污染物指标是否能达标排放 |
| 废气 | 喷砂、磨光及抛光等工序产生，含有沙粒、金属氧化物及纤维粉尘 | 产生含粉尘废气（有组织与无组织排放） | 现场检查无组织排放防护措施，检查除尘设施收尘和换袋台账。检查自主监测数据 |
| | 化学、电化学除油，碱性和氰化电镀等工序的废气 | 产生含氢氧化钠、碳酸钠、磷酸钠等碱性物质颗粒废气 | 现场检查集气效果（气味），检查除酸、除碱、除氰净化措施，检查净化设施运行、维护、消耗、故障台账记录 |
| | 化学抛光等工序的废气 | 氯化氢、二氧化硫、氟化氢、硫化氢、磷酸和酸雾 | |
| | 氰化镀铜、镀锌、镀铜锡合金、仿金电镀等工序的氰化物槽的废气 | 氰化氢气体 | |
| | 镀铬工艺、钝化工艺 | 铬酸雾 | |
| | 硝酸槽、硝酸退镀槽、酸性铜槽 | $NO_x$ 黄烟 | 现场检查 $NO_x$ 无组织排放防护措施；检查监控或监测数据或除尘设施收尘和换袋台账 |
| 固体废物 | 前处理产生的除尘灰 | 一般固体废物 | 检查除尘灰收集、管理台账 |
| | 废酸液、废碱液 | 危险废物 | 检查危险废物的收集、贮存、转移台账，检查产生量、去向和联单 |
| | 电镀废液、滤渣、退镀废液、电镀污泥 | 危险废物 | |
| | 电镀废水处理产生的污泥 | 危险废物 | |

## 五、电镀工业企业常见的环境违法行为

“门槛低、分布散、规模小、水平低，整个行业一直饱受诟病。”这是业内人对电镀行业现状的普遍看法。电镀污染治理水平低，环境管理差、环境污染要素多、废水处理成本高，存在的环境违法问题不仅多，而且很严重，电镀企业的许多违法行为都涉及刑事责任。电镀工艺中使用大量强酸、强碱、重金属溶液，甚至包括氰化物、铬酐等有毒有害化学品，这些有毒有害物质通过废气、废水和废渣排入环境，成为一个重污染行业。电镀加工废水含一类水污染物，固体废物又多属于危险废物，处置不当都会违反2017年1月1日实施的两高《关于办理环境污染刑事案件适用法律若干问题的解释》规定：非法排放、倾倒、处置危险废物3 t以上的；排放、倾倒、处置含铅、汞、镉、铬、砷、铊、锑的污染物，超过国家或者地方污染物排放标准3倍以上的；排放、倾倒、处置含镍、铜、锌、银、钒、锰、钴的污染物，超过国家或者地方污染物排放标准10倍以上的行为；增加3种行为，即“通过暗管、渗井、渗坑、裂隙、溶洞、灌注等逃避监管的方式排放、倾倒、处置有毒物质的”“2年内曾因违反国家规定，排放、倾倒、处置有毒物质受过两次以上行政处罚，又实施前列行为的”“明知他人无危险废物经营许可证，向其提供或者委托其收集、贮存、利用、处置危险废物，严重污染环境的”，都列入“环境污染犯罪”。

2015年11月1日起施行的《电镀行业规范条件》（工信部公告〔2015〕第64号）规定除了要符合环境规划的要求，还需满足“新（扩）建项目应取得主要污染物总量指标，依法通过建设项目环境影响评价，建设项目环境影响评价文件未经审批不得开工建设，环境保护设施必须与主体工程同时设计、同时施工、同时投产使用，经竣工环保验收合格后方可正式投入生产使用。在已有电镀集中区的地市，新建专业电镀企业原则上应全部进入电镀集中区。企业各类污染物（废气、废水、固体废物、厂界噪声）排放标准与处置措施均符合国家和地方环保标准的规定。”

目前，解决电镀企业的环境污染问题的唯一选择，就是“关、停、并、转”，而“关、停”是环境隐患堵之下策，“并、转”却是使企业升级换代之上策。电镀工业升级换代，摘掉重污染的帽子，电镀工业的园区化集聚是必由之路。电镀行业的自身特点，一是企业规模小、分布散、人员素质较弱的现状，二是环境要素多、处理难度大、治理成本高的难点，单个电镀企业的环境治理效果差和对区域造成的环境风险日益突出。电镀污染物的治理由单个企业治理逐步向园区集中治理渐成趋势。许多地区明令严禁在园区外擅自新建电镀企业；对于园区外合规合法的企业，将引导进园区；加快电镀行业转型升级，提升工艺装备，全面淘汰落后工艺，达到国家环保标准（2017年10月1日生效的修订后的《建设项目环境保护管理条例》已经将建设项目竣工环保验收改为建设单位自主单位，但是在

《中华人民共和国固体废物污染环境防治法》《中华人民共和国环境噪声污染防治法》修订前，建设项目的固体废物污染防治设施（措施）、环境噪声污染防治设施（措施）仍须环保主管部门验收）。

（1）温州将产业集聚入园作为了整治电镀行业的主要方向，全面启动 12 个电镀园区的建设。不同于它地政府建园区的管理模式，温州部分园区是由各家电镀企业自筹建设的。通过整治，目前温州共保留 402 家电镀企业，减少了 3 成。而生产线自动化率由原来的不足 30%提高到 80%以上，而电镀产生的“三废”也一律交给专业公司处理。目前各地还有一些电镀企业尚未进入电镀园区或属于“散污乱”“三无”违法企业，必须发现一个，取缔一个，这些企业多属于涉环境刑事犯罪，一律从严查处。

例如，某环保分局接到群众举报称，某村有人私自建设电镀加工点，并已投入运行，白天锁门闭户，晚上开工生产，突击检查电镀加工点，现场发现有不少电镀槽和处理水池，地面上横七竖八摆放着各种塑胶桶，桶里盛放着泛着绿色光泽的污水，酸味刺鼻，违法经营者闻讯逃离，执法人员经调查发现，该加工厂未报批环评文件，也未办理工商营业执照，属于无牌无证电镀厂，涉嫌环境污染犯罪。

环境稽查发现某村有一家非法电镀作坊，租赁民房生产，生产工艺含电镀工序，设有电镀槽 3 个；镀种为铜、铬、仿金，藏匿于民房中，违法排污极其隐秘。现场查实，该作坊无污染防治设施，电镀生产废水及清洗废水均直排外环境，涉嫌环境污染犯罪。

某机械零部件公司的电镀生产线未办理环保审批手续，擅自非法生产，许多机械加工企业都存在这种违法行为。某市一电镀企业涉嫌建设项目需要配套建设的环境保护设施未经验收，主体工程正式投入生产。某电镀企业，无任何行政许可，未建污染防治设施，但正在进行电镀设备的组装调试。执法人员当即要求停止调试。

（2）污染治理设施不到位，污染治理设施运行不正常或为了降低污水处理成本，导致超标排放，一定要依据监测数据和环境举报的事实严格查处。对采取“通过暗管、渗井、渗坑、裂隙、溶洞、灌注等逃避监管的方式排放、倾倒、处置有毒物质的”环境违法行为，一定要严格查处。

某电镀企业 2 年内两次因违反国家规定超标排放重金属，受到两次以上行政处罚又实施前列行为，涉嫌“环境污染犯罪”。

某电镀企业利用雨水管道排污、非法设置排口、排放含重金属的废水超标 3 倍以上、屡次超标排放等行为，涉嫌“环境污染犯罪”。

某市环保部门对一电镀加工点进行现场检查发现，该单位机械零件酸洗和阳极氧化，将产生的含重金属废水直接外排到厂房北侧渗坑内，涉嫌“环境污染犯罪”。

某电镀企业长期闲置污水处理设施；收集管网为砖砌沟渠，无防渗，破损严重；酸洗、电镀废水未经处理，通过渗漏、直排、偷排等多途径超标排放环境，涉嫌“环境污染犯罪”。

某电镀企业酸洗车间地面无“防渗、防漏”等措施，部分酸洗废水通过厂区南侧围墙直接渗、漏违法外排。

（3）电镀生产过程产生酸雾、碱雾和氰化物等有毒废气，必须采用上吸式集气罩或侧吸式集气罩，按要求接入废气收集处理系统。但许多电镀企业或未按要求设置治理设施，或设施闲置，或设施不正常运行，导致废气散逸泄漏，造成严重废气污染。

某电镀企业生产线未建设废气集气罩和酸雾吸收塔，酸洗、电镀加工过程产生的氯化氢、硫酸雾直排环境，现场气味刺鼻。某电镀企业未建设废气集气罩和酸雾吸收塔，酸洗、电镀加工过程产生的氯化氢、硫酸雾直排环境，现场气味刺鼻。某电镀企业酸雾处理设施不正常运行，现场气味刺鼻，未按环评批复要求添加酸洗添加剂及酸雾抑制剂。

（4）擅自停运污染防治设施的环境违法行为。某电镀企业酸雾处理设施擅自停运，现场气味刺鼻。某电镀企业擅自停运涉一类污染物车间的预处理设施，导致车间排口镍超标排放。

（5）电镀企业产生多种危险废物，必须对产生量、贮存场所、管理建立严格的台账制度，以利于检查。危险废物应当委托具有相应危险废物经营资质的单位利用处置，严格执行危险废物转移计划审批和转移联单制度。

对某电镀企业现场检查，发现该企业无危废台账记录；电镀污泥、槽液、酸洗泥渣等危废擅自交由无危废处理资质的某彩砖厂烧制路面彩砖。某电镀企业危废暂存场所建设简陋，无防渗、防漏措施；危废贮存不规范。

（6）在线监测数据弄虚作假，在线监控设施擅自停运、闲置或监控数据不完整。原环保部曾通报多家水泥厂在线监测造假。关闭在线装置数采仪，逃避监管。都电镀企业在线监控设施仅装流量计，无重金属特征污染因子自动监测设施。某电镀企业环保自行监测数据不规范，许多数据缺失。

（7）存在无组织排放的电镀生产项目与周围居民区以及学校、医院等公共设施的环境防护距离不得小于 50 m。电镀生产项目大气环境防护距离已由环评报告确定并经过环保部门批准的，按照批准的防护距离执行。现有环评中未设定大气环境防护距离，地方环保部门有条件确定的，整治期间应予确定并要求企业执行。

## 六、电镀企业对工艺装备和污染物的管理要求

### （一）对电镀企业工艺装备的要求

（1）执行无氰电镀的相关政策规定，禁止使用高污染的电镀工艺，积极采用清洁生产工艺。

（2）电镀生产中无铅、镉、汞等重污染化学品。

（3）淘汰手工电镀工艺，大力推行操作机械化和控制自动化，减少物料浪费和污染物排放。确因生产技术条件等因素需要保留手工电镀生产线的要严格控制。

（4）淘汰单槽清洗等落后工艺，采用淋洗、喷洗、多级回收、逆流漂洗等节水型生产工艺。

（5）适用镀种有带出液回收工序，有铬雾回收利用装置。

### （二）对电镀企业废气管理的要求

（1）氢氰酸、铬酸雾排放的工段设置专门收集系统和处理设施，处理达标后高空排放。

（2）镀槽采用上吸式集气罩或侧吸式集气罩，按要求接入废气收集处理系统。

（3）产生大气污染物的工艺装置均应设立气体收集和集中处理装置。废气处理设施要正常运行，定期检测，确保稳定达标。

（4）排放废气符合《电镀污染物排放标准》（GB 21900—2008）中相应的排放限值要求。

### （三）对电镀企业废水管理的要求

（1）生产废水排放口符合规范化整治要求，安装主要污染物的在线监控设备并与环保部门联网。

（2）废水处理设施正常运行，能够实现稳定达标排放。

（3）初期雨水和生活污水按规定进行处理；生产废水实行分质处理，并建有与生产能力和污染物种类配套的废水处理设施。

（4）实行雨污分流。初期雨水收集池规范，满足初期雨量的容积要求；生产废水分质分流，废水管线采用明沟套明管或架空敷设。厂区雨水、污水收集和排放系统等各类管线设置清晰。

### （四）对电镀企业固体废物管理的要求

（1）危险废物按照特性分类收集、贮存。

（2）危险废物贮存场所地面做硬化处理，有防水、防风、防渗措施，渗滤液纳入污水处理设施。

（3）贮存场所设置危险废物警示标志，危险废物容器和包装物上有危险废物明显标志。

（4）建立工业危险废物管理台账，如实记录危险废物贮存、利用处置相关情况。

（5）危险废物应当委托具有相应危险废物经营资质的单位利用处置，严格执行危险废物转移计划审批和转移联单制度。

### （五）对电镀企业厂区生产环境的要求

（1）生产车间地面采取防渗、防漏和防腐措施，厂区道路经过硬化处理。

（2）车间内实施干湿区分离，湿区地面敷设网格板，湿镀件作业在湿区进行，湿区废水、废液单独收集处理。

（3）电镀生产各独立项目或企业应单独安装水、电计量装置。

（4）生产现场无“跑、冒、滴、漏”现象，环境整洁、管理有序。

# 第四章　化工行业污染特征及环境违法行为

## 第一节　硫铁矿制硫酸工业污染特征及环境违法行为

### 一、硫铁矿制硫酸工业工艺环境管理概况

#### （一）主要原辅材料

硫酸的生产原料主要有硫黄、硫铁矿和有色金属火法冶炼厂的含 $SO_2$ 的烟气；此外，有些国家还利用天然石膏、磷石膏、硫化氢、废硫酸、硫酸亚铁等作原料。2000 年以前，我国硫酸生产主要以硫铁矿为主要原料，硫黄制酸所占比例不到 30%，而国外基本上是以硫黄为制硫酸的生产原料。近几年来，我国烟气制酸工业成为主导工艺，硫黄制酸也发展较快，比例逐年提高。

**1．原料**

【硫铁矿】硫铁矿是硫化铁矿物的总称，它包括黄铁矿与白铁矿（分子式均为 $FeS_2$），以及成分相当于 $Fe_nS_{n+1}$ 的磁硫铁矿，三者中以黄铁矿为主。纯黄铁矿中含有 46.67%的铁和 53.33%的硫，工业上称其为硫铁矿。高砷黄铁矿由于含砷，生产中产生废水及炉气排放污染物砷。以硫铁矿为原料制取硫酸，其矿渣可用来炼铁、炼钢。若炉渣含硫量较高，含铁量不高时，可以用作水泥的附属原料——混合料（表 4-1）。

表 4-1　原料标准及规格

| 原料标准 | 规格 | 原料标准 | 规格 |
|---|---|---|---|
| 含硫量 | ≥25% | 含碳量 | ＜8% |
| 含水量 | ≤10% | 矿石粒度 | ≤3 mm |
| 含砷量 | ＜0.2% | 含 Pd + Zn 量 | ＜01% |
| 含氟量 | ＜0.1% | | |

【有色金属冶炼废气】冶炼废气主要成分为二氧化硫气体（$SO_2$），通过制酸吸收装置将其吸收后提纯制取硫酸。

【硫黄】外观为淡黄色脆性结晶或粉末，有特殊臭味。食品生产中硫黄有漂白、防腐作用；也用于制造工业硫酸。

2016年我国硫酸总产量及各原料制酸所占比例见表4-2。

表4-2　2016年我国硫酸总产量及各原料制酸所占比例

| 总产量 | 各原料制酸所占比例 | | | |
|---|---|---|---|---|
| | 硫铁矿 | 硫黄 | 冶炼烟气 | 其他 |
| 9 564万t | 1 875万t | 4 290万t | 3 313万t | 86万t |
| 原料占比 | 19.6% | 44.9% | 34.6% | 0.9% |

### 2. 辅料

脱硫剂包括：石灰、石灰石、火碱、纯碱、氨水、氧化镁等。

催化剂：五氧化二钒。

## （二）产品

我国硫酸工业生产的主要品种是92.5%和98%浓硫酸，以及含游离三氧化硫20%的发烟硫酸。少数硝化法硫酸厂生产75%稀硫酸，也生产65%发烟硫酸、蓄电池硫酸、液体三氧化硫、液体二氧化硫、亚硫酸铵、亚硫酸氢铵等产品（表4-3）。

表4-3　工艺技术指标

| 工艺技术指标 | 数值 |
|---|---|
| 产酸率/% | ≥94 |
| 成品酸浓度/% | ≥97 |
| 钒触媒消耗/（$g/m^3$） | 90 |
| 矿尘（折标矿）/（kg/t酸） | 975 |
| 电耗/（度/t酸） | 87 |

## （三）能耗和水耗

### 1. 能耗

与硫黄制酸工艺相比，硫铁矿、冶炼废气制酸等工艺能耗高。目前我国硫铁矿生产硫酸企业占比较大，能耗也较高，生产工艺带来的污染也较大。单位热耗与其他工艺相比有明显优势。

表 4-4 是各不同生产原料生产硫酸工艺单位能耗的对比。

**表 4-4　新建工业硫酸装置单位产品能耗准入值**

| 生产原料类型 | 单位产品综合能耗/（kgce/t） | 吨酸电耗/（kW·h/t） |
| --- | --- | --- |
| 硫黄 | ≤-180 | ≤60 |
| 硫铁矿 | ≤-135 | ≤110 |
| 铜、镍冶炼烟气 | ≤-30 | ≤100 |
| 铅冶炼烟气 | ≤5 | ≤130 |
| 锌冶炼烟气 | ≤120 | ≤110 |
| 其他有色金属冶炼烟气 | ≤-42 | ≤210 |

注：数据参照《工业硫酸单位产品能源消耗限额》（GB 29141—2012）。

**2. 水耗**

综合水耗和国家有关要求：《污水综合排放标准》（GB 8978—1996）仅规定了硫酸工业（水洗法）最高允许排水量为 15 $m^3$/t（硫酸），而在《第一次全国污染源普查工业污染源产排污系数手册》（简称产排污系数手册），其他生产硫酸的工艺也确定了单位产品基准排水量。

在产排污系数手册中，硫黄制酸（二转二吸）废水排污系数为 0.22 t/t 产品；硫铁矿制酸酸洗工艺废水排污系数为 0.46～0.98 t/t 产品，水洗工艺为 9.9～10.7 t/t 产品，水洗半循环工艺为 4.05 t/t 产品；磷石膏制酸（二转二吸）废水排污系数为 2.65 t/t 产品，部分循环利用，排污系数为 1.27 t/t 产品。

## （四）基本生产工艺

硫酸的工业生产方法主要有两种方法，即亚硝基法和接触法。目前我国硫酸工业生产方法主要为接触法。接触法生产硫酸工艺过程分为焙烧工序、转化工序、吸收工序。

不论采用何种原料、何种工艺和设备，以上 3 个工序必不可少，除 3 个基本工序外，再加上原料的贮存与加工，含二氧化硫气体的净化，成品酸的贮存于计量，“三废”处理等工序才构成一个接触法硫酸生产的完整系统。实现这些工序所采用的设备和流程随原料种类、原料特点、建厂具体条件的不同而变化，主要区别在于辅助工序的多少及辅助工序的工作原理。

例如，三种常见原料不同，辅助工序则不尽相同：（1）硫黄制酸，如使用高纯度硫黄作原料，整个制酸过程只设空气干燥一个辅助工序。（2）冶炼烟气制酸和石膏制酸，焙烧处于有色冶金和水泥制作过程之中，所得二氧化硫气体含有矿尘、杂质等，因而需在转化前设置气体净化工序。(3)硫铁矿制酸是辅助工序最多且最有代表性的化工过程。前述的原料加工、焙烧、净化、吸收、“三废”处理、成品酸贮存和计量工序在该过程中均有。

硫酸工业的三大生产系统包括原料储存系统、焙烧系统或转化吸收系统、成品储存系统三大部分(图 4-1)。

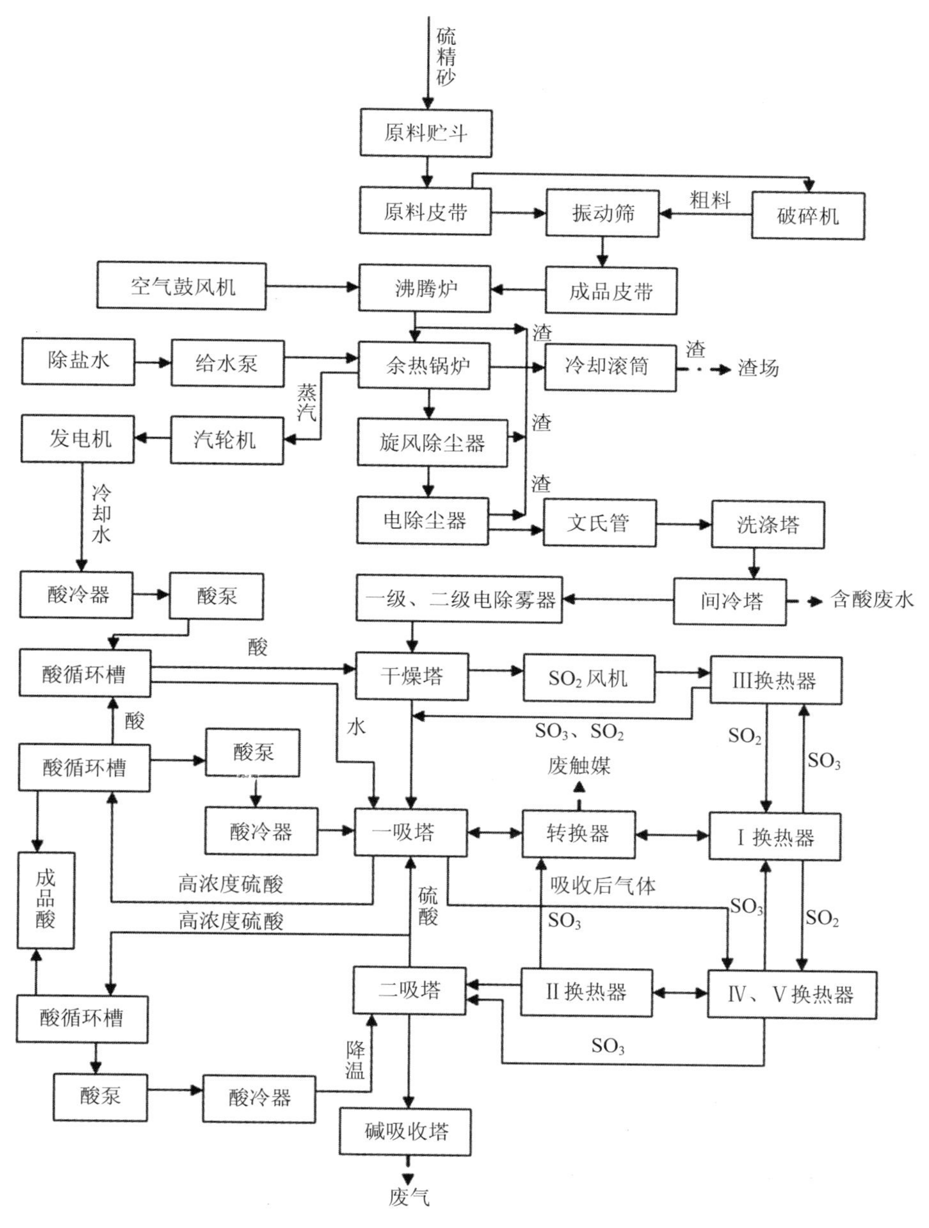


图 4-1 硫铁矿制硫酸生产工艺流程

### （五）硫铁矿制硫酸主要生产设备

表 4-5　硫酸企业主要生产设备

| 项目 | 使用的主要设备（设施） |
| --- | --- |
| 备料系统 | 原料库、加料房、装载机、运输车辆、破碎机、振动筛、输送机、斗式提升机、贮料仓等 |
| 焙烧系统 | 给料机、沸腾炉、余热锅炉、旋风除尘、除尘器、空气鼓风机、冷却器、排渣系统等 |
| 净化系统 | 除雾器、干燥塔、分离塔、稀酸板式换热器、冷却塔、洗涤塔、酸槽等 |
| 转化系统 | 吸收塔、转化器、换热器及鼓风机等 |
| 干吸及成品储运系统 | 干燥塔、吸收塔、循环槽、浓酸板式冷却器、烟囱及成品罐储存区 |
| 排渣工序 | 高频筛、球磨机、磁选机、压滤机 |
| 其他生产辅助设施 | 包括发电厂房、脱盐水厂房、循环水站、污水处理站等 |

## 二、硫酸工业的主要污染指标

表 4-6　硫酸工业的主要污染指标

| 污染类型 | | 主要污染指标 |
| --- | --- | --- |
| 废气 | 无组织废气 | 1.原料运输、装卸、贮存、破碎、筛分、干燥及排渣等过程产生颗粒物、$SO_2$无组织逸散；2.生产泄漏、硫酸储罐呼吸阀管道法兰等“跑、冒、滴、漏”、废渣、污泥的收储运、废水收集、污水处理厂等过程或设施存在无组织废气排放，主要污染物含煤尘颗粒物、$SO_2$、硫酸雾等 |
| | 有组织废气 | 1.硫酸工业尾气，由吸收塔顶部排放，其主要污染物为$SO_2$、硫酸雾、矿尘（$Fe_2O_3$）、砷、氟及重金属离子等有害杂质。2.对于硫铁矿制酸，在硫矿石和磷石膏破碎工段产生的含尘废气，经收集除尘后排放，主要污染物为颗粒物 |
| 污水 | 生产废水 | 净化工序产生的酸性废水，由吸收塔顶部排放，其主要污染物为$H_2SO_4$、$H_2SO_3$。硫铁矿制酸过程还排放脱盐废水、设备冷却水、锅炉排污水、地面冲洗水及循环冷却排污水 |
| | 生活污水 | 污染物主要为 SS、COD、氨氮、总氮、总磷等 |
| 固废 | 生产废物 | 主要有包括硫铁矿烧渣、除尘设施收集的粉尘、污水处理站污泥（危险废物）、产品包装废物、烟气制酸产生硫化渣、失效催化剂 |
| | 生活垃圾 | 一般固体废物 |

## 三、硫铁矿制硫酸工业的污染物来源

硫酸工业属于化工行业，因此具有化工行业的高污染性。硫酸工业排放的主要污染物包括大气污染物和水污染物，其中大气污染物主要为 $SO_2$，水污染物主要为砷、氟和重金属离子等。硫酸工业重点控制的污染物：二氧化硫、硫酸雾、颗粒物、酸、氟化物及重金属（砷、铅、镉、铬、汞等）。重点控制污染物应稳定达标排放[符合《硫酸工业污染物排放标准》（GB 26132—2010）排放限值要求]，并逐步减少排放总量。

### （一）硫酸工业废气污染

以硫铁矿为原料制成的原料气，含有大量粉尘和一定量的砷、氟化物、氯化物、金属等杂质，需使原料气净化去杂。焙烧和转化工段产生的废气量约为 3 500 $m^3/t$ 硫酸，主要污染物为二吸塔生产尾气中含的 $SO_2$、尘和砷、氟化物等，在转化前应进行净化。焙烧和转化设备也会泄漏一定量的含硫废气，硫酸生产设备还会产生酸雾污染（$SO_3$）。在硫酸生产的原料场和渣场还会产生无组织粉尘排放（表 4-7）。

表 4-7　调查某 6 个硫酸企业各设施排放口废气污染物情况

| 序号 | 生产原料 | 产量/（万 t/a） | 单位产品排气量/（$m^3/t$） | 排气筒高度/m | $SO_2$ 浓度/（$mg/m^3$） | 硫酸雾浓度/（$mg/m^3$） |
|---|---|---|---|---|---|---|
| 企业 1 | 硫黄 | 50 | 1 899 | 30 | 723 | 36 |
| 企业 2 | 硫黄 | 20 | 2 000 | 45 | 760 | 42 |
| 企业 3 | 硫黄 | 104 | 1 767 | 80 | 644 | 13 |
| 企业 4 | 硫铁矿 | 6.1 | 2 695 | 48 | 995 | — |
| 企业 5 | 硫铁矿 | 29 | 2 100 | 80 | 225 | 23 |
| 企业 6 | 硫铁矿 | 7 | — | 30 | — | 53 |

尾气虽经净化，但还会残余 $SO_2$，一般采用氨吸收，减少排放。硫酸装置所排废气中含有的硫氧化物对周边大气环境影响很大。废气中硫氧化物的含量高低，主要由硫酸生产过程中吸收、转化、净化等工序的工艺的回收率决定。为此，企业必须采用先进的二转二吸工艺（或两转三吸），提高 $SO_2$ 的转化率和 $SO_3$ 的吸收率，既提高了生产率，又可减少尾气中 $SO_2$ 的排放。采用二转二吸工艺，尾气 $SO_2$ 产生的浓度可由一转一吸的 4 000～8 000 $mg/m^3$ 降至 600 $mg/m^3$。

废气的排放方式分为有组织排放和无组织排放两大类。有组织排放包括原料库内安装的集气罩和脉冲式布袋除尘器和各种通风设备排气筒排放的粉尘，以及各酸雾或二氧化硫等硫氧化物吸收塔吸收后排气筒排放的尾气。无组织排放包括各种物料在装卸、运输、堆存过程中逸出或飘散的粉尘和各工段产生的无组织酸性废气。

硫酸生产过程的无组织废气防护措施见表 4-8。

表 4-8 硫酸生产过程的无组织废气防护措施

| 工艺 | 除尘措施 |
| --- | --- |
| 原料库房 | 必须严格密封、卸车区加装喷雾抑尘装置 |
| 卸料口和除尘器出灰口 | 均须装锁风器 |
| 皮带输送机及上料系统 | 必须密闭输送装置防止物料输送过程中产生的粉尘逸散到环境中 |
| 硫酸储罐区及装车过程 | 硫酸储罐区 |

### （二）硫酸工业废水污染

硫酸生产的主要水污染源是焙烧工段和净化工段，废水量为 15～20 $m^3$/t 硫酸（不包括冷却水，如生产过程有废水回用，废水量可降至 5～10 $m^3$/t 硫酸），废水中的主要污染物是 pH 值、砷、氟、硫化物等，pH 值可达 1～2。水洗工序中产生大量酸性废水，废水中含砷、氟、SS 和重金属元素，应采用硫酸亚铁或石灰进行中和沉淀，采用循环洗涤可以减少废水产生量。

对于工艺污水，因使用硫铁矿为原料，含有废酸、悬浮物和重金属离子等有害因子，因此处理技术难度高，投资大，且效果不大理想，一直是硫酸行业感到棘手的问题。传统硫酸生产工艺生产每吨硫酸约排放污水 5～20 $m^3$/硫酸，此法易对环境造成严重危害，一般很少使用。新工艺采用洗涤液在系统中循环，不断吸收原料气中的 $SO_3$ 而成为稀硫酸。所以此法污酸量少，便于处理或利用，应用日益广泛。

### （三）硫酸工业固体废物污染

使用硫铁矿为原料生产硫酸，会产生大量硫铁矿渣、尘灰，，可以用于炼铁和生产水泥。

焙烧阶段产生大量硫酸渣（黄铁矿渣），是黄铁矿制酸过程排出的化工废渣（主要成分是 $Fe_2O_3$）。如果硫酸生产使用的原料硫精砂含硫率在 22%，则每生产 1 t 浓硫酸需要消耗 1.5 t 原料/t 酸，产生硫酸渣约 1.2 t/t 酸。净化工序产生的滤渣、尾气脱硫产生的脱硫渣以及末端水处理设施产生的中和渣、硫化渣、污水处理站产生干基中和渣 0.2 t/t 酸，其主要成分为水和硫酸钙或亚硫酸钙，可供水泥厂做掺合剂。

生产过程产生的主要污染物是各酸雾吸收塔吸收硫酸雾产生的硫酸钠等副固体废物，该部分固体废物可以都可以回收利用作为副产品出售。

还有一定量的废钒催化剂。

冶炼烟气制酸企业回收硫化渣中的有价金属。失效催化剂应尽量回收利用，无法回收利用的应按照固体废物管理规定处置。净化工序产生的滤渣、尾气脱硫产生的脱硫渣以及末端水处理设施产生的中和渣、硫化渣。

## 四、硫铁矿制硫酸行业的排污节点特征

表 4-9　硫铁矿制酸企业排污节点特征

| 污染类型 | 排污节点 | 污染物 | 检查要点 |
|---|---|---|---|
| 有组织排放废气源 | 备料 | 粉尘 | 检查粉尘排放与除尘效果，检查检测数据 |
| | 焙烧 | 排放口产生被烧废气，含颗粒物、$SO_2$、$NO_x$ | 检查是否有除尘器，检查颗粒物排放监测数据，颗粒物排放与除尘效果；<br>检查脱硫装置类型，检查 $SO_2$ 排放与脱硫效果 |
| | 净化工艺 | 排放口产生废气，含颗粒物、$SO_2$、$NO_x$ | |
| | 转化 | 排放口产生废气 | |
| | 锅炉房 | 烟尘、$SO_2$、$NO_x$ | |
| 无组织排放废气源 | 原料进厂 | 粉尘、煤尘（无组织排放） | 检查堆场是否建有防风抑尘网；<br>检查粉料仓、料棚的密闭措施，检查上料、入仓加强封闭措施；<br>检查卸车是否存在遗撒；<br>检查输运机和提升机设廊道封闭性 |
| | | VOC（异味）、酸雾 | 检查遗撒和“跑、冒、滴、漏” |
| | 焙烧工艺 | 产生含尘废气含颗粒物（无组织排放）；放散产生、$SO_2$、$NO_x$、颗粒物 | 检查输运过程是否设置封闭廊道和加盖；<br>检查进料、炉体、管道的密闭效果 |
| | 净化工艺 | 产生含尘硫酸雾、砷化氢废气（无组织排放） | 集气装置运行是否有效抑尘 |
| | 干吸工艺 | 产生含尘废气含颗粒物、$SO_2$、砷（无组织排放） | 检查密闭效果；<br>检查设备集气和负压效果 |
| | 转化工艺 | 产生含尘 $SO_3$、砷废气（无组织排放） | 集气装置运行是否有效抑尘 |
| | 锅炉房 | 扬尘 | 检查防尘设施和效果 |
| | 罐区 | VOC、酸雾 | 检查罐区设备管理；<br>检查油罐阀门、管路“跑、冒、滴、漏” |
| | 厂区 | 粉尘 | 检查产区运输扬尘 |
| 污水源 | 料场 | COD、SS、砷等重金属、硫化物 | 检查污水去向 |
| | 烟气净化 | pH、砷等重金属、硫化物 | 检查污水去向 |
| | 排渣 | pH、砷等重金属、硫化物 | 检查污水去向 |
| | 地坪冲洗 | SS、pH、砷等重金属、硫化物等 | 检查车间排放口是否达标 |
| | 厂区 | 废水含石油类、COD、SS | 检查废水去向 |
| | 锅炉 | SS、盐类 | 检查废水去向 |
| | 机修车间 | 石油类、COD、SS | 检查废水去向 |
| | 污水站 | pH、SS、COD、氨氮、挥发酚、氰化物、总锌、石油类 | 应检查各项污染物指标环境监测数据和自动监控数据，判断是否达标 |
| 固体废物 | 沸腾炉 | 烧渣 | 检查去向 |
| | 转化器 | 失效催化剂 | 检查去向 |
| | 洗涤塔 | 滤渣 | 检查去向 |
| | 锅炉房 | 一般固体废物 | 检查产生量；检查去向；检查贮存场所 |
| | 污水站 | 污泥（危险性鉴别） | 检查产生量；检查去向；检查贮存场所 |
| | 机修厂 | 危险废物 | 检查去向，是否符合手续 |
| 噪声 | 备料贮存 | 噪声 | 检查噪声对厂周围环境影响 |
| | 配料工段 | 噪声 | |

## 五、硫铁矿制酸工业企业常见的环境违法行为

（1）废硫酸偷排是硫酸企业最常见的违法行为。根据中国化工信息中心的调研统计，我国每年产生的废硫酸 1 亿 t，这与一些统计数据显示的 500 万 t 废硫酸产生量相去甚远。

（2）违反环境影响报告书的要求，使用含砷量超标的劣质硫铁矿作为生产硫酸的原料。

（3）私设暗管。通过洗手间、化粪池、软管等设施偷排制酸废水。

（4）在生产过程中，有些单位为了提高硫酸产量、降低生产成本，违规使用液碱处理生产废水，致使矿石中的砷元素进入生产废水。

（5）在线监测数据弄虚作假，在线监控设施擅自停运、闲置或监控数据不完整。

（6）污水站污泥、含砷废渣、废催化剂等危险废物临时贮存设施、处置设施不符合要求。

（7）硫酸企业长期超标排放、污染治理设施简陋腐蚀严重、生产设施腐蚀严重等“带病运行”现象。硫酸企业故意不正常使用污水处理设施，污水处理站停止运行，高浓度酸性废水直排外排，总汞、总砷非常容易超标，对环境造成严重污染。硫铁矿冶炼烟气治理设施不正常运行，导致烟气超标。

（8）物料输送或物料库未进行密闭，物料露天存放未进行苫盖等未严格落实“三防”措施。

（9）大多数企业未开展清洁生产工作，生产方式粗放、无序。

（10）厂区无组织排放的含硫、含砷废气点位较多，集气装置的收集和处理达不到要求。

（11）部分“散乱污”企业，属于无证无照“小硫酸”生产企业，应进行“两断三清”处理。

（12）大型硫酸生产企业中部分企业废气在线监控系统历史数据显示：二氧化硫或硫酸雾超标还是硫酸企业普遍的问题。

（13）在监督性环境监测时硫酸企业的硫酸雾无组织排放超标时有发生。

（14）企业厂区雨污分流的雨水口设置不规范，无初期雨水收集池或雨水收集池阀门失灵的企业普遍存在。

（15）鼓风机等大型设备噪声及无组织酸味扰民现场时有发生。

（16）企业环保自行监测不规范。

# 第二节　煤制合成氨工业污染特征及环境违法行为

## 一、煤制合成氨工业工艺环境管理概况

### （一）主要原辅料

**1．原料**

【煤（无烟煤、褐煤、焦炭）】以煤（无烟煤、褐煤、焦炭）为原料制取氨的方式在世界上已很少采用。中国能源结构上存在多煤缺油少气的特点，主要是以煤（无烟煤、褐煤、焦炭）为制取原料气原料。

制气方法不同，对原料煤的要求也不同，常用的制气方法有以下两种：

（1）固定床气化法：目前，国内主要用无烟煤和焦炭作气化原料，制造合成氨原料气。要求作为原料煤的固定碳＞80%，灰分＜25%，硫分≤2%，要求粒度要均匀，应为 25～75 mm 或 19～50 mm 或 13～25 mm，机械强度＞65%，热稳定性 S+13＞60%，灰熔点＞1 250℃，挥发分不高于 9%，化学反应性越强越好。

（2）沸腾层气化法：对原料煤的质量要求是，化学反应性要大于 60%，不黏结或弱黏结，灰分＜25%，硫分＜2%，水分＜10%，灰熔点＞1 200℃，粒度＜10 mm，主要使用褐煤、长焰煤和弱黏煤等。

一般大型合成氨厂每吨氨的能耗约 1.4 t 标准煤，中型合成氨厂约 2.4 t 标准煤，小型合成氨厂约 3 t 标准煤，而生产每吨合成氨的理论能耗仅 0.7 t 标准煤，因此合成氨生产有很大的节能潜力。

**2．辅料**

【纯碱】工业用碳酸氢钠，$Na_2CO_3$，用于配置脱硫吸收液。

【铜氨液】目前采用的铜氨液为醋酸铜氨液，是由醋酸、铜、氨和水经过化学反应后制得的一种溶液，其主要成分是醋酸亚铜络二氨[$Cu(NH_3)_2Ac$]，醋酸铜络四氨[$Cu(NH_3)_4Ac$]，醋酸氨（$NH_4Ac$）和未反应的游离氨。由于吸收了空气和原料气中的 $CO_2$，溶液中还含有碳酸氢铵和碳酸铵等成分。其中醋酸亚铜络二氨和游离氨是吸收 CO 的主要成分。由于铜液呈碱性，pH 值一般为 9～10，并且有腐蚀性，特别对人的眼睛有强烈的伤害作用，因此操作时应严加防护（表 4-10）。

表 4-10 铜液组成 单位：mg/L

| 总铜 | 一价铜 | 二价铜 | 铜比 | 总氨 | 醋酸 | 二氧化碳 |
|---|---|---|---|---|---|---|
| $Cu_r$ | $Cu^+$ | $Cu^{2+}$ | $Cu^+/Cu^{2+}$ | $(NH_3)_r$ | HAc | $CO_2$ |
| 2.37 | 2.04 | 0.33 | 6.16 | 9.0 | 2.65 | 0.96 |

【甲醇】$CH_4O$，甲醇（在低温甲醇洗中作为溶剂），最低质量要求：“A 级”。

典型规格：压力 0.3MPa（a）；温度环境比重 0.791～0.792 g/ml；质量：沸程 64.0～65.5℃（>60 mmHg）；蒸馏能力 min 98 ml；$H_2O$max0.1%；游离甲酸：max 15ppm；游离氨：max 2ppm；甲醛：max 20ppm；蒸发残渣：max 10ppm；乙醇：max 0.01%。

【分子筛】$Mx/n[(Al_2O_3)x \cdot (SiO_2)y] \cdot mH_2O$，式中 M 为化合价为 n 的金属离子，通常是 $Na^+$、$K^+$、$Ca^{2+}$等。根据硅酸根中 $SiO_2/Al_2O_3$ 的比值的不同，分子筛可分为 A 型 X 型 Y 型和丝光沸石等几种。

## （二）能耗、水耗

【燃料煤】以无烟煤或焦炭为燃料，生产合成氨的工艺，约耗燃煤 1.4 t 原煤/t 氨，原料煤（焦或白煤）1.1～1.5 t 原煤/t 氨（富氧气化 1.1、间歇气化 1.5），用于锅炉加热产生蒸汽。

【水】每生产 1 t 氨消耗 10～20 t 的水，消耗蒸汽量 0.3～0.5 t。

【电】每生产 1 t 氨消耗 150～200 kW·h 的电。

## （三）基本生产工艺

### 1. 造气净化工段

原料煤在气化炉内与载氧剂发生不完全氧化反应，生成以 CO、$H_2$、$H_2S$、$CH_4$ 为主要成分的合成气。目前多用气流床气化炉。固定床气化炉，鲁奇或 BGL 因为合成气中甲烷含量较高，多用于同天然气联产工艺。合成气经过脱硫回收硫黄处理后，送入合成气变换工段。

### 2. 合成气变换工段

在合成氨生产中，各种方法制取的原料气都含有 CO，其体积分数一般为 12%～40%。合成氨需要的两种组分是 $H_2$ 和 $N_2$，因此需要除去合成气中的 CO。由于 CO 变换过程是强放热过程，必须分段进行以利于回收反应热，并控制变换段出口残余 CO 含量。第一步是高温变换，使大部分 CO 转变为 $CO_2$ 和 $H_2$；第二步是低温变换，将 CO 含量降至 0.3%左右。因此，CO 变换反应既是原料气制造的继续，又是净化的过程，为后续脱碳过程创造条件。

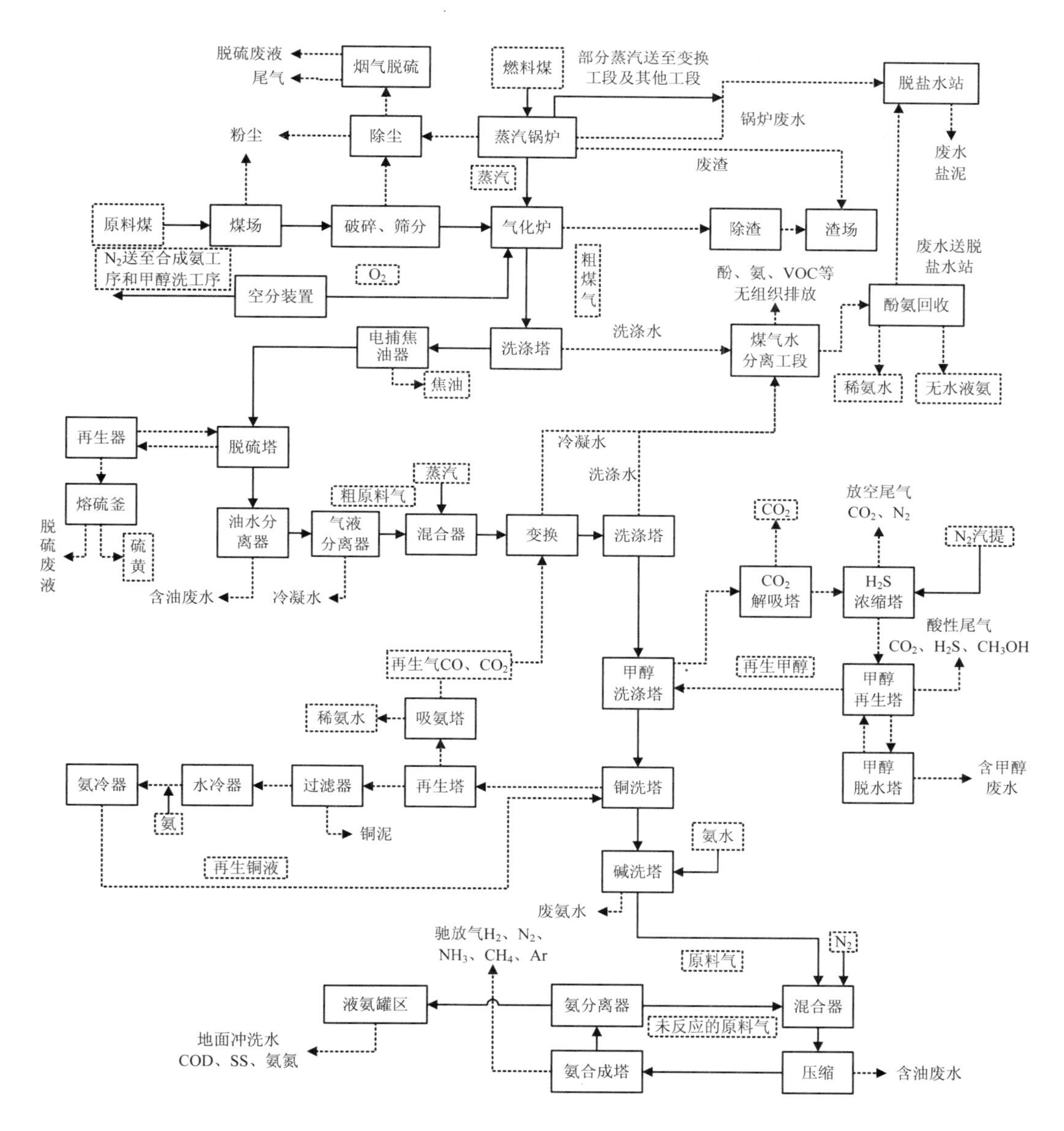


图 4-2　合成氨生产工艺及产污点

### 3. 变换气精炼

工艺气中还含有少量的 CO 和 $CO_2$。但即使微量的 CO 和 $CO_2$ 也能使氨催化剂中毒，因此在去氨合成工序前，必须进一步将 CO 和 $CO_2$ 脱除。有公司采用的方法为醋酸铜氨液洗涤法，铜洗后的工艺气体中的含量降至 25 ppm 以下。醇后气体由铜洗塔底部进入，与塔顶喷淋的醋酸铜氨液逆流接触，将工艺气中的 CO 和 $CO_2$ 脱除到 25 ppm 以下，经分离器将吸收液分离后送往压缩机六段进口。铜氨液从铜洗塔经减压还原、加热、再生后，补充总铜、水冷却、过滤、氨冷后经铜氨液循环泵加压循环使用。

**4．氨合成工段**

变换气与氮气在氨合成塔内混合，使氢氮比为 2.8～2.9，温度控制在 500℃左右，压力不小于 15 Mpa，在铁催化剂的作用下，完成合成氨反应。

工艺条件优化：合成氨工段以压力来区分，70 Mpa 以上的高压合成法，20～50 Mpa 的中压合成法，10 Mpa 以上的低压合成法。原则上压力越高，转化率越高、反应速率越快。但是受设备压力的限制，国内一般采用低压合成法。氢氮比理论值为 3，为了加大反应速率及转换率，一般采用氮气过量。

合成氨生产工艺及产污点见图 4-2。

## （四）煤制合成氨主要生产设备

**表 4-11 煤制合成氨工业的主要生产设备**

| 基本工序 | 主要设备 |
| --- | --- |
| 备煤 | 受煤坑、煤场、胶带输送机、提升机、破碎机、筛分室、铲车、运输车辆、料斗、传送带、粉煤仓、除尘器 |
| 造气 | 煤场、燃煤锅炉、水箱、水泵、灰渣场、蒸汽管道、烟气脱硫装置、除尘器，水煤气转化炉（含钴钼催化剂）；<br>预热器、蒸汽氧气混合器、煤锁、气化炉、罗茨风机；<br>破渣机、渣锁斗、激冷水泵、捞渣机、渣池、渣场；<br>除尘器、洗涤塔、冷凝装置；<br>煤气水贮槽、水泵、膨胀器、焦油分离器、酚/氨回收装置（双介质过滤器、脱酸性气体塔、洗涤塔、解析塔、活性炭吸附器等）；<br>脱硫塔、电捕焦油器、富液槽、富液泵、再生槽、贫液槽、贫液泵、硫泡沫中间槽、沉降槽、熔硫釜、脱硫废液池 |
| 净化 | 脱硫塔、电捕焦油器、富液槽、富液泵、再生槽、贫液槽、贫液泵、硫泡沫中间槽、沉降槽、熔硫釜、脱硫废液池；<br>中温变换炉、低温变换炉、热交换器、喷淋冷却器、变换气水洗塔；<br>甲醇洗涤塔、$H_2S$ 浓缩塔、热再生塔、甲醇水分离器、甲醇脱水塔、尾气水洗塔、$CO_2$ 解吸塔、闪蒸罐、汽提风机；<br>铜洗塔、铜液泵、碱洗塔、氨水分离器、再生塔、过滤器、水冷器、氨冷器、吸氨塔、水分离器 |
| 氨合成 | 氨合成塔（含铁催化剂）、合成气压缩机、制冷压缩机、氨分离器、液氨储罐、水冷器、氨冷器、冰机、循环机、冰机冷塔、压缩机、高压氨泵 |
| 辅助工序 | 空气过滤、空气压缩、空气预冷、分子筛钝化、汽轮机、膨胀机、换热器、贮存罐；<br>压缩机、油水分离器、循环油系统、循环水系统；<br>原水箱、过滤器、阳离子交换器、反渗透分离器、阴离子交换器、中间水池、蒸发器、脱盐水箱、浓缩液槽、蒸发塘、循环水系统 |
| 污水站 | 格栅、沉沙、隔油、过滤、好氧生化设备、二沉池、污泥压滤机等 |
| 锅炉房 | 锅炉、汽轮机、发电机、烟气脱硫装置、烟气除尘装置、烟囱 |

## 二、煤制合成氨工业的主要污染指标

表 4-12 煤制合成氨企业主要污染指标

| 污染类型 | | 主要污染指标 |
|---|---|---|
| 废气 | 有组织废气 | 蒸汽锅炉：锅炉燃烧排放烟气，主要含煤尘、$SO_2$ 和 $NO_x$；<br>造气工序：造气吹风气加煤排气、泄压排气、渣激冷室放空排气、煤气水分离膨胀气、脱酸废气，主要含 $H_2S$、CO、$H_2$、$CH_4$、粉尘、多环芳烃等污染物；<br>脱碳工序：放空气、低温甲醇洗酸性尾气，主要含 $SO_2$、$H_2S$ 等；<br>精炼工序：再生尾气，主要含 CO；<br>氨合成：弛放气废气，废气中含 $N_2$、$H_2$、$NH_3$、$CH_4$、Ar 等 |
| | 无组织废气 | 备煤：运送、装卸、堆存、转运、破碎、筛分过程遗撒、扬尘，含煤尘颗粒物；<br>除渣：冲渣蒸汽，含水蒸气、烟尘、CO、$H_2$、$CH_4$、挥发酚、氰化物等；<br>煤气水处理：膨胀气和逸散气，CO、$NH_3$、$CH_4$、$H_2S$、$H_2O$（g）等；<br>其他工序：设备、管道封闭不严和“跑、冒、滴、漏”，CO、$NH_3$、$CH_4$、$H_2S$、VOC 等 |
| 污水 | 生产废水 | 备煤：地面冲洗水、煤场渗滤水，含有悬浮物；<br>蒸汽锅炉：锅炉废水、脱硫废水，含悬浮物、亚硫酸盐、硫酸盐、氨氮以及重金属；<br>造气工序：冲渣水、除尘洗涤水、冷凝水、最终处理的煤气水，其中含 SS、COD、氨氮、油类、苯、焦油、酚、硫化物、氰化物等；<br>脱硫：脱硫废液，含硫代硫酸铵、硫氢酸铵等杂质；<br>变换：冷凝水、洗涤水，SS、COD、氨氮、氰化物等；<br>脱碳：甲醇脱水塔排出废水，$CH_3OH$；<br>精制：稀氨水、冷凝水、废氨水，含氨氮；<br>氨合成：压缩机的含油废水、氨储罐区地面冲洗水；<br>其他：循环水站排水、脱盐水站产生酸碱废水、工艺装置地面冲洗水等 |
| | 生活污水 | 污染物主要为 SS、COD、氨氮、总氮、总磷等 |
| 固体废物 | 生产废物 | 一般固体废物：造气炉渣（主要成分 $Al_2O_3$、$SiO_2$ 等）、锅炉炉渣、除尘器分离出的粉尘、蒸发塘盐泥、废分子筛等；<br>危险废物：机修厂废石棉、污水处理过程中产生的污泥、酚回收产生的粗酚、再生塔分离出的硫黄、废催化剂、铜洗过程产生的铜泥 |
| | 生活垃圾 | 主要产生于办公区，作为一般固体废物经环卫部门收集填埋 |
| 噪声 | | 主要来源于煤粉制备工段、压缩工段、氨合成工段、辅助锅炉火（嘴）、转化炉以及气化炉开（试）车、停车火炬放空噪声。主要噪声设备有磨煤机、破碎机、循环风机、鼓风机、压缩机、引风机和泵类等动力设备 |

## 三、煤制合成氨工业的污染物来源

我国是能源的使用大国，而合成氨工业恰恰是非常消耗能源的，据有关资料显示，合成氨的工业生产所使用的能源占社会总能耗的3%，可见，能源的使用问题是我国合成氨工业的重点。由于技术水平不足，生产经验有限，合成氨工业的能源使用效率比较低，消耗量非常大，对于我国能源发展是十分不利的；同时，大量化石能源的使用导致了大量有害气体的排放，不但影响了环境，对人们的身体健康也是非常不利的。这些问题已经成为合成氨工业的顽疾，加之合成氨的技术较为简单，比较便于掌握，很多小的企业如雨后春笋般冒出，没有良好的管理模式和过硬的技术，对于能源的消耗和气体的排放不能做到良好的把控，加深了问题。所以，针对这种情况，我国及时调整了工业布局，加大合成氨的节能减排建设和技术研究，并取得了一定的效果。但是由于我国的节能减排工作起步较晚，加之环境状况已然不容乐观，所以，还有很多需要我们继续努力的地方。

从合成氨的生产工艺分析，其生产过程中产生的废水主要有：

（1）造气工序：含酚、氰、硫化物、氨、COD等的造气、脱硫洗 涤冷却水，其中悬浮物300～400 mg/L、氰化物20～25 mg/L、氨2～16 mg/L、硫化物1～3 mg/L、酚类0.5～1 mg/L。

（2）脱硫工序：脱硫液再生排放的硫泡沫废液，含油废水。

（3）变换、脱碳、精制、压缩工序：设备冷却水、过滤器排水等含氨废水。含氨浓度视工艺而定，如采用氨法脱硫、碳铵转化或铜洗工艺等，其废水中氨氮浓度高达 3 000～30 000 mg/L。

（4）合成工序：油分离器排污的含油、氨废水。

从大气污染物排放来讲，合成氨大气排放主要来自造气工序的放空气，其中含有粉尘、多环芳烃等污染物；脱硫工序的放空气，其中主要含有氨气、氢气和微量的硫化氢；精炼工序的放空气，主要为铜液驰放收集槽的间歇排气；压缩工序的废气主要包括油分离器或油处理设施的泄漏气体，安全阀排空以及盘管式冷却器泄漏的气体。

从固体废物产生来看，合成氨的固体废物主要有造气炉渣、锅炉炉渣、除尘器分离出的粉尘、污水处理过程中产生的污泥，再生塔分离出的硫黄、废催化剂等。

## 四、煤制合成氨工业的排污节点特征

表 4-13　煤制合成氨工业的排污节点特征

| 污染类型 | 排污节点 | | 污染物 | 检查内容 |
|---|---|---|---|---|
| 有组织排放废气源 | 蒸汽锅炉房 | 锅炉燃烧烟气 | 煤尘、$SO_2$ 和 $NO_x$ | 应采用引气除尘设施；<br>检查排放浓度（监测数据） |
| | 气化炉 | 造气吹风气和煤锁气 | 烟尘 CO、$H_2$、$CH_4$、和 $H_2O$（以及少量碳氢化合物轻组分、$H_2S$、$N_2$、焦油、挥发酚、HCN、$NH_3$ 等） | 应采用引气除尘设施，除尘后送锅炉燃烧；<br>检查排放浓度（监测数据） |
| | 煤气水处理 | 脱酸性气体塔酸性气体脱除过程 | 脱酸废气主要含 $H_2S$ | 废气应送锅炉燃烧；<br>检查去向 |
| | 脱碳 | 放空尾气；<br>酸性尾气 | $N_2$；<br>$H_2S$ 和 $CH_3OH$ | 解吸尾气回收热量，然后送尿素工段；<br>放空尾气高空排放；<br>酸性尾气送锅炉燃烧；<br>检查去向 |
| | 精制 | 铜液再生脱出尾气经吸氨后排出 | CO | 含 CO 的尾气送回变换工段，或送锅炉燃烧；<br>检查去向 |
| | 氨合成 | 驰放气 | $H_2$、$N_2$、$NH_3$、$CH_4$、Ar | 驰放气回收氨后送锅炉燃烧；<br>检查去向 |
| 无组织排放废气源 | 备煤 | 运送、装卸、堆存、转运、破碎、筛分过程 | 含煤尘颗粒物废气 | 检查遗撒和地面整洁；<br>检查产尘点是否设置了集尘罩；<br>检查胶带输送机是否设封闭防尘廊道 |
| | 除渣 | 破渣、冲渣过程 | 水蒸气、烟尘、CO、$H_2$、$CH_4$、挥发酚、氰化物等 | 检查产尘点是否设置了集尘罩 |
| | 煤气水处理 | 膨胀气和逸散气 | CO、$NH_3$、$CH_4$、$H_2S$、$H_2O$（g）等 | 检查封闭性；<br>检查是否设置了集气、引气；<br>检查去向 |
| | 脱硫 | 设备、管道、富液槽、油罐封闭不严和“跑、冒、滴、漏” | $H_2S$、VOC 等 | 检查封闭性 |
| | 变换 | 设备、管道、变换炉、换热器封闭不严和“跑、冒、滴、漏” | CO、$NH_3$、$CH_4$、$H_2S$ 等 | 检查封闭性 |
| | 精制 | 设备、管道、换热器封闭不严和“跑、冒、滴、漏” | CO、$NH_3$、$CH_4$、$H_2S$ 等 | 检查封闭性 |
| | 氨合成 | 设备、管道、液氨储罐封闭不严和“跑、冒、滴、漏” | $NH_3$、$CH_4$ | 检查封闭性 |

| 污染类型 | 排污节点 | | 污染物 | 检查内容 |
| --- | --- | --- | --- | --- |
| 污水源 | 备煤 | 受煤坑、煤场、车间、厂房 | 地面冲洗废水、煤场渗滤水含有悬浮物 | 废水导入污水站 |
| | 蒸汽锅炉 | 锅炉废水 | 锅炉废水悬浮物含量高、含盐量高 | 废水导入污水站 |
| | | 脱硫废水 | 主要含亚硫酸盐、硫酸盐、氨氮以及重金属 | 废水导入污水站 |
| | 除渣 | 冲渣、渣池 | SS、COD、氨氮、油类、苯、焦油、酚、硫化物、氰化物等 | 废水导入污水站 |
| | 除灰 | 洗涤塔、冷凝装置的洗涤和冷凝过程 | SS、COD、氨氮、油类、苯、焦油、酚、硫化物、氰化物等 | 废水导入污水站 |
| | 煤气水处理 | 初步处理煤气水循环使用；<br>氨回收装置产生稀氨水、无水液氨；<br>最终处理后的煤气水排放 | SS、COD、氨氮、油类、苯、焦油、酚、硫化物、氰化物等 | 检查循环使用的初步处理煤气水有无定期更新；无水氨送至液氨罐；<br>含尘焦油送焦油罐区；<br>最终处理后的煤气水送污水站处理 |
| | 脱硫 | 脱硫废液 | 脱硫废液主要含硫代硫酸铵、硫氢酸铵等杂质 | 脱硫废液的收集、贮存、外运按危险废物管理；<br>检查台账记录 |
| | 变换 | 冷凝、洗涤过程产生废水 | SS、COD、氨氮、氰化物等 | 废水送回煤气化工段，做煤气洗涤水，循环利用 |
| | 脱碳 | 甲醇脱水塔排出废水 | 废水中主要污染物为甲醇，含量小于 0.03% | 废水导入污水站 |
| | 精制 | 吸氨塔排出稀氨水；<br>水分离器排出冷凝水；<br>碱洗塔排出的废氨水 | 稀氨水；<br>氨氮废水；<br>碳酸氢铵 | 稀氨水送碳铵工序、碱洗塔或脱硫装置回收利用；<br>冷凝水牌污水站处理；<br>废氨水送尿素工序回收利用 |
| | 氨合成 | 地面冲洗废水 | SS、COD、氨氮、石油类等 | 废水导入污水站 |
| | 压缩机 | 压缩机循环水导淋、蒸汽导淋、检修、事故 | 氨氮、石油类 | 隔油处理后送污水站 |
| | 脱盐 | 脱盐酸碱废水 | PH | 废水中和后导入污水站 |
| | 污水厂 | 来自办公区的生活废水；车间的场地冲洗水；机修车间废水 | 废水所含污染物 COD、硫化物、酚类、石油类、氨氮、总氮、挥发酚等 | 检查各项污染物指标排放浓度的监测数据 |

| 污染类型 | 排污节点 | | 污染物 | 检查内容 |
|---|---|---|---|---|
| 固体废物 | 蒸汽锅炉 | 除尘器、渣场 | 除尘器尘灰和炉渣 | 检查去向 |
| | 除渣 | 破渣机、捞渣机、渣池、渣场 | 气化废渣主要成分为 $Al_2O_3$、$SiO_2$ 等（一般固体废物） | 送渣场 |
| | 除灰 | 除尘器 | 除尘器尘灰（危险固体废物） | 属危险废物，严格管理，建台账，检查运出转运联单 |
| | 煤气水处理 | 酚回收装置；<br>焦油分离器 | 粗酚；<br>含尘焦油 | 属危险废物，严格管理，建台账，检查运出转运联单 |
| | 脱硫 | 副产品硫黄 | 硫黄 | 属危险废物，严格管理，建台账，检查运出转运联单 |
| | 变换 | 废催化剂 | 废催化剂主要含 Co、Mn、Mg、$Al_2O_3$ 等 | 属危险废物，严格管理，建台账，检查运出转运联单 |
| | 精制 | 铜泥 | 铜泥主要成分是 $Cu_2S$ | 属危险废物，严格管理，建台账，检查运出转运联单 |
| | 氨合成 | 废催化剂 | 镍、钼、锌、铂、铜等重金属和 $Al_2O_3$、$SiO_2$、$Fe_3O_4$ 等 | 属危险废物，严格管理，建台账，检查运出转运联单 |
| | 空气分离装置 | 过滤器手机尘灰；<br>废分子筛、铝胶、珠光砂 | 尘灰；<br>废分子筛、铝胶、珠光砂 | 送渣场 |
| | 脱盐 | 蒸发塘 | 盐泥 | 检查去向；<br>检查台账记录 |
| | 污水站 | 污泥 | 污泥（一般废物） | 无害化处置，送渣场 |
| | 机修厂 | 废机油、油泥棉纱 | 危险废物 | 属危险废物，严格管理，建台账，检查运出转运联单 |

## 五、煤制合成氨工业企业常见的环境违法行为

对最近几年合成氨企业环境执法过程中问题进行梳理分析，总结出常见环境问题如下：

（1）环评相关手续不全，企业未批先建，批建不符；企业环保设施没达到环评要求。

（2）企业环境管理制度不健全，台账记录不合规，或者弄虚作假。

（3）环保设施未经验收即投产。

（4）有的合成氨企业阻挠现场环境执法检查，而且废水和废气白天不排放，晚上排

放多。

（5）有的合成氨企业生产规模不断扩大，但是环保设施跟不上生产规模，运行不正常，排放的废气有很浓的异味。

（6）合成氨企业大气污染物排放超标。

（7）脱硫脱碳再生过程产生的含 $H_2S$ 酸性气没有回收综合利用，酸性气体直接排放。

（8）氨合成放空气、氨罐弛放气没有回收氨、氢后用作燃料气，直接排放。

（9）尿素造粒塔、硝酸铵造粒塔（机）排气中粉尘治理设施不达标。

（10）煤粉制备工段、压缩工段、氨合成工段、辅助锅炉火嘴（油田气、天然气造气）、转化炉以及气化炉开（试）车、停车火炬放空噪声不达标。

（11）加压煤气化激冷洗涤循环水系统产生的含酸性气体的闪蒸气没有送火炬等处理，直接排放。

（12）造气吹风气没有进行余热回收利用，直接排放。

（13）合成氨企业废水宜分类收集、分质处理。

（14）冲灰场粉煤灰被随意挖掘，未采取防扬散措施，粉尘污染严重；未对灰场冲灰水氟化物进行处理。

（15）企业废水不经治理或者治理不达标外排，造成河流污染，污水呈黑色或黄色，氨氮气味浓烈。

（16）合成氨生产中涉及多种危险化学品，主要风险源为液氨贮罐、甲醇贮罐、硝酸贮罐、煤气柜、硝酸铵库房等存放场所，因存放的数量较多，一旦出现环境风险，情况较为严重。另外合成氨生产工艺中多为高温、高压反应，这些高温高压反应工序如氨合成、甲醇合成等应重点防范。有的企业环境风险控制措施不当，或者环境应急预案不合格，没有定期演练，没有记录等。

（17）没有建设危险废物贮存场所，生产装置装填的各类使用失效的废吸附剂、废催化剂等危险废物的转移手续存在问题。

（18）某合成氨公司经环保部门现场检查发现多项违法行为如下：水污染防治设施未通过竣工环境保护验收；合成氨污水处理设施长期停运，气化废水和生活废水未经处理排放；未建设危险废物贮存场所；将废机油交由无危废经营许可证的公司处理。

（19）某合成氨企业违法事实：已建成的一条 30 万 t/a 合成氨生产线未取得环保部门试生产批复，开车调试运行后一直未验收；生产废水超标排放，入河总排口取样监测，氨氮 132.1 mg/L 超标 10 倍；3 号锅炉脱硫设施尚未建成，且 1 号、2 号锅炉脱硫设施运行不稳定；擅自将 1 000 t 左右的固体废物磷石膏倾倒、堆放在国道南侧，未采取防扬散措施。

（20）某合成氨企业存在环境违法问题如下：①氨醇项目未报批环评文件。该企业氨醇建设项目包括 3 个项目，其中 15 万 t/a 合成氨、20 万 t/a 碳酸氢铵项目于 20 世纪 70 年代建成投产，5 万 t/a 甲醇项目于 20 世纪 90 年代建成投产，至 2016 年省厅检查时，尚未报批环评文件。②防治废气污染措施发生变动，未办理相关环保手续。该企业环评文件要求 1 500 t/a 季戊四醇建设项目和 1 000 t/a 甲乙基麦芽酚建设项目产生的废气经活性炭吸收后排放，实际是经冷凝后排放；要求 5 000 t/a 安赛蜜建设项目双乙烯酮生产中产生的醋酸丁酯未冷凝尾气经二级碱吸收后排放，实际是经二级冷凝后排放；要求水解工艺硫酸雾经二级碱吸收后排放，实际是分两路分别经一级碱吸收后排放。

## 第三节　氯碱工业污染特征及环境违法行为

### 一、氯碱工业工艺环境管理概况

#### （一）主要原辅料

**1. 原辅料**

主要包括：粗盐、烧碱、纯碱、亚硫酸钠、高纯盐酸、浓硫酸、离子膜、螯合树脂、蒸汽等（表 4-14）。

表 4-14　离子膜烧碱原辅材料

| 序号 | 名称 | 规格 | 单耗 kg/t |
|---|---|---|---|
| 1 | 纯碱 | ≥10% | 33.93 |
| 2 | 亚硫酸钠 | 5% | 2 |
| 3 | 高纯盐酸 | ≥31% | 125.8 |
| 4 | 浓硫酸 | ≥98% | 38.16 |
| 5 | 离子膜 | $m^2$ | 0.028 |
| 6 | 螯合树脂 | — | 0.014 1 |
| 7 | 蒸汽 | 0.6MPa | 0.4 t/t |
|  |  | 0.9MPa | 1.0 t/t |

### 2．产品

产品包括烧碱及配套的下游产品，包括烧碱产品、液氯产品、高纯盐酸产品、氢气产品、次氯酸钠产品。

## （二）能耗、水耗

表 4-15 氯碱工业（隔膜法烧碱）资源能源利用指标

| 序号 | 清洁生产指标等级 | | 三级 |
|---|---|---|---|
| 1 | 单位产品综合能耗（折标煤）/（kg/t） | 质量分数≥30.0% | ≤980 |
| | | 质量分数≥42.0% | ≤1 200 |
| | | 质量分数≥95.0% | ≤1 350 |
| 2 | 单位产品原盐消耗量（折百）/（kg/t） | | ≤1 570 |
| 3 | 单位产品新鲜水耗/（t/t） | | ≤9.0 |
| 4 | 单位产品废水产生量/（$m^3$/t） | | ≤14 |
| 5 | 单位产品盐泥产生量（干基）/（kg/t） | | ≤50.0 |
| 6 | 单位产品废石棉绒产生量/（kg/t） | | ≤0.14 |
| 7 | 氯水回收利用率/% | | 100 |

表 4-16 氯碱工业（离子膜法烧碱）资源能源利用指标

| 序号 | 清洁生产指标等级 | | 三级 |
|---|---|---|---|
| 1 | 单位产品综合能耗（折标煤）/（kg/t） | 质量分数≥30.0% | ≤500 |
| | | 质量分数≥45.0% | ≤600 |
| | | 质量分数≥98.0% | ≤900 |
| 2 | 单位产品原盐消耗量（折百）/（kg/t） | | ≤1 540 |
| 3 | 单位产品新鲜水耗/（t/t） | | ≤7.5 |
| 4 | 单位产品废水产生量/（$m^3$/t） | | ≤6.4 |
| 5 | 单位产品盐泥产生量（干基）/（kg/t） | | ≤50.0 |
| 6 | 氯水回收利用率/% | | 100 |

注：摘自清洁生产标准 氯碱工业（烧碱）HJ 475—2009。

## （三）基本生产工艺

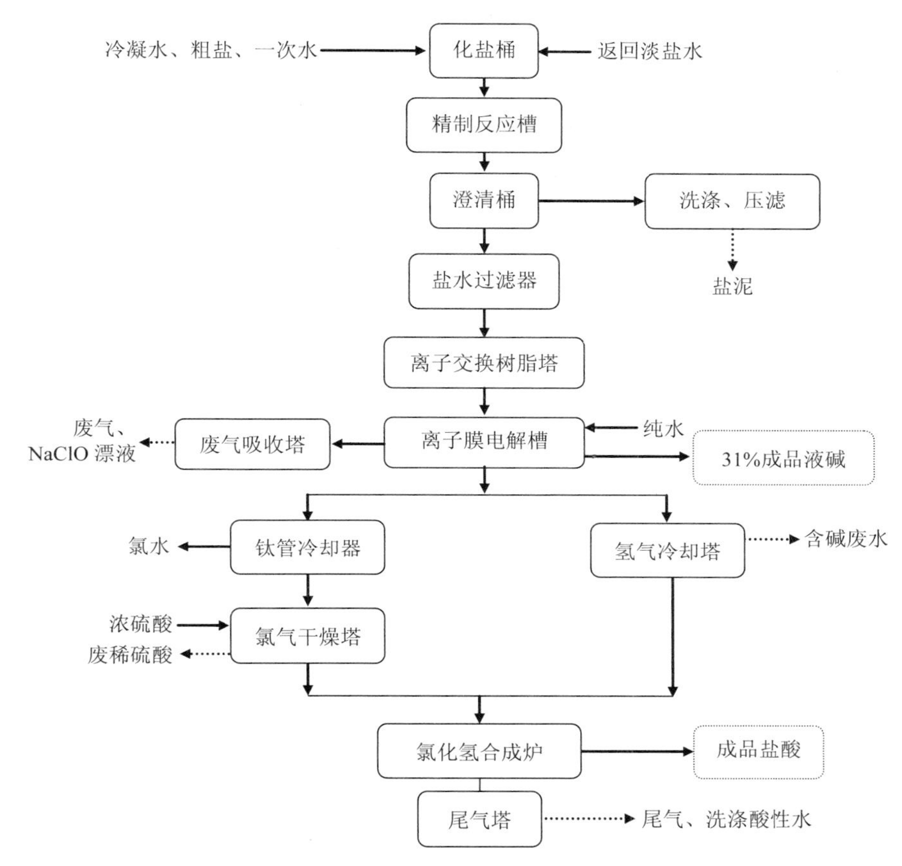


图 4-3　离子膜法烧碱生产工艺及产污点

## （四）氯碱工业主要生产设备

表 4-17　氯碱工业主要生产设备

| 基本工序 | 使用的主要设备 |
|---|---|
| 盐水精制工序 | 化盐贮槽、化盐池、盐水膜过滤器、离子交换树脂塔、树脂塔过滤器等 |
| 电解工序 | 隔膜电解槽、过滤器 |
| 氯氢处理工段 | 氯气压缩机、钛管冷却器、氯水冷却器、氯水洗涤塔、氯气干燥塔、泡罩干燥塔、氢气压缩机、氢气阻火器等 |
| 液氯工段 | 氟利昂螺杆压缩机、液氯气液分离器等 |
| 高纯盐酸工段 | 氯化氢石墨合成炉、降膜吸收器、石墨冷却器、尾气处理装置等 |
| 浓碱蒸发工段 | 三效蒸发器、冷却器等 |

## 二、氯碱工业的主要污染指标

表 4-18 氯碱工业主要污染指标

| 污染类型 | | 主要污染指标 |
| --- | --- | --- |
| 废气 | 无组织废气 | 原料运输、装卸、破碎、干燥及排渣等过程颗粒物、无组织逸散；生产泄漏、储罐排气等过程或设施存在无组织废气排放，主要污染物含煤尘颗粒物、$SO_2$、盐酸酸雾、$Cl_2$、氢气等 |
| | 有组织废气 | 氯碱工业尾气，主要污染物为盐酸酸雾、$Cl_2$、氢气等 |
| 污水 | 生产废水 | 盐水精制过程中产生的盐泥水（NaCl、SS、COD），螯合树脂塔冲洗水（COD、氯化物、$Ca^{2+}$、硫化物），氢气处理废水、浓碱蒸发工段冷凝水、地面冲洗水及循环冷却排污水 |
| | 生活污水 | 污染物主要为 SS、COD、氨氮、总氮、总磷等 |
| 固体废物 | 生产废物 | 主要除尘设施收集的粉尘、污水处理站污泥、产品包装废物、废树脂（苯乙烯/二乙烯苯共聚物）、废离子膜、盐泥（NaCl、$Na_2SO_4$、$Mg(OH)_2$、$CaCO_3$、$H_2O$ 等） |
| | 生活垃圾 | 一般固体废物 |
| 噪声 | | 机械噪声、运输车辆噪声、空压机噪声 |

## 三、氯碱工业的污染物来源

氯碱工业属高能耗、高污染、高风险产业，涉及一类污染物、难降解环境累积物质和有害废气等多要素环境问题。

### （一）废水主要来源

氯碱工业排放的水污染物中危害性大的主要有汞和可吸附有机氯化物（AOX）。

电石法 PVC 生产过程中需要使用 $HgCl_2$ 作为催化剂。目前，国内市场每年的汞需求量在 1 000 t 左右，占全球消耗量的 60%以上，其中 PVC 行业对汞的需求量为 850 t 左右。由于目前大量使用的高汞触媒中汞离子在活性炭孔道内壁是物理吸附，热稳定性很差，升华流失快。升华的氯化汞随合成气进入净化系统，虽然大部分氯化汞被装有活性炭的汞吸附器吸附，并全部回收，但仍有部分汞进入废水中。目前，电石法 PVC 生产企业含汞废水的达标排放情况不容乐观。氯化汞流失到环境中造成的危害极大。氯化汞进入水中后，其在生物特别是微生物的作用下会转化成毒性更大的甲基汞。

氯碱企业产生的废水主要有：烧碱工段产生的含氯废水；乙烯氧氯化法生产氯乙烯过程中产生的废水；电石法生产氯乙烯过程中产生的电石渣上清液、次氯酸钠废水和含汞废水；聚合工段产生的离心母液。

### （二）废气主要来源

氯碱工业排放的大气污染物主要有氯乙烯、氯化氢和氯气。

氯乙烯为Ⅰ级危险毒物和强致癌物质。氯乙烯在环境中能参与光化学烟雾反应，由于其挥发性强，在大气中易被光解，能被空气中的氧氧化成苯甲醚、甲醛及少量苯乙醇，引发一系列环境问题。

氯化氢遇氰化物能产生剧毒的氰化氢气体。长期接触较高浓度氯化氢，可引起慢性支气管炎、胃肠功能障碍及牙齿酸蚀症。

氯气是高毒气体。氯气中毒的明显症状是发生剧烈的咳嗽，症状重时，会发生肺水肿，使循环作用困难而致死亡。与氯气有关的环境污染事故发生比例较高。

氯碱企业产生的废气主要有：烧碱生产过程中产生的电解槽开停车、事故氯气和合成盐酸尾气；聚氯乙烯生产过程中产生的氯乙烯精馏尾气、电石破碎和产品干燥过程产生的含粉尘废气。

## 四、氯碱工业的排污节点特征

表 4-19 氯碱生产企业排污节点特征

<table>
<tr><th>污染类型</th><th colspan="2">排污节点</th><th>污染物</th><th>检查要点</th></tr>
<tr><td rowspan="2">有组织排放废气源</td><td>废气净化工艺</td><td>进入氯气处理单元、高纯盐酸吸收尾气</td><td>排放口产生废气，含盐酸雾、$Cl_2$等废气</td><td>检查是否有废气处理设施，检查排放监测数据，排放与治理效果；<br>检查除酸装置类型，检查废气排放与除酸效果</td></tr>
<tr><td>锅炉房</td><td>锅炉烟气</td><td>烟尘、$SO_2$、$NO_x$</td><td>检查是否有除尘器，检查颗粒物排放监测数据，颗粒物排放与除尘效果；<br>检查脱硫装置类型，检查 $SO_2$ 排放与脱硫效果</td></tr>
<tr><td rowspan="7">无组织排放废气源</td><td>运输</td><td>重油、柴油、液氯卸车入罐</td><td>VOC（异味）、酸雾</td><td>检查遗撒和“跑、冒、滴、漏”</td></tr>
<tr><td>氯、氢处理和输送工序</td><td rowspan="3">无组织排放主要是由于压缩机、泵类、阀门及管线等在运行中物料散发和泄漏</td><td>产生氯气、盐酸雾等废气（无组织排放）</td><td>集气装置运行是否有效收集酸性废气</td></tr>
<tr><td>氯化氢合成及盐酸工序</td><td>产生氯气、盐酸雾等废气（无组织排放）</td><td>检查密闭效果；<br>检查设备集气和负压效果</td></tr>
<tr><td>氯气液化工序</td><td>产生氯气、盐酸雾等废气（无组织排放）</td><td>检查密闭效果；<br>检查设备集气和负压效果</td></tr>
<tr><td>锅炉房</td><td>煤场、灰渣库（场）</td><td>扬尘</td><td>检查防尘设施和效果</td></tr>
<tr><td>罐区</td><td>烧碱罐进出口“跑、冒、滴、漏”</td><td></td><td>检查罐区设备管理；<br>检查阀门、管路“跑、冒、滴、漏”</td></tr>
<tr><td>厂区</td><td>运输车辆</td><td>粉尘</td><td>检查产区运输扬尘</td></tr>
</table>

| 污染类型 | 排污节点 | | 污染物 | 检查要点 |
|---|---|---|---|---|
| 污水源 | 盐水精制 | 盐泥洗涤水、板框压滤水 | NaCl、SS、COD | 检查污水去向 |
| | | 螯合树脂塔冲洗水 | pH≥9 或 pH≤6、COD、氯化物、$Ca^{2+}$、硫化物 | 检查污水去向 |
| | 氯、氢处理 | 氯水 | 活性氯 | 检查污水去向 |
| | | 氢气处理废水 | pH≥9，含碱 | 检查污水去向 |
| | 浓碱蒸发 | 冷凝水 | pH≥9，含碱 | 检查污水去向 |
| | 厂区 | 生活废水、污染的雨水 | 废水含石油类、COD、SS、氯化物等 | 检查废水去向 |
| | 锅炉 | 冲渣、清洗锅炉 | SS、盐类 | 检查废水去向 |
| | 机修车间 | 机械加工废水 | 石油类、COD、SS | 检查废水去向 |
| | 污水站 | 重油站、锅炉房、机修车将、厂区废水 | pH、SS、COD、氨氮、氯乙烯、氯化物、AOX、石油类 | 应检查各项污染物指标环境监测数据和自动监控数据，判断是否达标 |
| 固体废物 | 生产工段 | 失效树脂材料 | 苯乙烯/二乙烯苯共聚物 | 检查去向 |
| | | 盐泥 | NaCl、$Na_2SO_4$、$Mg(OH)_2$、$CaCO_3$、$H_2O$ 等 | 检查去向 |
| | | 废离子膜 | 磺酸盐和缩合盐的复合体 | 检查去向 |
| | 锅炉房 | 灰渣 | 一般固体废物 | 检查产生量；检查去向；检查贮存场所 |
| | 污水站 | 污泥 | 污泥（危险性鉴别） | 检查产生量检查去向；检查贮存场所 |
| | 机修厂 | 废机油、油泥棉纱 | 混入生活垃圾不按危废 | 检查去向，是否符合手续 |
| 噪声 | 生产工段 | 氢气压缩机、氯气压缩机、脱氯真空泵、引风机以及各类泵等 | 噪声 | 检查噪声对厂周围环境影响 |

## 五、氯碱工业企业常见的环境违法行为

通过对合成制药企业环境执法过程中常见问题进行梳理分析，总结出主要环境违法问题如下：

（1）企业环评相关手续存在问题，如企业未批先建，批建不符；企业环保设施没达到环评以及环评批复的要求。生产工艺或者治理设施发生重大变更没有重新报批环评。

（2）企业没有达到环保“三同时”要求，环保设施未经验收即投产。例如，某地环保部门检查过程中发现某氯碱企业实施了以下环境违法行为：企业正常生产，污染治理设施正在运行，需要配套建设的污染防治设施等环保设施未经环保主管部门验收（合格）。

（3）盐水精制废水是否有效处理后排入污水站，盐水精制过程中产生的盐泥水、滤渣

没有妥善处置。

（4）企业环境管理制度不健全，台账记录不合规，或者弄虚作假。

（5）有的企业生产规模不断扩大，但是环保设施跟不上生产规模，运行不正常，排放的废气有很浓的异味。

（6）防尘措施不完善。电石破碎区二次扬尘污染严重，原煤露天堆放，破碎工段除尘器集气罩不合格。

（7）污染治理设施管理不规范。中控系统溶解氧、氧化还原电位、pH、温度瞬时值、曝气风机和臭氧发生器均无历史运行曲线、无手工记录。

（8）电解车间密闭措施不满足环保要求，转化过程的氯气无组织排放严重。

（9）氯、氢处理工序无组织排放严重。

（10）高纯盐酸工段尾气吸收塔出来的尾气中含 HCl 和 $Cl_2$ 治理设施不正常运行。无组织排放严重。

（11）有的企业没有建设危险废物贮存场所，危险废物转移量和生产量不符，部分危险废物去向不明。

（12）企业环境风险应急预案没有编制，或者应急物资和应急设施存在问题，没有定期演练，没有记录。

（13）氯碱企业属于化工行业，产生的污染物种类多，污染重，环境污染容易发生。比如某地氯碱企业环境违法问题如下：一是违反环评“三同时”制度。工程长期试生产未验收，新建渣场未经验收已开始投运，企业自备电厂锅炉未建脱硝设施；二是企业工程未按环评批复要求将处理过的生产废水送至污水处理厂，生产废水直排河流；三是污水处理系统聚合氯化铝加药设施有停运现象；四是超标排放。烟尘、氮氧化物存在超标排放；五是防尘措施不完善。电石破碎区地面二次扬尘污染严重，原煤露天堆放，破碎工段除尘器集气罩有破损现象；六是污染治理设施管理不规范。中控系统溶解氧、氧化还原电位、pH值、温度瞬时值、曝气风机和臭氧发生器均无历史运行曲线、无手工记录。

## 第四节 合成制药工业污染特征及环境违法行为

### 一、合成制药工业工艺环境管理概况

#### （一）化学合成制药原料

由于生产的药品品种不同，化学合成反应过程繁简不一，存在显著差异。一般而言，

合成一种原料药需要几步甚至几十步反应，使用原辅料数种或十余种甚至高达30～40种；原料总消耗可从每千克产品10 kg以上至200 kg；而且化学合成原料品种多，具有生产工序复杂、使用原料种类多、数量大等特点。

化学合成药又可分为无机合成药和有机合成药。无机合成药为无机化合物（极个别为元素），如用于治疗胃及十二指肠溃疡的氢氧化铝、三硅酸镁等；有机合成药主要是由基本有机化工原料经一系列有机化学反应而制得的药物（如阿司匹林、咖啡因等）。天然化学药按其来源，也可分为生物化学药与植物化学药两大类。抗生素一般系由微生物发酵制得，属于生物化学范畴。近年出现的多种半合成抗生素，则是生物合成和化学合成相结合的产品。

化学原料一般以：烃类化合物、卤烃化合物、醇类化合物、醚类及环氧物、醛类化合物、酮类化合物、酸类化合物、酯类化合物、酰胺类化合物、腈类化合物、酚与醌类化合物、硝基类化合物、胺类化合物、有机硫化合物、杂环化合物、有机元素化合物、水溶性高分子化合物、药物及生物活性物质、助剂添加剂及其他、各种中间体等为主。在化学合成工艺中，企业往往使用多种优先污染物作为反应和净化的溶剂，包括苯、氯苯、氯仿等。

化学合成类制药产生较严重污染的原因是合成工艺比较长、反应步骤多，形成产品化学结构的原料只占原料消耗的5%～15%，辅助性原料等却占原料消耗的绝大部分，这些原料最终以废水、废气和废渣的形式存在。化学原料一般以：烃类化合物、卤烃化合物、醇类化合物、醚类及环氧物、醛类化合物、酮类化合物、酸类化合物、酯类化合物、酰胺类化合物、腈类化合物、酚与醌类化合物、硝基类化合物、胺类化合物、有机硫化合物、杂环化合物、有机元素化合物、水溶性高分子化合物、药物及生物活性物质、助剂添加剂及其他各种医药中间体等为主。

### （二）化学合成制药辅料

在化学合成工艺中，企业往往使用多种优先污染物作为反应和净化的溶剂，包括苯、氯苯、氯仿等（表4-20）。

**表4-20　化学合成常用工艺使用的溶剂**

| 甲醛 | 甲苯 | 二甲苯 | 乙醇 | 石脑油 | 二乙醚 | 氰化甲烷 | 二甲基甲酰胺 | 甲基异丁基酮 |
|---|---|---|---|---|---|---|---|---|
| 丙酮 | 苯 | 二甲胺 | 氯苯 | 正戊酸 | 乙酸乙酯 | 二氯甲烷 | 二甲基乙酰胺 | 乙烯基乙二醇 |
| 丁醛 | 苯胺 | 二乙胺 | 甲醇 | 异丙酸 | 甲酰胺 | 甲酸甲酯 | 1,2-二氯乙烷 | 聚乙二醇600 |
| 戊醛 | 苯酚 | 三乙胺 | 氯仿 | 异丙醚 | 正庚烷 | 二甲基亚砜 | 乙酸正丁酯 | 1,4-二氧杂环乙烷 |
| 糠醛 | 甲胺 | 环己胺 | 氯甲 | 正己烷 | 2-丁酮 | 2-甲基嘧啶 | 二甲基苯胺 | 二氯苯 |
| 氨 | 嘧啶 | 正丙醇 | 正丁醇 | 异丙醇 | 四氢呋喃 | 甲基溶纤剂 | 三氯氟甲烷 | |

表 4-21　片剂常用药剂辅料

| 类别 | 作用 | 示例 |
| --- | --- | --- |
| 稀释剂 | 用于增强的重量和体积，以利于成型和分剂量 | 淀粉、预胶化淀粉、糊精、蔗糖、乳糖、甘露醇、微晶纤维素 |
| 吸收剂 | 当片剂中的主药含有较多的挥发油或其他液体成分时，需加入适当的辅料将其吸收，使保持“干燥”状态，以利于制成片剂 | 硫酸钙、磷酸氢钙、轻质氧化镁、碳酸钙 |
| 润湿剂 | 能使物料润湿以产生足够强度的黏性，以利于制成颗粒 | 水、乙醇 |
| 黏合剂 | 能使无黏性或黏性较少的物料聚集黏合成颗粒 | 羟丙甲纤维素（HPMC）、聚维酮（PVP）、淀粉浆、糖浆 |
| 崩解剂 | 能促进片剂在胃肠液中迅速崩解成小粒子，使药物易于吸收 | 干淀粉、羟甲基淀粉钠、低取代羟丙基纤维素、泡腾崩解剂、交联聚维酮 |
| 润滑剂 | 能使片剂在压片时顺利加料和出片，并减少黏冲及降低颗粒与颗粒、颗粒或药片与模孔壁之间的摩擦力，使片面光滑美观 | 硬脂酸镁、滑石粉、氢化植物油、聚乙二醇、微粉硅胶 |
| 着色剂 | 改善片剂外观，便于识别 | 二氧化钛、日落黄、亚甲蓝、要用氧化铁红 |
| 包衣材料 | 改善片剂外观、增加药物的稳定性、掩盖药物不良臭味、控制药物释放部位等 | 丙烯酸树脂、羟丙甲纤维素、聚维酮、纤维醋法酯 |

表 4-22　注射剂常用药剂辅料

| 类别 | 作用 | 示例 |
| --- | --- | --- |
| 溶剂 | 溶解药物，使机体易于吸收 | 注射用水、乙醇、丙二醇、甘油 |
| pH 调节剂、缓冲剂 | 使注射剂处于最适合的 pH 值状态，使主药保持安全、稳定、有效 | 盐酸、醋酸、醋酸钠、枸橼酸、枸橼酸钠、乳酸、酒石酸、酒石酸钠、磷酸氢二钠、磷酸二氢钠、碳酸氢钠、碳酸钠 |
| 抗氧剂 | 能够延缓氧对药物制剂产生氧化作用 | 亚硫酸钠、亚硫酸氢钠、焦亚硫酸钠、硫代硫酸钠、抗坏血酸 |
| 金属离子螯合剂 | 能与金属离子络合，增强抗氧效果 | 乙二胺四乙酸二钠（EDTA-N　A2） |
| 抑菌剂 | 能防止或抑制病原微生物发育生长 | 苯甲醇、羟丙丁酯、甲酯、苯酚、三氯叔丁醇、硫柳汞 |
| 局麻剂 |  | 利多卡因、盐酸普鲁卡因、苯甲醇、三氯叔丁醇 |
| 等渗调节剂 | 调整注射液的渗透压，避免出现生理不适应状 | 氯化钠、葡萄糖、甘油 |
| 增溶剂、润湿剂、乳化剂 | 两种物质存在而增加难溶性药物在某一溶剂中溶解度的现象，这种第二种物质称为助溶剂 | 聚氧乙烯蓖麻油、聚山梨酯 20、聚山梨酯 40、聚山梨酯 80、聚维酮、聚乙二醇-40、蓖麻油、卵磷脂 |
| 助悬剂 | 增加分散介质的黏度以降低微粒的沉降速度或增加微粒亲水性的附加剂 | 明胶、甲基纤维素、羧甲基纤维素、果胶 |
| 填充剂 | 填充剂的主要作用是用来填充片剂的重量或体积，从而便于压片 | 有淀粉类、糖类、纤维素类和无机盐类等 |
| 稳定剂 | 能增加溶液、胶体、固体、混合物的稳定性能化学物都叫稳定剂 | 肌酐、甘氨酸、烟酰胺、辛酸钠 |
| 保护剂 |  | 乳糖、蔗糖、麦芽糖、人血白蛋白 |

表 4-23　液体制剂的常用辅料

| 类别 | 示例 |
| --- | --- |
| 增溶剂 | 聚山梨酯类、聚氧乙烯脂肪酸酯类 |
| 助溶剂 | 碘化钾（I2）、醋酸钠（茶碱）、枸橼酸（咖啡因）、苯甲酸钠（咖啡因） |
| 潜溶剂 | 水溶性：乙醇、丙二醇、甘油、聚乙二醇<br>非水溶性：苯甲酸卞酯、苯甲醇 |
| 防腐剂 | 对羟基苯甲酸酯类（0.01%～0.25%）、苯甲酸及其盐（0.03%～0.1%）、山梨酸（0.02%～0.04%）、苯扎溴铵（0.02%～0.2%）、醋酸洗必泰（0.02%～0.05%）、邻苯基苯酚（0.005%～0.2%）、桉叶油（0.01%～0.05%）、桂皮油（0.01%）、薄荷油（0.05%） |
| 矫味剂 | 甜味剂：蔗糖、橙油、山梨醇、甘露醇、阿司帕坦、糖精钠、天冬甜精、蛋白糖<br>芳香剂：柠檬、薄荷油、薄荷水、桂皮水、苹果香精、香蕉香精<br>胶浆剂：阿拉伯胶、羧甲基纤维素钠、琼脂、明胶、甲基纤维素<br>泡腾剂：有机酸+碳酸氢钠 |
| 着色剂 | 天然：苏木、甜菜红、胭脂红、姜黄、胡萝卜素、松叶兰、乌饭树叶、叶绿酸铜钠盐、焦糖、氧化铁（棕红色）<br>合成：苋菜红、柠檬黄、胭脂红、胭脂蓝、日落黄<br>外用色素：伊红、品红、美蓝、苏丹黄 G 等 |
| 助悬剂 | 低分子助悬剂：甘油、糖浆剂<br>天然：胶树类、如阿拉伯胶、西黄耆胶、桃胶、海藻酸钠、琼脂、淀粉浆、硅皂土（含水硅酸铝）<br>合成半合成：甲基纤维素、羧甲基纤维素钠、羟甲基纤维素、卡波普、聚维酮、葡聚糖、单硬脂酸铝（触变胶） |
| 润湿剂 | 表面活性剂：聚山梨酯类、聚氧乙烯蓖麻油类、泊洛沙姆等 |
| 絮凝剂与反絮凝剂 | 枸橼酸、枸橼酸盐、酒石酸、酒石酸盐 |
| 表面活性剂 | 阴离子型表面活性剂：硬脂酸钠、硬脂酸钾、油酸钠、硬脂酸钙、十二烷基硫酸钠、十六烷基硫酸化蓖麻油<br>非离子型表面活性剂：单甘油脂肪酸酯、三甘油脂肪酸酯、聚甘油硬脂酸酯、蔗糖单月桂酸酯、脂肪酸山梨坦（司盘）、聚山梨坦、卖泽（myrj）、苄泽（brij）、泊洛沙姆等 |
| 乳化剂 | 表面活性剂：见表面活性剂<br>天然乳化剂：阿拉伯胶、西黄耆胶、明胶、杏树胶、卵黄<br>固体乳化剂：O/W 型乳化剂有：氢氧化镁、氢氧化铝、二氧化硅、皂土等<br>W/O 型乳化剂有：氢氧化钙、氢氧化锌等 |
| 辅助乳化剂 | 增加水相黏度：甲基纤维素、羧甲基纤维素钠、羟甲基纤维素、海藻酸钠、琼脂、西黄耆胶、阿拉伯胶、黄原胶、果胶、皂土等<br>增加油相黏度：鲸蜡醇、蜂蜡、单硬脂酸甘油酯、硬脂酸、硬脂醇等 |
| 注射用水 | 纯化水经蒸馏所得的水 |
| 注射用油 | 植物油：麻油、茶油、花生油、玉米油、橄榄油、棉籽油、豆油、蓖麻油及桃仁油、油酸乙酯、苯甲酸苄酯 |
| 注射用非水溶剂 | 丙二醇（10%～60%）、聚乙二醇 400（≤50%）、二甲基乙酰胺（DMA）、乙醇（≤50%）、甘油（≤50%）、苯甲醇等 |

表 4-24　固体制剂常用辅料

| 类别 | 示例 |
| --- | --- |
| 湿法制粒常用填充剂 | 可溶性填充剂：乳糖（结晶性或粉状）、糊精、蔗糖粉、甘露醇、葡萄糖、山梨醇、果糖、赤鲜糖、氯化钠<br>不溶性填充剂：淀粉（玉米、马铃薯、小麦）、微晶纤维素、磷酸二氢钙、碳酸镁、碳酸钙、硫酸钙、水解淀粉、部分α化淀粉、合成硅酸铝、特殊硅酸钙 |
| 湿法制粒常用黏合剂 | 淀粉类：淀粉（浆）糊精、预胶化淀粉、蔗糖<br>纤维素类：甲基纤维素（MC）、羟甲基纤维素（HPC）、羟丙基甲基纤维素（HPMC）、羧甲基纤维素钠（CMC-Na）、微晶纤维素（MCC）、乙基纤维素（EC）<br>合成高分子：聚乙二醇（PEG4000，6000）、聚乙烯醇（PVA）、聚维酮（PVP）<br>天然高分子：明胶、阿拉伯胶、西黄耆胶、海藻酸钠、琼脂 |
| 常用崩解剂 | 传统崩解剂：淀粉（玉米、马铃薯）、微晶纤维素、海藻酸、海藻酸钠、离子交换树脂、泡腾酸-碱系统、羟丙基淀粉<br>最新崩解剂：羧甲基淀粉钠、交联羧甲基纤维素钠、交联聚维酮、羧甲基纤维素、羧甲基纤维素钙、低取代羟丙基纤维素、部分α化淀粉、微晶纤维素 |

## （三）产品

按照现行的“国家基本药物品种目录”、产品规模与产品在行业所占地位及其污染源对环境的敏感影响进行归纳分类。将化学合成类药物分为抗微生物感染类药物、抗肿瘤类药物、心血管系统类药物、激素及计划生育类药物、维生素类药物、氨基酸类药物、驱虫类药物、神经系统类药物、呼吸系统类药物、消化系统类药物及其他类药物共 11 大类。具体包括镇静催眠药（如巴比妥类、苯并氮杂卓类、氨基甲酸酯类等）、抗癫痫药、抗精神失常药、麻醉药、解热镇痛药和非甾体抗炎药、镇痛药和镇咳祛痰药、中枢兴奋药和利尿药、合成抗菌药（如喹诺酮类、磺胺类等）、拟肾上腺素药、心血管系统药物、解痉药及肌肉松弛药、抗过敏药和抗溃疡药、寄生虫病防治药物、抗病毒药和抗真菌药、抗肿瘤药、甾体药物等 16 个种类约近千个品种（表 4-25）。

表 4-25　化学合成类制药产品分类

| 类别 | 作用 | 示例 |
| --- | --- | --- |
| 合成类抗生素 | 抗感染类 | 氯霉素类（氯霉素、琥珀氯霉素、无味氯霉素、合霉素）；磺胺类（磺胺嘧啶、磺胺异恶唑、磺胺甲恶唑）；喹诺酮类（吡哌酸、诺氟沙星、盐酸环丙沙星）；唑类抗真菌类（氟康唑、克霉唑、硝酸咪康唑、酮康唑）；其他类（黄连素、利福平、对氨基水杨酸钠、磺胺多辛、葡萄糖酸锑钠、甲苯咪唑） |
|  | 抗肿瘤类 | 烷化剂（氮芥类、乙撑亚胺类、亚硝基脲类、甲磺酸酯类等）；其他（长春碱、替尼泊苷、他莫昔芬、丙卡巴肼、门冬酰胺酶） |

| 类别 | 作用 | 示例 |
| --- | --- | --- |
| 合成类抗生素 | 神经系统类 | 麻醉药（恩氟烷射剂、羟丁酸钠、普鲁卡因、利多卡因）；骨骼肌松弛药（氯化琥珀胆、阿曲库铵、维库溴铵、哌库溴铵、麻黄碱）；镇痛药（吗啡、哌替啶、芬太尼、苯噻啶、丁丙诺啡）；解热止痛、抗炎、抗风湿药（阿司匹林、对乙酰氨基酚、复方对乙酰氨基酚、布洛芬、吲哚美辛、萘普生、舒林酸、阿西美辛、奥沙普秦、氨基葡萄糖、萘丁美酮、洛索洛芬、依托芬那酯、金诺芬、丙磺舒、苯溴马隆、安乃近）；脑血管病用药（尼莫地平、巴曲酶、罂粟碱、倍他司汀）；中枢神经兴奋药（咖啡因、甲氯芬酯、胞磷胆碱、脑复康、茴拉西坦、洛贝林、二甲弗林）；其他（金刚烷胺、卡马西平、苯巴比妥、麦角胺咖啡因、硫酸锌、舒必利、艾司唑仑、阿米替林片剂、匹莫林无） |
| | 心血管系统类 | 硝苯地平、普鲁卡因、普萘洛尔、阿替洛尔、艾司洛尔、地高辛、卡托普利、阿西莫司 |
| | 呼吸系统类 | 乙酰半胱氨酸、喷托维林、氨茶碱、茶碱 |
| | 消化系统类 | 西咪替丁、氢氧化铝、阿托品、地芬诺酯、阿米洛利、坦洛新 |
| | 激素及影响内分泌系统类 | 去氨加压素、氢化可的松、泼尼松、格列喹酮、左旋甲状腺素、甲睾酮、甲地孕酮、氯米芬 |
| | 营养药及矿物质类 | 葡萄糖酸钙、碳酸钙、碳酸钙、乳酸钙、磷酸氢钙 |
| | 调节水盐、电解质及酸碱平衡类 | 甘油磷酸钠、磷酸氢钾、门冬氨酸钾镁 |
| | 解毒类 | 二巯丁二酸、青霉胺、硫代硫酸钠、亚甲蓝、氟马西尼、阿托品 |
| | 诊断类 | 碘番酸、硫酸钡、胆影葡胺、半乳糖－棕榈酸 |
| | 妇产科类 | 利托君、聚甲酚磺醛、复方炔诺酮、炔雌醇、米菲司酮、壬苯醇醚 |
| | 五官类 | 碘仿、复方氯己定、碘胺醋酰、羟苄唑、双氯非那胺、乙酰唑胺、卡替洛尔、托吡卡胺、透明质酸钠、鱼肝油酸钠、地芬尼多 |
| | 外用药类 | 新霉素、甲紫、硼酸、过氧苯甲酰、丙体-六六六、地蒽酚、氟轻松、甲氧沙林、过氧化氢、甲醛、碘叮、过氧乙酸 |
| | 其他类 | 肾上腺素、多巴胺、多巴酚丁胺、硫酸亚铁、噻氯匹定、甲奈氢醌、氨甲环酸、华法林钠、肝素钠、琥珀酰明胶、羟乙基淀粉、茶苯海明、氯苯那敏、阿司咪唑、酮替芬、色甘酸钠 |
| 半合成类抗生素 | β-内酰胺类 | 普卢卡因青霉素、苄星青霉素、头孢羟氨苄、头孢噻肟钠、头孢哌酮纳等 |
| | 四环类 | 强力霉素、二甲胺四环素、甲烯土霉素、胍哌四环素 |
| | 氨基糖苷类 | 丁胺卡那霉素、双脱氧卡那霉素、乙基西索米星 |
| | 多肽类 | 粘菌素甲烷磺酸钠、米卡霉素 |
| | 其他类 | 氯洁霉素、利福平、利福定、利副喷丁 |

## （四）水耗

表 4-26　化学合成类制药废水生产基准排水量限值

单位：$m^3/t$

| 序号 | 药物种类 | 代表性药物 | 单位产品基准排水量 |
|---|---|---|---|
| 1 | 维生素类 | 维生素 B1 | 45 |
| | | 维生素 E | 3 400 |
| 2 | 神经系统类 | 安乃近 | 80～100 |
| | | 阿司匹林 | 30～50 |
| | | 咖啡因 | 250～300 |
| | | 布洛芬 | 120～140 |
| 3 | 半合成类 | 阿莫西林 | 240 |
| | | 头孢拉定 | 1 200 |
| 4 | 氨基酸类 | 甘氨酸 | 401 |
| 5 | 抗感染类 | 氯霉素 | 1 000 |
| | | 磺胺嘧啶 | 280 |
| | | 呋喃唑酮 | 2 400 |
| 6 | 呼吸系统类 | 愈创木酚、甘油醚 | 45 |
| 7 | 心血管系统类 | 辛伐他汀 | 240 |
| 8 | 激素及影响内分泌类 | 氢化可的松 | 4 500～5 000 |
| 9 | 其他类 | 盐酸赛庚啶 | 1 894 |

## （五）基本生产工艺

表 4-27　部分化学合成药物生产工艺

| 药名 | 主要原料 | 主要生产工艺 |
|---|---|---|
| 安乃近 | 苯胺 | 经过重氮化→水解→甲化→水解→还原→酰化→水解→中和→缩合→安乃近 |
| 阿司匹林 | 水杨酸 | 经过酰化→离心→阿司匹林 |
| 甲氧苄啶 | 二溴醛 | 经过甲化→缩合→环合→精制→甲氧苄啶 |
| 布洛芬 | 异丁奔 | 经过付克反应→缩合→酰洗→精制→布洛芬 |
| 氢化可的松 | 皂素 | 经过开环→提取→环氧化→沃氏氧化→上溴→脱溴→酰化→发酵→分离→精制→氢化可的松 |
| 咖啡因 | 氯乙酸 | 经过氰化→酸化→亚硝酸→酰化→甲化→精制→咖啡因 |
| 吡哌酸 | 原甲酸三甲酯<br>丙二酸二甲酯 | 经过缩合→环合→氯化→精制→吡哌酸 |
| 盐酸赛庚啶 | 苄叉酞 | 经过→氯化→脱氢→加成→氯化→格氏→精制→盐酸赛庚啶 |

| 药名 | 主要原料 | 主要生产工艺 |
|---|---|---|
| 头孢他啶 | 头孢他啶二盐酸盐、丙酮、磷酸/活性炭、氢氧化钠 | 经过溶解→过滤→结晶→干燥→磨粉→头孢他啶 |
| 磺胺二甲嘧啶 | 磺胺脒、乙酰丙酮、液碱、盐酸、焦亚硫酸钠、保险粉 | 经过碱溶→缩合→压滤→脱色→中和→甩滤→干燥→磺胺二甲嘧啶 |
| 烟酸 | 3-氰基吡啶、液碱、盐酸 | 经过水解→中和→脱色→压滤→结晶→过滤→干燥→烟酸 |
| 肌醇烟酸酯 | 三氯氧磷、烟酸、肌醇等 | 经过氯化→酯化→甩滤→干燥→脱色压滤→结晶→甩滤→干燥结晶→肌醇烟酸酯 |

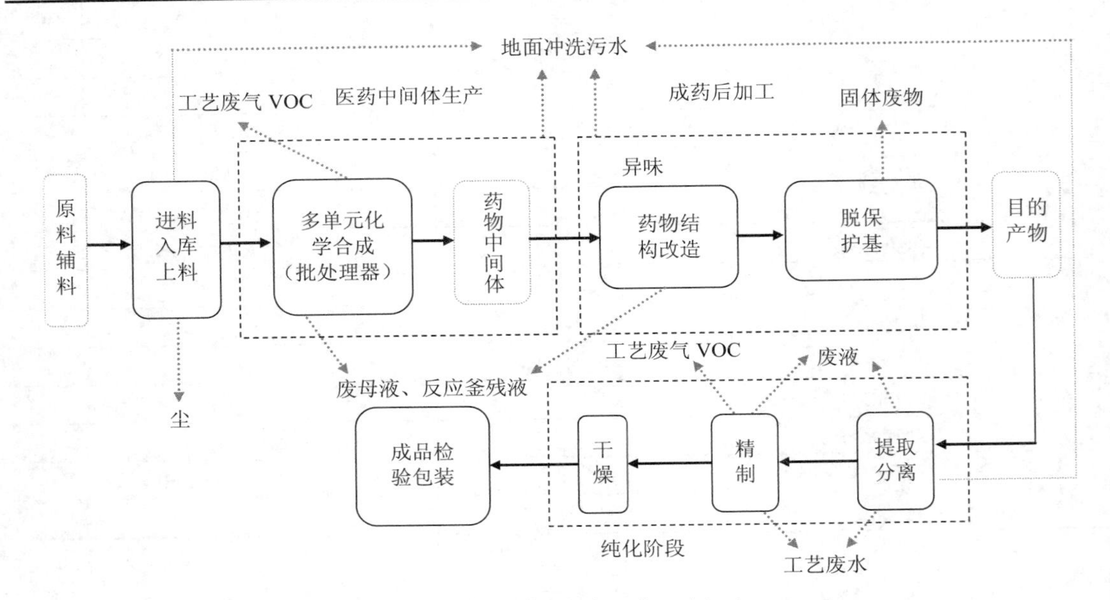


图 4-4 合成制药生产工艺及产污点

## （六）合成制药主要生产设备

表 4-28 合成制药工业的主要生产设备

| 基本工序 | 主要设备 |
|---|---|
| 前处理车间 | 洗药机、热风循环干燥箱、切药机、破碎机、粗碎机、混合机 |
| 提取车间工艺设备 | 提取罐、储液罐、冷却塔、酸沉罐、真空干燥箱、双效浓缩器、酒精回收浓缩器、精馏塔、组装冷库、单效浓缩外循环浓缩器 |
| 固体制剂生产工艺设备 | 沸腾制粒干燥连线、方形筛、旋转式压片机、封闭式糖衣机、高效智能包衣机、真空乳化搅拌机、全自动瓶装机、自动铝塑泡罩包装联动线 |
| 口服液（糖浆剂）生产工艺设备 | 压力蒸汽灭菌器、口服液洗烘灌封联动线、灯检机、灭菌柜、口服液配制罐、二泵灌装机、多功能瓶类全自动装盒机、口服液包装自动连线 |
| 污水站 | 格栅、沉沙、隔油、过滤、好氧生化设备、二沉池、污泥压滤机等 |
| 锅炉房 | 锅炉、汽轮机、发电机、烟气脱硫装置、烟气除尘装置、烟囱 |

## 二、合成制药工业的主要污染指标

表 4-29 合成制药工业的主要污染指标

| 污染类型 | | 主要污染指标 |
|---|---|---|
| 废气 | 有组织废气 | 废气种类主反应设备生产过程产生的有机废气、无机废气，辅助生产设备的挥发废气主要成分为有机废气，如酮类、醇类、脂类、烃类、醚类、醇类、酸类、烷类、胺类、硝基类等，无机废气如盐酸、硫酸、硝酸、磷酸、氨气、氮氧化物、硫化物、颗粒物等废气。主要以 VOC 为主，一般含量在 200～1 000 mg/m$^3$。<br>药物结构改造的酰化反应、裂解反应、硝基化反应、缩合反应和取代等反应装置产生的药粉尘、VOC、酸雾、碱雾和恶臭。<br>分离、提取、精制和成型等产生的粉尘药尘、VOC、酸雾、碱雾和恶臭 |
| | 无组织废气 | 原辅料拆包入仓、拆包上料产生的粉尘。<br>包括药品的包装，药品的质量检验，不合格药品的处理产生药粉尘 |
| 污水 | 生产废水 | 化学合成废水的主要来源：1）工艺废水，如失去效能的溶剂、过滤液和浓缩液；2）地板和设备的冲洗废水；3）管道的密封水；4）洗刷用具的废水；5）溢出水。废水污染物随化学反应的不同而不同（例如，硝化、氨化、卤化、磺化、烃化反应）。在药物合成中 80%～95%的化学反应需要加催化剂，如加氢、脱氢、氧化、还原、脱水、脱卤、缩合、环合等几乎都要用催化剂，其中钯、铂、镍、汞、镉、铅、铬、铜、锌是常用的催化剂。醇、乙酸、乙醚、氯甲烷、四氢呋喃、丙酮、硝基苯、喹啉、甲苯、苯、二氯甲烷、氯仿、乙腈等是常用的溶剂。<br>废水中污染物主要控制指标有：<br>（1）常规污染物：TOC、COD、$BOD_5$、SS、pH、氨氮、色度、急性毒性物质；<br>（2）特征污染物：总汞、总镉、烷基汞、六价铬、总砷、总铅、总镍、总铜、总锌、氰化物、挥发酚、硫化物、硝基苯类、苯胺类、二氯甲烷 |
| | 生活污水 | 污染物主要为 SS、COD、氨氮、总氮、总磷等 |
| 固体废物 | 生产固体废物 | 废油、非溶剂、废活性炭、反应残余物、浓缩废液，废药品、废试剂原料、废包装材料、废滤芯（废滤膜）、废水处理污泥等 |
| | 生活垃圾 | 主要产生于办公区，作为一般固体废物经环卫部门收集填埋 |
| 噪声 | | 粉碎机、风机、运输车辆等产生的噪声 |

## 三、合成制药工业的污染物来源

### （一）废水主要来源

废水主要来自批反应器的清洗水。清洗水中包括未反应的原材料、溶剂，并携带大量的化合物，化合物随化学反应的不同而不同（例如，硝化、氨化、卤化、磺化、烃化反应）。有时候，化学合成废水与生物处理系统是不兼容的，因为在处理系统中，化合物对单位体积生物量的浓度太高或毒性太大。因此，在生物处理之前，应对化学合成废水进行化学预处理。化学合成废水的特点：用水量大，有机污染严重，产生的废水成分复杂，含有残留溶剂，废水可生化性较差，$BOD_5$、COD 和 TSS 浓度高，流量大，pH 波动范围为 1.0～11.0。目前通常使用的治理方法是水膜除尘、水洗塔吸收、中效过滤、碱液淋洗、化学合成碱液吸收塔，固体制剂除尘器、二级穿流板吸收塔。

化学合成类制药产生较严重污染的原因是合成工艺比较长、反应步骤多，形成产品化学结构的原料只占原料消耗的 5%～15%，辅助性原料等却占原料消耗的绝大部分，这些原料最终以废水、废气和废渣的形式存在。化学合成类制药废水的产生点源主要包括：1）工艺废水，如各种结晶母液、转相母液、吸附残液等；2）冲洗废水，包括反应器、过滤机、催化剂载体、树脂等设备和材料的洗涤水，以及地面、用具等地洗刷废水等；3）回收残液，包括溶剂回收残液、副产品回收残液等；4）辅助过程废水，如密封水。

### （二）废气主要来源

化学合成类制药行业废气主要来源于以下：1）合成反应过程中有机溶剂挥发；2）提取和精制过程中有机溶剂挥发；3）干燥过程中粉尘和有机溶剂发挥；4）企业污水处理厂产生的恶臭气体。按照所含主要污染物的性质不同，可将化学合成制药所排放的废气分为三大类，分别是含尘废气、含无机污染物废气和含有机污染物废气。含尘废气主要是药尘；无机废气主要有氯化氢、硫化氢、二氧化硫、氨气、氰化氢、氮氧化物等；有机废气主要是有机溶剂。企业为了减少废气排放及溶剂回收，在废气治理过程中常用二级冷凝、吸附解析等方法对有机溶剂进行回收再利用。

### （三）固体废物主要来源

化学合成类制药生产过程产生的固体废物主要有废油、非溶剂、废活性炭、反应残余物、浓缩废液，废药品、废试剂原料、废包装材料、废滤芯（废滤膜）、废水处理污泥等。高浓度釜残液作为危险废物处置，不宜进入废水中。合成制药生产过程产生的固体废物多属于危险废物管理。

## 四、合成制药工业的排污节点特征

表 4-30 合成制药生产企业排污节点

| 污染类型 | 排污节点 | | 污染物 | 检查内容 |
|---|---|---|---|---|
| 有组织排放废气源 | 原辅料进厂 | 原辅料拆包入仓、拆包上料 | 粉尘 | 检查入仓、上料口设置的集气除尘器是否符合要求 |
| | 多单元化学合成 | 废气种类主反应设备生产过程产生的有机废气、无机废气，辅助生产设备的挥发废气主要成分为有机废气如酮类、醇类、脂类、烃类、醚类、醇类、酸类、烷类、胺类、硝基类等，无机废气如盐酸、硫酸、硝酸、磷酸、氨气、氮氧化物、硫化物、颗粒物等废气。主要以 VOC 为主，一般含量在 200～1 000 mg/m³ | 药尘粉尘 | 检查颗粒物排放浓度，检查电除尘或袋式除尘维护记录和监控记录 |
| | | | VOC | 检查 VOC 排放浓度，用仪器检查设备附近、车间、厂区 VOC 排放浓度是否达标 |
| | | | VOC | 检查排放 VOC 的设备和装置是否设集气净化装置，设施是否正常运行，检查排放口 VOC 是否排放达标 |
| | | | 酸雾、碱雾、恶臭 | 检查排放酸雾、碱雾、恶臭的设备和装置是否设集气净化装置，设施是否正常运行，检查排放口 VOC 是否排放达标 |
| | 成药后加工过程 | 药物结构改造的酰化反应、裂解反应、硝基化反应、缩合反应和取代等反应装置 | 粉尘药尘 | 检查颗粒物排放浓度，检查除尘维护记录和监测数据 |
| | | | VOC | 检查 VOC 净化设施排放口 VOC 排放浓度，检查除尘维护记录和监测数据 |
| | | | 酸雾、碱雾和恶臭 | 检查酸雾、碱雾和恶臭净化设施排放口酸雾、碱雾和恶臭排放浓度，检查除尘维护记录和监测数据 |
| | 纯化阶段 | 包括分离、提取、精制和成型等。分离主要包括沉降、离心、过滤和膜分离技术；提取主要包括沉淀、吸附、萃取、超滤技术；精制包括离子交换、结晶、色谱分离和膜分离等技术；产品定型步骤主要包括浓缩、干燥、无菌过滤和成型等技术 | 粉尘药尘 | 检查颗粒物排放浓度，检查除尘维护记录和监测数据 |
| | | | VOC | 检查 VOC 净化设施排放口 VOC 排放浓度，检查除尘维护记录和监测数据 |
| | | | 酸雾、碱雾 | 检查酸雾、碱雾净化设施排放口酸雾、碱雾排放浓度，检查除尘维护记录和监测数据 |
| | 药品检验包装 | 包括药品的包装，药品的质量检验，不合格药品的处理 | 包装、入库过程可能产生药粉尘 | 检查颗粒物排放浓度，检查除尘维护记录和监测数据 |

| 污染类型 | 排污节点 | | 污染物 | 检查内容 |
|---|---|---|---|---|
| 无组织排放废气源 | 原辅料进厂 | 原辅料拆包入仓、拆包上料 | 颗粒物 | 检查原辅料仓库装卸是否有遗撒，拆包、上料过程的无组织控制情况（周围浮尘多少判别） |
| | | 液碱、硫酸、盐酸、氨水、溶剂等易挥发液体原辅料储罐 | VOC、酸雾、碱雾 | 检查VOC、酸雾、碱雾气味，用仪器检查设备附近、车间、厂区VOC排放浓度是否达标，是否能闻到异常气味，检查产生储罐区或库是否存在泄漏和遗撒 |
| | 多单元化学合成 | 废气种类主反应设备生产过程产生的有机废气、无机废气，辅助生产设备的挥发废气主要成分为有机废气如酮类、醇类、脂类、烃类、醚类、醇类、酸类、烷类、胺类、硝基类等，无机废气如盐酸、硫酸、硝酸、磷酸、氨气、氮氧化物、硫化物、颗粒物等废气 | VOC | 检查VOC排放浓度，用仪器检查设备附近、车间VOC排放浓度是否达标，检查产生VOC设备的封闭性和有关设施的物料进出口的密闭措施 |
| | | | 酸雾 | 检查产生酸雾设备附近、车间是否能闻到酸性气味，检查产生酸性气体设备的封闭性和有关设施的物料进出口的密闭措施 |
| | | | 碱雾 | 检查产生碱雾设备附近、车间是否能闻到碱性气味，检查产生碱性气体设备的封闭性和有关设施的物料进出口的密闭措施 |
| | | | 恶臭 | 检查产生恶臭设备附近、车间是否能闻到臭味，检查产生恶臭气体设备的封闭性和有关设施的物料进出口的密闭措施 |
| | | 辅助生产设备（进料系统、溶剂储罐、真空泵系统、离心系统、干燥系统、破碎系统、污水预处理系统等） | 粉尘药尘 | 检查产生药尘粉尘设施封闭性和物料进出口的防泄漏措施是否到位 |
| | | | VOC | 检查VOC排放浓度，用仪器检查设备附近、车间VOC排放浓度是否达标，检查产生VOC设备的封闭性和有关设施的物料进出口的密闭措施 |
| | | | 酸雾、碱雾和恶臭 | 检查产生酸雾、碱雾和恶臭设备附近、车间是否能闻到异味，检查产生异味气体设备的封闭性和有关设施的物料进出口的密闭措施 |

| 污染类型 | 排污节点 | | 污染物 | 检查内容 |
| --- | --- | --- | --- | --- |
| 无组织排放废气源 | 成药后加工过程 | 药物结构改造的酰化反应、裂解反应、硝基化反应、缩合反应和取代等反应装置和辅助生产设备（进料系统、溶剂储罐、真空泵系统、离心系统、干燥系统、破碎系统、污水预处理系统等） | 粉尘药尘 | 检查产生药尘粉尘设施封闭性和物料进出口的防泄漏措施是否到位 |
| | | | VOC | 检查 VOC 排放浓度，用仪器检查设备附近、车间 VOC 排放浓度是否达标，检查产生 VOC 设备的封闭性和有关设施的物料进出口的密闭措施 |
| | | | 酸雾、碱雾和恶臭 | 检查产生酸雾、碱雾和恶臭设备附近、车间是否能闻到异味，检查产生异味气体设备的封闭性和有关设施的物料进出口的密闭措施 |
| | 纯化阶段 | 包括分离、提取、精制和成型等。分离主要包括沉降、离心、过滤和膜分离技术；提取主要包括沉淀、吸附、萃取、超滤技术；精制包括离子交换、结晶、色谱分离和膜分离等技术；产品定型步骤主要包括浓缩、干燥、无菌过滤和成型等技术 | 粉尘药尘 | 检查产生药尘粉尘设施封闭性和物料进出口的防泄漏措施是否到位 |
| | | | VOC | 检查 VOC 排放浓度，用仪器检查设备附近、车间 VOC 排放浓度是否达标，检查产生 VOC 设备的封闭性和有关设施的物料进出口的密闭措施 |
| | 药品检验包装 | 散装水泥装车过程 | 粉尘 | 检查散装水泥装车过程的遗撒状况（从地面遗撒和周围浮尘判别） |
| | | 水泥包装过程 | | 检查水泥包装过程的集气措施和效果（从周围的浮尘判别） |
| | | 袋装水泥装车现场 | | 检查袋装水泥装车过程产生的扬尘状况，装车过程产生的遗撒，袋装水泥运输产生的扬尘状况，从周围的浮尘判别无组织排放情况 |
| | 氨水、硫酸、盐酸、溶剂储罐区 | 氨水、酸、溶剂、在罐区卸料、储罐、上料系统产生泄漏 | 氨气、酸雾、VOC | 检查氨水运输、卸车、使用过程产生氨气、酸雾、VOC 泄漏（通过气味辨别） |

| 污染类型 | 排污节点 | | 污染物 | 检查内容 |
| --- | --- | --- | --- | --- |
| 污水源 | 原辅料进厂 | 冲洗地面废水，污雨水 | COD、SS、氨氮、石油类、pH值等 | 要求排污水站处理，检查冲洗废水去向 |
| | 多单元化学合成 | 产生各种高浓度母液、残液、滤液污染物浓度高，含盐量高，废水中残余的反应物、生成物等浓度高，有一定生物毒性、难降解 | 多种溶剂、残余化学药品、COD、SS、硫化物、氨氮、石油类、pH值、重金属等 | 一般高浓度废液、废水应回收、经浓缩预处理，焚烧或按危险废物管理 |
| | | 过滤机械、反应容器、催化剂载体、树脂、吸附剂等设备及材料的洗涤水。其污染物浓度高、酸碱性变化大 | | 属于浓度较高废水，应进行预处理，在排污水站进行深度处理 |
| | | 设备设施的清洗废水，生产场地的地面冲洗废水 | | 属于浓度较高废水，应导入排污水站进行处理 |
| | 成药后加工过程 | 循环冷却水系统排污，水环真空设备排水、去离子水制备过程排水、蒸馏（加热）设备冷凝水等 | 属低浓度污水，除盐度高，其他污染指标都不太高 | 应进行脱盐预处理后，再导入排污水站进行处理 |
| | 药品检验包装 | 废水包括容器设备冲洗水，化验分析废水、地面冲洗水等 | 石油类、COD、SS等多种溶剂、残余化学药品、COD、SS、硫化物、石油类、pH值、重金属等 | 废水应排入污水站处理，检查废水去向 |
| | 污水厂 | 来自各车间废水；收集的污雨水；来自厂区地面清洗废水 | | 污水处理设施运行是否正常 |
| | | | | 各项应检测指标的检测记录，指标包括（pH值、COD、$BOD_5$、悬浮物、氨氮、色度、总磷、总氮、总有机碳、急性毒性、总铜、总锌、总氰化物、挥发酚、硫化物、硝基苯类、苯胺类、二氯甲烷、总汞、烷基汞、总镉、六价铬、总砷、总铅、总镍等） |
| 固体废物 | 原辅料进厂 | 报废的原料及清扫垃圾 | | 按危废管理，检查记录台账 |
| | 多单元化学合成 | 设备集气收集的废催化剂、废活性炭、废溶剂、废酸、废碱、废盐、精馏釜残、废滤芯（废滤膜）、滤渣滤泥、粉尘、药尘、废药品 | | 都应列入危险废物管理，检查各类危险废物的数量、管理、去向和记录台账 |
| | 成药后加工过程 | 设备集气收集的废催化剂、废活性炭、废溶剂、废酸、废碱、废盐、精馏釜残、废滤芯（废滤膜）、滤渣滤泥、粉尘、药尘、废药品都应列入危险废物管理。设备集气收集的废催化剂、废活性炭、废溶剂、废酸、废碱、废盐、精馏釜残、废滤芯（废滤膜）、滤渣滤泥、粉尘、药尘、废药品等 | | 都应列入危险废物管理，检查各类危险废物的数量、管理、去向和记录台账 |

| 污染类型 | 排污节点 | | 污染物 | 检查内容 |
|---|---|---|---|---|
| 固体废物 | 纯化阶段 | 有废催化剂、废活性炭、废溶剂、废酸、废碱、废盐、精馏釜残、废滤芯（废滤膜）、粉尘、药尘、废药品等，产生的一般固体废物主要为废包装材料等 | | 除了包装材料外（应严格与危废隔离管理）都应列入危险废物管理，检查各类危险废物的数量、管理、去向和记录台账 |
| | 药品检验包装 | 废弃物有不能回用的废弃药品，废包装材料，收集的粉尘等 | | 都应列入危险废物管理，检查各类危险废物的数量、管理、去向和记录台账 |
| | 辅助工段 | 机修车间 | 废机油和含油废棉纱（危险废物） | 检查收贮存装置是否合乎规定，检查外运台账和联单 |
| | | 污水站 | 污泥（一般废物） | 检查去向，是否回用 |
| 环境噪声 | 原辅料进厂 | 运输车辆和装载机械会产生噪声 | | 检查各种噪声对厂区外的环境是否产生超标排放 |
| | 多单元化学合成 | 破碎机、鼓风机、引风机、空气压缩机、循环泵等设备产生较强噪声 | | |
| | 成药后加工过程 | | | |
| | 纯化阶段 | | | |
| | 药品检验包装 | | | |

## 五、合成制药工业企业常见的环境违法行为

通过对合成制药企业环境执法过程中常见问题进行梳理分析，总结出主要环境违法问题如下：

（1）企业环评相关手续存在问题，如企业未批先建，批建不符；企业环保设施没达到环评以及环评批复的要求。生产工艺或者治理设施发生重大变更没有重新报批环评。

例如，环保部门对某合成医药集团有限公司现场检查时，发现该公司燃气锅炉在未取得排污许可（临时排污许可）证的情况下投入使用，并向环境排放污染物。

（2）企业没有达到环保“三同时”要求，环保设施未经验收即投产。

（3）化学合成类制药废水水质水量变化大，pH 变化大，污染物种类多，成分复杂，可生化性差，含有难降解物质和有抑菌作用的抗生素，有毒性、色度高。有的企业废水不经治理或者治理不达标外排，或者通过暗管和雨水沟外排废水；再者由于制药企业经常变

更产品和产量，造成了废水水质与水量的变化，这种变化超出了废水处理的承载能力，从而造成超标排放；加上生产管理与污染管理部门往往存在信息沟通不畅的现象，生产品种变更后不能及时地传达到污染治理管理部门，以致失去了运行参数调整的时机，造成处理不达标。

（4）生产工艺废气不治理或者治理不达标外排。生产过程中的臭气浓度均超过《恶臭污染物排放标准》。

（5）有的企业生产规模不断扩大，但是环保设施跟不上生产规模，运行不正常，排放的废气有很浓的异味。

（6）《化学合成类制药工业水污染物排放标准》在实际操作中并没有真正实施，监管部门也没有真正按照这个标准进行监管。在环境治理过程中，由于我国地域经济差异较大，即使制定国家统一的排污标准，各地的执行情况严宽不一，环保敏感地区和发达经济省份环保标准高，企业就向其他地区转移。

（7）当下我国对制药企业在环境违规违法上的惩罚力度不够，企业违规成本低廉，这就造成有些企业在面对环保问题上存在“无所谓”的态度。

（8）废水中一类污染物没有单独处在车间处理达标后，再进入污水处理系统。

（9）主要危险废物为工艺废渣、废活性炭、废母液、废溶剂、废催化剂、报废药品、过期原料、釜残液、肟盐、污水处理站污泥等，有的企业没有建设危险废物贮存场所，危险废物转移量和生产量不符，部分危险废物去向不明。

（10）企业环境风险应急预案没有编制，或者应急物资和应急设施存在问题，没有定期演练，没有记录。

（11）企业环境管理制度不健全，台账记录不合规，或者弄虚作假。

（12）医药制造行业污染物排放量大，治理难度高，特别是化学合成类制药企业，近年来成为环境监管的重点。①某药业被查出“外排废水 COD 超标排放，电缆沟积存高浓度污水；抗生素菌渣等危险废物擅自出售给无资质的企业；与环保部门联网的在线监测数据弄虚作假”等问题。②某药业 1.4 万吨酒精法环氧乙烷生产装置未批先建，并已投入生产，且污水处理站排水长期超标排放，现场检查时弄虚作假。③某药业有限公司（北方药业）生产过程中的臭气浓度均超过《恶臭污染物排放标准》（GB 14554—1993）二级标准限值，超标倍数 0.15～1.55 倍。④某药业公司现场采样检测结果显示该企业排污口 COD 浓度为 2 010 mg/L、氨氮浓度为 2.07 mg/L，属严重超标；危险废物转移量和生产量不符，部分危险废物、废水处理污泥去向不明。⑤某药业公司大量废弃的袋装农药和一般固体废物混合露天堆放，无任何防护措施。现场检查时污水处理厂未运行，废水直接排放。⑥某药厂违反建设项目环境保护管理规定，该厂头孢氨苄车间未经环保部门同意擅自投运，未完成竣工环保验收。

# 第五节　炼油工业污染特征及环境违法行为

## 一、炼油工业工艺环境管理概况

石油炼制工业是把原油通过一次加工，二次加工生产各种石油产品的工业。原油的一次加工主要采用物理方法将原油切割为沸点范围不同、密度大小不同的多种石油馏分。原油二次加工，主要采取化学方法或化学—物理方法，将原油馏分进一步加工转化，以提高特定产品生产量和质量。从石油炼厂石油加工产品类型情况看，炼厂可分为 3 种类型，一为燃料型，二为燃料—润滑油型，三为燃料—化工型。我国中石化集团公司和中石油天然气集团公司两大公司内，第一种类型的炼油厂约占 64.7%；第二种类型的炼油厂约占 26.5%；第三种类型的炼油厂约占 8.8%。按石油炼厂生产规模划分，也可分为三种类型，第一种规模为 400 万 t 以上的大型炼油厂，占总炼油厂的 47%；第二种规模为 100 万～400 万 t 之间的中型炼油厂，约占总炼油厂的 47%；第三种规模为 100 万 t 以下的小型炼油厂，占总炼油厂的 6%。

### （一）石油炼制原辅料

石油炼制的原料主要是原油和甲醇，辅料主要有燃料煤、天然气、氢气、碱液、催化剂、钝化剂等。

【原油】石油又称原油，是从地下深处开采的棕黑色可燃黏稠液体。组成石油的化学元素主要是碳、氢，其余为硫（0.06%～0.8%）、氮、氧及微量金属元素（镍、钒、铁等），由碳和氢化合形成的烃类构成石油的主要组成部分，占 95%～99%。原油的颜色是它本身所含胶质、沥青质的含量，含的越高颜色越深。原油的分类有多种方法，按组成分类可分为石蜡基原油、环烷基原油和中间基原油三类；按硫含量可分为超低硫原油、低硫原油、含硫原油和高硫原油四类；按比重可分为轻质原油、中质原油、重质原油以及特重质原油四类。介于二者之间的称中间基石油。我国主要原油的特点是含蜡较多，凝固点高，硫含量低，镍、氮含量中等，钒含量极少。

【甲醇】甲醇是结构最为简单的饱和一元醇，是无色有酒精气味易挥发的液体。多用于制造甲醛和农药等，并用作有机物的萃取剂和酒精的变性剂等。通常由一氧化碳与氢气反应制得。

【催化剂】炼油催化剂主要有催化裂化催化剂、催化重整催化剂、加氢裂化催化剂、烷基化催化剂（含 MTBE）几种，此外，尚有少量脱臭用催化剂。

催化裂化催化剂：主要有无定型硅酸铝催化剂和结晶型硅酸铝盐也就是分子筛催化剂。近年稀土类金属离子交换的物质及抗金属、抗热性油收率高的 H-Y 型、USY 型等合成沸石系占主流。石油产品催化裂化过程中产生的废催化剂属危险废物（HW50）。

催化重整催化剂：主要有金属铂、卤素（氟或氯）、载体为氧化铝等。近年向铂中加铼等次金属组分、低压运转条件下能得到高产品收率的所谓二元催化剂发展。石油产品催化重整过程中产生的废催化剂属危险废物（HW50）。

石油产品加氢精制催化剂：主要由 $WO_3$ 和 NiO 组成。石油产品加氢精制过程中产生的废催化剂属危险废物（HW50）。

石油产品加氢裂化催化剂：主要由几种金属元素（如 Fe、Co、Ni、Cr、Mo、W）的氧化物或硫化物组成。石油产品加氢裂化过程中产生的废催化剂属危险废物（HW50）。

【预脱硫催化剂】处理石脑油、煤柴油等所含有硫化物、酸性物质、聚合物等，以改善产品的蒸馏性、臭气、腐蚀性等，或作为供给催化重整装置的石脑油前处理方法有加氢炼制（脱硫）法。采用的催化剂为氧化铝载体中载有 Co-Mo、Ni-Mo、Ni-Co-Mo，硅酸铝载体中载有 Ni、Co、Mo。预计近年来柴油深脱硫用催化剂的需要将增加。

【使重质油轻化催化剂】使重质油轻化的催化剂是合成硅酸铝载体有 $WS_2$、N、Mo、Co，使用沸石。加氢裂化与流化催化裂化装置相比，难点是设备投资增加。加氢裂化近年比较稳定。在以丙烯、丁烯等烯烃类和异丁烷为原料生产高辛烷值汽油基础油的烷基化装置中，使用硫酸、氟酸作为催化剂。

【生产 MTBE 催化剂】MTBE 设备使用的催化剂有苯乙烯和二乙烯基苯共聚合体进行磺化的强酸性阳离子交换树脂。该离子交换树脂除醚化外，在工业装置中也用于醚化反应、水化反应和脱阳离子等目的。

【重油脱硫用催化剂】分两种：①用于常减压渣油（AR、VR）脱硫；②用于减压轻油（VGO）脱硫。重油脱硫催化剂现在只能脱硫不能满足要求，强烈希望集脱金属、氢化、脱氢、裂化等能力于一身的耐碳性催化剂。因此需要把拥有各自功能的催化剂组合使用。

## （二）石油炼制主要生产工艺和设备

石油炼制的主要工艺包括分离工艺、转化工艺、油品精制工艺、原辅材料的储运等。石油炼厂使用的主要装置通常包括原油蒸馏（常、减压蒸馏）、热裂化、催化裂化、加氢裂化、石油焦化、催化重整以及炼厂气加工、石油产品精制装置等，产品主要有汽油、喷气燃料、煤油、柴油、燃料油、润滑油、石油蜡、石油沥青、石油焦和各种石油化工原料。典型的石油炼厂物料流程图如图 4-5 所示。目前我国炼油厂的装置构成是：催化裂化占 33.4%，焦化占 6.8%，重整占 5.6%，加氢裂化占 4.9%，加氢精制和加氢处理占 8.2%（图 4-5）。

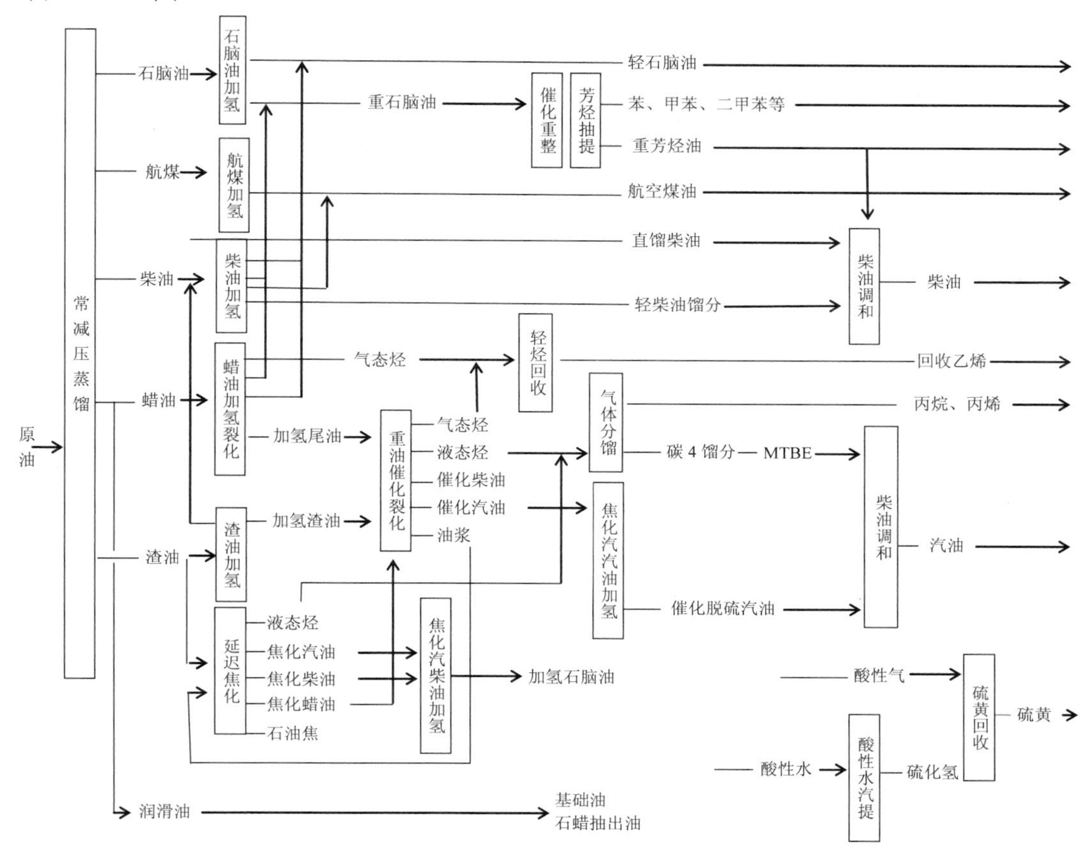


图 4-5　炼油生产典型物料流程图

## （三）炼油行业主要设备

在石油炼制工业中各种油品的炼制都要通过各种塔设备来分离和加工各种油品，主要的设备包括蒸馏塔（精馏塔）、吸收塔、解吸塔、抽提塔、洗涤塔（表 4-31）。

【蒸馏塔】蒸馏塔（又称分馏）是利用加热炉将油品加热成气态，在通过蒸馏塔内部各层塔盘间不同沸点的各组分进行气液分离，是实现不同沸点组分分离的装置。在炼油厂，都有一个细高和一个矮粗的两个直立蒸馏塔。细高的叫常压分馏塔（简称常压塔）；矮粗的叫减压分馏塔（简称减压塔）。石油经过加热炉加热后，先送到常压塔，再将常压塔塔底的产物，经加热炉再加热后送入减压塔。这个过程在炼油厂就叫蒸馏过程。石油精馏的主要设备有加热炉和蒸馏塔。

加热炉一般为管式加热炉。管式加热炉一般由辐射室、对流室、余热回收系统、燃烧及通风系统五部分组成。

蒸馏塔主要分三部分，即塔底、多层塔盘、塔顶。油气从塔顶排出，重质馏分从塔底排出，每层塔盘分别分流出不同馏分的油品，从侧线流出。

【吸收塔】通过吸收液来分离气体的装置是吸收塔。

【解吸塔】将吸收液用加热的方法使溶解于其中的气体释放出来的装置是解吸塔。

【抽提塔】通过某种液体溶液将液体混合物中有关产品分离出来的装置，如润滑油车间丙烷拓沥青中的抽提塔。

【洗涤塔】用水取出气体中杂质成分或固体尘粒的装置，称为洗涤塔。

**表 4-31 炼油工业主要生产设备**

| 生产工序 | | 生产设备 |
|---|---|---|
| 主体工程 | 常减压蒸馏装置 | 1.原油换热；2.电脱盐；3.初馏；4.常压蒸馏；5.减压蒸馏；6.轻烃回收；7.一脱三注等 |
| | 渣油加氢脱硫装置 | 1.加氢反应；2.氢气压缩；3.循环氢脱硫；4.分馏等 |
| | 蜡油加氢裂化装置 | 1.加氢反应（包括压缩机）；2.分馏；3.脱硫；4.LPG 回收等 |
| | 重油催化裂化 | 1.催化裂化部分包括反应-再生、分馏、吸收稳定、主风机烟气能量回收机组、气压机组、余热锅炉等；<br>2. 产品精制包括干气和液化气脱硫、液化气脱硫醇 |
| | 连续重整 | 连续重整单元（重整反应部分和催化剂再生部分） |
| | 芳烃抽提 | 1.芳烃抽提；2.苯—甲苯分馏；3.二甲苯分离 |
| | 催化汽油加氢 | 1.选择性加氢；2.加氢脱硫 |
| | 柴油加氢精制 | 1.加氢反应（包括压缩机）；2.循环氢脱硫；3.分馏部分等 |
| | 柴油加氢改质 | 1.加氢反应（包括压缩机）；2.分馏部分等 |
| | 石脑油加氢 | 1.加氢反应；2.气液分离 |
| | 轻烃回收 | 1.原料气处理部分；2.脱丁烷部分；3.脱乙烷部分；4.液化气处理部分；5.石脑油分离部分 |
| | 气体分馏装置 | 1.液化气精密分馏塔 4 座，分别为脱丙烷塔、脱乙烷塔、丙烯塔（2 个）；2.机泵；3.换热系统 |
| | MTBE 装置 | 1.醚化反应器；2.催化蒸馏；3.甲醇回收 |
| | 制氢装置 | 1.原料压缩；2.原料精制；3.水蒸气转化；4.转换气变换；5.PSA 净化；6.产汽及余热回收 |
| | 氢气提纯 | 1.原料预处理；2. PSA 提纯；3.解吸气压缩 |

| 生产工序 | | 生产设备 |
|---|---|---|
| 公用工程 | 循环水场 | 1.旁滤处理，轻质滤料过滤器；2.逆流式机械通风冷却塔；3.集水池；4.隔油池；5.加药设备；6.加氯机；7.冷却塔风机采用防爆电机；8.每台冷却塔设风机安全检测控制系统，三位一体探头（油温、油位、振动），报警、联锁系统 |
| | 化学水处理站 | 除氧器、凝结水处理设备、换热器、阻截除油器 |
| | 消防给水加压泵站 | 电动消防水加压泵、钢制消防水贮罐、大型自动柴油消防机组、变频稳压消防泵 |
| | 空压站 | 离心式空气压缩机、微热再生干燥器、储气罐、球罐、压缩空气增压机、电动桥式起重机 |
| | 氮气站 | 深冷制氮装置、离心式压缩机、常压液氮储槽、氮气球罐、汽化器及相应的辅助设施 |
| | 低温热回收站 | 低温热利用热媒水系统、含热水循环泵、过滤器、循环水冷却器、热水换热器和除盐水换热器 |
| | 制冷站 | 热水型溴化锂制冷机、单台制冷量、换热机组 |
| | 动力站 | 高压燃煤锅炉 |
| | 供电 | 总变电站、变配电所、全厂供电及照明、全厂防雷、防静电及接地设施、各装置的变配电、动力、照明、防雷及防静电接地等 |
| 环保工程 | 硫黄回收（含酸性水汽提、溶剂再生） | 酸性水汽提单元、硫黄回收单元、溶剂集中再生单元 |
| | 厂区含油污水预处理站 | 装置区及油品罐区均设置含油污水预处理设施。分别设置：1.污水集水池；2.高效油水分离器；3.提升泵站 |
| | 全厂污水处理场 | 物化处理采用均质-隔油-二级浮选处理工艺；生物处理段采用循环式活性污泥系统（CASS）工艺＋曝气生物滤池（BAF）工艺流程，结合活性污泥法和生物膜分离技术处理工艺 |
| | 事故水收集系统 | 应急事故储水池、雨水收集池、出水自动在线监测系统、设撇油带等除油设施 |

## （四）能耗和水耗

炼油综合能耗为 63 kg 标油/t 原油，要求符合《石化产业调整和振兴规划》要求。

一般炼油企业水重复利用率为 95%以上，污水回用率为 80%左右；炼油装置补给水单耗为 0.5 $m^3$ 新鲜水/t 原油。

炼油工业能源种类包括燃料、电、蒸汽及耗能物质，不包括作为原料用的能源。能耗包括生产环节含炼油装置开停工和检修消耗的能源（不含食堂、浴室及住宿等能源消耗）。单位产品能源消耗限额规定见表 4-32[参考《炼油行业单位产品能源消耗限额》（GB 30251—2013）]。

表 4-32 现有炼油装置单位产品能耗限定值

| 项目 | 单位能量因素能耗/[kgoe/（t·能量因素）] | 炼油（单位）综合能耗/（kgoe/t） |
|---|---|---|
| 限定值 | ≤11.5 | ≤63（不适用于以煤为主要制氢原料的炼油企业） |
| 准入值 | ≤8.0 | |
| 先进值 | ≤7.0 | |

## 二、石油炼厂的主要污染指标

表 4-33 石油炼厂的主要污染指标

| 污染类型 | | 环境污染指标与来源 |
|---|---|---|
| 废气 | 有组织废气 | ①化裂化催化剂再生烟气；②酸性气回收装置尾气；③有机废气收集处理装置排气；④工艺加热炉烟气。主要污染物为：$SO_2$、$NO_x$、CO、颗粒物、非甲烷总烃、沥青烟、苯、甲苯、二甲苯、酚类、氯化氢。锅炉房产生含烟尘、$SO_2$、$NO_x$烟气 |
| | 无组织废气 | 装卸、贮存过程的油气挥发，设备、管道、阀门泄漏，主要污染物为：$SO_2$、$NO_x$、CO、颗粒物、非甲烷总烃、沥青烟、苯、甲苯、二甲苯、酚类、氯化氢 |
| 污水 | 生产废水 | 在生产工艺过程中产生含有废油、COD、硫、酚、酸碱、氰、重金属等有毒有害物质的废水。此外，还有动力站、空压站、储油罐区、循环水厂等辅助设施排放的污水 |
| | 生活污水 | 浴室、食堂、厕所废水（COD、SS、氨氮） |
| 固体废物 | 生产废物 | 废酸液、废碱液、废白土、罐底泥、污水站污泥、废催化剂、页岩渣 |
| | 生活垃圾 | 办公室、食堂、浴室等 |
| 噪声 | | 引风机、空压机、泵类等 |

## 三、炼油工业的污染物来源

石油炼制业在生产过程中产生大量废水、废气、固体废物，管理不到位很容易对人体健康和环境造成影响。同时由于石油产品和中间产品多为易燃、易爆、有毒、有害的化学物质，在生产、储运和使用过程中，管理不规范也容易对大气、水域、湖泊、土壤、环境造成危害，因此必须采取有效的方法加以预防和治理。

### （一）废水污染物来源

炼油厂的废水按照其可处理性能和可回用性能，通常分为含油废水、含硫废水、含盐废水、生活污水及其他废水四类：

（1）含油废水：含油废水主要由生产装置、储运系统、公用工程系统产生。主要来自装置的油水分离器、油品水洗水、油罐切水及清洗水、机泵轴封冷却水、地面冲洗水、初期雨水等，还有装置检修时设备的排空、吹扫和清洗排水。含油废水的特征污染物主要有石油类、硫化物、酚类物质及 COD。其中油水分离器、油罐清洗水、装置放空清洗水、机泵轴封冷却水等环节产生的废水中，石油类在 300～800 mg/L，COD 可能达到 1 000 mg/L。

（2）含硫废水：含硫废水主要来源于加工装置的轻质油油水分离罐、富气水洗罐等，含硫废水特征污染物未硫化物、氨氮、氰化物、酚类物质等，浓度较高，一般占全厂废水中硫化物、氨氮总量的 80%。

（3）含盐废水：含盐废水主要包括电脱盐排水、碱渣综合利用废水、油品碱洗废水、催化剂再生的水洗水等。电脱盐排水占原油加工量的 5%～8%。含盐废水的主要污染物为石油类、COD，其中盐含量较高，普遍存在乳化特性。

（4）其他废水：其他废水主要来源于循环冷却水排水、蒸汽发生器排水、余热锅炉排水等，该部分废水污染物含量低。一般 COD 小于 50 mg/L。另外还有来源于办公楼、食堂等辅助设施的排水，该部分水量较少，主要污染物为 BOD、COD 及悬浮物等。

## （二）废气污染物来源

炼厂废气按照其排放方式分为有组织排放废气和无组织排放废气。

有组织排放的污染源包括让燃烧废气和工艺废气，如加热炉、锅炉、焚烧炉、催化剂再生烟气、焦化放空气、硫回收尾气等；无组织排放废气主要指油品装卸、输送、储存环节的挥发、管道、设备的泄漏及炼油各环节的物料损失等。

石油炼厂的大气污染物主要为 $SO_2$、$H_2S$、TSP、$CO_2$、VOCs、非甲烷总烃和恶臭物质等。

【$SO_2$】石油炼厂废气中 $SO_2$ 全部来自原油和燃料中的硫。一是燃料燃烧过程中烟气中含有 $SO_2$；二是催化裂化装置中焦炭中的硫进入再生烟气中；三是硫黄回收装置制硫后排放的尾气。

【$NO_x$】炼油厂 $NO_x$ 主要产生于燃料燃烧过程，通过烟气形式排出。

【TSP】TSP 污染物主要来源于燃料，在燃烧过程中随同烟气排出。在催化裂化工艺中催化裂化再生烟气中 TSP 相对较多。

【VOCs】主要来源于油品生产、运输、贮存过程中挥发性损失。主要的排放源有原油、轻质油储罐，装车台以及容易发生油品泄漏的工艺设备、法兰管道连接处、阀门，废水及固体废物。排放方式主要有有组织排放和无组织排放两种。有组织排放主要为生产工艺过程中的人为排放。工艺过程产生的有机废气无法彻底回收利用，尽管采用了焚烧、吸附、冷凝等方式处理，但仍有部分有机尾气排放到大气中，主要包括催化裂化催化剂再生烟气、酸性气回收装置尾气、有机废气收集处理装置排气等三类。无组织排放是炼油行业 VOCs 排放的重要方式。主要有 3 个来源：一是生产、储运过程中的泄漏；二是在废水集输及处理系统的开放空间中，暂溶于废水的 VOCs 的重新逸散；三是轻质油品及挥发性化学药剂和溶剂贮存过程中的逸散。

【恶臭污染源】石油炼厂恶臭污染物质主要包括硫化氢、氨、胺、有机酸等物质。主要集中于油品精制回收、碱渣处理、延迟焦化、酸性水汽提、污水处理厂等装置，以无组织排放方式为主。一般集中在各类装置的气体排放口、临时放空口、设备吹扫口、储罐呼吸口、采样口、洗罐站、废水池（管网）等环节或部位。同时因各类装置设备和管网的“跑、冒、滴、漏”导致的恶臭污染物质外排也是主要原因。

### （三）固体废物来源

在石油炼厂生产流程中，固体废物主要包括各类生产装置产生及排出的废催化剂，酸渣、碱渣、有机废液；污水处理站产生的浮渣、污泥、油泥；储罐底泥以及锅炉废渣等。固体废物的存在形式有固体、半固体及液体三种方式。

### （四）环境噪声

石油炼厂的噪声源主要是各类风机产生的气体动力性噪声，泵及其他机械设备产生的机械动力噪声，电气设备产生的电磁噪声、加热炉等产生的燃烧噪声、轨道运输等产生的铁路运输噪声等。

## 四、炼油工业的排污节点特征

石油炼厂排污节点可以按照分离工艺，转化工艺、催化重整、加氢裂化、延迟焦化、烷基化及辅助工艺分析，各工序产生污染物的设施及产生污染物的种类和数量均有特定特征（表 4-34）。

表 4-34 石油炼制工业排污节点特征

| 污染类型 | 工艺 | 污染物来源（原因） | 污染物 | 控制措施 | 检查要点 |
| --- | --- | --- | --- | --- | --- |
| 有组织排放废气源 | 氧化沥青工序 | 高温油渣与空气氧化生成胶质和沥青质，氧化分解、聚合时产生恶臭 | 胶质和沥青质，恶臭 | 有机废气催化燃烧技术，有机液体储罐呼吸气低温吸收技术，热焚烧技术恶臭采取生物治理技术 | 检查有机废气和恶臭物质排放浓度，检查厂界是否达标 |
| | 脱硫醇 | 因催化汽油和液烃含一定量的硫醇，需通过脱硫醇装置去除。硫醇与含催化剂的碱液反应转变为硫醇钠，再通过空气氧化成硫化物 | 烃、$H_2S$、硫醇、硫醚等恶臭物质 | 恶臭采取生物治理技术 | 检查有机废气和恶臭物质排放浓度，检查厂界是否达标 |

| 污染类型 | 工艺 | 污染物来源（原因） | 污染物 | 控制措施 | 检查要点 |
| --- | --- | --- | --- | --- | --- |
| 有组织排放废气源 | 减压塔不凝气排放 | 常减压装置的减压塔顶油水分离器的不凝气挥发 | $H_2S$、丙硫醇、丁硫醇，恶臭 | 有机废气催化燃烧技术，有机液体储罐呼吸气低温吸收技术，热焚烧技术恶臭采取生物治理技术 | 检查有机废气和恶臭物质排放浓度，检查厂界是否达标 |
| | 酸性火炬气 | 酸性专用火炬线，当火炬为点燃或燃烧不充分时 | $H_2S$ 和氨 | 恶臭采取生物治理技术 | 检查有机废气和恶臭物质排放浓度，检查厂界是否达标 |
| | 生产装置停工吹扫 | 硫黄回收、脱硫、脱硫醇装置、氨回收、氨精制、重整、催化、焦化等装置吹扫 | 各种恶臭物质（氨、$H_2S$、有机硫、有机胺等） | 恶臭采取生物治理技术 | 检查有机废气和恶臭物质排放浓度，检查厂界是否达标 |
| | 运输 | 汽车尾气 | $NO_x$ 及 CO 等 | 强化进出场车辆管理，燃烧清洁油料，从源头降低尾气污染物的强度 | 检查车辆尾气是否达标 |
| 无组织排放废气源 | 碱渣处理装置 | 当处理催化碱渣和脱硫醇碱渣时，甲酸中和回收粗酚 | 恶臭（主要是有机硫和 $H_2S$） | 恶臭采取生物治理技术 | 检查恶臭物质排放浓度，检查厂界是否达标 |
| | 各种气体放空 | 酸性气、瓦斯脱液、硫黄回收、含硫废水产生的放空气 | 有机硫、$H_2S$ | 恶臭采取有效的治理技术 | 检查恶臭物质排放浓度，检查厂界是否达标 |
| | 油品污油罐、芳烃罐 | 轻污油罐、重污油罐及芳烃罐，其罐顶呼吸阀有饱和油蒸汽和恶臭物体排出 | $H_2S$、甲苯和二甲苯等 | 有机废气催化燃烧技术，有机液体储罐呼吸气低温吸收技术，热焚烧技术恶臭采取治理措施 | 检查恶臭物质排放浓度，检查厂界是否达标 |
| | 污水处理设施及污染物回收设施 | 污水处理厂、含硫污水罐、氨水罐、污油回收罐等挥发和排放，特别是污水厂的浮选池和生化池释放的 | $H_2S$ 和有机硫、臭气 | 恶臭采取治理措施 | 检查恶臭物质排放浓度，检查厂界是否达标 |
| 污水源 | 含油废水 | 主要来自油气冷凝水、凝缩水、油气洗水、油罐切水及油罐等设备的洗涤水等 | 约占全厂混排废水量的 80%，主要含油、悬浮物及大量有机物 | 含油污水两级隔油、两级浮选处理技术 | 检查废水是否全部收集后经过预处理进入污水处理站 |
| | 含硫废水 | 主要来自加工装置的油水分离罐、富气水洗罐、液态烃水洗罐等 | 主要有硫化物、氨氮、氰化物、酚类化合物等 | 含硫含氨酸性水汽提技术；碱渣湿式空气氧化技术 | 检查废水是否全部收集后经过预处理进入污水处理站 |

| 污染类型 | 工艺 | 污染物来源（原因） | 污染物 | 控制措施 | 检查要点 |
|---|---|---|---|---|---|
| 污水源 | 含酚废水 | 主要来自常减压、催化裂化、延迟焦化、电解精制及叠合汽油水洗装置 | 主要有苯酚、油类、硫化物、氨氮、氰化物等 | 高浓度含酚废水预处理后，再与低浓度含酚废水一并送污水处理厂集中处理。常用的预处理方法有蒸汽气提、溶剂萃取法等 | 检查废水是否全部收集后经过预处理进入污水处理站 |
| | 含盐废水 | 主要来自电脱盐排水、碱渣利用的中和废水、油品碱洗后的水洗水，催化再生废水等排水 | 特征污染物有pH值、石油类、无机盐、游离态碱、硫化物和酚等 | 采取隔油、脱硫后进入污水处理站 | 检查废水是否全部收集后经过预处理进入污水处理站 |
| | 油罐区废水 | 油罐切水、冲洗水、地面冲洗水、洗槽废水等 | 石油类、COD、氨氮、硫化物、挥发酚等 | 采取隔油、脱硫后进入污水处理站 | 检查废水是否全部收集后经过预处理进入污水处理站 |
| | 雨水 | 雨污分流 | SS、COD、油类等 | 经沉淀，进污水站处理 | 检查厂区水沟，污雨水去向 |
| | 污水站 | 来自各车间工艺废水和地面、设备和冲洗设备废水 | 污水含COD、SS、氨氮、总氮、总磷、pH值 | 采取物理、生化（厌氧、好氧）处理 | 检查COD、SS、氨氮、总氮、总磷、pH等指标的监测数据和自动监控数据，判断是否达标；<br>检查污染治理设施运行是否正常；<br>检查台账是否完整规范 |
| 固体废物 | 废酸液 | 废酸液主要来源于酸洗、油品的精制、烷基化装置、异辛烷装置、聚合装置 | 大部分废酸液为黑色黏稠液体，含酸浓度约50%以上，含油20%，还含叠合物、磺化物、硫化物、胶质沥青质等 | 委托有危废资质公司治理 | 检查产生量、检查去向以及检查贮存场所是否符合要求 |
| | 废碱液 | 主要来自油品的碱洗精制、各生产工序中的碱洗涤 | 大部分碱液具恶臭，多为乳白色或浅棕色，含环烷酸和酚较高 | 委托有危废资质公司治理 | 检查产生量、检查去向以及检查贮存场所是否符合要求 |
| | 废白土 | 精制润滑剂的白土精制，石蜡和地蜡的白土脱色工序 | 为黑褐色的干固体废渣，含油或蜡量约25% | 委托有危废资质公司治理 | 检查产生量、检查去向以及检查贮存场所是否符合要求 |
| | 罐底泥 | 贮油罐和各类容器清洗时的油泥 | 大部分为含油和杂质的黑色固体 | 委托有危废资质公司治理 | 检查产生量、检查去向以及检查贮存场所是否符合要求 |

| 污染类型 | 工艺 | 污染物来源（原因） | 污染物 | 控制措施 | 检查要点 |
| --- | --- | --- | --- | --- | --- |
| 固体废物 | 污水处理设施“三泥” | 隔油池池底沉淀的油泥、投加絮凝剂浮选产生的浮渣、曝气池剩余的活性污泥，简称“三泥” | “油泥和浮渣为硫酸铝等水化物与乳化油的糊状物质，剩余活性污泥主要是生物菌团组成，含一定量的无机物和有机物 | 委托有危废资质公司治理 | 检查产生量；<br>检查去向；<br>检查贮存场所；<br>是否符合要求 |
| | 废催化剂 | 主要来自铂重整、加氢裂化、催化裂化装置，当催化剂更换时，产生废催化剂 | 大部分催化剂和分子筛为硅、铝氧化物固体并含贵重金属 | 委托有危废资质公司治理 | 检查产生量、检查去向以及检查贮存场所是否符合要求 |
| | 页岩渣 | 一般加工油母页岩时提取的油只占总量的4%，其余的页岩都作为废渣排放 | 其渣为灰红色固体，含二氧化硅及未去除的有机、无机物质 | 委托有危废资质公司治理 | 检查产生量、检查去向以及检查贮存场所是否符合要求 |

## 五、炼油工业企业常见的环境违法行为

### 1. 在执行环评制度方面主要违法问题

首先，由于炼油工业企业规模较大，在工艺及技术改造方面有持续改进的需求，由于对“新、改、扩”项目的理解有误，容易导致其忽略建设项目环评审批手续办理；其次，由于审批后项目建设周期相对较长，不少炼油企业往往会忽视项目的验收手续办理，客观上导致环境违法行为的发生。

2016年8月22日，环保执法人员检查发现某石油化工有限公司硫黄回收装置及其配套工程在未办理环保审批手续情况下，擅自开工建设。该行为违反了《中华人民共和国环境影响评价法》第二十五条关于“建设项目的环境影响评价文件未经法律规定的审批部门审查或者审查后未予批准的，该项目审批部门不得批准其建设，建设单位不得开工建设”的相关规定。环保部门对此作出责令停止建设，并处罚五万元的行政处罚决定。

2015年4月，某石油炼厂柴油加氢装置柴油质量升级改造项目经环保审批后，调试后直接投入正式生产，被属地环保部门以未办理环保竣工验收，主体工程投入使用为由立案处罚，审理后，被责令停止使用并处罚款八万元整。

某炼油企业根据环保管理需要，对其湿式氧化车间废气处理系统环保隐患治理项目立项审批后，由于忽视项目验收，被属地环保部门依据《环境影响评价法》和《建设项目环

保管理条例》立案处罚，经审理后被责令停止使用，并处罚款五万五千元整。

**2．落实环境管理制度方面的主要违法问题**

石油化工行业企业已于 2017 年列入国家实施排污许可证管理企业，对行业企业环保管理的相关要求均已系统整合在排污许可证管理要求中，具体已排污许可证副本形式明确提出。各石油化工类企业均应落实《排污许可证管理办法》，衔接新建、改建、扩建设项目环境影响评价审批及验收手续，及时申领或办理排污许可证信息变更。在日常环境管理中，企业需要对照排污许可证副本明确的各项管理要求认真组织实施行业企业的日常环境管理工作。相关内容包括但不限于以下几个方面：一是按规定开展排污申报登记，该项制度已于 2018 年起与环境保护税相衔接；二是按要求规范排污口和危险废物贮存场所，并设立标志；三是按规定标准及总量排放大气和水污染物；四是全面规范建立环保管理（含设施运行管理）台账；五是建立环境保护管理责任制、落实环境保护各项报告制度、自行监测制度、信息公开制度、环境统计制度、清洁生产制度、应急预案管理、备案、演练及定期评估等管理制度等。

在水环境管理方面，由于石油炼制企业废水均有来源广、种类多、污染治理设施种类多、污水管网复杂、废水超标排放及废水中挥发性有机物、恶臭排放控制难度较大等情况，导致违法行为主要集中在废水超标排放、废水储存、输送及处理环节未密闭导致水中挥发性有机物无组织排放、恶臭超标、水处理设施不正常运行、污泥脱水及储存等环节废气/恶臭无组织排放等方面。此外，在雨水管理方面，容易存在初期雨水未及时收集处理，导致雨水排放口超标排放的行为。如某石化企业废水在线监控设施在 2017 年 6 月 29 日 22：00 至次日上午 9：00 期间，COD 读数异常，未向环保部门报告.环境执法人员检查发现，该单位废水在线监控设施不符合设备维护规定的每半月校验一次的需要，是导致数据异常的直接原因。该案根据《某市环境保护条例》相关规定，被责令改正，并处罚款九万元整。

在大气环境管理方面，石油炼制行业企业在大气环节管理中存在的环境违法行为主要有两类：一是无组织排放及超标排放问题。主要是面广量大的装置区挥发性有机气体无组织排放、管路及罐区 LADR 管理环节不到位；储罐呼吸气无组织排放；废水集中贮存区及输送环节挥发性有机物、硫化氢的无组织排放；装置的故障维修或例行检修环节放空导致的无组织排放，原材料及产品转运装卸导致的无组织排放，装置清洗及运输罐清洗环节的无组织排放；有机废气及烟气的超标排放；粉尘无组织排放；二是涉及设施管理方面的主要有大气污染物处理设施不正常运行、大气自动监控设施不正常运行以及大气污染治理设施及挥发性有机物管理的台账不规范等问题。

2017 年 2 月 26 日，某市环保部门对某石油化工企业实施废气监测后。出具的《废气环境监测报告》显示边界臭气浓度超过《恶臭污染物排放标准》（GB 14554—1993）规定的相应限值，该行为违反了《中华人民共和国大气污染防治法》第十八条“向大气排放污染物的，应当符合大气污染物排放标准，遵守重点大气污染物排放总量控制要求”的相关规定，被某市环境执法部门责令改正，并处罚款六十五万元的处罚。

2017 年 6 月 29 日，某市环境执法部门对某石油化工有限公司炼油事业部检查时候发现，该企业 3#催化装置一原加盖的含油废水池未保持密封，通过排气孔向外环境排放挥发性有机废气，执法人员通过便携式 VOCs 检测仪现场检测排放口附近 VOCs 浓度超过 10 000 ppm，废水池周边异味刺鼻。在 3#蒸馏装置含油废水池检查发现，废水池已加盖，但未设置废气收集和处理设施，废气通过一排气口排入外环境，排气口附近经便携式 VOCs 检测仪监测检测 VOCs 数值达 300 ppm，废水池周边异味明显。环保部门认定其违反了《中华人民共和国大气污染防治法》第四十五条规定，依据同法第一百零八条第一项规定，责令其立即改正，并处罚款贰拾万元整。

2017 年 6 月 29 日，某市执法人员检查一炼油企业时发现，该企业 3#催化装置正在生产过程中，烟气经过 SCR 脱硝、湿式脱硫除尘后排入外环境。该装置共有两个烟囱，一个未脱硫后烟气正常排放口，另一个为旁路烟囱。执法人员发现，正常状态下应该关闭的旁路烟囱有未经处理的黄色烟气排出。该行为违反《中华人民共和国大气污染防治法》第二十条第二款关于“禁止通过偷排、篡改或者伪造监测数据、以逃避现场检查为目的的临时停产、非紧急情况下开启应急排放通道、不正常运行大气污染物治理设施等逃避监管的方式排放大气污染物”的规定，环保部门依据同法第九十九条第三项规定，责令该企业立即改正，并处罚款四十万元整。

在危险废物管理方面，由于石油炼制行业企业各工艺环节均有危险废物的产生，如管理不规范，均有可能导致违法行为发生。危险废物的违法行为主要体现在四个方面：一是危险废物贮存场所不规范；二是贮存及转移环节造成的流失、污染环境；三是危险废物未备案、管理台账不健全；四是企业自行处置不规范或未将危险废物交由有资质单位处置等问题。

2017 年 8 月 8 日，某市环境执法人员在某石油化工有限公司 6#炼油联合装置一炼油空桶堆放点检查发现，用于存放废油桶及废料桶等危险废物暂存点，未按照规范设置危险废物标识，“三防”措施不完善，部分废油桶路露天存放。环保部门依据《中华人民共和国固体废物污染环境防治法》关于“对危险废物的容器和包装物以及收集、贮存、运输、处置危险废物的设施、场所，必须设置危险废物标识”的相关规定，责令其立即改正，并处罚款十万元整。

# 第六节 石化工业污染特征及环境违法行为

## 一、石化工业工艺环境管理概况

石油化学工业是用石油和石油气（炼厂气、油田气和天然气）作原料生产化工产品的工业，主要包括基本有机原料工业和合成材料工业。石油化工生产主要是以乙烯裂解装置为龙头，使用石油炼制后产生的轻质油品或天然气、炼厂干气，通过裂解制取乙烯、丙烯、丁二烯、苯、甲苯、二甲苯等有机化工原料，再经过特定工序生产合成树脂、合成橡胶、合成纤维及其他精细化工产品。

### （一）石油化工生产的原辅料

石油化工生产的第一步原料主要是石油炼厂产生的轻质油品（轻柴油、石脑油、裂解汽油等）、天然气、炼厂干气等；一步化工生产中产生的乙烯、丙烯、丁二烯、苯、甲苯、二甲苯等，同时成为二步化工生产中的原料。辅料主要有燃料煤、天然气、氢气、碱液、催化剂、钝化剂等。

【石脑油】石脑油是石油产品之一，又叫化工轻油，硫含量不大于 0.08%，烷烃含量不超过 60%，芳烃含量不超过 12%，烯烃含量不大于 1.0%。一般含烷烃 55.4%，其中主要为烷烃的 C5～C7 成分。单环烷烃 30.3%、双环烷烃 2.4%、烷基苯 11.7%、苯 0.1%、茚满和萘满 0.1%。是以原油或其他原料加工生产的用于化工原料的轻质油，主要用于裂解制取乙烯、丙烯，催化重整制取苯、甲苯、二甲苯的重要重整和化工原料，可分离出多种有机原料，如汽油、苯、煤油、沥青等。石脑油用途不同有各种不同的馏程，作为生产芳烃的重整原料时，采用 60℃～165℃馏分，称轻石脑油；当作为催化重整原料用于生产高辛烷值汽油组分时，采用 80℃～180℃馏分，称重石脑油；用作溶剂时，则称溶剂石脑油；来自煤焦油的芳香族溶剂也称重石脑油或溶剂石脑油。

【乙烯】 乙烯是不溶于水的无色气体。乙烯是合成纤维、合成橡胶、合成塑料（聚乙烯及聚氯乙烯）、合成乙醇（酒精）的基本化工原料，也用于制造氯乙烯、苯乙烯、环氧乙烷、醋酸、乙醛、乙醇和炸药等，尚可用作水果和蔬菜的催熟剂。乙烯产品占石化产品的 75%以上。

【丙烯】丙烯常温下为无色、稍带有甜味、稍醉性、气体、低毒、易燃易爆性气体。丙烯于水，溶于有机溶剂。主要用于生产聚丙烯、丙烯腈、异丙醇、丙酮和环氧丙烷、丁醇和辛醇、丙烯酸及其酯类以及制环氧丙烷和丙二醇、环氧氯丙烷和合成甘油等多种重要有机化工原料、生成合成树脂、合成橡胶及多种精细化学品等。目前，丙烯用量最大的是生产聚丙烯，另外丙烯可制丙烯腈、异丙醇、苯酚和丙酮。

【苯】一种碳氢化合物即最简单的芳烃，在常温下是甜味、可燃、有致癌毒性的无色透明液体，并带有强烈的芳香气味。它难溶于水，易溶于有机溶剂，本身也可作为有机溶剂。

【甲苯】甲苯是无色澄清液体，有苯样气味，有强折光性。能与乙醇、乙醚、丙酮、氯仿、二硫化碳和冰乙酸混溶，微溶于水，闪点 4.4℃，易燃，蒸气能与空气形成爆炸性混合物，爆炸极限 1.2%～7.0%（体积）。甲苯低毒，高浓度气体有麻醉性，有刺激性。

【二甲苯】无色透明液体。有芳香烃的特殊气味。具刺激性气味、低毒、易燃，与乙醇、氯仿或乙醚能任意混合，在水中不溶。

【催化剂】 石油化工产品生产中的化学加工过程需要各类催化剂参加催化反应，这类催化剂按催化作用功能分，主要有氧化催化剂、加氢催化剂、脱氢催化剂、氢甲酰化催化剂、聚合催化剂、水合催化剂、脱水催化剂、烷基化催化剂、异构化催化剂、歧化催化剂等，其中前五种用量较大。

1．加氢催化剂

加氢催化剂除用于产品生产过程，也广泛用于原料和产品的精制过程。根据加氢情况的不同分为三类：①选择性加氢催化剂，如石油烃裂解所得乙烯、丙烯用作聚合原料时，须先经选择加氢，除去炔、双烯、一氧化碳、二氧化碳、氧等微量杂质，而对烯没有损耗。所用催化剂一般是钯、铂或镍、钴、钼等载于氧化铝上。控制活性物质的用量、载体和催化剂的制造方法，可得不同性能的选择加氢催化剂。其他如裂解汽油的精制、硝基苯加氢还原为苯胺，也用选择加氢催化剂。②非选择性加氢催化剂，即深度加氢成饱和化合物用的催化剂。如苯加氢制环己烷用的镍－氧化铝催化剂，苯酚加氢制环己醇、己二腈加氢制己二胺用的骨架镍催化剂。③氢解催化剂，如用亚铬酸铜催化剂使油脂加氢氢解生产高级醇等。

2．脱氢催化剂

如氧化铁－氧化铬－氧化钾可使乙苯（或正丁烯）在高温及大量水蒸气存在下脱氢成苯乙烯（或丁二烯）。由于脱氢一般需在高温、减压或大量稀释剂存在下进行，能量消耗大。近年来，发展了在较低温度下进行氧化脱氢催化技术。如正丁烯用铋－钼系金属氧化物催化剂经氧化脱氢制得丁二烯。

3．氢甲酰化催化剂

属络合催化剂。如用乙烯、丙烯为原料经氢甲酰化（即通称的羰基合成）制得丙醛、丁醛。氢甲酰化过程过去用羰基钴络合物为催化剂，在液相高温高压下进行。目前，在研究铑的回收方法及寻找代替铑的其他价廉易得的高效催化剂，并研究负载型络合催化剂，以简化分离工艺。

**4．聚合催化剂**

聚乙烯用高压法（100～300 MPa）生产，以氧、有机过氧化物为催化剂；中压法以载于硅铝胶上的铬-氧化钼等为催化剂，低压法则用齐格勒型催化剂（以四氯化钛和三乙基铝体系为代表），在低温低压下聚合。近年来开发了新型高效催化剂，虽各厂有其独特的新催化剂，但多用以镁化合物为载体的钛-铝体系催化剂。

聚丙烯生产也开发了负载型的钛-铝体系高效催化剂，每克钛可制得 1 000 kg 以上的聚丙烯。

**5．其他**

此外，还有烯烃水合用硫酸或磷酸催化剂；醇脱水用 γ 一氧化铝催化剂；烷基化用无水三氯化铝一氯化氢催化剂；异构化用磷酸锂催化剂；歧化用丝光沸石型分子筛催化剂。

## （二）石油化工主要生产工艺和设备

炼油部分生产的乙烯裂解原料按照下游生产需要，采取不同工艺流程，使用相应的装置设备，分别可以生产乙烯、芳烃、丁二烯、乙酸、环氧乙烷、乙二醇、环氧丙烷、苯乙烯、合成树脂类、和合成纤维类产品，具体工艺物料流程见图 4-6，主要设备见表 4-35。

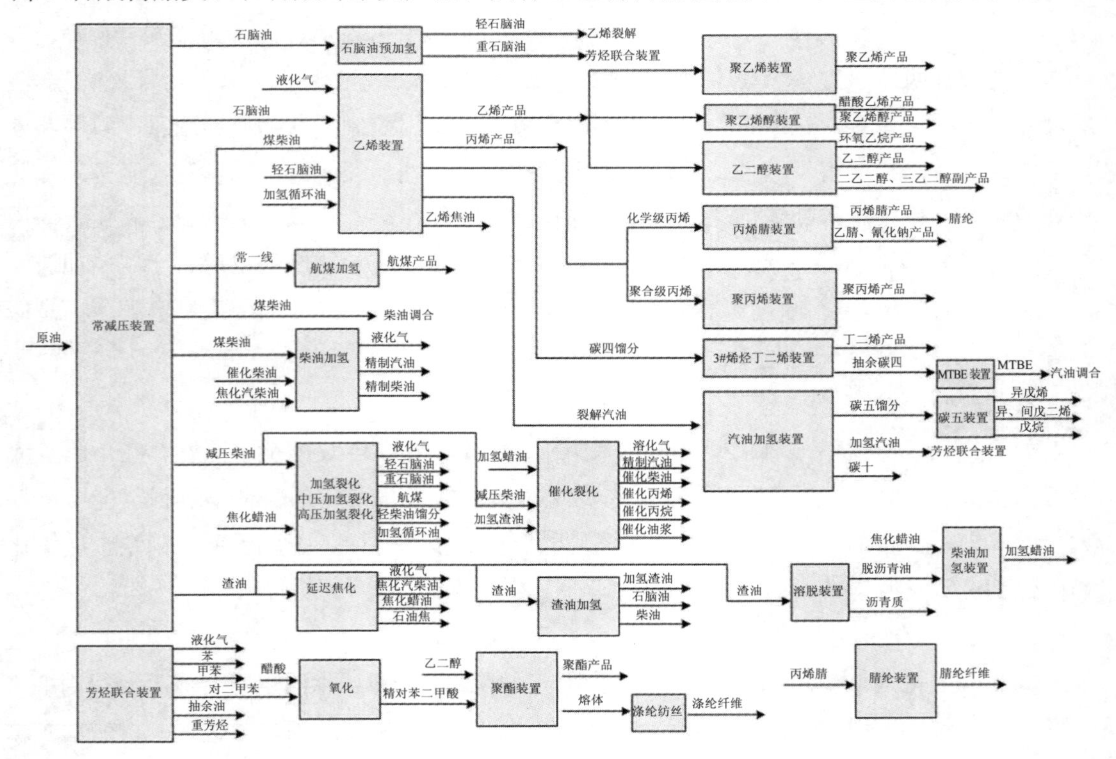


图 4-6 石化工业主要物料流程

表 4-35　石化行业主要生产设备

| 生产工序 | | 生产设备 |
|---|---|---|
| 生产设施 | 乙烯装置 | 原料预热及预处理、裂解、急冷、压缩、加氢、冷热分离、制冷系统、废碱氧化、低温罐等 |
| | 低密度聚乙烯 | 包括引发剂贮存、乙烯压缩、聚合反应、高低压分离、挤压造粒、产品掺混、贮存包装等装置设备 |
| | 高密度聚乙烯 | 原料精制、催化剂活化、聚合反应、树脂脱气和粉料输送、添加剂和挤压造粒、产品掺混等单元设备 |
| | 聚丙烯装置 | 包括丙烯精制、电解制氢、中间罐、聚合装置、挤压造粒、原料罐、尾气回收等单元，主要有加热炉、反应器、塔、换热器、容器、压缩机及泵等设备 |
| | 乙二醇系统 | 乙烯氧化、环氧乙烷吸收、$CO_2$ 脱除系统、环氧乙烷汽提和再吸收系统、乙二醇水合反应、乙二醇精馏和分离、二乙二醇和三乙二醇精制等 |
| | MTBE/丁烯-1 装置 | 主要有反应精馏、甲醇回收、丁烯-1 精密精馏等单元设备 |
| | 丙烯酸及酯 | 主要设备包括丙烯酸氧化、丙烯酸精制、轻酯单元、丙烯酸丁酯单元 |
| | 芳烃抽提 | 1.芳烃抽提；2.苯—甲苯分馏；3.二甲苯分离 |
| | 丁苯橡胶 | 原料预处理、聚合单元、凝聚单元、丁二烯回收、苯乙烯回收、胶乳贮存和混合装置、后处理装置等 |
| | 气体分馏装置 | 1.液化气精密分馏塔 4 座，分别为脱丙烷塔、脱乙烷塔、丙烯塔（2 个）；2.机泵；3.换热系统 |
| | 制氢装置 | 1.原料压缩；2.原料精制；3.水蒸气转化；4.转换气变换；5.PSA 净化；6.产汽及余热回收 |
| | 氢气提纯 | 1.原料预处理；2.PSA 提纯；3.解吸气压缩 |
| 公用工程 | 罐区 | 化工原料罐，包括原料尾油罐、原料 LPG 罐、石脑油罐、苯乙烯/高芳烃油罐、甲醇/乙醇/正丁醇罐、硫酸罐、碱液罐、化工中间罐、化工产品罐等及管路、泵等 |
| | 循环水场 | 1.旁滤处理，轻质滤料过滤器；2.逆流式机械通风冷却塔；3.集水池；4.隔油池；5.加药设备；6.加氯机；7.冷却塔风机采用防爆电机；8.每台冷却塔设风机安全检测控制系统，三位一体探头（油温、油位、振动），报警、联锁系统 |
| | 化学水处理站 | 除氧器、凝结水处理设备、换热器、阻截除油器 |
| | 消防给水加压泵站 | 电动消防水加压泵、钢制消防水贮罐、大型自动柴油消防机组、变频稳压消防泵 |
| | 空压站 | 离心式空气压缩机、微热再生干燥器、储气罐、球罐、压缩空气增压机、电动桥式起重机 |
| | 氮气站 | 深冷制氮装置、离心式压缩机、常压液氮储槽、氮气球罐、汽化器及相应的辅助设施 |
| | 低温热回收站 | 低温热利用热媒水系统、含热水循环泵、过滤器、循环水冷却器、热水换热器和除盐水换热器 |
| | 制冷站 | 热水型溴化锂制冷机、单台制冷量、换热机组 |
| | 动力站 | 高压燃煤锅炉 |
| | 供电 | 总变电站、变配电所、全厂供电及照明、全厂防雷、防静电及接地设施、各装置的变配电、动力、照明、防雷及防静电接地等 |

| 生产工序 | | 生产设备 |
|---|---|---|
| 环保工程 | 硫黄回收 | 制硫单元、尾气处理设施、尾气焚烧、液硫成型设施等 |
| | 火炬设施 | 烯烃火炬、聚烯烃火炬、酸性气体火炬，火炬气回收系统、压缩机 |
| | 厂区含油污水预处理站 | 装置区及油品罐区均设置含油污水预处理设施。分别设置：1.污水集水池；2.高效油水分离器；3.提升泵站 |
| | 全厂污水处理场 | 物化处理采用均质-隔油-二级浮选处理工艺；生物处理段采用循环式活性污泥系统（CASS）工艺＋曝气生物滤池（BAF）工艺流程，结合活性污泥法和生物膜分离技术处理工艺 |
| | 事故水收集系统 | 应急事故储水池、雨水收集池、出水自动在线监测系统、设撇油带等除油设施 |

## 二、石化工业的环境污染物分析

石化工业企业环境要素相对复杂，大致情况见表4-36。

**表4-36　石化工业环境污染物分析**

| 污染类型 | | 环境污染指标与来源 |
|---|---|---|
| 废气 | 有组织废气 | 燃烧烟气产生于工艺炉，热工锅炉、焚烧炉和火炬等；烟气中主要污染物为$SO_x$、$NO_x$、TSP；工艺尾气包括各装置排放的尾气，安全阀排放的气体等，主要污染物是含有各种烃类、芳烃类的有机气体 |
| | 无组织废气 | 装卸、贮存过程的油气挥发，装置、设备、管道、阀门泄漏，主要为VOCs；碱渣处理装置、废水处理厂等散发出的恶臭 |
| 污水 | 生产废水 | 含油废水：厂区内生产装置、储运装置、公用工程系统的油罐切水、油罐设备清洗水、地面冲洗水、设备检维修时排空、吹扫、清洗废水以及初期雨水等。特征污染物为石油类、硫化物、挥发酚、COD等。<br>酸碱废水：部分装置如乙酸、乙醛装置产生的工艺废水其pH值过高或过低，需要中和处理后送污水厂处理。<br>高浓度有机废水：由于化工工艺差别较大，有的装置产生高浓度有机废水，含有生物难降解物质组分复杂 |
| | 生活污水 | 浴室、食堂、办公场所等生活污水（COD、SS、氨氮） |
| 固体废物 | 一般固体废物 | 粉煤灰、炉渣、脱硫石膏等 |
| | 危险废物 | 废碱液和碱渣（乙烯废碱液、环己烷氧化碱渣、己内酰胺皂化废碱液等），罐底泥，高浓度有机废液，有机树脂类废物（聚酯废料和废树脂），油泥，气浮浮渣，污水站污泥，废催化剂 |
| | 生活垃圾 | 办公楼、食堂、浴室等辅助生活设施产生 |
| 噪声 | | 引风机、管道阀门及各种气体排放噪声，电气设备的电磁噪声，机械设备的机械噪声，加热炉、火炬等燃烧噪声等 |

## 三、石化工业的污染物来源

石油化工装置与炼油装置相比，工艺过程种类复杂，变化大，产品种类多，使用的生产原料种类也非常多。所以石化工业在生产过程中产生的污染物种类、数量也相对复杂。同时，在“三废”管理中，对环境保护管理精细化管理的要求也相对较高，一旦发生管理松懈的情况，很有可能导致异常污染物排放，甚至酿成事故。

### （一）废水污染物来源

按照主要污染成分，可把石化工业废水分成含油废水、酸碱废水、高浓度有机废水、生活污水及其他废水五类：

（1）含油废水：含油废水在石化行业企业内来源最广，数量较大，主要由生产装置、储运系统、公用工程系统产生，来自装置的油罐切水、油罐设备清洗、机泵轴封冷却水、地面冲洗水、初期雨水等，还有装置检修时设备的排空、吹扫和清洗排水等。含油废水的特征污染物主要有石油类、硫化物、酚类物质及 COD。不同来源的含油废水污染物浓度有较大的差别。含油废水一般经内置隔油装置预处理后输送到污水站后续处理。

（2）酸碱废水：不少装置在反应或提纯过程中，需要酸洗或碱洗，还有的是由装置直接产生的酸性物质分离出的废水，这部分废水为酸碱废水。需要预处理中和后进入污水处理站。

（3）高浓度有机废水：主要是某些特定装置内产生的含油原辅料或副反应产物的废水。这部分废水虽然水量不大，但是组分复杂，浓度较高，其 COD 一般达到数千甚至上万毫克/升，部分高浓度废水中还含有生物难降解物质，更是直接影响了废水的处理。

（4）生活污水：主要来自厂区内生活设施，如办公楼、食堂等。这部分废水水量相对较少，主要污染物质为 COD、$BOD_5$、氨氮、悬浮物等，直接进入污水站处理。

（5）其他废水：主要来自锅炉排污、循环水排污、油罐喷淋水以及后期雨水等。这部分污水污染程度相对较轻，但是水量、水质波动大，对企业污水处理站运行容易造成冲击。

### （二）废气污染物来源

石化工业废气按照排放方式分为有组织排放废气和无组织排放废气。

有组织排放的污染源包括让燃烧废气和工艺尾气。燃烧烟气产生于锅炉、加热炉、焚烧炉、火炬等，主要污染物为 $SO_2$、$NO_x$、TSP；工艺尾气主要包括各装置排放的尾气、安全阀排放的气体等，这部分废气成分主要是装置内的原辅料及中间反应产物，主要是各种烃类、芳烃类有机废气。无组织排放源则主要是装置及设备的泄漏、检维修放空、吹扫等，还有碱渣处理装置、污水站等散发的 VOCs 及恶臭等。

石油化工企业废气污染物可分成以下几类：

#### 1. $SO_2$、$NO_x$和 TSP

石油化工企业的 $SO_2$、$NO_x$和 TSP 主要产生于锅炉、工艺加热炉、废热锅炉、焚烧炉及火炬的燃烧过程。

#### 2. 烃类

石油化工企业大气污染物中最常见的就是烃类，其排放具有点多面广、方式多样等特点。主要有 3 个来源：一是工艺尾气；二是储罐呼吸；三是管路及装置的泄漏。

#### 3. 恶臭

恶臭是石油化工企业环境扰民问题的焦点。主要由各种饱和及不饱和烃类、含氮化合物、含硫化合物组成。排放方式以无组织为主。一般集中在装置各种塔排放口、储罐呼吸口、工艺采样口、脱水排放口、废水池（管路）、废水处理站、污泥脱水车间等部位。

### （三）固体废物来源

石油化工企业的固体废物存在形式有固体、半固体及液体三种，主要有锅炉及加热炉等产生的粉煤灰、炉渣、脱硫石膏；碱渣和碱液（乙烯废碱液、己内酰胺皂化废碱液）、各类废催化剂、有机树脂、气浮浮渣、活性污泥、罐底泥、高浓度有机废液等。

### （四）噪声

化工生产过程中噪声种类多，影响大。噪声源主要是各类风机、管道阀门及气体排放等产生的气体动力学噪声；泵及其他机械设备产生的机械动力噪声；电气设备产生的电磁噪声；加热炉等产生的燃烧噪声以及轨道运输等产生的铁路运输噪声等。

## 四、石化工业的排污节点特征

石化工业排污节点需要根据不同装置情况分别予以说明，部分装置因为原理不同，导致排污节点也有较大差别，具体分析情况见表 4-37。

表 4-37　石化工业的排污节点特征

| 装置 | 单元 | 污染产生原因 | 主要污染物 | 控制措施 |
| --- | --- | --- | --- | --- |
| 乙烯装置 | 高温裂解和裂解气深冷分离 | 裂解炉、蒸汽过热炉燃烧产生燃烧废气、炉渣和除尘废水；裂解环节产生废催化剂；<br>裂解炉定期烧焦、清焦产生清焦气、清焦废水、清焦废渣；<br>裂解气碱洗塔碱洗单元产生酸性气体、碱渣、废碱液等 | 废气：裂解炉能同时使用重油、燃料气和天然气，废气成分依燃料有明显差别。主要是 $SO_2$、$NO_x$ 烟尘等；清焦废气主要是 $CO_2$ 和水蒸气等，有少许 VOCs；急冷水塔裂解气主要成分为丙烯。<br>另外，装置、管路及检维修吹扫有无组织排放。主要是 VOCs、含硫废气、恶臭等<br>废水：主要包括稀释蒸汽排废水，硫化物 30～50 mg/L；挥发酚 40 mg/L 左右；石油类 1～2 mg/L；废碱液 COD 浓度较高，能达 3 000 mg/L；硫化物含量 30～30 mg/L；石油类 10～30 mg/L；清焦废水水量相对较大一些，各类污染物浓度均低于前二者。<br>固体废物：包括焦渣、废干燥剂和废催化剂和乙烯碱渣。碱渣含大量硫化物、COD 和石油类，其 COD 可达 100 000 mg/L，pH 在 14 左右 | 使用清洁能源，控制废气中污染物的浓度；<br>废碱液和清焦废水分别预处理后进入污水处理厂；<br>乙烯碱渣需要经湿式氧化预处理后进入污水厂；<br>含钯含镍废催化剂厂家回收 |
| 聚乙烯装置 | 低密度、高密度线性低密度聚乙烯 | 树脂脱气仓、料仓、压缩机气液分离器排气；切料机泄漏气；系统排放气缓冲罐集中排气。<br>造粒颗粒水池废水；切粒水槽溢流废水、压缩机冷却水、低聚物冷却水 | 废气：脱气仓等排气主要成分为烃类，以乙烯为主及其他小分子烃类；<br>废水：装置排水污染物浓度相对较低，主要成分为 COD 100～200 mg/L，石油类；<br>固体废物：主要是废分子筛、废催化剂、废矿物油 | 废气焚烧处理；<br>废水进污水处理厂<br>废催化剂厂家回收，废矿物油等按照危险废物规范化管理 |
| 芳烃抽提 | N-甲酰基吗啉 | 加热炉产生烟气；<br>制苯隔油池、脱戊烷塔回流罐、预分馏塔回流罐、稳定塔回流罐、高低压闪蒸罐切水、缓冲罐排水等产生废水 | 废气：烟气主要为 $SO_2$、$NO_x$、烟尘等；<br>废水：主要为 COD，一般在 200～500 m/L、石油类 10～50 mg/L；<br>固体废物：为废白土、废催化剂、废溶剂、废硫化剂等 | 碱渣、高浓度有机废水预处理后进入污水厂。<br>危险废物规范化管理 |
| | 环丁砜液-液抽提 | 苯塔水包脱水、溶剂再生塔产生高浓度有机废水、废碱渣 | 废水：废水主要为 COD 200～500 m/L、石油类 10～50 mg/L；<br>固体废物：为废白土、废溶剂 | |

| 装置 | 单元 | 污染产生原因 | 主要污染物 | 控制措施 |
| --- | --- | --- | --- | --- |
| 聚丙烯装置 | | 锅炉运行产生燃烧废气、除尘废水及炉渣等固体废物，原料精制单元有丙烯及其他烃类尾气产生。聚合单元喷料环节釜内高浓度丙烯、烃类尾气外排 | 废水：锅炉除尘废水、尾气回收单元的汽水分离罐废水、低压湿气柜检修封水等。废水污染物 COD 100～400 mg/L，石油类 50～150 mg/L；废气：锅炉燃烧烟气，主要是 $NO_x$、$SO_2$、颗粒物等；聚丙烯精制线再生废气，含丙烯、烃类杂质等废气；尾气回收单元中火炬废气含丙烯等挥发性有机废气；固体废物：锅炉炉渣等；原料精制单元中排出的废碱液、脱硫剂、脱水剂、分子筛等；噪声：聚合反应单元中传动设备机械噪声、空气动力噪声、制氢压缩机噪声、泵噪声 | 锅炉烟气通过烟气治理设施实施治理；丙烯尾气聚合釜喷料时釜内高浓度丙烯尾气排入气柜回收。事故时高空火炬燃烧；减少无组织排放。废水混凝沉淀后进废水站 |
| 丁二烯萃取 | DMF 萃取单元 | 第二汽提塔、第一精馏塔放空尾气；洗胺塔及溶剂精制塔回流罐产生废水 | 废气：放空尾气主要成分为烃类；废水：主要污染物为 COD，100～300 mg/L，石油类及少量的 DMF。其中洗胺塔底废水水量相对较大，pH 在 7～10，COD 值在 2 000 mg/L 左右；固体废物：废焦油 | 尾气回收液化气或送焚烧炉焚烧；废水进入污水处理厂 |
| MTBE/丁烯-1 装置 | 反应精馏、甲醇回收、丁烯-1 精馏塔 | 催化蒸馏塔、甲醇萃取塔、脱异丁烷塔和丁烯-1 精馏塔放空尾气；管路设备检维修放空、吹扫等产生无组织排放废气。催化、塔顶冷凝器产生冷凝水、塔顶回流罐内产生沉降分层的冷凝液废水 | 废气：主要成分为烃类；废水：主要为 COD、石油类、少量异丁烷和丁烯-1；固体废物：废加氢催化剂、废 MTBE 催化剂、废保护剂、废脱酸剂 | 工艺废气收集焚烧，废水进含油污水系统预处理。废催化剂厂家回收、废脱酸剂等交有资质单位回收 |
| 环己乙烷/乙二醇装置 | 乙烯氧化单元/环己乙烷水合单元 | 再吸收塔和解析塔塔顶有尾气排放；VOCs 在管路、阀门部位的泄漏，检维修吹扫放空等；再生塔和醛脱除塔冷凝器有排水 | 废气：工艺尾气含有少量的乙烯、甲烷等烃类物质及 $CO_2$；废水：主要污染物为 COD，浓度一般在 400 mg/L 左右；固体废物：废银催化剂和废脱醛树脂等 | 工艺废气燃烧处理；严控无组织排放。废水进污水厂。废催化剂由厂家回收；废树脂蒸煮、吹扫后送堆场处置 |
| 腈纶装置 | 丙烯腈单元、乙酸乙酯单元、聚合单元 | 丙烯腈单元反应装置、吸收塔有尾气排放，燃烧炉有燃烧废气排放；湿式腈纶生产废水主要是聚合废水、溶剂回收废水、纺丝废水 | 废气：吸收塔尾气主要是丙烯腈和氢氰酸及其他烃类；燃烧烟气含 $NO_x$ 和 $SO_2$；废水：聚合废水主要污染物为丙烯腈、乙酸乙酯等未反应单体及小分子聚合物、无机盐及氰化物，石油类、氨氮、COD 等，其中 COD 在 2 000 mg/L 左右。固体废物：聚合物疤块、粉料；废弃滤袋、废硅藻土等 | 工艺废气焚烧；废水进污水厂 |

| 装置 | 单元 | 污染产生原因 | 主要污染物 | 控制措施 |
|---|---|---|---|---|
| 锅炉房 | 煤场、锅炉、灰渣场、除尘器、脱硫设施、脱盐水站等 | 燃烧产生烟气；<br>煤场、灰库会产生扬尘；<br>锅炉废水、脱盐废水、冲渣废水；<br>锅炉和除尘产生灰渣 | 废气：锅炉燃烧烟气，主要为 $SO_2$ 和 $NO_x$；<br>煤场、灰库会产生扬尘；<br>废水：主要含 SS、重金属；<br>固体废物：锅炉和除尘产生灰渣 | 烟气应除尘、脱硫；<br>煤场、灰库应采用抑尘措施；<br>锅炉灰渣外运综合利用 |
| 污水站 | 格栅、沉沙、过滤、好氧生化设备、二沉池、污泥压滤机等 | 来自车间的工艺废水、冲洗废水、设备洗水；罐区地面冲洗废水；锅炉房废水 | 废水：主要含 COD、SS、硫化物、氟化物、石油类、pH、氨氮、总磷、多种重金属元素等 | 废水进行物理-厌氧-好氧处理后，废水含COD、SS、硫化物、氟化物、石油类、pH值、氨氮、总磷、多种重金属元素等处理达标回用；<br>污泥填埋 |
| 厂区环境管理 | | 车间、道路冲洗地面产生的废水；<br>保持地面整洁；<br>进行雨水的清污分流 | 废水：主要含 COD、SS、硫化物、氟化物、石油类、pH、氨氮、总磷、多种重金属元素等；<br>车辆运输产生扬尘；<br>地面的雨水会将含油的尘渣冲走，产生污水 | 废水进污水站；<br>厂区积水与雨水收集进行清污分流，污染的雨水和车间冲洗水应进入污水处理 |

## 五、石化工业企业常见的环境违法行为

### 1. 在执行环评制度方面主要违法行为

由于企业规模较大，随着工艺技术进步、节能环保标准提高，石化企业工艺改进和生产装置更新改造需求不断，由于具体工作人员对“新、改、扩”项目的理解有误或因为人员变更资料交接等问题，很容易产生不及时申办建设项目环评审批手续或验收等问题；另外，由于审批后项目建设周期相对较长，不少炼油企业往往会忽视项目的验收手续办理，客观上导致环境违法行为的发生。

2016 年 8 月 22 日，环保执法人员检查发现某石油化工有限公司硫黄回收装置及其配套工程在未办理环保审批手续情况下，擅自开工建设。该行为违反了《中华人民共和国环境影响评价法》第二十五条关于“建设项目的环境影响评价文件未经法律规定的审批部门审查或者审查后未予批准的，该项目审批部门不得批准其建设，建设单位不得开工建设”的相关规定。环保部门对此作出责令停止建设，并处罚五万元的行政处罚决定。

### 2. 落实环境管理制度方面的主要违法行为

石油化工行业于 2017 年列入国家实施排污许可证管理行业。通过实施排污许可证管

理，环保部门将对企业环境管理的具体要求通过排污许可证副本形式明确提出。各石油化工类企业均应根据《排污许可证管理办法》规定，逐项落实各项管理要求。重视衔接新建、改建、扩建设项目环境影响评价审批及验收，及时申领或办理排污许可证信息变更。在日常环境管理中，注意落实以下几个方面：一是按规定开展排污申报登记，该项制度已于 2018 年起与环境保护税相衔接；二是按要求规范排污口和危险废物贮存场所，并设立标志；三是按规定标准及总量排放大气和水污染物；四是全面规范建立环保管理（含设施运行管理）台账；五是落实各项环节保护制度：包括但不限于建立环境保护管理责任制、落实环境保护各项报告制度、自行监测制度、信息公开制度、环境统计制度、清洁生产制度、应急预案管理、备案、演练及定期评估等管理制度等。

在水环境管理方面，由于石化企业废水均有来源广、种类多、污染治理设施种类多、污水管网复杂、废水超标排放及废水中挥发性有机物、恶臭排放控制难度较大等情况，企业产生的违法行为较多，主要集中在废水超标排放、废水储存、输送及处理环节未密闭导致水中挥发性有机物无组织排放、恶臭超标、水处理设施不正常运行、污泥脱水及储存等环节废气/恶臭无组织排放等方面。此外，在雨水管理方面，容易存在初期雨水未及时收集处理，导致雨水排放口超标排放的行为。

2017 年 2 月 28 日，环境执法部门对中国石化某石油化工股份有限公司芳烃部检查时发现，该公司清下水管网有水流动，经调查，清下水管网中流动的水为闪蒸罐切水渗漏导致。执法人员采取监测发现，外排水 COD 浓度为 184 mg/L，超过了地方污水综合排放标准规定的排放限值。最终，环保部门对该企业作出责令改正，并处三十五万元行政处罚决定。

2017 年 8 月 8 日，环境执法部门对中国石化某石油化工股份有限公司塑料部现场检查发现，该公司 2#PE 联合装置区脱水斜槽处未密闭，该装置生产废水正在出水，敞口处及出水明沟区域气味刺鼻。执法人员使用便携式 VOCs 检测仪测得敞开口处 VOCs 浓度为 14ppm；在出水明沟出测得 VOCs 浓度为 13.07ppm。环保部门调查审理后，依据《中华人民共和国大气污染防治法》第四十五条和第一百零八条第一项有关规定，对该企业提出责令改正，并处罚款十八万元的处罚决定。

在大气环境管理方面，石油化工企业在大气环节管理中存在的环境违法行为主要有三类：

一是无组织排放问题。主要是面广量大的装置区挥发性有机气体无组织排放、管路及罐区 LADR 管理环节不到位；储罐呼吸气无组织排放；废水集中贮存区及输送环节挥发性有机物、硫化氢的无组织排放；装置的故障维修或例行检修环节放空导致的无组织排放，原材料及产品转运装卸导致的无组织排放，装置清洗及运输罐清洗环节的无组织排放；粉尘无组织排放等。

二是超标排放问题。主要是工艺废气及烟气的超标排放。

三是涉及设施运行管理方面的问题。主要有大气污染物处理设施不正常运行、大气自动监控设施不正常运行以及大气污染治理设施及挥发性有机物管理的台账不规范等问题。

2017 年 8 月 3 日，环境执法人员在对中石化某石油股份有限公司检查时发现，该公司储罐区有 10 个拱顶罐呼吸气未安装有机废气收集处理设施，直接排放至外环境，排放口附近区域异味浓烈，执法人员使用便携式 VOCs 检测仪监测发现，VOCs 数值高达 30ppm 以上。环保部门调查审理后，依据《中华人民共和国大气污染防治法》第四十五条和第一百零八条第一项有关规定，对该企业提出责令改正，并处罚款十六万元的处罚决定。

2016 年 12 月 14 日，环保执法部门在某石油化工企业检查时发现，该公司 1 座 5.8 万吨煤堆场有部分面积无顶棚覆盖，四周未安装挡风抑尘网，未采取全密闭措施抑制扬尘，造成部分煤粉外溢，调查审理后，环保部门认定其违反了《中华人民共和国大气污染防治法》第七十二条相关规定，依据同法《中华人民共和国大气污染防治法》第一百一十七条规定，作出责令改正，并罚款五万元的处罚决定。

2016 年 11 月 30 日晚，某石油化工企业 2#DCP 装置缩合反应工序的反应釜真空系统阀芯损坏，阀门泄漏，反应尾气逸散，异味严重影响周边环境。环保部门调查后，认定其违反《中华人民共和国大气污染防治法》第四十七条第一款关于“石油、化工及其他生产和使用有机溶剂的企业，应当采取措施对管道、设备进行日常维护、维修，减少物料泄漏，对泄漏的物料应当及时收集处理”的相关要求，责令其立即改正，并依法处罚款二十万元整。

在危险废物管理方面，由于石油化工企业各工艺环节均有危险废物的产生，如管理不规范，均有可能导致违法行为发生。危险废物的违法行为主要体现在 4 个方面：一是危险废物贮存场所不规范；二是贮存及转移环节造成的流失、污染环境；三是危险废物未备案、管理台账不健全；四是企业自行处置不规范或未将危险废物交由有资质单位处置等问题。

2016 年 6 月 29 日，环境执法部门在某石化企业 2#联合罐区检查时发现，罐区渣土堆场堆放酸性物质，系铁盐容器的残留物，样品经环境监测部门监测，pH 值为 1.52。认定酸洗铁盐物质属于危险废物。由于堆场未采取防渗措施，危险废物已经存在流失情况。上述行为违反了《中华人民共和国固体废物污染环境防治法》第十七条第一款的有关规定。环保部门依据《中华人民共和国固体废物污染防治法》第七十五条第十一项规定，责令改正，并处罚款十五万元整。

# 第七节 炼焦工业污染特征及环境违法行为

## 一、炼焦工业工艺环境管理概况

### （一）原料和辅料

#### 1．原料

炼焦生产是以经过洗选，含水约 10%的炼焦煤为原料，一般用气煤、肥煤、焦煤、瘦煤等为主要原料，按一定的配煤比配合均匀后粉碎、捣固在碳化室高温干馏，隔绝空气的条件下，加热到 950～1 050℃，经过干燥、热解、熔融、黏结、固化、收缩等阶段最终制成焦炭。制取 1 吨焦炭需消耗焦煤或洗精煤 1.36～1.45 t。

用于炼焦配煤的，主要是气煤、肥煤、焦煤、1/3 焦煤和瘦煤几大类类。不同牌号的煤，在单独炼焦时所得焦炭的性质是各不相同的。现将可以用来配煤炼焦的各单种煤的结焦特性概述如表 4-38 所示。

表 4-38 用于炼焦的煤种介绍

| 煤种 | 结焦性能介绍 |
| --- | --- |
| 长焰煤 | 长焰煤是变质程度最低的烟煤，其挥发分高达 37%以上，从无黏结性到弱黏结性均有。其中煤化程度较高的长焰煤加热时能产生数量极微的胶质体，也能生成细小的长条形焦炭，但焦炭的强度很差，粉焦率高 |
| 不黏煤 | 不黏煤是一种低变质到中等变质程度的煤。加热时不产生胶质体，煤的水分大，一般不作炼焦煤使用 |
| 弱黏煤 | 弱黏煤是一种黏结性较弱的低变质到中等变质程度的煤。加热时产生的胶质体较少，炼焦时有的能生成强度很差的小块焦，有的只有少部分能结成碎屑焦，弱黏煤具有低灰低硫的特点 |
| 1/2 中黏煤 | 1/2 中黏煤属于中等黏结性的中高挥发分煤。其中有一部分煤在单独炼焦时能生成一定强度的焦炭，另一部分黏结性较弱的煤在单独炼焦时，生成焦炭强度差，粉焦率高，在配煤焦时可适量配入使用 |
| 气煤 | 气煤是一种变质程度较低的炼焦煤，其挥发分在 28%～37%，Y 在 9～25 mm 和挥发分大于 37%，Y 在 5～25 mm 两个区域，因而其性质差别较大，加热时能产生较多的煤气和焦油。胶质体的热稳定性低于肥煤。单独炼焦时，焦炭的抗碎和耐磨强度较其他炼焦煤差，由于挥发分高，因此在结焦过程中收缩大，焦炭裂纹多，焦块细而长，易碎。焦炭多呈细长条状，易碎，并有较多的纵裂纹。在配煤炼焦时多配入气煤，能增加煤气和化学产品的产率。在炼焦过程中可以减小膨胀压力和增加焦饼收缩 |

| 煤种 | 结焦性能介绍 |
| --- | --- |
| 气肥煤 | 气肥煤是一种挥发分和胶质厚度都很高的强黏结性煤，其挥发分一般都大于 37%，Y 值大于 25 mm，结焦性介于肥煤和气煤之间，单独炼焦时能产生大量的气体和液态化学产品，焦炭的强度高于气煤而又低于肥煤；在配煤炼焦中配入可增加化学产品的产率 |
| 1/3 焦煤 | 1/3 焦煤介于焦煤、肥煤和气煤之间的过渡煤，其挥发分一般大于 28%，Y 值在 16～25 mm，单独炼焦时能生成熔融性能良好，强度高的焦炭。焦炭的抗碎强度接近于肥煤，耐磨性稍低于肥煤，但明显高于气肥煤和气煤，是良好的配煤炼焦的基础煤之一。部分 1/3 焦煤的结焦性很好，可适当多配入使用 |
| 肥煤 | 肥煤可燃基挥发分 26%～37%，胶质层大于 25 mm；在加热时能产生大量的胶质体，其流动性大，热稳定性较气煤胶质体好，单独炼焦时，炼出的焦炭熔融性好。但横裂纹较多，易碎，单独炼焦时易发生焦饼推焦困难。并有较多的蜂焦。因为它具有很强的黏结能力，所以肥煤是配煤中的重要成分，并可以多配弱黏结性煤而炼成机械强度较好的冶金焦炭。对于挥发分高的肥煤，一般结焦性差，炼焦配煤中使用此种煤时，应适当减少气煤的配入量 |
| 焦煤 | 焦煤可燃基挥发分 18%～26%，胶质层厚度 15～25 mm，大多数焦煤单独炼焦时能得到块大、裂纹少、耐磨性好的焦炭。但在结焦过程中产生膨胀压力较大，焦饼收缩度小，容易产生推焦困难，又因焦煤贮量不多，应节约使用，在配煤中应尽量减少焦煤配用量。它在配煤中可以起到提高焦炭机械强度的作用 |
| 瘦煤 | 瘦煤的变质程度较高，可燃基挥发分低，只有 14%～20%，Y 值大于 5 mm，加热时产生的胶质体量少，厚度小于 12 mm，熔融性和黏结性较差，收缩小。在配煤中配入瘦煤可以提高焦炭的块度，因熔融性较差，焦炭中有颗粒物存在，使耐磨性变差 |
| 贫瘦煤 | 贫瘦煤是黏结性较弱的高变质挥发分烟煤，结焦性比典型瘦煤差，单独炼焦时，生成的粉焦多，在配煤中配入一定比例，可起到瘦化剂的作用 |
| 贫煤 | 贫煤是变质程度最高的一种烟煤，贫煤在加热时不产生胶质体，没有黏结性，不能单独炼焦，通常不用于炼焦配煤中。但可以少量配入作为瘦化剂。配入贫煤时最好将其单独粉碎 |
| 无烟煤 | 无烟煤是变质程度最深的煤，所含的挥发分最低，加热时不产生胶质体，加热至高温也不会结成焦炭，因此未将其划入炼焦用煤的范围内。有时在瘦煤缺乏的地区，当配煤中煤料较肥时，可少量配入无烟煤作瘦化剂用，但无烟煤须经过细粉碎 |

#### 2. 辅料

（1）硫酸

炼焦厂用硫酸吸收煤气中的氨，硫酸用于制取硫铵用的辅料。

（2）液碱

炼焦厂脱硫需要加氨源，通过蒸氨塔提取液碱中的氨源，来吸收煤气中硫化氢。

（3）洗油

炼焦厂洗脱苯需要消耗洗油，自煤气回收粗苯最常用的方法是洗油吸收法。

### （二）产品

#### 1. 焦炭

焦炭成分为：炭 82%～87%、氢 1%～1.5%、氧 0.4%～0.7%、氮 0.5%～0.7%、硫 0.7%～1.0%、磷 0.01%～0.25%。按焦炭工业分析，其成分为：灰分 10%～18%、挥发分

1%～3%、固定碳 80%～85%。

2．焦炉煤气

无有特臭的易燃气体、剧毒，主要成分有：烷烃、烯烃、芳烃、氢、一氧化碳等，燃烧热值：12 560～25 120 千焦/摩尔。荒煤气的组成：焦油气 80～120 g/Nm$^3$、氨 8～16 g/Nm$^3$、苯族烃氨 30～45 g/Nm$^3$、萘 10 g/Nm$^3$、硫化氢 6～10 g/Nm$^3$、硫化物（$CS_2$、噻吩）2～2.5 g/Nm$^3$、氰化物 1.0～2.5 g/Nm$^3$、吡啶盐基 0.4～0.6 g/Nm$^3$。

3．焦油

黑色黏稠液体，具有特殊臭味，有刺激性，高温煤焦油主要成分是芳香烃；低温煤焦油主要成分是环烃和烷烃；中温煤焦釉主要成分是芳香烃和酚类。可燃，并有腐蚀性。远离火种、热源，应与氧化剂、硝酸、双氧水分开存放。

4．氨水

纯净的氨水是无色透明的液体，氨水具有较强的挥发性。有较强的刺激性臭味，能刺激皮肤、眼、鼻，使人流泪。有毒，空气中最高容许浓度为 30 mg/m$^3$。并有渗透性、腐蚀性，能溶于水及醇，呈碱性，易分解放出氨气遇火星或热源而引发爆炸。

应储存于阴凉、通风、隔绝火源的仓库内，以减少氨的发挥而避免发生爆炸事故。

5．粗苯

粗苯为淡黄色透明液体，比水轻，不溶于水。无色透明液体，易挥发，有毒。不溶于水，能溶于醇、醚、丙酮。蒸汽与空气混合能形成爆炸性混合物，遇热、明火极易引起燃烧和爆炸，与氧化剂接触反应剧烈。本品容易产生和积聚静电。

粗苯是煤热解生成的粗煤气中的产物之一，经脱氨后的焦炉煤气中回收的苯系化合物，其中以苯含量为主，称之为粗苯。

6．硫铵

无色结晶或白色颗粒。无气味，有毒，有刺激性。主要用作肥料，适用于各种土壤和作物。还可用于纺织、皮革、医药等方面。

7．萘

萘是具有挥发性的白色结晶，粗萘含不纯物，呈灰棕色，有煤焦油臭味。能溶于苯、醚、无水酒精，不溶于水，但能和水蒸气一同挥发。遇明火、高温、氧化剂有导致火灾的危险。皮肤有刺激性，能引起皮肤疹。

8．杂酚

深棕色结晶体。有毒和腐蚀性。易燃，受热发出有毒蒸气，并有腐蚀性。

9．硫黄

外观一般为淡黄色脆性结晶体或粉末，有特殊臭味。硫黄不溶于水，微溶于乙醇、醚，易溶于二硫化碳。切忌与磷及氧化剂混存混运。硫黄受潮后有酸性，容易烂坏包装麻袋。

## （三）炼焦行业的能耗和水耗

炼焦所需燃料主要有焦炉煤气，辅料主要有硫酸、洗油等。目前，国际先进水平的工序能耗为 167 kg 标煤/t 焦，烟（粉）尘排放为 1.0 kg/t 焦，吨焦耗新鲜水量 2.5 t，吨焦耗蒸汽量 0.2 t，吨焦耗电量 30 kW·h。

炼焦所需能源来自加热煤气的占 90%，炼焦生产能耗占炼焦工序能耗的 75%。目前，一些企业炼焦工序能耗统计中只包括炼焦生产部分，不包括化产品部分，所以出现了炼焦工序能耗偏低的现象。正常的炼焦工序能耗应在 150 kg 标准煤/吨左右。多数炼焦厂的产品带出热没有回收，采用干熄焦回收红焦热量的企业不到 5%，回收高温粗煤气和燃烧废气热量的企业较少。

【燃气】炼焦企业大多采用焦炉煤气作为维持焦炭生产的持续能源。每生产 1 t 焦炭大约产生 1 000 $m^3$ 左右的煤气，回炉炼焦 420 $m^3$（约占 42%）左右的煤气，用于烘干焦炭消耗煤气约 30 $m^3$（约占 3%）左右，焦炭生产外输煤气约 550 $m^3$（约占 55%）。

【水】每生产 1 t 焦炭约消耗 2.5 t 左右的水，消耗蒸汽量 0.2 t。

【电】每生产 1 t 焦炭大约消耗 30 kW·h 的电。

## （四）基本生产工艺

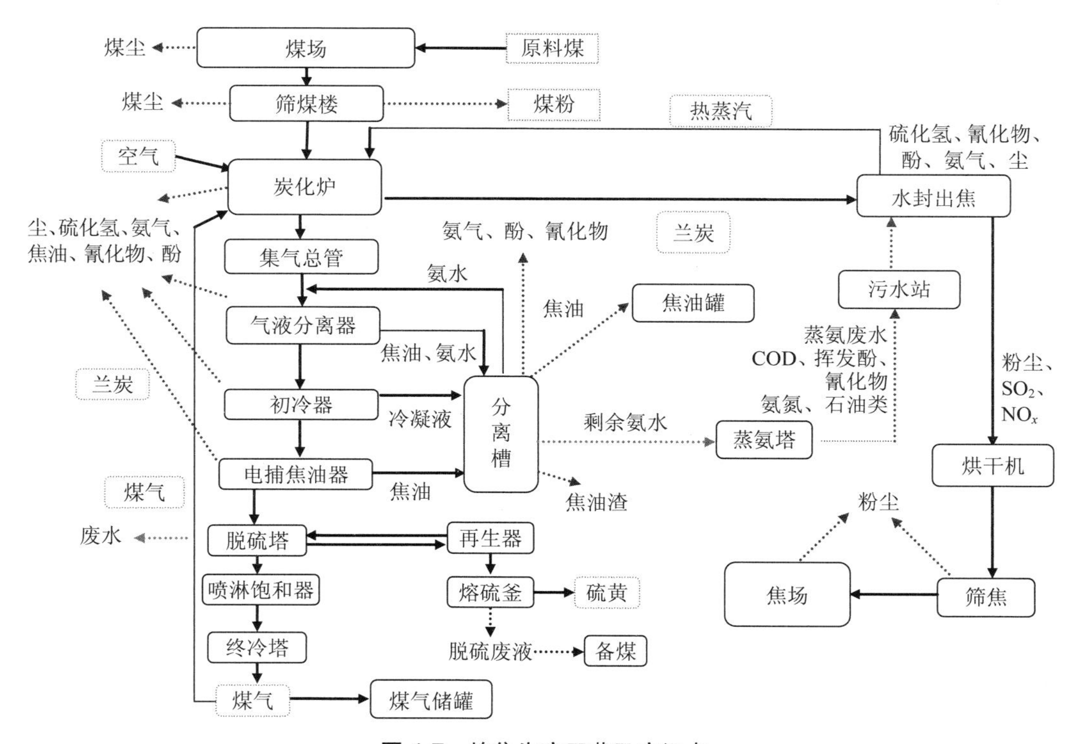


图 4-7　炼焦生产工艺及产污点

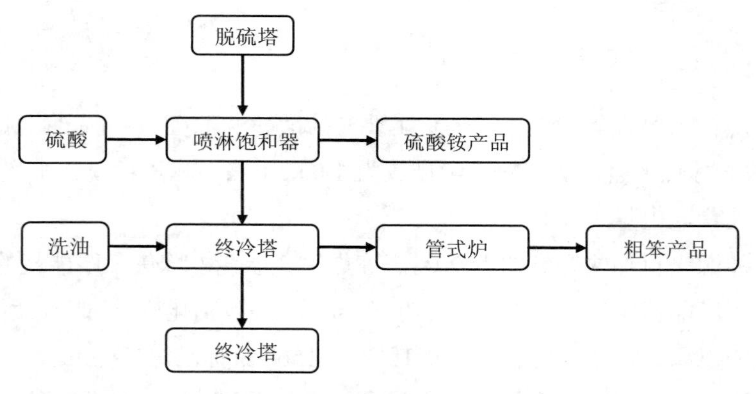


图 4-8 炼焦生产工艺及产污点

## （五）炼焦工业主要生产设备

表 4-39 炼焦工业主要生产设备

| 基本工序 | 使用的主要设备 |
| --- | --- |
| 备煤配煤 | 受煤坑、煤场、配煤槽、胶带输送机、提升机、破碎机、筛分室、粉煤仓、配煤室、贮煤塔、铲车、运输车辆 |
| 炭化 | 装煤车、炭化室、燃烧室、斜道、蓄热室、废气盘、烟道、烟囱、推焦车、炉门、导焦槽、熄焦车、干熄炉、装入装置、排焦装置、提升机、电机车及焦罐台车、焦罐、冷焦排除系统、循环风机、一次除尘器、二次除尘器、锅炉、熄焦车、熄焦塔、喷淋装置、凉焦台、筛焦楼、贮焦槽、传送装置、运输装置、焦油罐、煤气罐 |
| 筛焦、贮焦 | 凉焦台、皮带运输机、给料机、筛焦楼（筛焦机、地槽、皮带机）、储焦场、粉焦棚、贮焦仓、运输车辆 |
| 煤气净化 | 横管初冷器、吸煤气管道、氨水澄清槽、气液分离器、鼓风机、电捕焦油器、预冷塔、脱硫塔、反应槽、脱硫液循环泵、再生塔、泡沫槽、熔硫釜、废液槽、废液冷却器、进入旋风式除酸器、结晶槽、离心机、干燥机 |
| 化产回收 | 煤气预热器、喷淋式饱和器、水洗氨—蒸氨氨分解装置、蒸馏塔、终冷洗苯装置和粗苯蒸馏装置 |

## 二、炼焦工业的主要污染指标

表 4-40　炼焦工业主要污染指标

| 污染类型 | | 特征污染物 |
| --- | --- | --- |
| 废气 | 无组织废气 | 【含尘工艺废气】备煤坑、粉碎机房原料精煤的运输、存贮、配制、粉碎、筛分过程产生的煤尘，焦炉装煤、焦炭破碎、筛分、装运过程产生的焦尘，煤尘无组织逸散；<br>【炼焦工艺废气】来自焦炉烟气、推焦车烟气、炉门逸散气、炉顶烟气、熄焦塔烟气、锅炉烟气、氨焚烧烟气的泄漏和散逸，含颗粒物、$SO_2$、$NO_x$、BaP、$H_2S$、$NH_3$、HCN、挥发酚、$C_nH_m$ 等；<br>【化学废气】主要来自炼焦车间的荒煤气泄漏和化工车间的各种气体泄漏。其成分主要是含硫化合物（$SO_2$、$H_2S$）、氨氮化合物（$NH_3$、$NO_x$）、芳烃（焦油烟、苯类、酚类、多环和杂环芳烃等）、炼焦炉体泄漏、推焦、熄焦、焦油罐、苯贮槽等过程或设施存在无组织废气排放，主要污染物含煤尘颗粒物、$SO_2$、BaP、BSO、CO、$H_2S$、$NH_3$、HCN 等 |
| | 有组织废气 | 【炼焦工艺废气】来自推焦车烟气、炉门逸散气、炉顶烟气、熄焦塔烟气、氨焚烧烟气等，含颗粒物、$SO_2$、$NO_x$、BaP、$H_2S$、$NH_3$、HCN、挥发酚、$C_nH_m$ 等；<br>【含尘工艺废气】备煤坑、粉碎机房原料精煤的运输、存贮、配制、粉碎、筛分过程产生的煤尘，焦炉装煤、焦炭破碎、筛分、装运过程产生的焦尘，集气除尘；<br>【烟气】脱硫尾气含颗粒物、$SO_2$、$NO_x$；焦炉烟气、锅炉烟气除尘装置排气含颗粒物、$SO_2$、$NO_x$；<br>【化学废气】主要来自炼焦车间的荒煤气集气装置和化工车间的各种气体的集气装置、氨水槽、焦油罐废气收集装置，成分主要是含硫化合物（$SO_2$、$H_2S$）、氨氮化合物（$NH_3$、$NO_x$）、芳烃（焦油烟、苯类、酚类、多环和杂环芳烃等） |
| 污水 | 生产废水 | 【工艺废水】剩余氨水、初冷水封排水、熄焦废水、粗苯分离水、洗萘分离水、洗氨分离水、萃取脱酸水、脱硫脱氰废水、蒸铵废水、设备冲洗废水和化验污水，主要污染物有 pH、SS、$COD_{Cr}$、氨氮、$BOD_5$、总氮、总磷、石油类、挥发酚、硫化物、苯、氰化物、多环芳烃、苯并[*a*]芘；<br>【低浓度废水】地坪和厂区地面冲洗水、初级雨水和冷却用水、水封上升管和冷却循环水排水和地坪冲洗水等，主要污染物有 pH、SS、$COD_{Cr}$、氨氮、$BOD_5$、总氮、总磷、石油类等 |
| | 生活污水 | 污染物主要为 SS、COD、氨氮、总氮、总磷等 |
| 固体废物 | 生产废物 | 【一般固体废物】上煤系统和除焦系统的除尘灰、焦粉，锅炉灰渣；<br>【危险废物】焦油渣你、废焦油、整氨塔渣、废树脂、废活性炭、废滤布、脱硫残渣、脱硫废液、酸焦油、再生器残渣、废矿物油、废水处理污泥、熄焦废水循环池污泥、含油抹布、实验室废弃物 |
| | 生活垃圾 | 主要产生于办公区，作为一般固体废物经环卫部门收集填埋 |
| 噪声 | | 机械噪声、运输车辆噪声、空压机噪声、除尘器噪声、破碎筛分噪声等 |

## 三、炼焦工业的污染物来源

我国的炼焦生产企业数量众多，规模大小不一，地域分布广泛，且焦炭生产工艺过程复杂、消耗煤炭量多、污染物排放强度大。

### （一）大气污染物的来源

炼焦企业的大气污染物分布于生产工艺各环节，均有大气污染问题。（1）粉尘（TSP），主要来自原料精煤的运输、存贮、配制和粉碎过程，以及焦炉装煤过程产生的粉尘。这些粉尘产生的特点是局部污染，仅局限在备煤坑、粉碎机房和焦炉装煤过程中。但在气候条件的作用下，常将这些粉尘变成扬尘，扩散到空气当中，随风飘散，造成较远距离的空气污染。（2）烟气，主要来自焦炉烟气、推焦车烟气、炉门逸散气、炉顶烟气、熄焦塔烟气、锅炉烟气、氨焚烧烟气等。这些烟气中既有微小的浮尘和飘尘，常含有 $SO_2$、$H_2S$ 和氨氮化合物也含有化学物质的成分。它们的特点是分布广、分散性强、污染面大，对炼焦企业四周的空气造成比较严重的污染。（3）化学废气，主要来自炼焦车间的荒煤气泄漏和化工车间的各种气体泄漏。其成分主要是含硫化合物（$SO_2$、$H_2S$），氨氮化合物（$NH_3$、$NO_x$）、芳烃（焦油烟、苯类、酚类、多环和杂环芳烃等）以及少量的氰化物。特点是由于其逸散量较小，对四周的空气不会造成大面积的污染，但在化产车间和炼焦炉局部常形成浓度较高的污染区，这些带有刺鼻气味的气体会对人群健康造成损害。

### （二）水污染物的来源

炼焦企业的废水主要有两类：第一类是低浓度废水，主要有生活污水和冷却用水（水封上升管和冷却循环水排水），这类废水中污染物的含量不高。第二类是工艺废水，主要有剩余氨水、粗笨分离水、洗萘分离水、洗氨分离水、萃取脱酸水蒸氨废水和化验污水。炼焦废水无论是其水质特性还是治理难度，都有别于市政污水和其他行业废水，具有明显的独特性。

炼焦企业造成的水污染问题主要是第二类工艺废水。它的成分主要有酚、$NH_3$、$H_2S$、焦油、苯类、氰化物以及 BOD 和 COD。这类废水的特点是排量大，危害严重。其水中污染物的浓度与企业化产回收程度有密切关系，化产品的回收程度高的企业，其工艺废水的浓度较低，如果化产品回收程度不高或根本无回收的企业（如改良焦、小机焦），煤热解产出的大部物质在冷却过程回到废水，造成废水浓度增大。回收程度越高的企业，水污染的问题越小，回收越差的企业，水污染的问题越严重。

### （三）固体废物的来源

炼焦工艺产生多种固态、半固态及流态的固体废物，主要有焦油渣、酸焦油、洗油再生器残渣、黑萘、吹苯残渣及残液、黄血盐残铁粉、酚精制残渣、脱硫残渣等。固体废物主要为各除尘设备回收的粉料；冷凝鼓风工段产生的焦油渣，均可综合利用。焦油渣按危险废物管理，要建立管理台账，运出要有转移联单，如外运处置用于焦油精炼，可申请危险废物管理豁免。

炼焦企业产生的固体废物中，除粉焦、除尘灰外，其余均为危险废物，掺入入炉精煤中炼焦是目前较为可靠的综合利用方式。

## 四、炼焦工业的排污节点特征

表 4-41　炼焦生产企业排污节点

<table>
<tr><th>污染类型</th><th colspan="3">排污节点</th><th>污染物</th><th>检查要点</th></tr>
<tr><td rowspan="14">有组织排放废气源</td><td rowspan="2">备煤配煤</td><td>备煤</td><td>煤炭破碎、筛分产生含尘废气；<br>煤粉仓排气</td><td>煤尘</td><td rowspan="2">检查颗粒物监测浓度，判断排放量和浓度达标</td></tr>
<tr><td>装煤</td><td>装煤孔废气集气</td><td>煤尘</td></tr>
<tr><td rowspan="4">炭化工段</td><td>燃烧室</td><td>燃烧室、烟道</td><td>烟气：$SO_2$、$NO_x$、烟粉尘</td><td>检查 $SO_2$、$NO_x$、颗粒物监测浓度和除尘、脱硫效果</td></tr>
<tr><td>推焦</td><td>移动式吸尘罩废气收集</td><td rowspan="3">含煤尘颗粒物、$SO_2$、$NO_x$、BaP、$H_2S$、$NH_3$、HCN、挥发酚、$C_nH_m$ 等</td><td>检查颗粒物监测浓度，判断排放量和浓度达标</td></tr>
<tr><td>湿法熄焦</td><td>吸尘罩废气收集</td><td>检查密闭效果</td></tr>
<tr><td>干法熄焦</td><td>集气除尘系统</td><td>检查颗粒物监测浓度，判断除尘效果</td></tr>
<tr><td rowspan="2">筛焦贮焦</td><td>筛焦</td><td>烘干机、破碎机、振动筛</td><td>颗粒物、$SO_2$、$NO_x$</td><td>检查颗粒物监测浓度，判断排放量和浓度达标</td></tr>
<tr><td>成品贮存</td><td>筛焦</td><td>焦尘</td><td>检查除尘效果</td></tr>
<tr><td rowspan="3">煤气净化</td><td>煤气初冷</td><td rowspan="2">设备泄漏和“跑、冒、滴、漏”排放废气</td><td rowspan="2">废气含颗粒物、$H_2S$、$NH_3$、$NO_x$、HCN、挥发酚、$C_nH_m$ 等；<br>产生恶臭和 VOC 污染</td><td rowspan="2">检查密闭效果</td></tr>
<tr><td>分离工艺</td></tr>
<tr><td>脱硫脱氰</td><td>尾气焚烧排放的废气</td><td>废气含 $SO_2$、$NO_x$、颗粒物等</td><td>检查除尘效果<br>检查 $SO_2$、$NO_x$ 排放浓度</td></tr>
<tr><td rowspan="3">化产回收</td><td>硫铵</td><td rowspan="3">设备尾气和放散口排放废气</td><td rowspan="3">废气含颗粒物、$H_2S$、$NH_3$、HCN、挥发酚、$C_nH_m$ 等；<br>产生恶臭和 VOC 污染</td><td rowspan="3">检查密闭效果</td></tr>
<tr><td>脱萘</td></tr>
<tr><td>粗苯</td></tr>
</table>

| 污染类型 | 排污节点 | | | 污染物 | 检查要点 |
|---|---|---|---|---|---|
| 无组织排放废气源 | 备煤配煤 | 备煤 | 煤炭装卸、煤场、转运、堆存、胶带输送 | 煤尘 | 检查抑尘措施及效果 |
| | | 装煤 | 煤料装入炭化室时从装煤孔、上升管盖、炉门泄漏废气 | 废气含煤尘颗粒物、$SO_2$、$NO_x$、BaP、苯类、CO、$H_2S$、$NH_3$、HCN、挥发酚、$C_nH_m$等 | 检查集气、引气措施与除尘效果 |
| | | 辅料运贮 | 辅料硫酸、烧碱、洗油装卸、贮存、供料“跑、冒、滴、漏” | 产生酸性废气；<br>产生挥发烃异味（VOC） | 检查酸性废气和挥发烃的异味 |
| | 炭化工段 | 炭化室 | 炭化炉的炉顶、炉门炉气泄漏； | 废气含煤尘颗粒物、$SO_2$、$NO_x$、BaP、苯类、CO、$H_2S$、$NH_3$、HCN、挥发酚、$C_nH_m$等 | 检查密闭与引气效果 |
| | | 推焦 | 开门、关门、推焦过程炉气泄漏 | | |
| | | 湿法熄焦 | 推焦，入车入罐； | 废气含煤尘颗粒物、$SO_2$、$NO_x$、BaP、苯类、$H_2S$、$NH_3$、HCN、挥发酚、$C_nH_m$等 | 检查集气与除尘效果 |
| | | 干法熄焦 | 熄焦过程 | | 检查干法熄焦的密闭措施 |
| | 煤气净化 | 煤气初冷 | 在电捕焦油器、中间槽等产生煤气泄漏， | 含煤尘颗粒物、$SO_2$、$NO_x$、BaP、苯类、CO、$H_2S$、$NH_3$、HCN、挥发酚、$C_nH_m$等 | 检查恶臭泄漏情况（气味） |
| | | 分离工艺 | 蒸氨槽、焦油槽、氨水槽顶的放散废气；焦油渣罐大小呼吸，冷热循环水池蒸发产生废气 | | |
| | | 脱硫脱氰 | 设备、管道、燃烧炉、反应槽、熔硫釜等封闭不严和“跑、冒、滴、漏”产生含$H_2S$、VOC等泄漏，产生异味 | 废气含$H_2S$、$SO_2$、$NO_x$、$NH_3$、HCN、挥发酚、$C_nH_m$等；<br>废气含恶臭、VOC污染 | 检查恶臭和VOC泄漏情况（气味） |
| | 化产回收 | 硫铵 | 喷淋塔、结晶槽、干燥床等设备泄漏 | 颗粒物、$SO_2$、$NO_x$、BaP、苯类、$H_2S$、$NH_3$、HCN、挥发酚、$C_nH_m$等 | 检查恶臭和VOC泄漏情况（气味） |
| | | 脱萘 | 终冷塔、旋风捕雾器、循环油槽等设备泄漏 | | |
| | | 粗苯 | 分离器、冷却器、洗油再生器等设备泄漏 | | |

| 污染类型 | 排污节点 | | | 污染物 | 检查要点 |
|---|---|---|---|---|---|
| 污水源 | 备煤 | 备煤 | 场地冲洗废水和渗滤水 | 含有悬浮物、Cu、Mn、Zn 等重金属离子 | 检查去向 |
| | 炭化工段 | 炭化 | 场地冲洗废水 | | 检查去向 |
| | | 湿法熄焦 | 熄焦废水 | 废水：COD、酚、氨氮、氰化物、石油类、硫化物 | 检查去向 |
| | | 干法熄焦 | 场地冲洗废水 | | 检查去向 |
| | 筛焦、贮焦 | 筛焦 | 地面冲洗废水 | 废水含 SS、COD、氨氮、氰化物、硫化物、挥发酚、石油类等 | 检查去向 |
| | | 成品贮存 | | | |
| | 煤气净化 | 煤气初冷 | 水封排水工艺废水和设备地面冲洗废水 | 废水中含 COD、氨氮、氰化物、挥发酚、石油类等 | 检查去向 |
| | | 分离工艺 | 工艺排水，设备、地坪冲洗水 | | 检查去向 |
| | | 脱硫脱氰 | 工艺废水、设备、地坪冲洗水 | 废水中含硫化物、氨氮、COD、氰化物、挥发酚、石油类等 | 检查去向 |
| | 化产回收 | 硫铵 | 工艺废水、设备地面冲洗废水 | 含 pH、COD、氨氮、氰化物、挥发酚、石油类、$C_nH_m$ 等 | 检查去向 |
| | | 脱萘 | | | |
| | | 粗苯 | | | |
| | 污水厂 | | 污水厂 | pH、SS、COD、酚、氨氮、氰化物、石油类、硫化物、苯、氰化物、多环芳烃等 | 检查各项指标环境监测或环境监控数据，各项水污染物指标是否达标排放 |
| | 机修厂 | | 机修厂 | COD、石油类、SS | 检查各项指标是否达标 |
| | 办公区 | | 生活污水 | COD、氨氮、油类 | 检查各项指标是否达标 |
| 固体废物 | 备煤系统 | 备煤 | 筛煤 | 粉煤 | 检查去向，是否符合手续 |
| | | 除尘 | 煤尘 | 除尘回收的煤尘 | |
| | 炭化 | 熄焦 | 除尘 | 粉焦 | |
| | 筛焦贮焦 | 筛焦 | 除尘 | 粉焦 | |
| | 煤气净化 | 初冷分离 | 冷凝鼓风、机械化氨水澄清槽 | 焦油渣（危险废物） | |
| | | 硫回收 | 尾气除尘 | 尘灰（危险废物） | |
| | | | 溶液贮槽、熔硫釜、板框压滤机 | 脱硫废液（危险废物）<br>硫黄（危险化学品） | |
| | 化产回收 | 硫铵 | 蒸氨塔 | 沥青渣（危险化学品） | |
| | | | 满流槽 | 焦油渣（危险废物） | |
| | | 粗苯 | 洗油再生塔 | 再生残渣（危险废物） | |
| | 污水处理 | | 污水处理 | 污泥（危险废物） | |

## 五、炼焦工业企业常见的环境违法行为

通过对炼焦企业环境执法过程中常见问题进行梳理分析，总结出主要环境违法问题如下：

（1）新建、改建和扩建炼焦项目，未依法进行环境影响评价，擅自开工建设，存在“未批先建”的问题；在建设过程中存在“批建不符”的问题，项目的性质、规模、地点、采用的生产工艺或者防治污染、防止生态破坏的措施与环境影响评价文件或环评审批文件不一致，发生重大变动，没有重新报批项目环评。

（2）企业没有严格执行环保“三同时”制度要求，项目需要配套建设的环境保护设施未建成、未经验收或者验收不合格，建设项目即投入生产或者使用，或者在环境保护设施验收中弄虚作假。

（3）储煤场未密封，配煤仓与破碎车间的连接方式没有密封。

（4）炼焦装煤、熄焦没有配备相应的集尘和除尘设施，以及采用未经处理的焦化废水熄焦。

（5）筛焦过程除尘设施不合格。

（6）煤气净化过程中废水没有妥善处置，无组织废气排放，或者没有安装脱硫装置。

（7）运输车辆没有采用密闭方式运输，物料遗撒严重。

（8）剩余氨水没有进行预处理，另外粗苯分离水、管线冷凝液、终冷废水、轴封水和气液分离废水、地坪冲洗水、生活化验废水没有全部收集进污水站，偷排外环境。

（9）炼焦企业的焦油渣、酸焦油、脱硫废液、粗苯残渣、剩余污泥等均为危险废物，有的企业没有建设危险废物贮存场所，危险废物转移量和生产量不符，部分危险废物去向不明。

（10）企业环境风险应急预案没有编制，或者应急物资和应急设施存在问题，没有定期演练，没有记录。

（11）企业环境管理制度不健全，台账记录不合规，或者弄虚作假。

（12）企业排污许可证申请过程弄虚作假，企业污染物排放超过排污许可证总量和浓度要求。

（13）环境保护督察中心检查时发现某省煤焦化集团有限公司 35 万 t/年机焦改扩建项目未批先建，2006 年建成投产；55 万 t/年焦化技术改造项目、焦炉煤气综合利用制 5 万 t/年合成氨（20 万 t/年碳酸氢铵）项目及堆焦棚未批先建，且不符合严陵工业园区规划环评“现有焦化企业产能控制在 100 万 t/年不再扩大规模”的要求。焦化废水未按环评要求建设深度处理设施，超标排放。60 万 t/年焦化技改项目配套的地面除尘设施于 2015 年 8 月损坏，至今未修复；筛焦车间、堆焦棚等未建设有效的收尘设施，无组织排放严重。

（14）某炼焦煤气有限公司的企业在生产工艺上并未按照环评要求建设干法熄焦设施，而是另行建设了一套湿法熄焦设施，与环评要求不符。同时，企业在厂区内堆放了大量危险废物，但没有任何防渗漏措施，对周边环境存在安全隐患。此外，企业在生产过程中也经常超标排放。

## 第八节 煤制气工业污染特征及环境违法行为

### 一、煤制气工业工艺环境管理概况

#### （一）主要原辅料

以煤为原料经过加压气化后，脱硫提纯制得的含有可燃组分的气体。两步法中，因为要先制煤浆进行煤气化，也就是制煤浆和煤气化的条件：煤、空气（氧气）、水，在进行甲烷化合成工序进行合成甲烷。生产的多个环节还使用多种添加剂和催化剂，如甲醇、丙烯、HCl、耐硫变换催化剂、硫回收催化剂、甲烷化炉催化剂、分子筛、活性氧化铝等。

**1．原料**

【无烟煤、贫煤、焦炭、半焦】气化时不黏结，不产生焦油，所生产的煤气中只含有少量的甲烷，不饱和碳氢化合物极少，但煤气热值较低。

【烟煤】气化时黏结，并且产生焦油，煤气中的不饱和烃、碳氢化合物较多，煤气的净化系统较复杂，煤气的热值较高。

【褐煤】气化时不黏结但产生焦油，加热时不产生胶质体，含有较高的内在水分和数量不等的腐植酸，挥发分高，加热时不软化，不熔融。

【泥炭】泥炭煤中含有大量的腐植酸，挥发分产率近 70%左右。气化时不黏结，但产生焦油和脂肪酸，所生产的煤气中含有大量的甲烷和不饱和碳氢化合物。

**2．辅料**

【甲醇】甲醇是无色有酒精味易挥发的液体，分子量 32.04，沸点 64.7℃。人口服中毒最低剂量约为 100 mg/kg 体重，经口摄入 0.3～1 g/kg 可致死。用于制造甲醛和农药等，低温甲醇洗吸收剂为甲醇溶液，通过吸收和解吸，吸收杂质，并回收循环使用。

【丙烯】丙烯常温下为无色、稍带有甜味的气体。分子量 42.08，密度 0.513 9 g/cm$^3$（20/4℃），冰点–185.3℃，沸点–47.4℃。易燃，爆炸极限为 2%～11%。不溶于水，溶于有机溶剂，是一种属低毒类物质。丙烯冷冻器采用丙烯作为冷冻剂。

【分子筛】常用分子筛为结晶态的硅酸盐或硅铝酸盐，是由硅氧四面体或铝氧四面体通过氧桥键相连而形成分子尺寸大小（通常为 0.3～2 nm）的孔道和空腔体系，因吸附分子大小和形状不同而具有筛分大小不同的流体分子的能力。

【活性氧化铝】活性氧化铝催化剂载体为白色、球状多孔性物质、无毒、无臭、不粉化、不溶于水、乙醇。该产品是一种普遍应用的工业催化剂载体。

【硫黄回收催化剂】硫黄回收催化剂主要用于炼油厂克劳斯硫回收装置、集炉气净化系统、城市煤气净化系统、合成氨厂、钡锶盐工业、甲醇厂脱硫再生后硫回收装置。主要成分有 $Al_2O_3$、$Na_2O$、$SiO_2$。

【石灰石】石灰石主要成分是碳酸钙（$CaCO_3$）。锅炉采用石灰石—石膏法脱硫，石灰浆的制备需要消耗石灰石。

**3．产品**

（1）主产品

【天然气】主要成分：$CO_2$、CO、$H_2$、$CH_4$、$H_2O$、$H_2S$、$N_2$、焦油、油、石脑油、酚、腐植酸等（煤质不同成分也不同）。

（2）副产品

【石脑油】成分包括混合苯、粗苯、轻质煤焦油、杂环烃等。

【硫黄】黄色固体或粉末，有明显气味，能挥发。硫黄水悬液呈微酸性，不溶于水，与碱反应生成多硫化物。

【液氨】是一种无色液体，有强烈刺激性气味。

【焦油】煤炭干馏时生成的具有刺激性臭味的黑色或黑褐色黏稠状液体。

【粗酚】无色或白色晶体，有额数气味，在空气中及光线作用下变为粉红色甚至红色。

## （二）能耗水耗

【水】每生产 1 000 $m^3$ 天然气大约消耗 6.84 $m^3$ 左右的新鲜水补水、1.78 $m^3$ 左右的脱盐水补水。

【电】每生产 1 000 $m^3$ 天然气大约消耗 395.80 kW·h 的电。

煤制气与煤化工项目能效、资源消耗、碳排放量比较见表 4-42。

**表 4-42 煤制气与煤化工项目能效、资源消耗、碳排放量比较**

| 项目 | 转换能效 | 煤耗 | 新鲜水耗/（t/t 标煤） | 碳排放量 |
|---|---|---|---|---|
| 煤制气 | 55%～60% | 2.0～2.3 t 标煤/千标方天然气 | 2.0～2.5 | 4.9 t/千标方天然气 |
| 煤间接制油 | 40%～45% | 3.4～3.6 t 标煤/吨油品 | 2.5～2.75 | 6.1 t/t 油品 |
| 煤制甲醇 | 42%～47% | 1.3～1.4 t 标煤/吨甲醇 | 2.5～3.0 | 4.5 t/t 甲醇 |
| 煤制烯烃 | 40%～44% | 4.0～4.4 t 标煤/吨烯烃 | 2.5～3.0 | 11.1 t/t 烯烃 |

资料来源：中石化集团经济技术研究院《煤化工发展趋势及中国石化煤化工发展策略》。

表 4-43　各种气化方法的冷煤气效率

| 气化方法 | 煤耗/[kg/km³（$CO+H_2$）] | 煤的热值/（kJ/kg） | 冷煤气效率/% | 有效能效率/% |
|---|---|---|---|---|
| 块煤固定床间歇制合成气 | 570 | 27 630 | 74 | 75～80 |
| 固定床双向富氧连续制合成气 | 595 | 25 116 | 78 | 80～85 |
| 固定床双炉耦合式纯氧连续制合成气 | 540 | 25 116 | 90 | >90 |
| 水煤浆制气 | 708 | 25 116 | 67 | 61～64 |
| 干法气流床制气 | 700 | 25 116 | ～70 | ～65 |

注：数据摘自詹俊怀等著《煤气化过程气化效率分析》（《氮肥技术》2009 年第 3 期）。

## （三）基本生产工艺

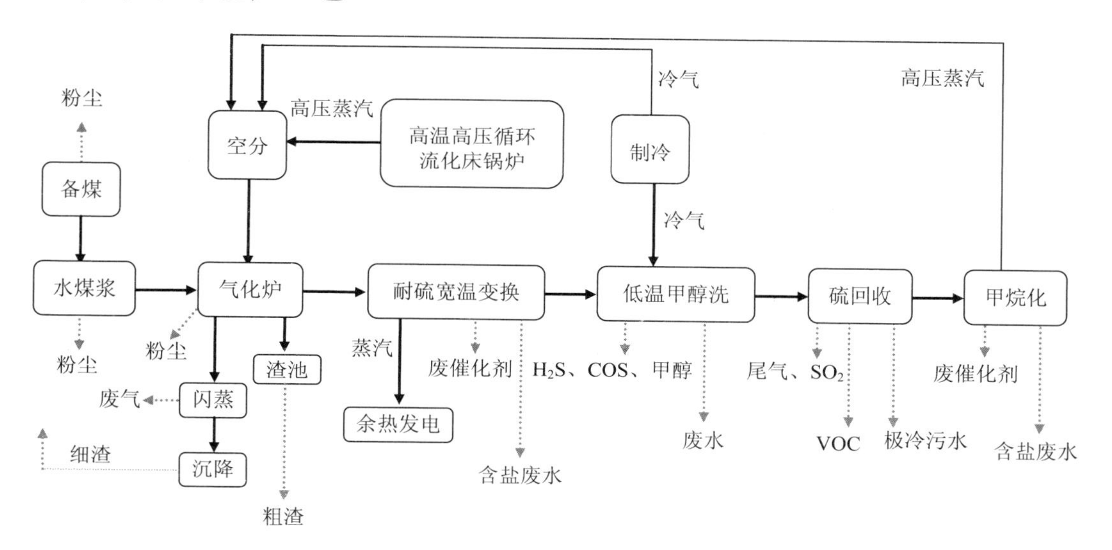


图 4-9　煤制气生产工艺及产污点

### 1. 煤气化

煤炭气化是指煤在特定的设备内，在一定温度及压力下使煤中有机质与气化剂（如蒸汽/空气或氧气等）发生一系列化学反应，将固体煤转化为含有 CO、$H_2$、$CH_4$ 等可燃气体和 $CO_2$、$N_2$ 等非可燃气体的过程。煤炭气化时，必须具备 3 个条件，即气化炉、气化剂、供给热量，三者缺一不可。

气化过程发生的反应包括煤的热解、气化和燃烧反应。煤的热解是指煤从固相变为气、固、液三相产物的过程。煤的气化和燃烧反应则包括两种反应类型，即非均相气—固反应和均相的气相反应（图 4-9）。

### 2. 甲烷化

烷化工艺为多段循环固定床工艺，原料气分成两路，分别进入两个串联的主反应器，而将第二主反应器的部分产品气冷却再循环送入第一主反应器的入口，与原料气混合进入，这样避免了甲烷化路入口气中CO含量过高，同时使得两台反应器的入口原料气组成相类似，以限制反应温度的升高。此外通过添加蒸汽控制反应温度并防止催化剂结炭。

第二主甲烷化反应烷化工艺，为多段循环固定床工艺，原料气分成两路，分别进入两个串联的主反应器，而将第二主反应器的部分产品气冷却再循环送入第一主反应器的入口，与原料气混合进入，这样避免了甲烷化路入口气中CO含量过高，同时使得两台反应器的入口原料气组成相类似，以限制反应温度的升高。此外通过添加蒸汽控制反应温度并防止催化剂结炭。第二主甲烷化反应器出口气除一部分循环用外，都进入无循环的补充甲烷化炉中。当前主流工艺如下：①托普索技术（TREMP技术）；②戴维技术（CRG技术）；③鲁奇/巴斯夫技术；④福斯特惠勒/南方化学技术（VESTA技术）。

## （四）煤制气工业主要生产设备

表4-44 煤制气工业的主要生产设备

| 设备类别 | 项目 | 设备（设施）名称 |
|---|---|---|
| 化工装置生产设施 | 备煤系统 | 包括厂内原煤输送（输煤管带机）、转运站、原煤筒仓、破碎筛分楼 |
| | 煤气化 | 包括煤浆制备、气化、灰水处理、磨机、水煤浆气化炉 |
| | 变换车间 | 包括水煤气变换炉（含钴钼催化剂）、余热锅炉 |
| | 低温甲醇洗 | 甲醇洗涤塔、中压闪蒸塔、再吸收塔、热再生塔、甲醇水分离塔及尾气洗涤塔等 |
| | 硫回收 | 制硫燃烧炉、一级、二级转化器、尾气焚烧炉、加氢反应器及溶剂再生塔等 |
| | 甲烷化 | 主要设备有第一甲烷反应器、第二甲烷反应器、第三甲烷反应器（含镍催化剂）及高压、低压废热锅炉等 |
| 发电及锅炉 | 余热发电机组 | 补气式汽轮发电机组 |
| | 锅炉 | 高温高压循环流化床锅炉 |
| | 除尘装置 | 布袋除尘 |
| | 炉外脱硫 | 石灰石—石膏法脱硫 |
| | 蒸汽冷却 | 空气冷却 |
| | 除渣 | 湿排渣 |
| 公用工程及辅助设施 | 厂内排水 | 生产废水（含初期雨水）、生活污水、雨水排水系统 |
| | 火炬 | 用于处理工厂停车及事故排气的驰放气装置 |
| | 储运系统 | 输煤管带机、运煤车辆、储煤场、化学品仓库（用于贮存添加剂和成品硫黄） |
| | 维修及分析化验 | 维修车间、化验室 |
| 环保工程 | 污水处理站 | 分为含盐有机污水、含盐、含泥污水、低盐含泥污水三种不同处理工艺 |
| | 中水处理 | 包括反渗透系统、GE废水处理技术 |
| | 蒸发池 | 浓盐水蒸发池 |
| | 事故应急池 | 消防事故和非正常排放事故池各一座 |

### （五）发生炉煤气的种类

依据所用气化剂的不同，发生炉煤气主要分为以下四种（表 4-45）：

表 4-45 发生炉煤气的种类

| 煤气种类 | 气化剂类型 | 煤气低位热值/（$kJ/m^3$） | 煤气主要燃气组分（体积）/% | | |
|---|---|---|---|---|---|
| | | | $H_2$ | CO | $CH_4$ |
| 水煤气 | 水蒸气 | 10 032～11 286 | 50 | 37 | 0.3 |
| 半水煤气 | 水蒸气＋适量空气或富氧 | 10 032～10 405 | 37 | 33 | 0.3 |
| 空气煤气 | 空气 | 3 762～4 598 | 1 | 33 | 0.3 |
| 混合煤气 | 空气＋适量水蒸气 | 5 016～6 270 | 11 | 28 | 0.5 |

注：摘自向英温等著《煤的综合利用基本知识问答》（冶金工业出版社 2009 年版）。

## 二、煤制气工业的主要污染物

表 4-46 煤制气工业主要污染物

| 污染类型 | | 特征污染物 |
|---|---|---|
| 废气 | 无组织废气 | 【备煤】运装卸，煤仓、堆场、受煤坑的堆存、转运，预加工的破碎、粉磨、筛分过程，产生遗撒、扬散含煤粉尘；<br>【除渣】冲渣蒸汽，含水蒸气、烟尘、$CO_2$、CO、$CH_4$、挥发酚、氰化物等；<br>【煤气水处理】膨胀气和逸散气，$CO_2$、CO、$NH_3$、$CH_4$、$H_2S$、$H_2O$（g）等；<br>【其他工序泄漏】设备、管道封闭不严和“跑、冒、滴、漏”、气化炉废气泄漏、煤气洗涤水和冷凝水排出的工艺废气（CO、$H_2S$、COS、$NH_3$、酚、氰化物、VOC 等恶臭气味等），甲醇罐泄漏（甲醇）；<br>【废渣废水收集】收集、储运现场产生恶臭（$H_2S$、$NH_3$、酚、氰化物、VOC 等） |
| | 有组织废气 | 【蒸汽锅炉】燃煤锅炉烟气，主要含烟尘、$SO_2$ 和 $NO_x$；<br>【造气工序】造气吹风气加煤排气、泄压排气、渣激冷室放空排气、煤气水分离膨胀气、脱酸废气，主要含 $H_2S$、CO、$NH_3$、酚、氰化物、$CH_4$、粉尘、多环芳烃等污染物，有恶臭；<br>【甲醇洗涤塔尾气】含甲醇、氨；<br>【脱硫尾气】含烟尘、$SO_2$、$H_2S$、$NO_x$；<br>【预处理】转运站、破碎筛分、原煤上料过程排气筒废气（粉尘） |

| 污染类型 | | 特征污染物 |
|---|---|---|
| 污水 | 生产废水 | 【备煤】地面冲洗水、煤场渗滤水，含有悬浮物；<br>【蒸汽锅炉】锅炉废水、脱硫废水、含盐废水，含悬浮物、亚硫酸盐、硫酸盐、氨氮以及重金属；<br>【造气工序】冲渣水、除尘洗涤水、冷凝水、最终处理的煤气水，其中含 SS、COD、氨氮、油类、苯、焦油、酚、硫化物、氰化物、盐类等；<br>【脱硫】脱硫废液，含硫代硫酸铵、硫氢酸铵等杂质；<br>【灰渣废水】部分灰水处理灰水槽溢流清液、甲醇洗水分离塔产生废水、硫回收的极冷水、机修车间废水，主要污染物有：COD、硫化物、氨氮、石油类、SS、盐等 |
| | 生活污水 | 污染物主要为 SS、COD、氨氮、总氮、总磷等 |
| 固体废物 | 一般固体废物 | 气化炉粗渣、气化炉细渣、锅炉灰渣、除尘器分离出的尘灰、脱硫石膏、空分吸附器氧化铝和分子筛、蒸发池粗盐泥等 |
| | 危险废物 | 机修厂废石棉、变换废催化剂、硫回收废催化剂、甲烷化有机硫水解废催化剂、甲烷化废脱硫催化剂、甲烷化废催化剂、污水处理站污泥、反渗透系统污泥、回收产生的粗酚、再生塔分离出的硫黄、铜洗过程产生的铜泥、含油抹布、污油等 |
| 环境噪声 | | 锅炉排汽的高频噪声、设备运转时的空气动力噪声、运输车辆噪声等 |

## 三、煤制气工业的污染物来源

### （一）废气污染物来源

原辅料的运装卸、煤仓、堆场、受煤坑煤尘的扬散和原料煤破碎、粉磨、筛分现场产生的煤尘既有无组织的扬散，也有经收集除尘后从排放口的有组织排放；煤气炉加煤装置泄漏的煤气及放散煤气，造成有害气态污染物的污染较为突出；另外，煤气炉开炉启动、热备鼓风、设备检修、放空以及事故处理时的放散操作都会向大气直接放散一定量的煤气；在冷却净化处理过程，循环冷却水沉淀池和凉水塔周围有害物质的蒸发、逸出到大气。有害物质酚、氰化物是泄漏蒸发废气中的主要成分。

**1. 有组织排放**

燃煤锅炉烟气，主要含烟尘、$SO_2$和 $NO_x$；造气吹风气加煤排气、泄压排气、渣激冷室放空排气、煤气水分离膨胀气、脱酸废气排气，主要含 $H_2S$、CO、$NH_3$、酚、氰化物、$CH_4$、粉尘、多环芳烃等污染物，有恶臭；气化炉废气（CO、$H_2S$、COS、氨、酚、氰化物等恶臭气味等）排气口；低温甲醇洗洗涤塔尾气（甲醇）排放口；硫回收装置尾气排放口（$SO_2$、$H_2S$、$NO_x$、颗粒物），锅炉烟气（烟尘、$SO_2$、$NO_x$）。原煤预处理工序转运站、破碎筛分、原煤上料过程排气筒废气（粉尘）。

### 2. 无组织排放

运装卸，煤仓、堆场、受煤坑的堆存、转运，预加工的破碎、粉磨、筛分过程，锅炉灰渣收储运产生遗撒、扬散产生无组织扬尘排放；气化炉废气泄漏、煤气洗涤水和冷凝水排出的工艺废气（CO、$H_2S$、COS、氨、酚、氰化物等恶臭气味等）；设备、管道封闭不严和“跑、冒、滴、漏”、气化炉废气泄漏、煤气洗涤水和冷凝水排出的工艺废气（CO、$H_2S$、COS、$NH_3$、酚、氰化物、VOC 等恶臭气味等），甲醇罐泄漏（甲醇）；除渣过程冲渣蒸汽，含水蒸气、烟尘、$CO_2$、CO、$CH_4$、挥发酚、氰化物等；废渣废水收集系统，在收集、储运现场产生恶臭（$H_2S$、$NH_3$、酚、氰化物、VOC 等）。

## （二）废水污染物来源

备煤过程产生地面冲洗水、煤场渗滤水，含有悬浮物。

蒸汽锅炉产生锅炉废水、脱硫废水、含盐废水，含悬浮物、亚硫酸盐、硫酸盐、氨氮以及重金属。

造气工序产生冲渣水、除尘洗涤水、冷凝水（含盐）、最终处理的煤气水，其中含 SS、COD、氨氮、油类、苯、焦油、酚、硫化物、氰化物、盐类等。

脱硫过程产生脱硫废液，含硫代硫酸铵、硫氢酸铵等杂质。

灰渣处理过程产生灰水处理灰水槽溢流清液，硫回收产生极冷水，甲醇洗水分离塔产生分离废水、主要污染物有：COD、硫化物、氨氮、石油类、SS、盐等。

（1）煤气发生站废水。煤气发生站废水主要来自发生炉中煤气的洗涤和冷却过程，这一废水的量和组成随原料煤、操作条件和废水系统的不同而变化，在用烟煤和褐煤做原料时，废水的水质相当恶劣，含有大量的酚、焦油和氨等。煤气化污水氨含量一般都在 6 000 mg/L 以上，总酚含量平均 5 000 mg/L 左右，二氧化碳含量约为 2 500 mg/L 污水呈弱酸性。

（2）气化工艺废水。固定床、流化床和气流床三种气化工艺的废水情况可见表 4-47。

表 4-47 气化工艺的废水水质

| 污染物种类 | 污染物浓度 | | |
|---|---|---|---|
| | 固定床（鲁奇床） | 流化床（温克勒炉） | 气流床（德士古炉） |
| 焦油 | <500 | 10～20 | 无 |
| 苯酚 | 1 500～5 500 | 20 | <10 |
| 甲酸化合物 | 无 | 无 | 100～1 200 |
| 氨 | 3 500～9 000 | 9 000 | 1 300～2 700 |
| 氰化物 | 1～40 | 5 | 10～30 |
| COD | 3 500～23 000 | 200～300 | 200～760 |

数据摘自：令狐荣科所著《对煤气化三废的治理》(2009 年 • 工程科学)。

表 4-48　煤气厂含酚废水水质分析表　　　单位：mg/L

| 水质指标 | 数量 | 水质指标 | 数量 |
|---|---|---|---|
| 总酚 | 10 000～17 000 | pH | 9 |
| 挥发酚 | 7 000 | 氰化物 | 7 |
| 石油类 | 10 000 | 硫化物 | 90 |
| COD | 30 000～50 000 | 总磷 | 4 |
| 氨氮 | 5 000 | | |

注：摘自工业废水处理网。

### （三）固体废物来源

【一般固体废物】气化炉粗渣、气化炉细渣、锅炉灰渣、除尘器分离出的尘灰、脱硫石膏、空分吸附器氧化铝和分子筛、蒸发池粗盐泥等。

【危险废物】机修厂废石棉、变换废催化剂、硫回收废催化剂、甲烷化有机硫水解废催化剂、甲烷化废脱硫催化剂、甲烷化废催化剂、污水处理站污泥、反渗透系统污泥、回收产生的粗酚、再生塔分离出的硫黄、铜洗过程产生的铜泥、含油抹布、污油等。

## 四、煤制气工业的排污节点特征

表 4-49　煤制气工业的排污节点特征

| 污染类型 | 排污节点 | | 污染物 | 检查内容 |
|---|---|---|---|---|
| 有组织排放废气源 | 备料系统 | 转运站、破碎筛分楼 | 煤尘 | 检查转运站、破碎筛分楼除尘器的检测报告，是否排放达标 |
| | 硫回收工段 | 尾气吸收塔产生焚烧尾气 | $SO_2$、$NO_x$ | 检查硫回收吸收塔的尾气排放的检测报告，$SO_2$、$NO_x$是否排放达标 |
| | 锅炉房 | 燃烧烟气；<br>脱硫石灰石浆的磨制 | 烟尘、$SO_2$、$NO_x$、粉尘 | 检查经除尘、脱硫后的烟气的检测报告或监控记录，烟尘、$SO_2$、$NO_x$是否排放达标；<br>脱硫石灰石浆的磨制除尘后颗粒物浓度检测报告 |
| 无组织排放废气源 | 备料系统 | 煤炭（燃料煤、原料煤）装卸、堆存、上料 | 粉尘、煤尘 | 堆场防风抑尘措施是什么 |
| | | | | 检查粉料仓、棚的密闭措施 |
| | | 石灰石装卸、堆存、上料 | | |
| | | 辅料化学品仓库在装卸料是产生遗撒 | | 检查在卸车和装载机工作扬尘 |
| | | | | 检查卸车是否存在遗撒 |
| | | 甲醇、胺液罐区由于上料遗撒、大小呼吸会产生含 VOC 异味废气 | 排放 VOC | 减少遗撒和泄漏，凭嗅觉判断酸雾多少 |

| 污染类型 | 排污节点 | | 污染物 | 检查内容 |
|---|---|---|---|---|
| 无组织排放废气源 | 煤浆制备 | 输煤上料系统产生粉尘 | 粉尘 | 输料系统否设置封闭廊道，封闭性 |
| | 灰水处理 | 三级闪蒸罐产生分离废气 | 排放 VOC | 凭嗅觉判断 VOC 多少 |
| | 甲醇洗工段 | 从装置会泄漏异味气体 | $H_2S$、COS、甲醇 | 检查设备的密闭性，凭嗅觉判断 VOC 多少 |
| | 硫回收工段 | 吸收塔、再生塔、溶剂储罐会产生异味气体泄漏 | 泄漏 VOC | 检查设备的密闭性，凭嗅觉判断 VOC 多少 |
| | 锅炉房 | 石灰石磨浆、废石膏库、灰渣场 | 粉尘 | 通过周围的植物、设施的浮尘判断 |
| 污水源 | 气化工序 | 洗涤塔排水，气化炉及洗涤塔排出灰水 | SS、COD、氨氮、硫化物、挥发酚 | 洗涤塔排水经循环泵回用于洗涤器和激冷室 |
| | | | | 气化炉及洗涤塔排出的灰水送灰水处理 |
| | 灰水处理工序 | 沉降槽上部溢流清液，沉降槽、压滤机产生滤液 | SS、COD、氨氮、硫化物、挥发酚 | 滤液送棒磨机制浆 |
| | | | | 溢流清液经灰水槽，部分进污水站，部分回用 |
| | 变换工段 | 脱盐水站产生大量含盐废水 | COD、氯离子 | 检查各类废水是否统一收集 |
| | | | | 检查除了用于熄焦用水，其余废水是否经车间污水处理系统处理各项指标达标后全部回用 |
| | 甲醇洗 | 水分离塔产生废水 | 氨氮 | 水分离塔产生废水进入污水站 |
| | 硫回收 | 极冷水冷却器产生极冷水 | 氨氮、硫化物 | 极冷水送污水站 |
| | 甲烷化工段 | 水分离器产生冷凝液，盐水站含盐废水 | COD、氯离子 | 冷凝液进入盐水站 |
| | | | | 含盐废水进入盐水蒸发池 |
| | 机修车间 | 维修产生含油废水，含油雨水 | COD、SS、石油类 | 废水进污水厂 |
| | 污水厂 | 灰水处理废水、甲醇洗废水、急冷废水 | COD、SS、石油类、挥发酚、硫化物 | 用进行相应的生化处理，部分水回用依据检测报告或自动监控数据检查排放废水的污染物浓度 |
| | 盐水蒸发池 | 来自变换工段和甲烷化工段的含盐废水 | COD、SS、氯离子 | 含盐废水应处理，进蒸发池也只是暂时贮存 |
| | 厂区 | 雨水雨污分流 | 主要含 SS | 流入雨水沉淀系统，处理后排放<br>检查是否设置雨污分流 |
| 固体废物 | 气化工序 | 渣池产生固渣 | 一般固体废物 | 运渣场（库）检查废渣（泥）的去向 |
| | 灰水处理 | 沉降槽压滤机产生细渣滤饼 | 一般固体废物 | 细渣滤饼送锅炉掺烧 |
| | 变换工段 | 更换废耐硫催化剂 | 危险废物 | 检查台账与联单制度实施 |
| | 硫回收 | 硫黄 | 产品 | 按化学品管理、建立台账制度管理 |
| | 甲烷化 | 有机硫水解废催化剂、废脱硫催化剂、甲烷合成废催化剂 | 危险废物 | 废催化剂应按危险废物管理，建立台账和转移联单制度化管理 |
| | 污水站 | 污泥 | 污泥（一般废物） | 运渣场（库）或外运处置 |
| | 机修厂 | 废机油、油泥棉纱 | 危险废物 | 外运处理检查去向，是否符合危废储存、转移联单手续 |

## 五、煤制气工业企业常见的环境违法行为

通过对煤制气企业环境执法过程中常见问题进行梳理分析，总结出主要环境违法问题如下：

（1）企业环评相关手续存在问题，如企业未批先建，批建不符；企业环保设施没达到环评以及环评批复的要求。生产工艺或者治理设施发生重大变更没有重新报批环评。

（2）企业没有达到环保“三同时”要求，环保设施未经验收即投产。

（3）有的煤制气项目利用渗坑向沙地偷排有毒有害污水，渗坑中的废水含有汞、铬、铁和锌等重金属，以及包括苯并[*a*]芘等多环芳烃在内的多种有机污染物。污水经沙地直接下渗，严重污染土壤与地下水环境。

（4）煤制气项目大量工业污水（高浓盐水）贮存在大型蒸发塘中。煤制气工业生产过程中产生的废水，净化处理成本极高，蒸发池已然成了煤制气项目处理污水的广泛采用的途径。污水排入蒸发塘形成人工污湖，蒸发塘中的废水含有和非法渗坑中的废水同样种类的金属和有机化合物，一般来说是渗坑的数倍至数十倍。蒸发塘周围气味刺鼻，存在总烃和硫化氢超标的问题。

内蒙某煤制气项目曾多次宣传“零排放”。然而，实际情况却是将污水排入蒸发塘形成人工污湖，蒸发塘周围气味刺鼻，据反映，空气质量存在总烃和硫化氢超标的问题。大唐克什克腾旗煤制气项目的大型蒸发塘位于草原深处。第三方检测机构检测结果显示，该蒸发塘中的废水含有和非法渗坑中的废水同样种类的金属和有机化合物，且大部分指标的检测结果是后者的数倍至数十倍。

（5）煤制气企业超标排放烟气污染空气。部分地方居民都强烈反映，只要风从厂区刮过来，就有严重的臭味，晚上睡不着觉，甚至有晕阙的情况发生。同时，牲畜也受到影响，部分动物喘气死亡。

（6）有的企业生产规模不断扩大，但是环保设施跟不上生产规模，运行不正常，排放的废气有很浓的异味。

（7）废水中一类污染物没有单独处在车间处理达标后，再进入污水处理系统。

（8）主要危险废物为废耐硫催化剂、有机硫水解废催化剂、废脱硫催化剂、甲烷合成废催化剂等，有的企业没有建设危险废物贮存场所，危险废物转移量和生产量不符，部分危险废物去向不明。

（9）企业环境风险应急预案没有编制，或者应急物资和应急设施存在问题，没有定期演练，没有记录。

（10）企业环境管理制度不健全，台账记录不合规，或者弄虚作假。

（11）某省环保厅对属地煤制气企业进行检查发现如下环境违法行为：20 亿 $m^3/a$ 煤制

天然气项目，在煤气净化工段废气蓄热式热氧化处理设施、浓盐水分类盐结晶装置、废水暂存池及污水处理站恶臭气体密闭收集生物除臭+光催化氧化装置、热电厂锅炉烟气超声波脱硫除尘一体化装置、罐区和装卸系统油气回收设施、21 万 $m^3$ 刚性废水暂存池、1.5 万 $m^3$ 浓盐水暂存池、生化污泥干化装置、危险废物填埋场、冷冻站事故氨烧氨火炬、厂区内污染物在线监测设施（废水废气）、地下水监测设施（监测井）、铁厂沟社区二氧化碳在线监测设施、酸性气备用硫回收装置等 14 项环保工程尚未建成的情况下，违反建设项目“三同时”管理规定，擅自投料开工生产。

# 第五章　其他行业污染特征及环境违法行为

## 第一节　生活垃圾焚烧行业污染特征及常见环境违法行为

### 一、生活垃圾焚烧行业工艺环境管理概况

生活垃圾焚烧是一种通过800～1 200℃高温热处理生活垃圾的技术，能最大限度地实现生活垃圾减容，并尽可能减少新的污染物质产生，避免造成二次污染。垃圾焚烧是实现“减量化、无害化、资源化”处置生活垃圾的最佳方式，不但能节约大量的土地资源，而且还能回收利用资源，通过焚烧余热发电产生经济效益也非常可观。国家《“十三五”全国城镇生活垃圾无害化处理设施建设规划》中明确，全国城镇生活垃圾无害化处理设施建设总投资在“十三五”期间将达到2 518.4亿元。到2020年城镇生活垃圾焚烧处理能力要占总无害化处理能力的50%以上。但生活垃圾焚烧因为烟气中产生二噁英等有害物质以及焚烧产生飞灰、灰渣、渗滤液等物质容易污染环境等问题，容易产生邻避效应，在焚烧作业的各个环节，均需要加强环境管理。

#### （一）生活垃圾焚烧行业的原辅料

**1. 生活垃圾成分分析**

城市生活垃圾主要由厨房垃圾和废弃日用品（纸类、玻璃、塑料制品和少部分金属物品）组成，垃圾不同成分的比例与人民的生活水平有着密切的关系。随着经济的发展和人民生活水平的提高，不仅垃圾产生量发生变化，垃圾中个体成分的比例也会发生很大变化。这种变化的趋势主要体现在：纸类、塑料类以及厨房垃圾等有机成分明显增加，煤灰等无机成分明显减少。此外，在同一时期，生活垃圾的成分变化还存在地区差异和季节差异。

表 5-1 生活垃圾成分一览表

| 成分 | 重量/% | 成分 | 重量/% |
| --- | --- | --- | --- |
| 蔬果 | 57.13 | 砖瓦陶瓷 | 0.88 |
| 纸类 | 8.85 | 玻璃 | 1.35 |
| 橡塑 | 24.78 | 金属 | 0.60 |
| 纺织 | 5.01 | 其他 | 0.01 |
| 木竹 | 0.85 | 混合 | 0.46 |
| 灰土 | 0.08 | | |

### 2. 原生生活垃圾成分及低位热值

原生生活垃圾成分有明显的季节差异性，直接导致其低位热值呈现明显季节差异性。另外，随着经济发展和人民生活水平改善带来的垃圾成分的变化，垃圾热值及成分也会有明显变化（表 5-2）。

表 5-2 原生生活垃圾成分及热值表

| 热值/（kcal/kg） | 含水率/% | 可燃分/% | 灰分/% |
| --- | --- | --- | --- |
| 1 823 | 55.80 | 32.81 | 11.38 |

### 3. 其他辅料

【熟石灰】熟石灰主要用于降低湿法脱酸系统的运行负荷，作为吸收剂，采用干法初步去除烟气的酸性气体。熟石灰由运输槽车到厂，用压缩空气输送到贮仓内，贮仓内的熟石灰粉末通过仓底定量给料机排出，由熟石灰喷射风机喷射入减温塔出口的烟道中。熟石灰粉末作为吸收剂，吸收烟气中的一部分 HCl、$SO_2$ 等酸性气体，未反应的石灰粉及吸收酸性气体后生成的盐颗粒被除尘器拦截下来。未反应的熟石灰粉末附着在滤袋表面，可以起到脱酸及保护除尘器的双重目的。在袋式除尘器内被拦截的熟石灰及反应生成的盐颗粒随除尘器的清灰落入灰斗中。干法除酸对于 $SO_x$ 的去除效率约为 30%，对 HCl 的去除效率为 70%。

【氨水】氨水主要用于 SNCR 脱硝系统作为脱硝原材料，一般采用 25%的浓度，通过氨水输送泵送至氨水混合器进一步用水稀释成为 5%的稀溶液。稀释后的溶液经压缩空气雾化，并经炉膛上布置的多层喷嘴喷入焚烧炉膛内，与烟气中 $NO_x$ 进行选择性反应，使 $NO_x$ 还原为 $N_2$ 和 $H_2O$，达到脱 $NO_x$ 的目的。氨水的流量根据锅炉出口的 $NO_x$ 浓度进行调节。锅炉出口需要设置 $NH_3$ 监测仪，将 $NH_3$ 的逃逸浓度控制在 8 mg/Nm$^3$ 内。不锈钢喷嘴设在锅炉不同标高处。当锅炉负荷发生变化时，可远程控制和变化喷嘴标高，以确保氨水的喷入点烟气温度在 800～1 000℃的最佳反应区域。

【活性炭】活性炭具有极大的比表面积，主要用于吸附垃圾焚烧尾气中含有的重金属及二噁英。在烟气进入布袋除尘器前，向在进除尘器前的烟道内喷入比表面积约 800 $m^2/g$ 的活性炭粉末，进入除尘器后这些活性炭粉末可吸附烟气中重金属及二噁英类的污染物，吸附后的活性炭在袋式除尘器中和其他粉尘一起被捕集下来。因此只要活性炭与烟气混合均匀且达到足够的接触时间就可以达到要求的净化效率。袋装活性炭从厂外由槽车运来，通过管道气力输送至贮仓中，贮仓顶部设有排气过滤器及排风机，在倒料时可保持仓内负压以防止粉状活性炭飞扬。贮仓底部设有破拱装置，可防止物料搭桥。活性炭从贮仓底部进入定量给料装置，给料装置设有多个出口，对应多条烟气净化线。每个出口均设有调速电机，可以根据烟气量来调节活性炭的给料量。厂用压缩空气经活性炭给料装置将排出的活性炭喷入减温塔和袋式除尘器之间的管道中。垃圾焚烧厂烟气净化用的活性炭着火点一般在 300℃以上。此外，每立方米烟气中仅有 0.1 g 活性炭，活性炭相对含量低，且烟气中氧含量较低，不会出现活性炭聚集升温自燃的情况。另外，二噁英的汽化温度较高（在 303℃左右）；重金属的沸点更高（铅：1 740℃；镉：765℃；汞：357℃），均远高于 170℃，因此在烟气温度 170℃时，也能有效地吸附二噁英和重金属（表 5-3）。

**表 5-3　活性炭质量要求**

| 项目 | | 单位 | 数值 |
|---|---|---|---|
| 化学分析 | 灰分 | % | ＜10 |
| | 水分 | % | ＜10 |
| 细　　度 | 250 目 | % | ＞95 |
| 颗粒尺寸 | | mm | ≤0.4 |
| 表 面 积 | 比表面积 | $m^2/g$ | ＞800 |
| 烟气温度 | 典型值 | ℃ | ＞700 |
| 烟化温度 | 典型值 | ℃ | ＞450 |
| 四氯化碳吸附值 | 典型值 | % | ＞60 |

### 4．资源及能源消耗

垃圾焚烧厂主要原料是生活垃圾，辅助材料如消石灰、活性炭、NaOH 等主要用于给水系统、烟气净化和废水处理系统，燃料（轻柴油）主要用于焚烧炉开工点火或可能需要的助燃。以日焚烧 6 000 t 生活垃圾焚烧厂为例，按照八条焚烧线，750 t/h 余热锅炉规模计算，资源消耗情况见表 5-4 所示。

表 5-4　生活垃圾焚烧厂原辅材料及能源消耗量（6 000 t/d）

| 类别 | 名称 | 重要组分、规格、指标 | 年耗量 |
|---|---|---|---|
| 原料 | 生活垃圾 | 入炉垃圾焚烧量 | 200 万 t/a |
| 辅料 | 消石灰 | $Ca(OH)_2 \geq 95\%$ | 17 980 t/a |
| | 活性炭 | 比表面积＞800 $m^2/g$ | 820 t/a |
| | NaOH | 浓度 30% | 14 740 t/a |
| | 氨水 | 浓度 25% | 5 400 t/a |
| | 螯合剂 | — | 1 165 t/a |
| | 水泥 | — | 5 824 t/a |
| | 磷酸三钠 | — | 5.16 t/a |
| 燃料 | 轻柴油 | | 1 600 t/a |
| 自来水 | | 压力为 0.15～0.20MPa | 230 万 t/a |
| 河水 | | | 724 万 t/a |
| 电 | | | 1.52 亿 kW·h/a |

## （二）生活垃圾焚烧行业的主要工艺

生活垃圾焚烧工艺主要垃圾接收、贮存及投料、渗滤液收集及处理、焚烧、余热利用、烟气处理、炉渣处理和飞灰处理等工艺环节。

垃圾运输车先经地衡称重，再沿坡道进入垃圾卸料平台，开启垃圾卸料门，将垃圾卸入密封的垃圾贮坑。为提高进炉物料的燃烧稳定性，垃圾储坑内的物料一般会放置 5～7 d，通过垃圾吊车进行翻松使垃圾成分较为均匀，同时经过发酵作用滤出部分垃圾渗滤液以提高进炉物料的热值。储坑内收集的渗滤液输送到渗滤液处理厂处理达标后排入污水管网。垃圾储坑内负压设计，仓内臭气通过一次补给风抽至焚烧炉内助燃。

储坑内的垃圾物料在短贮 5～7 d 后，经垃圾抓斗和起重机投放到炉膛上方的垃圾料斗，经由炉膛推料装置送到焚烧炉中，垃圾物料在炉内依次通过炉排的干燥段、燃烧段和燃烬段，使垃圾得到充分的燃烧；为充分分解垃圾焚烧过程中产生的二噁英，炉膛内焚烧烟气温度要达到 850℃以上，并要求焚烧烟气在该温区内驻留时间不少于 2 s。之后焚烧烟气经氨水脱硝、碱液除酸、活性炭吸附、布袋除尘、碱液淋洗等处理工序后排入外环境。炉膛内垃圾燃烧所需的空气分为一次风和二次风补给，一次风由一次风机直接从垃圾储坑内抽取，以便保持卸料大厅和垃圾储坑的负压状态，一次风经预热后从炉膛底部通入焚烧炉内助燃，同时将一次风中携带的恶臭气体燃烧分解，二次风从炉膛上部吸入助燃。垃圾焚烧产生的高温烟气从炉膛出来后进入余热锅炉，在此发生热交换，余热锅炉吸收热量产生过热蒸汽，输送至汽轮机做功发电。

炉膛燃烬段下方设有除渣机，生活垃圾经充分燃烧后残余的少量不可燃残渣经除渣机送至渣池，由运渣车运送至主管部门指定场所进行综合利用。半干式脱酸反应塔排出的反应生成物以及布袋除尘器滤袋表面截留的颗粒物通过除灰系统收集至飞灰储仓，然后在飞灰稳定化车间添加螯合剂进行稳定化处理，符合要求后实施填埋处置。具体工艺流程如图 5-1 所示。

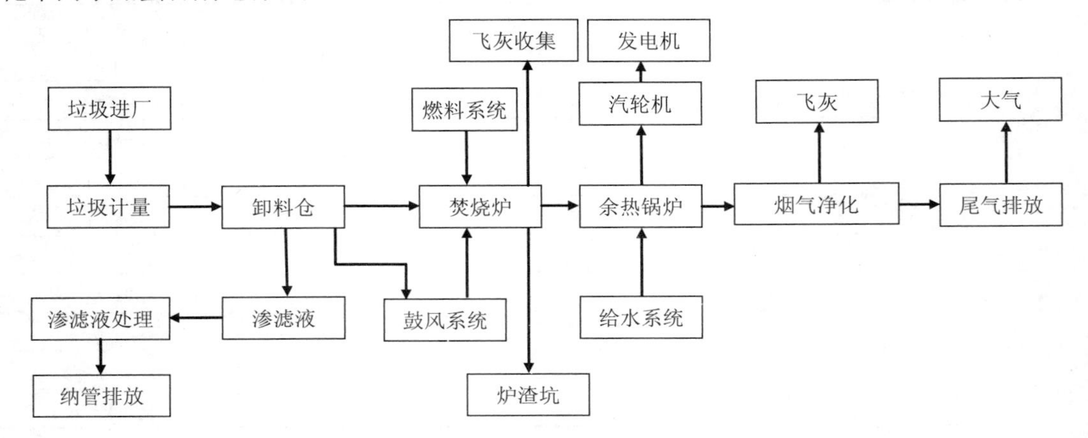


图 5-1 生活垃圾焚烧主要工艺图

生活垃圾焚烧行业企业的主体工程主要包括垃圾接收和存储系统、垃圾焚烧系统、余热锅炉系统、汽轮发电系统、烟气净化系统、电气系统、自动控制系统、给水排水系统、渗沥液输送系统、灰渣处理系统以及辅助生产系统。辅助工程主要包括原辅材料的储存运输系统、给水系统（自来水、河水及回用水）、排水系统、循环冷却水系统、除盐水制备系统、空压系统、控制系统、输变电系统，以及行政办公、食堂、住宿等生活配套设施。

## （三）生活垃圾焚烧行业的主要设备

生活垃圾焚烧厂的主要设备见表 5-5 所示。

表 5-5 生活垃圾焚烧厂主要设备表

| 设备类别 | 所属系统 | 设备名称 |
|---|---|---|
| 主体工程设备 | 垃圾储运系统 | 地磅、垃圾卸料门、垃圾贮仓抓斗起重机 |
| | 焚烧系统 | 焚烧炉（主要有：机械式炉排、流化床焚烧炉、回转式焚烧炉、CAO 焚烧炉、气化熔融焚烧炉、脉冲抛式炉排焚烧炉等类型） |
| | 燃烧空气系统 | 一次风机、二次风机 |
| | 余热锅炉系统 | 余热锅炉 |
| | 汽轮发电系统 | 抽汽式汽轮机 |
| | 电气系统 | 配电装置、高压变频器、低压厂用电力变压器、隔离变压器 |
| | 烟气净化系统 | SNCR、减温塔、熟石灰喷射系统、活性炭喷射系统、袋式除尘器、烟气加热器（GGH）、湿式洗涤塔、SCR、引风机 |
| | 烟气在线系统 | 烟气在线分析仪 |

| 设备类别 | 所属系统 | 设备名称 |
| --- | --- | --- |
| 主体工程设备 | 渗滤液收集系统 | 渗滤液排出泵 |
| | 飞灰稳定化系统 | 飞灰搅拌机 |
| | 空压系统 | 空气压缩机 |
| | 给水系统 | 取水泵、反应池搅拌机、斜管沉淀池、一体式净水器、清水泵、冷却塔、汽机循环水泵、设备循环水泵 |
| | 除盐水制备部分 | 汽水混合加热器、保安过滤器、超滤装置、电除盐装置、加药装置 |
| 配套工程 | 厌氧处理系统 | 搅拌器、反应器、循环泵、蒸汽锅炉 |
| | 深度处理系统 | 各类泵、纳滤装置、加药装置、酸碱储槽 |
| | 反渗系统 | 泵、集成反渗装置、反渗膜清洗系统 |
| | 浓缩液处理系统 | 纳滤浓缩液处理系统、反渗透浓缩液处理系统 |
| | 沼气处理系统 | 沼气储柜、沼气脱硫、沼气预处理、沼气燃烧系统 |
| | 污泥处理系统 | 泵、离心机 |

## 二、生活垃圾焚烧厂的特征污染物

生活垃圾焚烧厂的环境要素主要包括废气、废水、固体废物和噪声，具体特征污染物情况详见表5-6。

表5-6　生活垃圾焚烧厂的特征污染物

| 污染类别 | 特征污染物 |
| --- | --- |
| 废气 | 垃圾运输、贮坑、渗滤液暂存间和贮存池逸散出的恶臭废气，主要成分为 $H_2S$、$NH_3$、甲硫醇、甲硫醚等；<br>垃圾运输车辆行驶产生的汽车尾气：CO、HC、$NO_x$ 等；<br>主要污染物有焚烧烟气：颗粒物、酸性气体（HCl、HF、$SO_x$、$NO_x$ 等）、重金属（Hg、Pb、Cd、As 等）和二噁英和呋喃等有机物、CO 等 |
| 废水 | 主要污染物是垃圾渗滤液：色度、COD、BOD、氨氮、总氮、总磷、SS、粪大肠菌群数、总镉、总铬、六价铬、总砷、总铅等；<br>生活污水：色度、COD、BOD、氨氮、总氮、总磷、SS、粪大肠菌群数等；<br>各类冲洗水：色度、pH、COD、BOD、氨氮、总氮、总磷、SS、石油类、粪大肠菌群数等 |
| 固体废物 | 一般固体废物：炉渣、污水污泥、除臭系统活性炭、生活垃圾等；<br>危险废物：废机油、废碱、废酸、飞灰、洗烟废水污泥、袋式除尘废弃滤料、烟气脱硝废催化剂（钒钛系）等 |
| 噪声 | 主要污染物有焚烧炉、余热锅炉、汽轮发电机组及各类辅助设备（冷却塔、泵、风机等）产生的动力机械噪声，以及垃圾运输车的流动噪声等 |

## 三、垃圾焚烧行业的污染物来源

### （一）废气污染物来源

垃圾焚烧厂废气排放主要来自3个部分：一是垃圾在焚烧过程中产生的焚烧烟气；二是垃圾贮坑和渗滤液暂存间渗滤液贮存池产生的恶臭废气；三是垃圾运输车辆行驶产生的汽车尾气。

**1．焚烧烟气**

垃圾焚烧产生的燃烧气体中除了二氧化碳和水蒸气，还包括颗粒物、酸性气体、重金属污染物和二噁英等污染物质。

【颗粒物】垃圾在焚烧过程中分解、氧化，其不燃物以灰渣形式滞留在炉排上，灰渣中的部分小颗粒物质在热气流携带作用下，与燃烧产生的高温气体一起在炉膛内上升并排出炉口，形成了烟气中的尘，主要由焚烧产物中的无机组分构成。颗粒物粒径10～200 μm，并吸附了部分重金属和有机物。通常情况下，在余热锅炉出口处，烟气的含尘量为2 000～6 000 $mg/Nm^3$。

【酸性气体】HCl和HF主要由垃圾中的氯或含氯塑料、树脂以及其他有机物在焚烧过程中产生。烟气中原始HCl含量为600～1 000 $mg/Nm^3$，HF含量为1～20 $mg/Nm^3$。$SO_x$主要是由垃圾中所含的硫化合物在焚烧过程中产生的，其中以$SO_2$为主，在重金属的催化作用下，则会生成少量$SO_3$，烟气中原始$SO_x$含量约为200～600 $mg/Nm^3$。生活垃圾焚烧过程中，$NO_x$主要有3个来源：垃圾自身具有的有机和无机含氮化合物在焚烧过程中与$O_2$发生反应生成；助燃空气中的$N_2$在高温条件下被氧化生成$NO_x$；助燃燃料燃烧生成$NO_x$。烟气中的$NO_x$以NO为主，占90%～95%，$NO_2$占5%～10%，还有微量的其他氮氧化物。在余热锅炉出口处，烟气中的$NO_x$的浓度一般为200～600 $mg/Nm^3$。

【重金属】重金属包括汞、镉、铅、砷等，主要来自垃圾中的废电池、日光灯管、含重金属的涂料、油漆等。汞和镉在烟气中不仅以烟气的状态存在，同时还以气体状态存在。这是由含有这种成分的化合物在燃烧过程中挥发所产生的。当温度降低时，重金属混合物的挥发率将急剧降低，相应的其排放也将随之减少。余热锅炉出口处烟气中汞含量为0.1～0.6 $mg/Nm^3$，其他重金属含量约为5～30 $mg/Nm^3$。

【二噁英】二噁英是国际公认的生活垃圾焚烧过程中产生的最重要的污染物。根据氯原子的数量和位置而异，二噁英（PCDDs）共有75种物质，其中毒性最大的为2,3,7,8-四氯二苯并-P-二噁英（2,3,7,8-TCDDs），计有17种。另外，和PCDDs一起产生的二苯呋喃PCDFs，有135种物质。通常将上述两类物质统称为二噁英，所以二噁英不是一种物质，而是多达210种物质的统称。其不存在于自然界中，只有化学合成才能产生。二噁英一般为白色结晶体，不溶于水，溶于脂肪，稳定性强，熔点为 305℃。25℃时，在水中的溶解度为 0.000 2 mg/L，在苯中的溶解度为 57 mg/L，在甲醇中的溶解度为 0.000 2 mg/L。其在500℃开始分解，800℃时在 2 s 以上完全分解为 $CO_2$ 和 $H_2O$。它没有极性，难溶于水，具有相对稳定的芳香环，在环境中具有稳定性、亲脂性、热稳定性，同时耐酸、碱、氧化剂和还原剂。二噁英及呋喃主要是由含氯杀虫剂、除锈剂、塑料、合成树脂等成分的废弃物焚烧产生，其中剧毒物质含量甚微，是以气态或吸附在颗粒物上存在于烟气中。垃圾焚烧产生二噁英的主要原因有两个方面：生活垃圾在干燥、燃烧、燃尽过程中，其中有机类物质分解生成低沸点的烃类物质，在供氧充足时，可进一步被氧化生成 $CO_2$ 和 $H_2O$。但在局部缺氧时，含氯有机物则会形成易于生成二噁英类物质的芳香烃，这些物质再经过一系列复杂的化学反应，就可能生成二噁英类物质；当因燃烧不充分时，烟气中产生过多未燃尽物质在烟气中重金属（如 Cu）的催化作用下，当温度环境为 300～500℃时，已经分解的二噁英将会重新生成。二噁英形成的相关因素有温度、氧含量及金属催化物质（如 Cu、Ni）等，其中温度影响是最主要的因素。

【一氧化碳】一氧化碳（CO）是由于垃圾中的有机物不完全燃烧形成的。国外某些焚烧厂以烟气中 CO 含量的高低作为衡量垃圾燃烧效率的一个指标，燃烧越完全，烟气中的 CO 浓度越低。

## 2．恶臭废气

垃圾焚烧厂产生的恶臭废气一是通过有组织方式排放，在焚烧炉正常焚烧情况下，垃圾储仓产生的恶臭废气收集后以负压形式送至焚烧炉高温焚烧，废气中的主要成分 $H_2S$、$NH_3$、甲硫醇、甲硫醚分解为 $SO_2$、$NO_2$ 和水。因此，在正常工况下，焚烧炉排气筒不排放臭气。另外，渗滤液贮存池收集的臭气，其主要成分为 $H_2S$、$NH_3$、甲硫醇等。渗滤液暂存间内设除臭间，除臭风机吸取的臭气经过化学洗涤净化塔处理后通过排气筒排放或直接作为二次供风引入焚烧炉焚烧处置。在常温常压条件下，若使用化学洗涤净化塔，对 $H_2S$ 的去除率达到 99%以上，对 $NH_3$ 的去除率可以达到 97%以上。二是无组织逸散臭气。无组织逸漏的主要来自进厂的原生垃圾在卸料和堆放时，料仓门开启时垃圾贮坑内散发出恶臭的气体和渗滤液暂存间贮存池渗滤液产生的臭气的逸漏，主要成分为 $H_2S$、$NH_3$ 等，需要通过加强管理间可能减少臭气逸散。

## 3．运输车辆的尾气

垃圾运输车辆行驶产生的汽车尾气。汽车的燃料燃烧时由于燃烧不完全产生 CO、HC 等污染物，同时由于燃烧温度高，使空气中的氧和氮发生反应，产生 $NO_x$ 废气。车辆在进出卸料大厅时由于速度较慢，汽车呈怠速行驶状态，此时燃烧温度较低，因此，汽车尾气排放的 CO、HC 污染物较多，而 $NO_x$ 废气相对较少。

## （二）废水污染物来源

生活垃圾焚烧厂的废水主要包括垃圾贮坑渗滤液、垃圾车进场道路冲洗水、垃圾卸料厅及高架引桥冲洗水、主厂房地面和设备冲洗水、泵类密封排污水、洗烟废水、余热锅炉排污水、除盐水制备浓水、初期雨水、冷却塔循环水排污水、厂区一般道路和生活污水等。除后两者污废水可直接排入雨水管网外，前述其他废水均需排入污水管网输送至渗滤液处理厂处理后纳入城市污水管网排放。

生活垃圾焚烧厂产生量较大的是垃圾贮坑渗滤液，垃圾渗滤液产生量主要受进厂垃圾的成分、水分含量和储存天数的影响，其产生量还与地域、季节等相关。据调查，一般在雨季以及瓜果上市季节（6—8 月），垃圾渗滤液产生量在 15%左右，在旱季时不超过 5%。在暴雨季节，垃圾含水量较高，渗滤液产生量高达 25%。渗滤液特点是强臭性和高污染性，属高浓度有机废水，主要污染物为 $BOD_5$、$COD_{Cr}$、$NH_3$-N、SS 及重金属等。$COD_{Cr}$ 浓度高达 80 000 mg/L，$BOD_5$ 浓度高达 20 000 mg/L，SS 为 10 000 mg/L，$NH_3$-N 浓度在 2 000 mg/L 左右，TN 数值为 2 500 mg/L。

垃圾车进场道路、垃圾卸料厅和高架引桥、主厂房地面和设备冲洗水中 COD 浓度 500～1 000 mg/L、$BOD_5$ 浓度在 300～500 mg/L、$NH_3$-N 浓度 30～50 mg/L、SS 浓度 400～800 mg/L，这几部分废水也是引入垃圾渗滤液处理厂后纳入城市污水管网。

除盐水制备原水一般采用自来水，产生的浓缩液水中除含盐量较高外，水质较好。除盐水制备系统产生的浓缩液一部分用于预处理系统的反冲洗，其水质参数 COD 约为 60 mg/L、SS 约为 100 mg/L，直接排入污水管网。余热锅炉排污水和除盐水制备反渗透浓缩液混合收集进入回用水池，这部分废水水质参数为 COD 50～80 mg/L、SS 在 50 mg/L 左右，可以通过回用水泵输用于飞灰稳定化系统和部分熄渣及炉渣冷却用水。

洗烟废水指用氢氧化钠水溶液进行湿式洗涤焚烧垃圾产生的含酸气体所产生的废水。这种污水含食盐、芒硝等盐类的浓度较高，特别是水银、锌、铅、镉、铜等有害重金属的浓度较高。根据日本已运行的几个焚烧厂数据，洗涤塔废水处理前水质各污染物浓度分别为 Pb 及其化合物＜0.06 mg/L、总 Hg＜0.066 mg/L、Cd＜0.01 mg/L、Cr＜0.05 mg/L、烷基汞未检出。这部分废水可用于熄渣及炉渣冷却或直接排入渗滤液处理系统处理后排放。

在垃圾焚烧厂废水管理中，考虑到渗滤液强臭性和高污染性，需要从收集和处置两个方面着手，严格控制管路及设施设备的密闭性，防止臭气逸散污染外环境，也要考虑渗滤液处理全过程监控，妥善控制各环节质量，避免超指标排放。同时还需要注重在线监控的运行管理，规范记录各类台账。

### （三）固体废物来源

生活垃圾焚烧行业企业产生的固体废物可分为垃圾焚烧后产生的炉渣、烟气处理系统捕捉下来的飞灰、袋式除尘废弃滤料、职工生活垃圾等。

焚烧炉在焚烧生活垃圾过程中产生的固态炉渣，属于一般工业固体废物，其主要成分为 MnO、$SiO_2$、CaO、$Al_2O_3$、$Fe_2O_3$ 以及少量未燃尽的有机物、废金属等，可以实施综合利用；河水和循环水处理系统产生的固态污泥、除臭系统产生的废活性炭等也属于一般工业固体废物。而余热锅炉、烟气处理系统产生的飞灰属于危险废物，因为其含有较高浸出浓度的铅和镉等重金属和其他毒性物质如二噁英、呋喃等有机物；此外，洗烟废水污泥和袋式除尘器滤料均因为含有飞灰、重金属沉淀物，也属于危险废物；废烟气脱硝催化剂，主要成分为五氧化二钒，也属于危险废物。均需要按照危险废物实施规范化收集、转移和处置，并需要建立规范的管理台账。

## 四、垃圾焚烧行业的排污节点特征

生活垃圾焚烧厂排污节点情况如图 5-2 和表 5-7 所示。

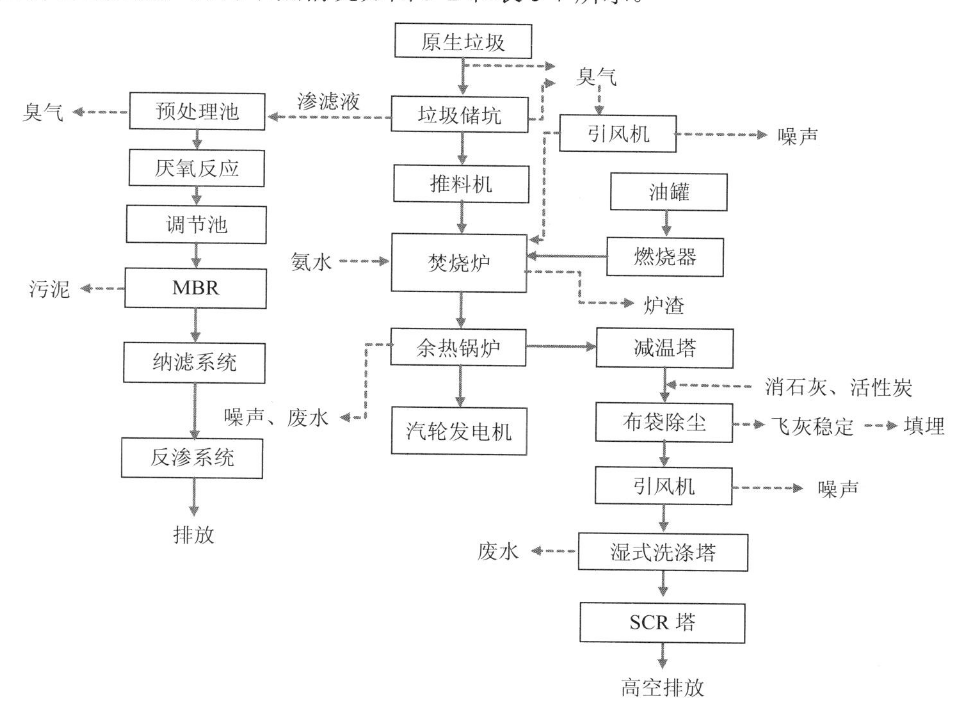


图 5-2　生活垃圾焚烧厂排污节点图

表 5-7 垃圾焚烧厂排污节点及污染控制措施

| 工序 | 生产设施 | 污染产生原因 | 排污节点和主要环境因素 | 控制措施 |
| --- | --- | --- | --- | --- |
| 垃圾运输 | 卡车集运（码头/中转站） | 中转集运船、车密封差，运输中“跑、冒、滴、漏”造成遗撒。运输造成道路扬尘等 | 恶臭臭味（$H_2S$、$NH_3$、甲硫醇、甲硫醚等） | 吊装周边相对密闭，加装除臭设施；车辆密封、渗滤液收集 |
| | | | 扬尘 | 洒水抑尘，硬化道路 |
| | | | 固体废物 | 车辆密封 |
| | | | 噪声 | 减震、隔声、消声 |
| 垃圾卸料 | 卸料大厅<br>垃圾贮坑<br>抓斗吊机 | 垃圾卸料作业及垃圾贮坑内抓斗不停翻抓产生臭气、贮坑内产生渗滤液、卡车等产生噪声 | 渗滤液 | 经转运泵抽至渗滤液处理厂，处理达标后排放 |
| | | | 恶臭 | 卸料大厅封闭式布置；进出口加装风帘阻断内外空气流通；大厅内及贮坑上方加装雾化除臭设施；卸料大厅及垃圾贮坑空间负压设计，空气经一次风机抽至焚烧炉 |
| | | | 噪声 | 加强管理，加装隔声屏障 |
| 垃圾焚烧 | 焚烧炉<br>风机系统<br>余热锅炉<br>汽轮机发电系统 | 垃圾焚烧产生烟气、炉渣和飞灰；机械维修产生废机油等固体废物；烟气洗涤产生废水；风机系统产生噪声 | 焚烧烟气主要含 $CO_2$、HCL（600～1 000 mg/Nm$^3$）、HF（1～20 mg/Nm$^3$、$SO_2$（200～600 mg/Nm$^3$）等酸性气体，$NO_x$（200～600 mg/Nm$^3$）、重金属、（Hg0.1～0.6 mg/Nm$^3$、其他浓度大约在 5～30 mg/Nm$^3$）、颗粒物（2 000～6 000 mg/Nm$^3$）、二噁英等 | 布袋前喷消石灰干法除酸+布袋后进洗涤塔湿法除酸性气体；布袋除尘器去除烟尘；SNCR+SCR 去除 $NO_x$；干法烟气处理系统喷入消石灰和活性炭吸附剂，再通过高效的布袋除尘器吸附去除重金属；提高炉温到 850℃以上驻留时间不少于 2 s，在布袋除尘器入口烟道上布置活性炭喷射系统+布袋除尘器过滤+SCR 处理工艺去除二噁英 |
| | | | 烟气洗涤废水 | 中和凝聚沉淀法与液体螯合剂处理法相结合的工艺处理烟气洗涤废水 |
| | | | 炉渣、飞灰（含重金属等） | 炉渣和净化水污泥综合利用；<br>飞灰螯合固化后填埋处理 |
| | | | 焚烧炉、余热锅炉、发电机及各类辅助设备等噪声源 | 选用低噪声设备，采取建筑隔声、隔声罩、进出风口设消声器、基础减震、厂界处种植由高大乔木组成的绿化带等噪声综合防治措施 |

| 工序 | 生产设施 | 污染产生原因 | 排污节点和主要环境因素 | 控制措施 |
| --- | --- | --- | --- | --- |
| 渗滤液处理 | 渗滤液抽取、短贮，综合处理系统 | 厌氧预处理池、MBR处理池、纳滤综合池、浓缩液综合处理池、污泥脱水间产生恶臭气体；<br>油气两用锅炉产生的燃烧废气；<br>应急火炬燃烧废气 | 恶臭气体主要含甲硫醇、甲硫醚、二甲二硫醚、二硫化碳、苯乙烯等；<br>燃烧废气主要含有$NO_x$、$SO_2$、颗粒物等；<br>火炬废气主要是$SO_2$、$NO_x$等 | 废水处理设施加盖密闭，臭气收集洗涤塔净化后由排气筒排放；<br>加强锅炉管理，充分燃烧，降低废气浓度 |
| | | 污水站外排水 | pH、氨氮、COD、$BOD_5$、SS、色度、重金属、粪大肠菌群、细菌总数等 | 加强渗滤液处理全过程监控管理，做到达标排放 |
| | | 污泥脱水后产生固体废物 | 污泥 | 脱水后填埋或焚烧 |
| 厂区管理 | 机修车间 | 机修车间地面的冲洗水含油；<br>机修车间产生的废机油和含油废棉纱等固体废物 | 含油废水含污染物SS、COD、石油类等；<br>机修车间产生的废机油和含油废棉纱，属于危险废物 | 机修车间地面冲洗水和机修生产废水应收集经隔油、沉淀后进入污水处理系统；<br>机修车间产生的废机油和含油废棉纱焚烧处理 |
| | 洗车台 | 洗车 | 垃圾渗滤液和洗车含油废水 | 收集后进入污水处理站 |
| | 厂区 | 车间、道路冲洗地面产生废水；<br>保持地面整洁；<br>雨水的清污分流 | 废水含COD、SS、硫化物、氟化物、石油类、pH、氨氮、总磷、重金属元素等；<br>车辆运输产生扬尘；<br>初期雨水含油、含垃圾冲洗物等 | 废水进污水站；厂区积水与雨水收集进行清污分流，污染的雨水和车间冲洗水应进入污水处理；<br>厂区和道路严禁运输车辆遗洒，保持地面清洁，减少扬尘 |

## 五、垃圾焚烧企业常见的环境违法行为

### （一）环境管理制度的落实方面

在环境管理制度落实方面，垃圾填埋焚烧企业环境违法行为也是相对集中，主要反映在以下几个方面：

一是建设项目环境影响评价审批及验收手续的办理情况。由于垃圾焚烧项目属于市政类项目，服务于民生。运营企业容易忽略垃圾焚烧项目环评审批及验收手续的办理。部分焚烧企业在主项目办理环评及验收手续运营一段时间后，在垃圾处置量或后续污染治理设施的工艺或设备发生变化时，不知道需要再次报批环评手续，导致违法行为发生。

二是在落实信息公开制度方面存在不足。垃圾焚烧企业属于环保的重点排污单位，需

要按照《环境保护法》和《环境保护信息公开办法》的规定，落实企业信息公开制度。部分企业在信息公开中存在公开不及时、公开内容不全、公开方式不规范等情况。2017 年 10 月，某区环境执法人员在一次例行检查中，发现辖区内某再生能源利用中心（垃圾焚烧厂）门口电子屏损坏，且未通过其他方式公开其焚烧烟气及渗滤液处理排放在线监控数据等应该公开的信息。违反了《环境保护法》第五十五条和《大气污染防治法》第二十四条关于重点企业信息公开相关要求的规定，区环保部门依据《环境保护法》第六十二条和《大气污染防治法》第一百条第四项相关规定，责令其改正并处罚款十万元整。

三是在环境管理报告制度的落实方面。由于技术及设备原因，垃圾焚烧企业在运行管理中，焚烧系统及在线监控系统因故障损坏情况时有发生，但是相当多企业未及时向属地环保主管部门报告，导致违法行为发生。同时，还有相当多的企业因管理原因未向属地环保部门报告地下水定期监测情况等。2018 年 1 月，某市环保部门对一垃圾焚烧企业检查时发现，该焚烧企业 2017 年前三季度地下水监测情况均未在检测后 30 d 内向属地环保部门报告。违反了《××市环境保护条例》中关于“储油库及加油站、生活垃圾处置、危险废物处置等经营企业和其他重点污染物排放单位应当按照国家和本市的规定，定期对土壤和地下水进行监测，并将监测结果向市或者区环保部门报告”。的相关规定，依据同条例第七十八条第二项规定，责令其改正，并处罚款十二万元整。

四是台账管理不规范。垃圾焚烧企业在垃圾焚烧量；污染治理设施的运行、初期雨水收集；烟气处理系统管理、烟气处理物料（活性炭等）规格、消耗量；固体废物（危险废物）管理；在线监控设施的运行维护；除臭设施的运行维护等方面均需建立台账。但是大多企业往往存在无台账或台账不规范情况。

五是其他制度落实方面。部分地区率先在垃圾焚烧行业实施排污许可证管理。如果未能及时申领排污许可证，或未按照排污许可证副本规定的环境管理要求组织实施环境管理工作，均属比较严重的环境违法行为，需要承担相应的法律责任。

### （二）废水管理方面

垃圾焚烧企业废水管理方面存在的环境违法行为主要是渗滤液收集、贮存等环节未密闭导致臭气无组织排放、水处理设施不正常运行、水在线监控设施不正常运行、废水超标排放、污泥脱水车间废气无组织排放等。在雨水管理方面，垃圾焚烧企业存在的主要问题是初期雨水收集处置问题，闸门管理和台账管理混乱，导致违法行为发生。

2018 年 1 月，某市环境执法部门在一垃圾焚烧企业检查时发现，在天气晴朗的情况下，该企业雨水排放口有水排出，执法人员取样经监测部门检测后，发现水样中氨氮、SS 均超过排放标准限值。调查发现，是由于焚烧厂对部分区域地面冲洗水未收集处置导致。环保部门依据《水污染防治法》相关规定，责令其立即改正违法行为，并处罚款五十万元。

### （三）废气管理方面

废气管理方面，垃圾焚烧企业存在的主要问题是烟气处理超标，特别是二噁英超标、在线监控设施故障未报告等。烟气处理环节还有烟气温度计驻留时间不足、烟气处理中氨水喷射系统故障、活性炭粒径不符合要求、布袋除尘器更换不及时或无台账支撑等问题。同时，在臭气无组织排放管理方面，容易因管理疏忽导致料仓臭气外溢等环境违法行为的发生。垃圾焚烧企业对臭气管理要求相对较高，一旦管理松懈，非常容易引起区域附近居民投诉。2016 年，某区一垃圾焚烧企业刚投入运行不久就遭到周边居民的集中投诉。执法人员现场调查后发现，该垃圾焚烧企业卸料大厅墙壁有裂缝，大厅内负压不足，导致卸料大厅臭气外逸。环保部门认为其违反了《大气污染防治法》第八十条关于“业事业单位和其他生产经营者在生产经营活动中产生恶臭气体的，应当科学选址，设置合理的防护距离，并安装净化装置或者采取其他措施，防止排放恶臭气体”的规定，依据同法第一百一十七条第七项规定，责令其立即改正违法行为，并处罚款九万元整。

### （四）固体废物管理方面

垃圾焚烧企业固体废物主要是炉渣和飞灰，均有成熟的处理处置程序，各方面管理相对规范，很少发生飞灰类危险废物未委托有资质单位处置、危险废物处置联单不规范等严重违法行为。但是在规范设置危险废物贮存场所、设置标识等方面，违法行为相对集中，需要引起管理者的充分注意。

### （五）案例

某环保电力有限公司存在臭气处理设施未全部建成完善、未按国家要求开展自行监测、洗渣废水无回收设施造成部分炉渣流失等问题；某再生能源发电有限公司在线监测数据 $SO_2$ 超标 53 次，未向环保部门报告，部分月度颗粒物监测超标；而违法行为最多的某县新源再生资源回收利用有限责任公司则存在焚烧炉炉膛温度未达标、渗滤液排入外环境、$SO_2$ 及 CO 大量超标、未开展重金属类污染物监测、生产设施未通过竣工环保验收等问题。

在某省垃圾焚烧发电行业专项检查中，工作人员发现，某能源有限公司、某环保资源利用有限公司、某新能源有限公司、某环保电力有限公司 4 家企业存在污染物超标排放、固化飞灰处置不当、烟气污染物自动监控系统运行管理不规范等问题。

某市环保局执法人员对再生能源发展有限公司进行现场检查，发现企业通过在自动监控数据采集仪的信号分配器上装、拆电阻的方式改变输出电流大小，导致自动监控数据与实际不符，之后为规避检查又擅自删除中控室的历史数据记录，外排废气经采样监测超标，违法情节极其恶劣。

# 第二节　城镇污水厂污染特征及环境违法行为

## 一、城镇污水厂工艺环境管理概况

### （一）主要原辅料

#### 1. 原料

进入污水处理厂污水，当进水仅为生活污水时，进水水质指标见表 5-8 所示。

表 5-8　生活污水处理厂进水水质

| 污染物指标 | 平均值 |
| --- | --- |
| pH | 6～9 |
| COD | ≤350 mg/L |
| $BOD_5$ | ≤160 mg/L |
| SS | ≤120 mg/L |
| $NH_3$-N | ≤47 mg/L |
| TN | ≤70 mg/L |
| TP | ≤5 mg/L |

进入城镇污水厂的污水的工业废水必须先自行处理到满足三级排放标准后，才基本达到城镇污水厂的收水标准。一般工业废水进入污水厂要求如下：（1）污染物能被微生物降解，不能抑制微生物；（2）不得在数量上影响污泥的利用价值；（3）污染物浓度符合必须适宜，不能过分增加污水厂负荷，不能堵塞管道和危害操作人员；（4）水温不高于 40℃；（5）医疗卫生、生物制品、科学研究、肉类加工等含病原体的污水，必须进行严格的消毒处理。

#### 2. 辅料

（1）混凝剂和絮凝剂

【三氯化铁】形成的矾花沉淀性好，处理低温水或低浊度水效果比铝盐好，适宜 pH 值范围较宽，但处理后水的色度比铝系的高，有腐蚀性。

【硫酸亚铁】离解出的 $Fe^{2+}$只能生成最简单的单核络合物，不如二价铁盐有良好的混凝效果。

【硫酸铝】是废水处理中使用最多的混凝剂。使用便利，絮凝效果好，当水温低时水解困难，形成的絮体较松散，它的有效 pH 值范围较窄。

【高分子无机混凝剂】无机分子絮凝剂混凝效果高、价格低，是最主流无机絮凝药剂。无机高分子絮凝剂的品种按离子度不同可分为阳离子型和阴离子型。

阳离子型有聚合氯化铝、聚合硫酸铝、聚合磷酸铝、聚合硫酸铁、聚合氯化铁、聚合磷酸铁、聚亚铁、明矾[$Al_2(SO_4)_3 \cdot K_2SO_4 \cdot 24H_2O$]等。

阴离子型无机絮凝剂品种较少，较为主流的是聚合硅酸。

【有机絮凝剂】有机絮凝剂分为离子型和非离子型。

离子型有机絮凝剂，即能改变颗粒表面电荷，又能起桥链作用，引起絮凝。如聚丙烯酰胺。用于加速浓密池精矿的快速沉降。从而降低精矿含水，较少金属流失。

有机絮凝剂一般分子量比较大，通常达几万、几十万，甚至上百万，故添少量添加即可起到桥链作用。

上述混凝剂和絮凝剂用于物化法除磷以及污泥脱水。

（2）盐酸，调节 pH。

（3）次氯酸钠，出水消毒。

## （二）能耗水耗

### 1. 能耗

相同工艺和规模的污水处理厂，单位水电耗和单位耗氧污染物削减电耗都随排放级别提高而增加。相同工艺和出水标准、不同规模的污水处理厂，规模越大能耗越小。

氧化沟工艺的单位水量电耗、单位 COD 削减电耗、单位耗氧污染物削减电耗最低，$A^2/O$ 工艺较低，而 SBR 工艺和活性污泥工艺较高，两者数值上很接近。

当污水处理厂处理工艺不变时，单位水量电耗均值、单位 COD 削减电耗、单位耗氧污染物削减电耗随着污水处理厂的规模的增大而显著下降。

污水处理厂进水 COD、$BOD_5$、SS、$NH_3$-N、TN、TP 浓度增加，单位水处理电耗均增加，而单位 COD 削减电耗、耗氧污染物单位电耗均降低。随着 COD、$BOD_5$、SS、$NH_3$-N、TN、TP 削减浓度增加，单位水处理电耗增加，COD 削减电耗、耗氧污染物单位电耗均减少。污水处理厂进水 COD 浓度增加，耗氧污染物单位电耗增加。进水 $NH_3$-N 浓度增加，单位水处理电耗均增加，单位 COD 削减电耗、耗氧污染物单位电耗均减降低。TN、TP 削减浓度增加，单位水处理电耗均增加，单位 COD 削减电耗、耗氧污染物单位电耗均减降低。

随着我国城镇污水处理事业的快速发展，污水处理厂电耗占全国总电耗的比例也在逐年增加。目前我国城镇污水处理厂平均电耗为 0.29 kW·h/$m^3$，82%以上的污水处理厂电耗不低于 0.44 kW·h/$m^3$；典型耗电量参考范围（kW·h/$m^3$ 水）如下：传统活性污泥法 0.15～0.3；A/O 生物脱氮工艺 0.15；水解酸化活性污泥法 0.15～0.20；AB 两段活性污泥 0.15～0.22；SBR 工艺 0.15～0.4。

城市污水处理厂中电耗主要发生在污水提升系统、二级生化处理的供氧系统和污泥处理系统三部分，分别占工艺总电耗的 25%、55%和 13%。其中二级生化处理单元的能耗主要集中在鼓风机、搅拌器和内外回流泵上，鼓风机占二级处理单元电耗的 75%，占总运行电耗的 51%，是全厂最大的耗能处理单元。

**2．水耗**

城镇污水处理厂水耗较少，污水治理过程中只有加药溶解、清洗等步骤需要自来水，另外一部分为污水厂生活用水，一般来说，对于规模 10 000 $m^3$ 城镇污水处理厂人均生活耗水量 0.04 $m^3$。

### （三）基本生产工艺

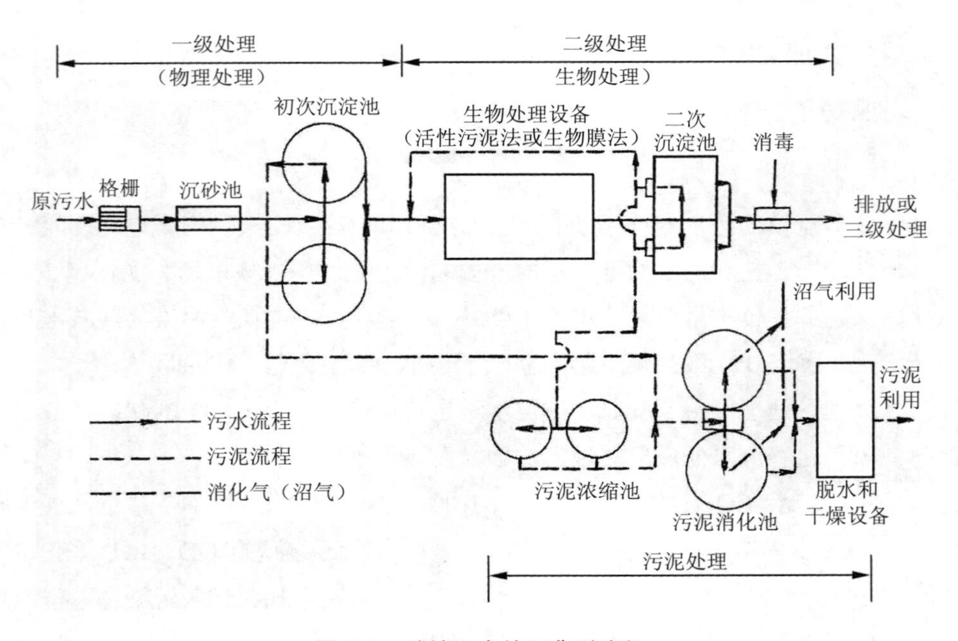


**图 5-3 城镇污水处理典型流程**

### （四）城镇污水厂主要生产设备

表 5-9　城镇污水厂主要生产设备

| 项目 | 设备（设施）名称 |
|---|---|
| 格栅间 | 机械格栅、螺旋输送压榨机、栅渣压实机、电动铸铁闸门、回转式固液分离机 |
| 进水泵房 | 污水泵、电动单梁悬挂起重机 |
| 初沉池 | 刮泥机、吸泥泵 |
| 沉砂池 | 刮砂桥、吸砂泵、砂水分离器、罗茨鼓风机 |
| 生物池 | 曝气器、潜水轴流泵、离心泵、推进器 |
| 二沉池 | 回流污泥泵、剩余污泥泵 |
| 鼓风机房 | 鼓风机、空气过滤器 |
| 加药间 | 混凝剂制备系统、计量泵、耐腐蚀液泵、PAM 制备系统 |
| 污泥浓缩脱水机房 | 进泥泵、浓缩机、排泥泵、板框压滤机、絮凝剂制备装置、石灰投加系统、皮带输送机 |
| 加氯间 | 二氧化氯发生器、次氯酸钠溶液配制设施 |

## 二、城镇污水厂的主要污染指标

表 5-10　城镇污水厂的主要污染指标

<table>
<tr><th colspan="2">污染类型</th><th>主要污染指标</th></tr>
<tr><td rowspan="2">废气</td><td>有组织废气</td><td>锅炉（颗粒物、二氧化硫、氮氧化物）</td></tr>
<tr><td>无组织废气</td><td>排放源为污水处理构筑物和污泥处理构筑物，主要污染物是氨、硫化氢、甲烷、甲硫醇、二甲二硫醚等恶臭气体</td></tr>
<tr><td rowspan="2">污水</td><td>生产废水</td><td>主要污染物有 COD、BOD、pH、SS、氨氮、总氮、总磷、色度、石油类、粪大肠菌群数等</td></tr>
<tr><td>生活废水</td><td>污染物主要为 SS、COD、氨氮、总氮、总磷等</td></tr>
<tr><td rowspan="2">固体废物</td><td>生产固体废物</td><td>主要污染物有栅渣、沉砂池沉砂、化学沉渣、初沉污泥、二沉污泥等</td></tr>
<tr><td>生活垃圾</td><td>主要产生于办公区，作为一般固体废物经环卫部门收集填埋</td></tr>
<tr><td colspan="2">噪声</td><td>主要污染物有泵、风机、污泥压滤机噪声</td></tr>
</table>

## 三、城镇污水厂污染物来源

### （一）废气主要来源

恶臭气体主要产生于排污泵站、进水格栅、沉砂池、沉淀池、污泥处理过程中的污泥浓缩、污泥干化、污泥转运等，恶臭气体成分复杂，含有较多的气味气体，主要有含硫化合物，如 $H_2S$、$SO_2$、硫醇类和噻吩类；含氮化合物，如 $NH_3$、胺类等；烃类化合物，如烷烃、烯烃、芳香烃等；含氧化合物，如醇、醛等。这些气体的挥发对周围产生较难闻的恶臭，对空气产生污染。

### （二）噪声主要来源

主要生产设备工作噪声：沉砂池、初沉池、曝气设施、二沉池、分配井、风机、沉淀池、分配井、风机、水泵（以点声源、线声源为主）；水的噪声：水溅声，流水声、泻水声（以面声源为主）；辅助设备工作噪声：变电站、格栅除污机、刮砂机、排砂设备、刮泥机、渣装置、阀门、污泥脱水间、刮油设备、办公及生活等噪声。

### （三）固体废物主要来源

固体废物主要来源为格栅栅渣、沉砂池二沉池浮渣、初沉池和二沉池污泥。如有深度处理，还有化学污泥。

## 四、城镇污水厂的排污节点特征

表 5-11　城镇污水厂排污节点特征

<table>
<tr><th>污染类型</th><th colspan="2">排污节点</th><th>污染物</th><th>检查要点</th></tr>
<tr><td rowspan="3">有组织排放废气</td><td rowspan="3">公用工程</td><td rowspan="3">供汽锅炉、燃煤锅炉、自备电厂产生的废气</td><td rowspan="3">烟尘、二氧化硫、氮氧化物</td><td>烟囱高度、直径，烟囱高度是否符合环评要求</td></tr>
<tr><td>检查除尘、脱硫、脱硝设施是否正常运行</td></tr>
<tr><td>如有在线监测设备，查看在线数据，检查废气是否达标排放</td></tr>
<tr><td rowspan="4">无组织排放废气</td><td>格栅</td><td>栅渣贮存</td><td rowspan="4">恶臭气体</td><td>检查格栅间、洗砂车间、污泥压滤车间通风设施是否正常</td></tr>
<tr><td>洗砂</td><td>沉砂贮存</td><td>检查格栅间、洗砂车间、污泥压滤车间恶臭收集设施是否正常</td></tr>
<tr><td>生物池</td><td>曝气</td><td rowspan="2">从感官判断恶臭气味是否强烈</td></tr>
<tr><td>污泥处理</td><td>污泥暂存</td></tr>
</table>

<table>
<tr><th>污染类型</th><th colspan="2">排污节点</th><th>污染物</th><th>检查要点</th></tr>
<tr><td>废水</td><td>总排口</td><td>污水处理完毕后排放</td><td>COD、BOD、SS、$NH_3$-N、TP、TN、色度、重金属、细菌等指标</td><td>根据《城镇污水处理厂污染物排放标准》（GB 18918—2002）判断出水达标<br>查看出口在线监控数据，看COD和氨氮是否达标排放</td></tr>
<tr><td rowspan="5">噪声</td><td>提升</td><td colspan="2">污水提升泵噪声</td><td rowspan="5">检查生产设备主要噪声源情况及相对位置，降噪设施及措施是否正常</td></tr>
<tr><td>洗砂</td><td colspan="2">沉砂池吸砂泵和螺旋洗砂机噪声</td></tr>
<tr><td>曝气</td><td colspan="2">风机噪声</td></tr>
<tr><td>回流</td><td colspan="2">水泵、污泥泵噪声</td></tr>
<tr><td>污泥处理</td><td colspan="2">污泥压滤噪声</td></tr>
<tr><td rowspan="12">固体废物</td><td rowspan="2">栅渣</td><td rowspan="2">格栅</td><td rowspan="2">截流的大块垃圾（塑料袋、树枝等）</td><td>检查栅渣临时堆场是否符合三防要求</td></tr>
<tr><td>检查栅渣清运记录</td></tr>
<tr><td rowspan="2">沉砂</td><td rowspan="2">吸砂泵、洗砂机</td><td rowspan="2">清洗后的细沙</td><td>检查沉砂临时堆场是否符合三防要求</td></tr>
<tr><td>检查是否有废物转移联单</td></tr>
<tr><td rowspan="2">污泥处理</td><td rowspan="2">污泥压滤</td><td rowspan="2">固态污泥</td><td>检查污泥临时堆场是否符合三防要求</td></tr>
<tr><td>检查是否有危险废物转移联单</td></tr>
<tr><td>锅炉</td><td>除尘器</td><td>灰渣、炉渣、石灰渣</td><td>固体废物的贮存设施、固体废物堆场、填埋场及环境保护措施</td></tr>
<tr><td rowspan="3">机修车间</td><td rowspan="3">维修过程</td><td rowspan="3">危险废物（机修废机油、废棉纱、废油桶）</td><td>检查危废临时贮存场所是否符合三防要求</td></tr>
<tr><td>检查是否有危险废物转移联单</td></tr>
<tr><td>如果混入生活垃圾不按危废管理</td></tr>
<tr><td>中控室检查</td><td colspan="4">检查城镇污水处理厂中控系统，了解污水处理厂的处理工艺，检查实时监控的进出污水处理厂的水量和水质主要指标、鼓风机电流、鼓风量、曝气设备运行状况、曝气池的溶解氧浓度、污泥浓度、滤池堵塞率等数据。检查是否可以随机调阅核查期内上述运行指标数据及趋势曲线</td></tr>
<tr><td>化验室检查</td><td colspan="4">检查污水处理厂是否按规定配置了化验室、配备了监测人员及相关的仪器设备；<br>是否按规定对进出水水质和运行控制参数进行化验，分析结果及原始记录是否齐全；<br>查看厂内进出水监测报表、原始化验记录等，并与在线监测仪数据和环保部门监测数据进行对比，判断进出水水质是否正常</td></tr>
<tr><td>台账检查</td><td colspan="4">企业必须建立污染设施运行管理台账，要求台账记录清晰准确。<br>进水水量核查：查台账资料（查设计文件、查验收材料）；查流量计；查超越管溢流；查其他重复计算的水量；查中控室相关设备运行记录（查水泵运行时间和水泵流量、查集水井液位）。各对应水量应该一致。<br>出水水质核查：查在线监测数据，查监督性监测报告。两种历史数据应该相近，而且曲线波动应该一致。<br>耗电量核查方法：现场核查，一般方法是根据某一时间段内污水处理量、耗电量计算污水处理厂实际平均电耗量，并与上述经验电耗量比较，判断污水处理厂运行是否正常</td></tr>
</table>

<table>
<tr><th>污染类型</th><th>排污节点</th><th>污染物</th><th>检查要点</th></tr>
<tr><td>在线监控检查</td><td colspan="3">检查污水处理厂在线监测监控装置是否按有关规定定期进行检验和校准，运行单位应正常使用、维护在线监测监控装置，不得擅自拆除、闲置、改变或者损毁。<br>检查自动监测系统是否正常运行，是否与省、市环保部门自动监控平台联网。主要查看在线监测仪器能否显示瞬时浓度数据，显示的浓度数据是否超标。检查自动在线监测装置的日常维护记录及定期检验、有效性校核记录是否齐全。是否存在闲置、私改电路、违规设计量程等现象。检查自动在线监测数据的保存情况，查阅历史浓度数据和曲线，判断超标情况和频次。<br>检查站房：站房应有防火、防潮设施，通风良好；站房外应设置标志牌，应标明排污单位、运营商、监察单位三方的联系方式及联系人；应悬挂在线监控的相关操作流程，如实填写加药记录、维护记录、运行记录。检查药剂是否属于有效期内</td></tr>
<tr><td>排污口检查</td><td colspan="3">污水处理厂应当按照国家和省的规定规范设置排污口。在排污口应设置水量自动计量装置，安装pH、COD（或TOC）等主要水质指标在线监测监控装置，并与当地环保部门联网。<br>检查应处理水量与实际处理水量是否相符，若处理水量低于应处理水量，则检查超越管非事故情况下排放、分流情况。如果只有一条生产线或分期建设时，才可设置超越管，否则均可不设超越管。<br>检查污水处理厂是否按照《环境保护图形标志——排放口（源）》（GB 15562.1—1995）、《环境保护图形标志 固体废物贮存（处置）场》（GB 15562.2—1995）以及原国家环保局《〈环境保护图形标志〉实施细则（试行）》的规定，设置与排污口或固体废物贮存（处置）场相适应的环境保护图形标志牌</td></tr>
</table>

## 五、城镇污水厂的常见环境违法行为

通过对城镇污水处理厂环境执法过程中常见问题进行梳理分析，总结出主要环境违法问题如下：

（1）新建、改建和扩建城镇污水处理厂项目，未依法进行环境影响评价，擅自开工建设，存在“未批先建”的问题；在建设过程中存在“批建不符”的问题，项目的性质、规模、地点、采用的生产工艺或者防治污染、防止生态破坏的措施与环境影响评价文件或环评审批文件不一致，发生重大变动，没有重新报批项目环评。

（2）企业没有严格执行环保“三同时”制度要求，项目需要配套建设的环境保护设施未建成、未经验收或者验收不合格，建设项目即投入生产或者使用，或者在环境保护设施验收中弄虚作假。

（3）城镇污水处理厂中控系统不能实时显示进出污水处理厂的水量和水质主要指标、鼓风机电流、鼓风量、曝气设备运行状况、曝气池的溶解氧浓度、污泥浓度、滤池堵塞率等数据。不能随机调阅核查上述运行指标数据及趋势曲线。

（4）臭气浓度均超过《恶臭污染物排放标准》，并且对周边敏感点产生明显影响。

（5）污水厂设施擅自闲置，或者不能正常运行，如消毒设施不连续运行，出水粪大肠菌群超标。

（6）污泥临时堆放是不符合防流失、防渗漏、防扬散要求；未建立或未执行污泥转移联单制度，污泥管理台账不完善，污泥产生量、转移量、处理处置量及其去向等记录情况不符合规范。

（7）污水厂进出水监测报表、原始化验记录等与在线监测仪数据和环保部门监测数据不一致。

（8）污水厂在线监控设施不正常运行，在线监控站房设施损毁，篡改、伪造自动监测数据和干扰自动监测设施。

（9）进水水质超设计处理标准或进水量超过设计的处理量，出水水质超标排放。

（10）超越管（溢流管/旁通管）存在非事故情况下偷排、分流等状况。污水厂私设暗管和阀门，通过暗管向雨水收集池排放未经完全处理的超标污水，最终排入外环境。

（11）污水厂环境风险应急预案没有编制，或者应急物资和应急设施存在问题，没有定期演练，没有记录。

（12）污水厂环境管理制度不健全，台账记录不合规，或者弄虚作假。

（13）某市环保局检查发现 3 家污水处理厂存在环境违法行为：①涉嫌企业实验室数据弄虚作假；②消毒设施不连续运行，出水粪大肠菌群超标；③进水水质超设计处理标准，出水总氮等指标超标。④污水厂私设暗管和阀门，通过暗管向雨水收集池排放未经完全处理的超标污水，最终排入外环境。

## 第三节 印刷工业污染特征及环境违法行为

### 一、印刷工业工艺环境管理概况

印刷是以纸张、油墨为主要原料，以润版液、清洗剂、胶黏剂、显影液、橡皮布等为辅助原料，将文字、图画、照片等原稿经制版、施墨、加压等工序，使油墨转移到纸张、织品、皮革等材料表面上，批量复制原稿内容的技术过程。

#### （一）主要原辅料

**1．原料**

【纸张】纸张：纸的总称。是指用植物纤维制成的薄片，作为写画、印刷书报、包装等。纸张一般为分：凸版印刷纸、新闻纸、胶版印刷纸、铜版纸、书皮纸、字典纸、拷贝纸、板纸等。

【油墨】油墨是用于印刷的重要材料，它通过印刷或喷绘将图案、文字表现在承印物上。油墨中包括主要成分和辅助成分，它们均匀地混合并经反复轧制而成一种黏性胶状流体。由连结料（树脂）、颜料、填料、助剂和溶剂等组成（表 5-12）。

【薄膜】现在市场上的薄膜品种很多，但最常用的印刷膜有 BOPP、NY、PET、PE。就印刷而言，最重要的是薄膜的表面处理效果。

表 5-12 油墨分类方法

| 分类依据 | 类别 | 特征 |
|---|---|---|
| 干燥方式 | 渗透干燥型油墨 | 含比较多的矿物油，油墨的一部分连接料渗入纸张内部；另一部分连接料则同颜料一起固着在纸张表面 |
| | 挥发干燥型油墨 | 含有大量的挥发性溶剂，油墨干燥依靠自身的挥发能力挥发后，使颜料和树脂基料固着在印刷物上。连接料由树脂和有机溶剂组成，主要应用于照相凹版、柔性凸版和网印油墨 |
| | 氧化结膜干燥型油墨 | 以干性油为连接料 |
| | 辐射干燥型油墨 | 靠射线的能量使连接料的分子发生聚合而从液体变为固体的干燥方式 |
| | 其他干燥型油墨 | 包括湿凝干燥型油墨、冷凝型干燥型油墨、沉淀干燥型油墨等 |
| 按印刷版式分类 | 平版印刷油墨 | 也称胶印油墨，是一种有黏性的油墨 |
| | 凸版印刷油墨 | 是一种典型的渗透干燥型油墨，如凸轮转印油墨 |
| | 凹版印刷油墨 | 包括雕刻凹版油墨和照相凹版油墨 |
| | 柔性版印刷油墨 | 典型的溶剂挥发性型油墨 |

2．辅料

【润版液】也称润湿液、水槽液、水斗液。润版液含有润湿剂，改变印版表面的表面张力，添加了润湿控制成分，也能在帮助减少油墨量的同时获得清晰的网点和鲜明的色彩。

【清洗剂】用于清洗印版、墨辊、金属辊及橡皮布上的油墨，由工业洗油、非离子表面活性剂、有机酸、有机胺和水，按一定的工艺进行混合、乳化而成。

【胶黏剂】能将两种或两种以上同质或异质的制件（或材料）连接在一起，固化后具有足够强度的有机或无机的、天然或合成的一类物质，统称为胶黏剂或黏接剂、黏合剂。分为天然高分子化合物（淀粉、动物皮胶、骨胶、天然橡胶等）、合成高分子化合物（环氧树脂、酚醛树脂、脲醛树脂、聚氨酯等热固性树脂和聚乙烯醇缩醛、过氯乙烯树脂等热塑性树脂，与氯丁橡胶、丁腈橡胶等合成橡胶）、无机化合物（硅酸盐、磷酸盐等）。根据使用要求，在胶黏剂中经常掺入固化剂、促进剂、增强剂、烯释剂、填料等。按用途分类，还可分为温胶、密封胶、结构胶等。按使用工艺分类有室温固化胶、压敏胶等。

【显影液】指的是显示图片时使用的化学药剂，主要成分有硫酸、硝酸及苯、甲醇、卤化银、硼酸、对苯二酚等。

【橡皮布】即胶印机上转印滚筒的包覆物；包衬的组成部分。橡皮布由橡胶涂层和基材（如织物）构成的复合材料制品，在间接平版印刷中，用其将油墨从印版转移至承印物上。

印刷业主要使用的几类有机溶剂见表5-13。

表5-13 印刷业主要使用的几类有机溶剂

| 名称 | 性质 |
| --- | --- |
| 苯 | 无色、有甜味的透明液体，并具有强烈的芳香气味 |
| 甲苯 | 无色透明液体，有类似苯的芳香气味；不溶于水，可混溶于苯、醇、醚等多种有机溶剂 |
| 二甲苯 | 对、间、邻位二甲苯性质相似，混合二甲苯为无色透明的液体，有类似甲苯的气味 |
| 异丙醇 | 无色透明挥发性液体，有似乙醇和丙酮混合物的气味，其气味不大，能够溶于水、醇、醚、苯、氯仿等多数有机溶剂 |
| 乙醇 | 易燃、易挥发的无色透明液体 |
| 乙酸乙酯 | 纯净的乙酸乙酯是无色透明有芳香气味的液体，是一种用途广泛的精细化工产品，具有优异的溶解性、快干性，用途广泛，是一种非常重要的有机化工原料和极好的工业溶剂 |
| 甲乙酮 | 有类似丙酮气味，易挥发，能与乙醇、乙醚、苯、氯仿、油类混溶 |
| 乙酸正丙酯 | 常温下为无色透明液体，与乙醇、乙醚互溶，有特殊的水果香味 |

### 3. 产品

（1）以最终产品分类

①办公类：指信纸、信封、表格等与办公有关的印刷品。

②宣传类：指海报、宣传单页、产品手册等。

③生产类：指包装盒、不干胶标签等大批量的与产品直接有关的印刷品。

（2）以印刷机分类

①胶版印刷：指用平版印刷，所用印刷版材是平滑的，多用于四色纸张印刷。

②丝网印刷：可以在各种材料上印刷，多用于礼品印刷。

③数码印刷：在8开尺寸内，印刷的数量较少，多采用短版印刷。

（3）以材料分类

①纸张印刷品：一般各种书籍、报纸等的印刷品。

②塑料印刷品：各种包装袋的印刷品。

③特种印刷品：指玻璃、金属、木材等的印刷品。

## （二）能耗和水耗

表 5-14 印刷业能耗指标

| 指标 | | 单位 | 权重值 | 一级基准值 | 二级基准值 | 三级基准值 |
|---|---|---|---|---|---|---|
| 单位产值综合能耗 | | t 标准煤/万元 | 4 | ≤0.100 | ≤0.126 | ≤0.300 |
| 单位产值总耗水量 | | $m^3$/万元 | 2 | ≤3.200 | ≤5.300 | ≤6.900 |
| 单位产品综合能耗量 | | t 标准煤/千色令 | 4 | ≤0.50 | ≤0.70 | ≤0.90 |
| 单位产品总耗水量 | | $m^3$/千色令 | 2 | ≤13 | ≤23 | ≤30 |
| 油墨使用量 | 单张纸胶印 | kg/千色令 | 2 | ≤95 | ≤100 | ≤105 |
| | 商业轮转 | kg/千色令 | 2 | ≤90 | ≤95 | ≤100 |
| | 报业轮转 | kg/千色令 | 2 | ≤73 | ≤77 | ≤82 |
| 有机溶剂使用量 | | kg/千色令 | 4 | ≤10 | ≤25 | ≤35 |

注：参考《清洁生产评价指标体系 印刷业》。

## （三）基本生产工艺

表 5-15 印刷工艺的分类

| 印刷类别 | | 工艺说明 |
|---|---|---|
| 传统印刷方式 | 平版印刷 | 印版上图文（着墨）区域与非图文（空白）区域在同一平面上。胶印为平版印刷的一种。利用橡皮滚筒把印版上的油墨间接转移到承印物上，因此也称间接印刷 |
| | 柔性版印刷 | 印版上图文（着墨）区域凸起于非图文（空白）区域。柔性版印刷为凸版印刷的一种，其印版通常由橡胶或弹性树脂制成。已被淘汰的铅印也是凸版印刷的一种。凸版印刷通常是印版上的油墨直接转向到承印物上 |
| | 凹版印刷 | 印版（通常为印版辊筒）上的图文（着墨）区域低凹于非图文（空白）区域。凹版印刷通常也是把印版上的油墨直接转移到承印物上 |
| | 丝网印刷 | 油墨通过（或渗漏通过）印版上的孔网转移到承物上。丝网印刷属于孔版印刷的一种 |
| 数字印刷 | 激光成像 | 利用数字式静电激光成像机理，把色粉从硒鼓（或其他类型的成像滚筒）转移到承印物上，通过高温把色粉（微胶囊）融化后固定。激光成像数字式印刷，承印物仍需与成像滚筒相接触 |
| | 喷墨成像 | 利用数字信号控制喷头把多种彩色墨水直接喷印到承印物上，承印物不需与喷头接触 |

印刷分为三个阶段：

印前→指印刷前期的工作，一般指摄影、设计、制作、排版、输出菲林打样等。

印中→指印刷中期的工作，通过印刷机印刷出成品的过程。

印后→指印刷后期的工作，一般指印刷品的后加工包括过胶（覆膜）、过 UV、过油、啤、烫金、击凸、装裱、装订、裁切等，多用于宣传类和包装类印刷品。

印刷工艺基本流程：设计成图→发片→打样→拼版→晒版→上机印刷→印后加工→检验出厂（图 5-4）。

### 1．发片（即发菲林片）

出菲林就是把制作好的版面，通过设备输出到可以印刷的 PC 胶片上，专业术语叫菲林片。

### 2．打样

在印刷生产过程中，用照相方法或电子分色机所制得并做了适当修整的底片，在印刷前成校样或用其他方法显示制版效果的工艺。目的是确认印刷生产过程中的设置、处理和操作是否正确，为客户提供最终印刷品的样品，并不要求在视觉效果和质量上与最终印刷品完一样。打样大体可以分为三种方法，即打样机打样、简易（色粉）打样、数字打样。

### 3．拼版

拼版又称“装版”“组版”。是手工排版中的第二道工序。

### 4．晒版

晒版即曝光，晒版即是将载有图文的胶片、硫酸纸和其他有较高透明度的载体上的图文，通过曝光将图文影印到涂有感光物的网版、PS 版、树脂版等材料上的工作。

### 5．上机印刷

将晒好的版固定到印刷机的胶辊上，调校油墨，开机印刷。

### 6．印后加工

印后覆膜、压痕、折页、裱糊、UV、装订、凹凸、烫金、银等工艺。

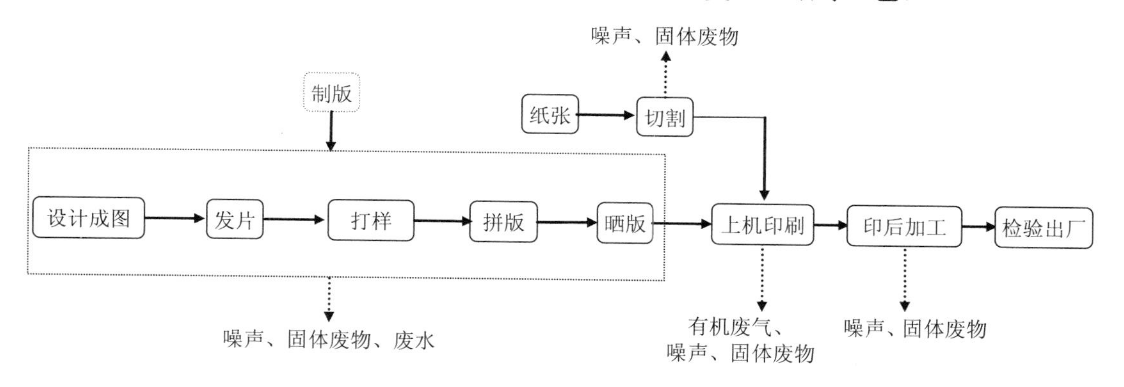


图 5-4　印刷工业生产工艺

### （四）印刷工业主要生产工序与设备

表 5-16　印刷工业主要生产设备

| 工段 | 设备（设施）名称 |
|---|---|
| 印前设备 | 胶片发排机、打样机、计算机、彩喷机、激光扫描仪等 |
| 印刷设备 | 滚筒印刷机：印报纸、书刊、杂志、画册，有国产和进口之分；按着印刷幅面大小可分为全开印刷机、对开机、四开机、八开机；按着印刷机的印刷色数又分为单色印刷机、双色印刷机、四色印刷机等 |
| 印后设备 | 拆页机、切纸机、烫金机、压纹机、模切机、打码机、覆膜机、装订机等一些印后加工设备 |
| 其他印刷设备 | 不干胶印刷专业机、电脑专用联单印刷机、名片专用机、速印机、复印机、包装、纸箱印刷机等 |

## 二、印刷工业的主要污染指标

表 5-17　印刷工业的主要污染指标

<table>
<tr><th colspan="2">污染类型</th><th>环境污染指标与来源</th></tr>
<tr><td rowspan="2">废气</td><td>有组织废气</td><td>主要来源于上机印刷系统，主要污染物是油墨及润版液中挥发产生的有机废气。①印刷车间油墨溶剂挥发气体、苯、醇、醚、酮类、煤油、汽油等烃类；②喷粉等粉尘，纸张添加剂的粉尘；③印后加工工序装订、包装复合、烫金用的铝箔及各种胶黏剂，覆膜胶的溶剂挥发，如苯、甲苯、二甲苯、醋酸乙酯、醇、丙烯酸类；④上光装置上光时产生臭氧气体；⑤丝网制版感光胶挥发的气体（即涂即用版）；⑥树脂版制版车间感光胶挥发气体</td></tr>
<tr><td>无组织废气</td><td>①料贮存与准备：原料油墨储存室；②印刷过程中产生废印刷品废油墨及废墨盒中挥发的有机废气</td></tr>
<tr><td rowspan="2">污水</td><td>生产废水</td><td>①制版车间的废水；②润版液配水箱定期更换废水；③金属包装印刷过程中表面处理产生的废水；④柔性版印刷清洗过程中产生的废水；⑤丝网框的清洗过程中产生的废水</td></tr>
<tr><td>生活废水</td><td>主要来源于员工日常生活产生的生活污水，废水含 COD、SS、氨氮、总磷等</td></tr>
<tr><td rowspan="2">固体废物</td><td>生产废物</td><td>危险废物：①废显影液、废定影液，含银、酸、碱等；晒版显影液，以碱为主、氮系物等；②油墨容器及废油墨；③废擦机布；④废活性炭；⑤丝网制版过程中如果使用重铬酸盐类感光剂，在制版过程中就排出的废液中含大量正六价铬离子。印刷过程中产生含有大量油墨的废弃抹布；印刷产生的废印版。<br>一般固体废物：①印后加工的纸毛/纸边；②丝网版裁剪后的丝网余料</td></tr>
<tr><td>生活垃圾</td><td>主要产生于办公区，作为一般固体废物经环卫部门收集</td></tr>
<tr><td colspan="2">噪声</td><td>噪声污染主要来自印刷机、空气压缩机、干燥设备及各种成型机等。另外装订设备、冷却塔产生的噪声也很大</td></tr>
</table>

## 三、印刷工业的污染来源

印刷工业的主要环境污染物为废气、废水及固体废物，目前印刷行业中广泛使用的还是传统的溶剂型油墨，溶剂型油墨由颜料、连结料、溶剂、填充剂和辅助剂组成，所用的溶剂主要是芳香烃类、酯类、酮类、醚类等有机溶剂，这些溶剂大都具有毒性，会污染所包装的食品、药物和化妆品等物品；且具有挥发性，有较浓的刺激性气味，会污染环境并影响工人的身体健康；废水主要是在清洗印版的过程中，产生的含感光胶及树脂类等污染物的废水。固体废物主要是印刷过程中产生含有大量油墨的废弃抹布；废印刷品及边角料、废油墨及废墨盒及员工日常生活产生的生活垃圾等。

### （一）印刷工业废气的来源

印刷废气主要来自两方面：

（1）印刷过程中，油墨及润版液等有机溶剂的挥发而产生的有机废气，主要污染物为香烃类、酯类、酮类、醚类、醇类等。

（2）印刷后产生含有大量油墨的废弃抹布；废印刷品及边角料、废油墨及废墨盒等挥发的有机废气。

### （二）印刷工业废水的来源

（1）在制版过程中，需要用到胶片和显影液，目前印刷中用得最多的还是胶印，而胶印中用以制版的多半还是通过照排机出胶片制成PS版来上机印刷。胶片是银盐感光材料，里面含有银离子，而显影后的废显影液里也含有大量的银离子，清洗后产生含银离子、感光胶及树脂类悬浮物的污染废水。

（2）员工日常生活产生的生活污水，废水主要含COD、SS、氨氮、总磷等污染物。

### （三）印刷工业固体废物的来源

（1）生产废物：主要来源于废印刷品、废塑料膜、一些包装废弃物及边角料、废油墨及废墨盒等。还有制版过程中产生的废胶片。

（2）员工日常生活产生的生活垃圾。

## 四、印刷工业的排污节点特征

表 5-18 印刷工业的排污节点特征

| 污染类别 | 排污节点 | 污染物 | 检查要点 |
|---|---|---|---|
| 废水 | 制版车间 | 产生印版冲洗废水，主要含银离子、感光胶、树脂悬浮物等 | 检查污水是否全部收集，是否按要求进污水处理站，污染治理设施是否运转，是否存在明显的“跑、冒、滴、漏”，污水处理完成后是否达标排放，是否满足总量控制要求 |
| | 职工食堂、宿舍 | 产生生活废水，地面清洗废水主要含COD、SS、氨氮等 | |
| | 污水站 | 产生综合废水 | |
| 废气 | 备料装运储 | 产生有机废气（无组织排放） | 检查废气是否经过集气罩收集，检查净化技术是否合理，尾气排放是否达标 |
| | 印刷车间 | 产生有机废气，主要含芳香烃类、酯类、酮类、醚类等 | |
| | 危废间 | 产生有机废气，主要含芳香烃类、酯类、酮类、醚类等 | |
| 固体废物 | 制版车间 | 废胶片，废印刷品、废PS版等（一般固体废物） | 检查临时贮存设施是否符合要求，最终处置是否符合环评要求 |
| | 印刷车间 | 废膜及边角料、废油墨及废墨盒等（危险废物） | 检查危废贮存设施是否符合要求，检查危废转移联单、手续是否齐全 |
| | 食堂、宿舍 | 生活垃圾（一般固体废物） | 交环卫部门外运 |
| | 污水站 | 污泥（一般固体废物） | 检查临时贮存设施是否符合要求，最终处置是否符合环评要求 |

## 五、印刷工业企业常见的环境违法行为

通过对印刷行业环境执法过程中常见问题进行梳理分析，总结出主要环境违法问题如下：

（1）企业环评相关手续存在问题，如企业未批先建，批建不符；企业环保设施未达到环评以及环评批复的要求。生产工艺或者治理设施发生重大变更没有重新报批环评。

（2）企业没有达到环保“三同时”要求，环保设施未经验收即投产。

（3）车间废气收集系统不完善，无组织废气排放严重。

（4）废气产生工序无处理设备，直排；废气处理设备不正常运行或不运行；废气处理工艺规模与实际不匹配；废气超标排放。

（5）废膜及边角料、废油墨及废墨盒等未按照危废处理要求储存、处置。

（6）没有实现雨污分流，污水没有全部收集进污水处理站，污水排放不达标，污水处理设施不能正常运行或者不运行，企业通过暗管和渗井偷排废水。

（7）企业环境风险应急预案没有编制，或者应急物资和应急设施存在问题，没有定期演练，没有记录。

（8）企业环境管理制度不健全，台账记录不合规，或者弄虚作假。

（9）环保局、水务局等部门的执法人员在接到投诉举报后，立即赶赴现场调查，经调查发现，某印刷业有限公司外排水口有明显的白色液体残留在下水管道，该公司员工擅自将清洗过油机设备的水上过光油废水排入下水管道，之后流入河道造成水体污染；市环境保护监测站工作人员立即对废水采样并进行检测分析，环保局执法人员现场对该厂负责人做调查询问笔录。

## 第四节　危险废物处理行业污染特征及环境违法行为

### 一、危险废物处理行业工艺环境管理概况

#### （一）主要原辅料

**1．原料**

列入《国家危险废物名录》中的物质（豁免除外），以及按照国家规定的危险废物鉴别标准和鉴别方法予以认定的危险废物。

**2．辅料**

【焚烧辅料】

（1）石灰：一般 20 kg/t 焚烧废物。

（2）活性炭：一般 0.4 kg/t 焚烧废物。

（3）燃料（柴油）：一般 1.6 kg/t 焚烧废物。

（4）自来水：包括生活用水、烟气冷却系统新鲜水、管理用水等，消耗量为 1.5 t/t 焚烧废物。

（5）耗电：一般 70 kW·h/t 焚烧废物。

【填埋辅料】

（1）消毒剂

消毒剂按照其作用的水平可分为灭菌剂、高效消毒剂、中效消毒剂、低效消毒剂。灭菌剂可杀灭一切微生物使其达到灭菌要求，包括甲醛、戊二醛、环氧乙烷、过氧乙酸、过氧化氢、二氧化氯、氯气、硫酸铜、生石灰、乙醇等。

（2）防渗土工布

防渗土工布以塑料薄膜作为防渗基材，与无纺布复合而成的土工防渗材料，它的防渗性能主要取决于塑料薄膜的防渗性能。国内外防渗应用的塑料薄膜，主要有聚氯乙烯（PVC）和聚乙烯（PE），它们是一种高分子化学柔性材料，比重较小，延伸性较强，适应变形能力高，耐腐蚀，耐低温，抗冻性能好。

（3）HDPE 膜

HDPE 膜在垃圾填埋场中主要作为底部和边坡防渗层。

目前，在垃圾填埋场应用最广泛、最成功的是高密度聚乙烯（HDPE）膜，与其他土工防渗材料相比，它具有较好的耐久性。通常采用 1～2 mm 厚的高密度聚乙烯（HDPE）作为防渗材料，其渗透系数可达 $1.0\times10^{-12}$～$1.0\times10^{-13}$ cm/s。目前，土工膜已形成了系列产品，并且国内也制定了相应设计和施工标准。

（4）固化剂

①水泥固化：水泥是一种无机胶结剂，经水化反应后可形成坚硬的水泥块，能将砂、石等骨料牢固地凝结在一起。水泥固化有害废物就是利用水泥的这一特性。

常用作固化剂的水泥：硅酸盐水泥和火山灰质硅酸盐水泥。

②石灰固化：以石灰和具有火山灰活性的物质（如粉煤灰、垃圾焚烧灰渣、水泥窑灰等）为固化基材，活性硅酸盐类为添加剂对危险废物进行稳定化与固化处理的方法。

适用于稳定石油冶炼污泥、重金属污泥、氧化物、废酸等无机污染物，并已用于烟道气脱硫的废物固化。

③热塑性材料固化：热塑性材料固化（沥青、石蜡、聚乙烯、聚丙烯等）是用熔融的热塑性物质在高温下与干燥脱水危险废物混合，以达到对废物稳定化的过程。

以沥青类材料作为固化剂，与危险废物在一定的温度、配料比、碱度和搅拌作用下发生皂化反应，使有害物质包容在沥青中并形成稳定固化体的过程。

沥青—憎水性物质、良好的黏结性、化学稳定性、较高的耐腐蚀性。石油蒸馏的残渣，其化学成分包括沥青质、油分、游离碳、胶质、沥青酸和石蜡等。

④热固性塑料固化（脲醛树脂、聚酯、聚丁二烯、酚醛树脂、环氧树脂）。

用热固性有机单体和经过粉碎处理的废物充分混合，在助凝剂和催化剂的作用下产生聚合以形成海绵状的聚合物质，从而在每个废物颗粒的周围形成一层不透水的保护膜。部分液体废物遗留，需干化。特别适用于对有害废物和放射性固体废物的固化处理。

⑤玻璃固化：玻璃原料为固化剂，将其与危险废物以一定的配料比混合后，在 1 000～1 500℃的高温下熔融，经退火后形成稳定的玻璃固化体。主要适用于处理含高比放射性废物，不适宜于大型工业有害固体废物的固化处理。

固化剂：钠钾玻璃溶解度高，硅酸盐玻璃熔点高，制造困难。

磷酸盐玻璃：含盐量低、放射性极高的废液（普里克斯）。

硼酸盐玻璃：高放废液+固化剂——煅烧，升温 1 100～1 150℃，退火浸出速率最低、增容比最小、高温操作，烧结过程需配备尾气净化系统、成本高、稳定性和耐久性差。

⑥自胶结固化：利用废物自身的胶结特性来达到固化目的的方法。

该技术主要用来处理含有大量硫酸钙和亚硫酸钙的废物，如磷石膏、烟道气脱硫废渣等。$CaSO_4 \cdot 2H_2O$ 或 $CaSO_3 \cdot 2H_2O$ 经煅烧成具自胶结作用的半水石膏，遇水后迅速凝固和硬化。

⑦水玻璃固化：以水玻璃为固化剂，无机酸类（如硫酸、硝酸、盐酸和磷酸）为助剂，与有害污泥按一定的配料比进行中和与缩合脱水反应，形成凝胶体，将有害污泥包容，经凝结硬化逐步形成水玻璃固化体。

水玻璃固化电镀污泥时的配比为：

水玻璃（3 号硅酸钠）∶混酸（纯硫酸与纯磷酸之比为 9∶1）∶污泥为 5.85∶0.55∶93.6。

## （二）能耗

【热解焚烧处置工艺】能源消耗如表 5-19 所示。

表 5-19　能源消耗情况表（以 t 废物计）

| 名称 | 单位 | 消耗量 | | |
|---|---|---|---|---|
| | | 连续热解气化 | 间歇热解气化 | 回转窑焚烧 |
| 柴油 | kg | 20～50 | 16.2～23.3 | 398～520 |
| 电 | kW·h | 390～520 | 394～456.7 | 300～400 |
| 水 | t | 3.5～8 | 8～11.2 | 10～14 |

【高温蒸汽处理工艺】能源消耗如表 5-20 所示。

表 5-20　能源消耗情况表（以 t 废物计）

| 名称 | 单位 | 消耗量 |
|---|---|---|
| 冷却用水 | kg | 55～65 |
| 生产蒸汽用水 | t | 1～1.5 |
| 过氧乙酸 | kg | 0.5～0.6 |
| 电 | kW·h | 70～80 |
| 过滤膜 | 次/年 | 2～3 |

【化学消毒工艺】能源消耗如表 5-21 所示。

表 5-21 能源消耗情况表（以 t 废物计）

| 名称 | 单位 | 消耗量 |
|---|---|---|
| 水 | kg | 7 |
| 消毒药剂 | kg | 70 |
| 电 | kW·h | 50 |
| 过滤膜 | 次/周 | 3 |

【微波消毒工艺】能源消耗如表 5-22 所示。

表 5-22 能源消耗情况表（以 t 废物计）

| 名称 | 单位 | 消耗量 |
|---|---|---|
| 蒸汽 | kg | 0.5～1 |
| 电 | kW·h | 50～100 |
| 过滤膜 | 次/周 | 2～3 |

## （三）基本生产工艺

### 1. 危险废物焚烧工艺排污节点图

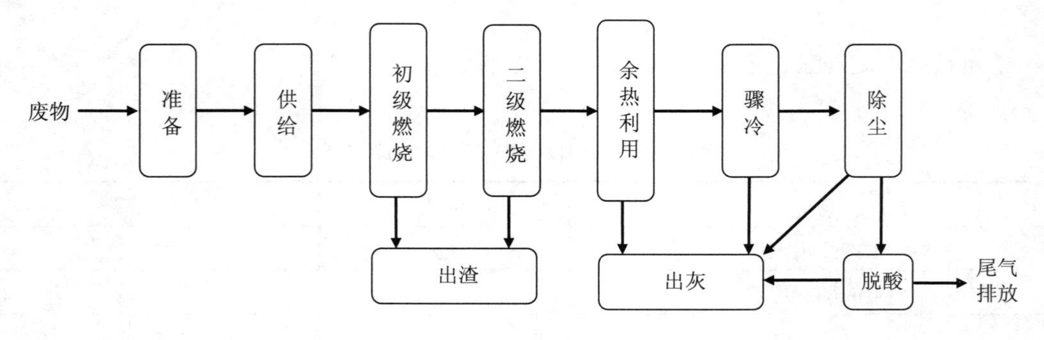


图 5-5 危险废物焚烧工艺

2. 危险废物安全填埋工艺流程图

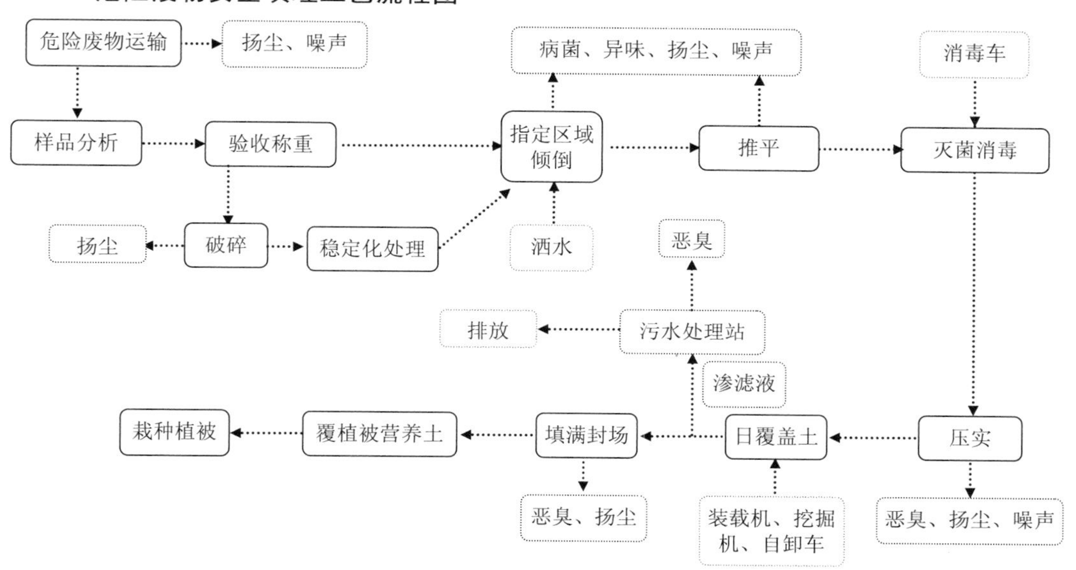


图 5-6 危险废物安全填埋工艺图

### （四）危险废物处理行业主要生产设备

表 5-23 危险废物处理行业的主要生产设备

| 项 目 | 设备（设施）名称 |
|---|---|
| 焚烧处理 | 进料斗、燃烧室、换热器、急冷装置、脱酸塔、吸附塔、除尘器、渣斗、灰斗 |
| 安全填埋处理 | 地磅、洒水消毒车、自卸卡车、压实机、履带推土机、装载机、挖掘机、洒水消毒车 |

## 二、危险废物处理行业的主要污染指标

表 5-24 危险废物处理行业的主要污染指标

| 工艺类型 | 污染类型 | 主要污染指标 |
|---|---|---|
| 危险废物焚烧 | 废气 | 主要污染物有烟尘、一氧化碳、二氧化硫、氮氧化物、氯化氢、氟化氢、重金属和二噁英类、恶臭、VOCs 等 |
| | 污水 | 主要污染物有 COD、磷酸盐、石油类、氨氮、SS、氯等 |
| | 固体废物 | 主要污染物有烧渣、飞灰 |
| | 噪声 | 主要污染物有鼓风机、引风机、发电机组、各类泵体、空压机、锅炉安全阀、高温蒸汽设施和破碎设施等，最高可达 85 dB 以上 |

| 工艺类型 | 污染类型 | 主要污染指标 |
| --- | --- | --- |
| 危废填埋 | 废气 | 主要污染物有粉尘、烟尘、甲烷、二氧化碳、硫醇、二甲二硫醚、氨、硫化氢、致病微生物等 |
| | 污水 | 主要污染物是垃圾渗滤液（色度、COD、BOD、氨氮、总氮、总磷、SS、粪大肠菌群数、总镉、总铬、六价铬、总砷、总铅）、生活污水（色度、COD、BOD、氨氮、总氮、总磷、SS、粪大肠菌群数）等 |
| | 固体废物 | 主要污染物有填埋危废、污泥、废机油棉纱、固化后的危险废物 |
| | 噪声 | 主要污染物有空压机、锅炉安全阀、运输车辆、压路机、推土机等噪声 |

## 三、危险废物处理行业环境污染特征

### （一）危险废物填埋污染特征

危险废物与生活垃圾不同，其危险特性是长期存在的，环境风险是长期存在的。从环境经济的角度看，废物只是放错位置的资源，危险废物填埋场应是一个“临时性”的危险废物暂存库，随着科学技术的发展，有些“废物”甚至可能是未来社会的资源。目前，我国的危险废物填埋场都是按照“永久性”设施考虑的，实际运行中也没有强调分区填埋和便于回取的措施。生活垃圾填埋有稳定期，达到稳定的垃圾堆体对环境的危害大大降低，降解稳定化的产物与土壤无异；但是危险废物没有稳定期，其危害特性是长期存在的，而填埋场的建筑材料和防渗材料是有寿命的，不能保证环境安全性。

目前使用的防渗材料 HDPE 膜是有寿命的，一般为 20～30 年，所以危险废物填埋场的安全隐患是长期存在的。

### （二）危险废物焚烧污染特征

在焚烧过程中，危险废物被转变成简单成分的气体、烟粉尘、焚烧副产物和燃烧残渣。产生的气体主要含有 $CO_2$、水蒸气和过量的空气，而有害元素则转变为 $NO_x$、$SO_x$、HCl 以及可挥发的金属及其化合物，同时也可能含有极少量的未燃成分，并且烟粉尘也混杂在排放物中。

燃烧副产物主要是毒性极强的二噁英副产物。燃烧残渣主要是灰分、金属氧化物和未燃物，法规要求燃烧残渣经危险废物特性鉴别后为危险废物的按照危险废物进行安全填埋处置，不属于危险废物的按照一般废物进行处置。所有这些在焚烧过程中排放的气体必须通过尾气净化系统加以处理或通过采用最佳焚烧工艺减少污染物的排放量，否则将严重污染大气环境。

## 四、危险废物处理行业的排污节点特征

表 5-25　危险废物处理行业排污节点

| 污染类型 | 排污节点 | | 污染物 | 检查要点 |
|---|---|---|---|---|
| 有组织排放废气源 | 贮存 | 危险废物处理前贮存库 | 粉尘、臭味、微生物 | 检查贮存库密封情况，检查过滤器是否安装，是否运行，排气是否达标 |
| | 焚烧 | 焚烧炉 | 烟尘、一氧化碳、二氧化硫、氮氧化物、氯化氢、氟化氢、重金属（铅、汞、砷、六价铬、镉等）和二噁英、残渣 | 检查焚烧炉温度是否一燃室温度控制在 600～800℃；采用回转窑焚烧技术，一燃室温度控制在 850～900℃。二燃室温度不低于 850℃，烟气停留时间不少于 2 s。检查残渣的临时贮存设施是否合格 |
| | 高温蒸汽 | 预排气罐、排气泄压罐、干燥设备 | 恶臭、VOCs、病菌、微生物 | 检查废气排放管道是否老化、泄漏。检查过滤吸附设施是否安装、是否运行。检查尾气达标情况 |
| | 破碎 | 破碎机 | 粉尘、恶臭、VOCs | 检查除尘器类型，排放粉尘浓度；检查废气排放管道是否老化、泄漏。检查过滤吸附设施是否安装、是否运行。检查尾气达标情况 |
| | 微波消毒 | 消毒机械 | 恶臭、VOCs | 检查废气排放管道是否老化、泄漏。检查过滤吸附设施是否安装、是否运行。检查尾气达标情况 |
| | 食堂 | 厨房 | 油烟 | 检查一体化油烟设施是否安装，是否运行，油烟排放口是否达标 |
| | 填埋气 | 垃圾填埋场 | 甲烷、二氧化碳 | 垃圾填埋当年垃圾产气量约为 10 $m^3$/t 垃圾，封场后垃圾产气量达到最大值为 100 $m^3$/t 垃圾，能收集到填埋气比例一般为 80%，判断是否全部收集 |
| 无组织排放废气源 | 投料 | 危险废物的投料 | 粉尘、微生物 | 输运过程是否设置封闭廊道；<br>检查输料过程的密闭性；检查投料口的密封效果 |
| | 破碎 | 对消毒后医疗废物破碎 | 粉尘、臭味、微生物 | 有没有集气装置，及其后是否过滤和吸附设施 |
| | 运输 | 医疗废物运输车辆 | 粉尘 | 检查产区运输扬尘 |
| | 填埋气 | 垃圾填埋场 | 甲烷、二氧化碳、硫化氢、氨、硫醇、二甲二硫醚 | 检查是否及时覆土，是否及时洒水消毒、现场检查臭味浓度是否可以忍受 |
| | 污水处理站 | 渗滤液处理过程 | 恶臭 | 检查密闭性，检查绿化措施 |

| 污染类型 | 排污节点 | | 污染物 | 检查要点 |
|---|---|---|---|---|
| 污水源 | 清洗 | 车辆消毒冲洗、周转箱消毒冲洗、卸车场地和贮存间冲洗 | 有机物、氨氮、SS、传染性微生物和病原体 | 检查废水是否全部收集进入污水处理站，检查废水输送管道是否堵塞、滴漏 |
| | 进料 | 进料斗、传送带清洗消毒 | | |
| | 急冷 | 水冷换热 | SS、COD、油类、病原微生物 | |
| | 脱酸 | 脱酸塔 | 含盐水、pH、SS、COD、病原微生物 | |
| | 锅炉 | 冲渣 | SS | |
| | 机修车间 | 机械加工废水 | 石油类、COD、SS | |
| | 生活废水 | 浴室、食堂、厕所 | COD、SS、氨氮 | |
| | 厂区被污染雨水 | 雨污分流 | SS、COD、油类、致病微生物、VOCs | 检查厂区水沟，污雨水去向 |
| | 污水处理 | 污水处理站 | COD、SS、pH、致病微生物、大肠菌群数 | 检查是否回用，严禁外排；如有外排废水，应检查 COD、SS、pH、致病微生物、大肠菌群数等污染物指标是否达标 |
| 固体废物 | 危险废物焚烧烟气除尘 | 除尘器 | 飞灰（含重金属、致病物质、二噁英） | 检查飞灰是否安全固化是否委托危废单位处置，检查合同和转移联单 |
| | 危险废物焚烧烟气吸附 | 吸附塔 | 废活性炭 | 检查危险废物安全填埋 |
| | 危险废物焚烧 | 焚烧炉 | 炉渣 | 检查填埋场的设置是否合理，检查填埋作业是否有二次污染 |
| | 特殊危险废物填埋 | 特殊工厂废物 | 重金属类废物、酸碱废物、含氰废物、石棉废物 | 检查特殊危险废物是否稳定化和固化后填埋 |
| | 污水站 | 污泥 | 污泥（危险废物） | 检查医疗污泥是否委托危废单位处置，检查合同和转移联单 |
| | 机修厂 | 废机油、油泥棉纱 | 危险废物 | 检查去向，是否符合环评要求 |
| | 办公区、生活区 | 人员办公过程 | 生活垃圾 | 检查垃圾去向是否符合环评要求 |
| 生态保护 | 安全填埋取弃土场 | 挖掘土和覆盖土 | 水土流失、植被破坏 | 检查取弃土场的选址是否符合环评要求，是否保护了当地重点保护物种，检查水土流失的情况是否严重，检查生态保护措施是否到位 |
| | 安全填埋场 | 底部防渗和边坡防渗 | 污染地下水 | 检查是否按照环评要求，现场检查防渗层是否破损 |
| | | 垃圾裸露 | 垃圾随风飞扬，影响周边居民生活生产 | 检查是否安装 5 m 高的防飞散网 |
| | | 填埋场挖掘施工或者垃圾填埋作业以及封场后 | 填埋场周边建筑物塌陷 | 检查填埋场周边建筑物裂缝情况和地表裂缝情况 |
| | | | 填埋气不经过收集管道后无组织溢出，影响周边居民安全 | 检查是否安装监测装置，检查周边居民区恶臭气味是否较大 |

## 五、危险废物处理企业常见的环境违法行为

通过对危废处理企业环境执法过程中常见问题进行梳理分析，总结出主要环境违法问题如下：

（1）企业环评相关手续存在问题，如企业未批先建，批建不符；企业环保设施未达到环评以及环评批复的要求。生产工艺或者治理设施发生重大变更没有重新报批环评。

（2）企业没有达到环保“三同时”要求，环保设施未经验收即投产。

（3）危险废物经营许可证过期仍在处置危险废物。

（4）处置危险废物超过危险废物经营许可证许可量的20%。

（5）超过危险废物经营许可证载明的废物种类处置危险废物。

（6）将危险废物仅作简单处理即变相委托给其他没有相应资质的单位处置。

（7）进行卫生填埋的飞灰不符合卫生填埋标准等。

（8）危废焚烧企业卸料场地没有供清洗设备或卸料使用的蒸汽、水、溶剂、氮气等，清洗废水没有集中收集处理，卸料产生的废气直接排放。

（9）危废处理过程中的臭气浓度超过《恶臭污染物排放标准》。

（10）危废处理企业配料系统产生的渗滤液没有全部收集处理，或者渗滤液处理系统不能满足产生量要求。

（11）危废焚烧企业烟气急冷、除尘、脱酸、吸附二噁英和重金属等工序治理设施不全，或者不正常运行，或者不能达标排放。

（12）危废处理企业运输车辆、转运工具、周转箱（桶）的清洗消毒废水、生产工艺废水、地面冲洗水、生活污水、初期雨水没有全部收集，或者收集后处理设施运行不正常，不能达标排放。

（13）废水中一类污染物没有单独处在车间处理达标后，再进入污水处理系统。

（14）主要危险废物为飞灰、污水处理站污泥等，有的企业没有建设危险废物贮存场所，危险废物转移量和生产量不符，部分危险废物去向不明。

（15）危废焚烧企业烟气在线监测系统运行不正常。

（16）危废填埋场防渗不合格，导致地下水污染。

（17）危废填埋场无组织扬尘控制措施不当，运输车辆对周边敏感点扬尘和噪声影响较大。

（18）企业环境风险应急预案没有编制，或者应急物资和应急设施存在问题，没有定期演练，没有记录。

（19）企业环境管理制度不健全，台账记录不合规，或者弄虚作假。